ウッドケミカルスの技術

Advances in Technologies for Wood Chemicals

監修:飯塚堯介

シーエムシー出版

まえがき

「ウッドケミカルス」の可能性について米国ノースカロライナ大学のGoldstein教授が試算を発表して以来，四半世紀が経過した。教授はプラスチックス，合成ゴム，非セルロース系繊維などが，木材を中心とした生物資源から基本的に製造可能であるとしたうえで，1973年の米国におけるこれらの製品の生産量1800万トンの95％が，木材6500万トンから製造可能であると述べている。米国の木材資源蓄積量が100億トンを超えると予想されることを考えるならば，ここで述べられた「ウッドケミカルス」の可能性は決して非現実的なものであるとはいえない。また，このことは世界の木材を中心とした生物資源の可能性を示しているものでもある。

しかるに，今，我々の身の回りをみると，依然として真に「ウッドケミカルス」製品といえるものは極く限られている。その原因として，既にシステムの完成した「ペトロケミカルス」製品に比較してコスト，品質・性能的に問題を抱えていることに加えて，従来品の代替品の域を越えていないために，積極的に「ウッドケミカルス」に移行するモチベーションに欠けることが指摘されている。しかし，石油資源への過度の依存に対する反省が真剣に取り上げられている今こそ，生物資源に由来する特質を活かし，そのことを強く主張した製品開発が必要ではないだろうか。

「ウッドケミカルス」の各々の分野で活発な研究活動が続けられており，毎年非常に多くの成果が発表されている。本書では，関連分野の第一人者の方々にそれらの中から最新の研究動向を取りまとめて頂いた。これが今後の研究開発の一助になることを切に期待している。

2000年10月

東京大学　飯塚堯介

普及版の刊行にあたって

本書は2000年に『ウッドケミカルスの最新技術』として刊行されました。普及版の刊行にあたり，内容は当時のままであり加筆・訂正などの手は加えておりませんので，ご了承ください。

2007年6月

シーエムシー出版　編集部

執筆者一覧(執筆順)

飯塚 堯介	東京大学 大学院農学生命科学研究科 教授
	(現)東京家政大学 家政学部 教授
佐野 嘉拓	北海道大学 大学院農学研究科 応用生命科学専攻 生命有機化学講座 教授
鮫島 正浩	(現)東京大学 大学院農学生命科学研究科 生物材料科学専攻 教授
渡辺 隆司	(現)京都大学 生存圏研究所 生存圏診断統御研究系 バイオマス変換分野 教授
磯貝 明	(現)東京大学 大学院農学生命科学研究科 教授
志水 一允	(現)日本大学 生物資源科学部 森林資源科学科 教授
町原 晃	日本製紙㈱ 専務取締役 研究開発本部長
河村 昌信	日本製紙㈱ 化成品開発研究所 主任研究員
舩岡 正光	(現)三重大学 大学院生物資源学研究科 教授
安田 征市	名古屋大学 大学院生命農学研究科 森林化学研究室 教授
	(現)名古屋大学名誉教授
小野 拡邦	東京大学 大学院農学生命科学研究科 教授
	(現)工学院大学 工学部 応用化学科 教授
浦木 康光	(現)北海道大学 大学院農学研究院 応用生命科学部門 助教授
谷田貝 光克	東京大学 大学院農学生命科学研究科 教授
	(現)秋田県立大学 木材高度加工研究所 教授
大原 誠資	(現)㈱森林総合研究所 バイオマス化学研究領域 領域長
白石 信夫	京都大学名誉教授
岡部 敏弘	(現)青森県工業総合研究センター 研究調整監
廣瀬 孝	青森県工業試験場 漆工部
	(現)青森県工業総合研究センター 素材技術研究部 技師
鈴木 勉	(現)北見工業大学 化学システム工学科 教授
美濃輪 智朗	(現)㈱産業技術総合研究所 バイオマス研究センター バイオマスシステム技術チーム チーム長

執筆者の所属表記は,注記以外は2000年当時のものを使用しております。

目　次

第1章　序　論　　飯塚堯介

1.1　はじめに ……………………… 1 ｜ 1.2　バイオマスの資源量 ……………… 1

第2章　バイオマスの成分分離技術　　佐野嘉拓

2.1　はじめに ……………………… 6
2.2　現行の化学パルプ製造法による成分分離 ……………………… 7
2.3　無機酸や酵素による木材糖化法による成分分離 ……………………… 9
2.4　有機溶媒を用いたソルベント法による成分分離 ……………………… 11
　2.4.1　ソルベント法に用いられる溶媒 ……………………… 12
　2.4.2　ソルベント法による分離プロセス ……………………… 13
　2.4.3　リグニンの加溶媒分解による脱リグニン機構 ……………………… 14
　2.4.4　アルコールを用いたバイオマスのソルベント分離法 ……………… 16
　2.4.5　フェノールまたはクレゾールによる成分分離 ……………………… 21
　2.4.6　有機酸による成分分離 ……… 22
　2.4.7　高沸点アルコール溶媒を用いたHBS法による成分分離 ……… 27
2.5　蒸煮・爆砕法による成分分離 ……… 31

第3章　セルロケミカルスの新展開

3.1　酸加水分解 …………… 飯塚堯介 … 35
　3.1.1　はじめに ……………………… 35
　3.1.2　セルロースの酸加水分解機構 ……………………… 37
　3.1.3　酸加水分解における単糖の安定性 ……………………… 38
　3.1.4　濃酸処理とセルロースの酸加水分解 ……………………… 39
　3.1.5　酸加水分解プロセス（酸糖化プロセス） ……………………… 40
　　3.1.5.1　濃酸法 ……………………… 40
　　3.1.5.2　希酸法 ……………………… 42
　3.1.6　最近の世界における酸糖化プロセス実用化の試み ……………… 45

- 3.2 酸素加水分解 ………… **鮫島正浩**… 49
  - 3.2.1 はじめに ……………………… 49
  - 3.2.2 セルラーゼによるセルロース分子鎖の認識と加水分解 ………… 49
  - 3.2.3 セルラーゼによるセルロースミクロフィブリルの認識と分解 … 54
  - 3.2.4 セルラーゼの分類，分子構造とその機能 …………………………… 59
  - 3.2.5 セルラーゼによるセルロース繊維加水分解とその応用 ………… 62
- 3.3 発酵生産物 …………… **渡辺隆司**… 66
  - 3.3.1 セロオリゴ糖およびその誘導体 …………………………………… 66
    - 3.3.1.1 セロオリゴ糖の消化性 …… 66
    - 3.3.1.2 セロオリゴ糖の短鎖脂肪酸発酵能 ……………………… 68
    - 3.3.1.3 セロオリゴ糖の脂質代謝への影響 ……………………… 69
    - 3.3.1.4 *Streptococcus mutans* のセロビオース発酵性 ……… 70
    - 3.3.1.5 セロオリゴ糖の微生物に対する生理機能 …………… 71
    - 3.3.1.6 セロオリゴ糖の誘導体化 … 71
  - 3.3.2 グルコースの発酵生産物 ……… 73
    - 3.3.2.1 酸化還元反応によるグルコースの変換 ………………… 73
    - 3.3.2.2 グルコースの異性化反応 … 75
    - 3.3.2.3 グルコースの酵素的エステル化反応 …………………… 76
  - 3.3.3 セルロース資源のメタン発酵 … 76
  - 3.3.4 セルロース資源のエタノール発酵 …………………………………… 78
    - 3.3.4.1 エタノール発酵技術 ……… 78
    - 3.3.4.2 エタノール発酵の今後 …… 81
- 3.4 機能性セルロース誘導体
  …………………………… **磯貝　明**… 85
  - 3.4.1 はじめに ……………………… 85
  - 3.4.2 セルロースに対する化学反応の種類 …………………………………… 86
  - 3.4.3 エステル化およびカルバメート化 …………………………………… 87
    - 3.4.3.1 酢酸セルロース ………… 89
    - 3.4.3.2 新しいエステル化法とエステル類 ……………………… 91
    - 3.4.3.3 セルロースエステル類の分析 …………………………… 92
  - 3.4.4 エーテル化 ………………… 93
    - 3.4.4.1 カルボキシメチルセルロース（CMC）……………… 94
    - 3.4.4.2 新しいエーテル化法とエーテル類 ……………………… 94
    - 3.4.4.3 セルロースエーテル類の分析 …………………………… 96
  - 3.4.5 グラフト化 ………………… 97
  - 3.4.6 酸化 ………………………… 97
  - 3.4.7 おわりに …………………… 99

第4章　ヘミセルロースの利用技術　　志水一允

- 4.1 はじめに ………………………… 104
- 4.2 木材ヘミセルロース ……………… 105
  - 4.2.1 木材ヘミセルロースの種類 …… 105
  - 4.2.2 木材ヘミセルロースの化学構造 ……………………………… 108
    - 4.2.2.1 キシラン ………………… 108
    - 4.2.2.2 グルコマンナン ………… 109
    - 4.2.2.3 ガラクタン ……………… 110
    - 4.2.2.4 アラビノガラクタン ……… 111
    - 4.2.2.5 リグニン・炭水化物複合体（lignin-carbohydrate complex） ………………………… 111
- 4.3 木材ヘミセルロースの抽出方法 …… 112
- 4.4 木材ヘミセルロースからのオリゴ糖の製造方法 ………………………… 112
  - 4.4.1 広葉樹キシランからのオリゴ糖 ………………………………… 115
    - 4.4.1.1 広葉樹キシランから酸加水分解によって得られるオリゴ糖 ……………………… 115
    - 4.4.1.2 広葉樹キシランから酸素加水分解によって得られるオリゴ糖 ……………………… 116
    - 4.4.1.3 蒸煮によるオリゴ糖の製造 ………………………………… 117
  - 4.4.2 針葉樹からのオリゴ糖 ……… 121
    - 4.4.2.1 針葉樹キシランからのオリゴ糖 ……………………… 121
    - 4.4.2.2 針葉樹グルコマンナンからのオリゴ糖 ……………… 121
- 4.5 木材ヘミセルロースの利用技術 …… 121
  - 4.5.1 生理活性物質としての利用の可能性 ………………………… 122
    - 4.5.1.1 ヘミセルロースの抗腫瘍活性 ……………………… 122
    - 4.5.1.2 食物繊維（ＤＦ）としての生物活性 ………………… 123
    - 4.5.1.3 アラビノガラクタンの生理活性 ……………………… 124
    - 4.5.1.4 オリゴ糖の食品としての機能 ………………………… 124
    - 4.5.1.5 キシロオリゴ糖の特性 …… 125
- 4.6 おわりに ………………………… 125

第5章　リグニンの利用技術

- 5.1 リグニン利用の現状 ………………町原 晃, 河村昌信…… 127
  - 5.1.1 はじめに ……………………… 127
  - 5.1.2 北米, 西欧, 日本のリグニン製品利用状況 ………………… 127
  - 5.1.3 日本のリグニン製品利用状況の

	変遷 ……………………………… 129	
5.1.4	高付加価値用途 ……………… 130	
5.1.4.1	コンクリート減水剤 ……… 130	
5.1.4.2	染料分散剤 ………………… 132	
5.1.5	新技術，新用途 ……………… 134	
5.1.5.1	鉛蓄電池の負極添加剤 …… 134	
5.1.5.2	生分解性材料 ……………… 135	
5.1.6	技術的課題 …………………… 136	
5.2	低分子化 ……………舩岡正光… 138	
5.2.1	はじめに ……………………… 138	
5.2.2	リグニン構造制御のキーポイント ……………………………… 139	
5.2.3	構造選択的低分子化 ………… 140	
5.2.3.1	相分離系変換システム …… 140	
5.2.3.2	核交換反応 ………………… 149	
5.2.4	構造非選択的低分子化 ……… 153	
5.2.4.1	オゾン酸化 ………………… 153	
5.3	高分子リグニンの機能性化 ………………………安田征市… 158	
5.3.1	はじめに ……………………… 158	
5.3.2	グラフト共重合物 …………… 159	
5.3.3	凝集剤 ………………………… 160	
5.3.4	イオン交換樹脂 ……………… 160	
5.3.5	界面活性剤 …………………… 164	
5.4	リグニンの樹脂化 ……小野拡邦… 168	
5.4.1	はじめに ……………………… 168	
5.4.2	リグニンのブレンドによる樹脂化（接着剤化）………………… 168	
5.4.3	リグニン自体の高分子化 …… 168	
5.4.4	リグニンの化学変性による高分子化 ……………………………… 169	

5.4.4.1	ヒドロキシメチル化 ……… 169	
5.4.4.2	フェノール化 ……………… 169	
5.4.4.3	ヒドロキシアルキル化によるリグニンベースポリエーテルポリオール ……………… 170	
5.4.4.4	カプロラクトン誘導体化によるリグニンベースポリエステルポリオール ………… 171	
5.4.4.5	エポキシ化 ………………… 172	
5.4.4.6	リグニン系ポリウレタン樹脂 …………………………… 173	
5.4.4.7	リグニンのグラフト化 …… 175	
5.4.5	おわりに ……………………… 175	
5.5	リグニンの炭素繊維化 ………………………浦木康光… 178	
5.5.1	はじめに ……………………… 178	
5.5.2	リグニン系ＣＦの歴史 ……… 178	
5.5.3	リグニン系ＣＦ製造の一般的工程 ……………………………… 180	
5.5.3.1	原料の調製と紡糸 ………… 180	
5.5.3.2	不融不溶化 ………………… 185	
5.5.3.3	炭素化 ……………………… 187	
5.5.4	リグニン系ＣＦの利用 ……… 188	
5.5.4.1	リグニン系ＣＦ強化コンクリート ……………………… 188	
5.5.4.2	リグニン系活性炭素繊維 ……………………………… 189	
5.5.5	リグニン系炭素材料の今後の展開 ……………………………… 192	

第6章　抽出成分の利用技術

6.1　テルペン類の利用 … 谷田貝光克 … 194
  6.1.1　はじめに …………………… 194
  6.1.2　精油 ………………………… 195
    6.1.2.1　主な樹木精油 ……………… 195
    6.1.2.2　国産樹種精油生産の実状 … 198
    6.1.2.3　精油生産技術の開発 ……… 200
    6.1.2.4　精油の利用 ………………… 202
  6.1.3　樹脂 ………………………… 204
  6.1.4　テルペン類の生物活性 …… 207
  6.1.5　おわりに …………………… 210
6.2　タンニン類の利用 …… 大原誠資 … 212
  6.2.1　はじめに …………………… 212
  6.2.2　タンニンの分類 …………… 212
  6.2.3　分布，含有量 ……………… 213
  6.2.4　化学特性 …………………… 214
  6.2.5　タンニンの機能 …………… 216
    6.2.5.1　タンパク質吸着能 ………… 216
    6.2.5.2　抗酸化作用 ………………… 217
    6.2.5.3　抗ウィルス作用 …………… 217
    6.2.5.4　シロアリに対する抗蟻性
    ………………………………… 217
    6.2.5.5　抗菌性 ……………………… 218
    6.2.5.6　抗う蝕作用 ………………… 219
    6.2.5.7　化粧品の美白作用 ………… 220
    6.2.5.8　ＶＯＣ吸着能 ……………… 220
  6.2.6　タンニンの利用開発 ……… 222
    6.2.6.1　接着剤 ……………………… 222
    6.2.6.2　重金属吸着材 ……………… 222
    6.2.6.3　木材防腐剤 ………………… 223
    6.2.6.4　ポリウレタン ……………… 223
    6.2.6.5　液状炭化物 ………………… 224
    6.2.6.6　プラスチック様成型物 …… 224

第7章　木材のプラスチック化　　白石信夫

7.1　はじめに …………………………… 227
7.2　プラスチック化木材 ……………… 228
  7.2.1　木材の持つ本来の熱可塑性 … 228
  7.2.2　木材をプラスチック材料に変える ……………………………… 229
  7.2.3　プラスチック化木材の熱流動性について ……………………… 230
  7.2.4　化学修飾木材の熱流動性を高める ……………………………… 231
  7.2.5　プラスチック化木材の利用 … 232
  7.2.6　プラスチック化木材の生分解性
  …………………………………… 233
7.3　セルロースを利用した生分解性プラスチック ……………………………… 234
7.4　液化木材 …………………………… 237
  7.4.1　はじめに …………………… 237
  7.4.2　化学修飾木材の溶液化 …… 237
  7.4.3　無処理木材の液化 ………… 237
  7.4.4　木材の液化機構 …………… 239
    7.4.4.1　リグニンの液化機構 ……… 240

7.4.4.2	セルロースの液化機構 …… 251	7.5	バイオプラスチック関連製品の安全性	254
7.4.5	液化木材の利用 …………… 252			

第8章　ウッドセラミックス　　岡部敏弘，廣瀬　孝

8.1	はじめに ………………………… 257
8.2	ウッドセラミックスとは ……… 257
8.3	環境材料としての位置づけ …… 262
8.4	古紙を用いたウッドセラミックス … 264
8.4.1	はじめに ……………………… 264
8.4.2	実験方法 ……………………… 265
8.4.2.1	供試材料 ………………… 265
8.4.2.2	実験装置 ………………… 265
8.4.2.3	解繊条件 ………………… 265
8.4.2.4	繊維長と未解繊率の測定 … 265
8.4.2.5	混合条件 ………………… 266
8.4.2.6	成型条件 ………………… 266
8.4.2.7	曲げ試験 ………………… 266
8.4.2.8	含浸条件 ………………… 266
8.4.2.9	焼成試験 ………………… 266
8.4.2.10	体積抵抗率の測定 ……… 267
8.4.3	結果および考察 ……………… 267
8.4.3.1	繊維長と未解繊率 ……… 267
8.4.3.2	古紙ボードの強度試験 … 268
8.4.3.3	体積固有抵抗率の比較 … 269
8.4.4	結論 …………………………… 270
8.5	食品乾燥用遠赤外線ヒーター …… 270
8.5.1	はじめに ……………………… 270
8.5.2	実験方法 ……………………… 271
8.5.2.1	供試材料 ………………… 271
8.5.2.2	動作，乾燥試験 ………… 271
8.5.3	結果および考察 ……………… 272
8.6	住宅用遠赤外線ヒーターの検討 …… 272
8.6.1	はじめに ……………………… 272
8.6.2	実験方法 ……………………… 272
8.6.2.1	供試材料 ………………… 272
8.6.2.2	遠赤外線放射率の測定 … 273
8.6.2.3	表面温度分布の観測 …… 273
8.6.3	結果および考察 ……………… 273
8.6.4	まとめ ………………………… 274
8.7	新しいウッドセラミックスの開発 … 275
8.7.1	はじめに ……………………… 275
8.7.2	実験 …………………………… 275
8.7.2.1	供試材料 ………………… 275
8.7.2.2	含浸用液化物の調整 …… 275
8.7.2.3	含浸および製炭 ………… 276
8.7.2.4	寸法，重量変化の測定 … 276
8.7.2.5	圧縮試験 ………………… 276
8.7.2.6	体積固有抵抗率の測定 … 276
8.7.2.7	表面観察 ………………… 276
8.7.3	結果および考察 ……………… 276
8.7.3.1	含浸法 …………………… 276
8.7.3.2	炭化後の収縮率，残炭率 … 277
8.7.3.3	圧縮強度 ………………… 279
8.7.3.4	体積固有抵抗率 ………… 279
8.8	ウッドセラミックスの今後の展開 … 279

第9章　エネルギー資源としての木材　　鈴木　勉，美濃輪智朗

9.1　はじめに ………………………… 282
9.2　直接燃焼－発電 ………………… 283
　9.2.1　燃焼過程 …………………… 283
　9.2.2　燃焼の課題 ………………… 284
　9.2.3　燃焼炉と排熱回収技術 …… 285
9.3　常法熱分解 ……………………… 286
　9.3.1　熱分解過程 ………………… 287
　9.3.2　熱分解プロセス …………… 287
　9.3.3　生成物の性状と用途 ……… 289
9.4　急速熱分解 ……………………… 289
　9.4.1　急速加熱による熱分解過程 …… 289
　9.4.2　急速熱分解プロセス ……… 290
　9.4.3　熱分解油の性状と用途 …… 291
　9.4.4　熱分解油の改質処理 ……… 292
9.5　ガス化 …………………………… 293
　9.5.1　ガス化過程 ………………… 293
　9.5.2　ガス化プロセス …………… 294
　9.5.3　生成ガスの利用と用途 …… 297
9.6　高圧プロセス …………………… 298
　9.6.1　高温高圧熱水中の分解過程 …… 299
　9.6.2　高圧接触液化（油化）プロセス
　　　　 ………………………………… 299
　9.6.3　高圧ガス化（低温ガス化，超臨
　　　　 界水ガス化）プロセス ……… 300
9.7　その他 …………………………… 302
　9.7.1　自燃式炭化，繊維木材の低温炭
　　　　 化，マイクロ波による急速炭化
　　　　 ………………………………… 302
　9.7.2　RDF ………………………… 304
　9.7.3　バイオブリケット ………… 305

第1章 序　論

飯塚堯介*

1.1　はじめに

　20世紀を終えるに当たり，今我々のまわりにはあまりにも多くの問題が山積している。地球温暖化，砂漠化，酸性雨に代表されるいわゆる地球環境問題，人口問題，食糧問題，エネルギー問題等の諸問題は決してそれぞれが別個の問題ではなく，互いに極めて緊密に関連していることは周知の通りである。発展途上国における人口の急増は，その国に深刻な食糧問題を引き起こし，さらにはその対策として森林の農地への転換，森林資源の燃料としての過度の伐採等につながることになる。先進諸国における問題はそれ以上に深刻であるといわざるを得ない。我々が追い求めてきた文化的で快適な生活は，その多くを化石資源に依拠したものであるが，結果として地球温暖化に代表されるもろもろの問題が噴出してきている。また，本来有限な資源である化石資源，とりわけ石油資源の不足が今後半世紀以内に現実の問題となるとされている。そして，再生可能な資源であるバイオマス資源に対する期待が従来にもまして高まっており，そのための技術開発に関する研究も世界的に活発に行われている。「ウッドケミカルスの最新技術」と題する本書においては，このような状況の中で木材を中心としたバイオマス資源の化学製品およびエネルギー資源への変換技術の最新の動向について取りまとめ，どのような技術の開発が大きなブレークスルーをもたらすことになると予想できるのか等について明らかにすることを目的としている。

　第2次石油ショック直後の1983年1月に「ウッドケミカルスの先端技術と展望」と題する前書が，中野準三，原口隆英両先生の監修によってシーエムシー社から刊行されている。それ以来17年を経過した今，本書が出版されることは，まさに時代の要請ということであろう。

1.2　バイオマスの資源量

　地球上には熱帯多雨林，熱帯季節林，温帯林，温帯草原，砂漠・半砂漠，耕地等，多様な生態系のタイプがあるが，それらにおける植物系バイオマス資源（ここでは以下，単にバイオマス資源という）の賦存量および賦存密度をとりまとめたWhittakerによると（表1）[1]，密度的にも，ま

─────────
　＊Gyosuke Meshitsuka　東京大学大学院農学生命科学研究科　教授

表1 世界の主要生態系の純生産量と植物賦存量

生態系のタイプ	面積 $10^6 km^2$	単位面積当たりの純生産 $g/m^2/$年		世界の純生産 10^9トン/年	単位面積当たりの植物量 kg/m^2		世界の植物量 10^9トン
		範囲	平均		範囲	平均	
熱帯多雨林	17.0	1,000～3,500	2,200	37.4	6～80	45	765
熱帯季節林	7.5	1,000～2,500	1,600	12.0	6～60	35	260
温帯林	12.0	600～2,500	1,300	14.9	6～200	35	385
亜寒帯針葉樹林	12.0	400～2,000	800	9.6	6～40	20	240
疎林・低木林	8.5	250～1,200	700	6.0	2～20	6	50
サバンナ	15.0	200～2,000	900	13.5	0.2～15	4	60
温帯草原	9.0	200～1,500	600	5.4	0.2～5	1.6	14
ツンドラ・高山	8.0	10～400	140	1.1	0.1～3	0.6	5
砂漠・半砂漠	18.0	10～250	90	1.6	0.1～4	0.7	13
岩質砂漠・氷原	24.0	0～10	3	0.07	0～0.2	0.02	0.5
耕地	14.0	100～3,500	650	9.1	0.4～12	1	14
沼沢地	2.0	800～3,500	2,000	4.0	3～50	15	30
湖沼・河川	2.0	100～1,500	250	0.5	0～0.1	0.02	0.05
陸地合計	149		773	115		12.3	1,837
外洋	332.0	2～400	125	41.5	0～0.005	0.003	1.0
湧昇流海域	0.4	400～1,000	500	0.2	0.005～0.1	0.02	0.008
大陸棚	26.6	200～600	360	9.6	0.001～0.04	0.01	0.27
藻場・サンゴ礁	0.6	500～4,000	2,500	1.6	0.04～4	2	1.2
入江	1.4	200～3,500	1,500	2.1	0.01～6	1	1.4
海洋合計	361		152	55.0		0.01	3.9
地球合計	510		333	170		3.6	1,841

(H.Lieth, and R.H.Whittaker, 1975)

た量的にも熱帯多雨林の資源量が際立っている。熱帯多雨林における単位面積当たりのバイオマス資源の年間生産量は平均45kg/m^{2}に達しており，これは温帯林における年間生産量35kg/m^{2}の1.4倍弱にも達しており，同地域の高いバイオマス生産性を示している。また，世界の陸上に賦存する総バイオマス蓄積量の実に40％強が熱帯多雨林に分布していることも注目に値するといえる。さらに興味深いことは，熱帯地域では総蓄積量の4％程度に相当する量が，温帯林では3％程度の量が毎年新しく蓄積していると見積もられていることである。一方，農耕地におけるバイオマス資源の賦存密度が，森林のそれの1/45ないし1/35程度に過ぎないことは，農作物が通常一年生であるのに対し，森林においては樹木として永年月にわたってバイオマス資源が蓄積されることによる。バイオマス資源の中心である木材資源に限定してみるならば，世界の総蓄積量が3270億m^{3}と見込まれるのに対し，表2[2)]に示すように，その約1.1％に相当する33.5億m^{3}が毎年燃料として，あるいは工業原料として利用されている。興味深いことは，薪炭材としての利用が世界の木材利用の約55％に達しており，その量および木材利用に占める割合は近年僅かでは

表2 世界の森林資源（1996年）

	単位	日本	米国	カナダ	ブラジル	チリ	オーストラリア	ニュージーランド	インドネシア	スウェーデン	フィンランド	世界計
森林面積	百万ha	25	213	245	551	8	41	8	110	24	20	3,454
森林率（総面積に対する森林面積比率）	%	66.8	23.2	26.5	65.2	10.5	5.4	29.4	60.6	59.3	65.8	26.6
木材生産 Roundwood(林地残材,倒木等を含む)	百万m³	23	495	188	220	31	23	17	201	56	47	3,354
木材輸入	百万m³	48	3	7	—	—	—	—	—	6	7	129
木材輸出	百万m³	—	21	3	2	6	8	6	2	2	1	126
パルプ材生産 Pulpwood + Particles	百万m³	6	150	31	31	11	10	4	12	21	21	414
薪炭材生産 Fuelwood + Charcoal	百万m³	—	89	5	136	10	3	—	154	4	4	1,865
用材生産 Industrial Roundwood	百万m³	23	407	183	85	21	20	17	47	53	43	1,490

（注）「—」は50万m³未満

資料：State of the World's Forests 1997
Yearbook of Forest Products 1996, FAOほか

あるが増加の傾向にあることである。我が国あるいは他の先進諸国における薪炭材としての利用はごく限られたものであるが，インドネシア，タイ等の発展途上国においては木材利用の多くが薪炭材としてのそれであることに起因している。換言するならば，これらの地域における人口の増加は，薪炭材としての木材の消費を今後とも増加させていくことになろう。一方，工業原料としての利用では，住宅用材，紙・パルプ原料としての利用がその中心であり，パルプ・紙原料としての利用はそのうちの約25％，木材消費全体の約12％を占めている。今後は技術開発によって建築分野については耐久性の増大および建築廃材の再生利用の拡大，紙・パルプについては古紙利用の拡大，建築残廃材あるいは他の低質原料の利用の促進等，木材資源の一層有効な利用を計って行くことが重要である。

　木材以外のバイオマス資源を一般に非木材資源といい，イネワラ，ムギワラ，竹，ヨシ，アシ，バガス等，極めて多様なものがある。非木材資源は1年間を通じて採取できるのではなく，年間の特定の時期にのみ得られるため，長期の貯蔵が必要であること，木材に比較して薄く広い範囲に分布しており，木材以上に収穫・運搬のコストがかかること等，それを資源として利用する上で，木材にはない問題を含んでいる。しかし，全世界で生産されている米，麦の量から計算されるワラ類の総量が13億トンにも達すると予想されるが，この量は前出の世界の総木材資源利用量34.5億m³（比重0.5として約17億トン）に近い値である。その他の非木材資源を加えた総量が，木材資源の利用量を超えることは想像に難くない。このように考えると，非木材資源の利用技術の開発についても一層真剣な検討が必要であるといえよう。因みに，中国においては年間1700万トン以上生産されてる製紙用パルプの実に85％がムギワラ，イネワラを中心とした非木材資

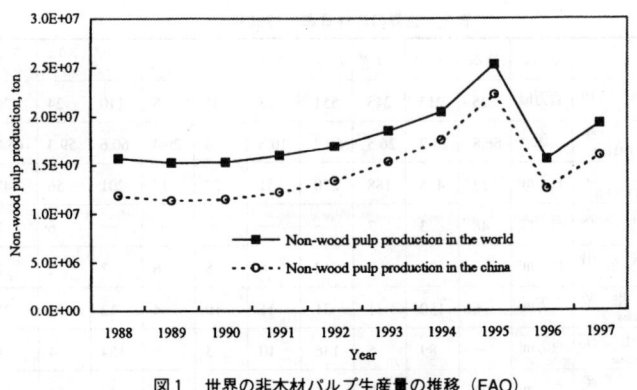

図1 世界の非木材パルプ生産量の推移 (FAO)

源から生産されているといわれる。しかし，これらの資源，特にイネワラ中には多量のシリカが存在しており，小規模工場においてはパルプ製造廃液の処理を極めて困難にしている。未処理のまま環境に放出された廃水による水系の汚濁が深刻となり，1996年には多くの小規模工場が生産中止に追い込まれたことは周知のとおりである。その結果は図1[3]に示した世界の非木材パルプ生産量の推移からも明らかである。世界第3位のパルプ生産国である中国で，パルプ製造原料の多くを現在の非木材資源から木材に移行することとなれば，世界の木材資源の受給に極めて大きな影響を及ぼすことは間違いのないところである。以上は，紙パルプの製造における1例ではあるが，いずれの用途についても，非木材資源の利用に関する技術開発が木材のそれに比較して立ち遅れていることは明らかである。

　木材を中心としたバイオマス資源由来の化学製品をここではウッドケミカルスと総称するが，その利用のうち，主要なものには以下の4項目がある。①直接的な液化，あるいはガス化によるもの。ここで得られた生成物は燃料として，あるいは成分分離ののち化学工業原料として使用される。②炭化による「炭」の製造。燃料として以外にも，炭の多様な用途が注目されている。③主要構成成分セルロース，ヘミセルロース，リグニンの化学工業原料としての利用。④セルロースからの燃料用エタノールの製造。これらのうち，③の目的には木材の主成分分離技術により，それぞれの成分が予めできるだけ純粋な状態で分離されることが不可欠であることはいうまでもない。これらの利用は，炭化の場合を除き，いずれも実用化に至っていないか，ごく部分的に実用化が試みられている段階であり，この点では住宅用材，あるいは紙パルプ原料としての利用と大きく異なった状況にあるといえる。これはバイオマス資源には再生産性，賦存量，低環境負荷性等の他の資源では得難い特徴があるものの，それから生産されるウッドケミカルスには性能，品質面で，従来から使用されてきた石油由来の製品（ペトロケミカルス）に及ばない面が多く残

されていることによる．すなわち，ウッドケミカルスの利用が，ペトロケミカルスの代替品の域をでないことを意味している．その原因の一つには，各成分への成分分離が十分になされていないこともあると考えられる．植物資源から分離されたセルロース由来のセルロケミカルスには少量ながらヘミセルロース由来の成分が混入することが多く，そのことが用途を制限する要因になっているのではないかと考えられる．また，リグニン製品には多糖由来の成分が含まれることが多い．

今後，ウッドケミカルスの実用化が時代の要請に応えて大きく進展し，21世紀が文字通り生物資源の時代となるためには，ウッドケミカルスの抱える諸問題の解決に関連分野の研究者の総力を挙げて取り組むとともに，ペトロケミカルスにはない優れた特性を積極的に見出していくことが重要であろう．これによって，ペトロケミカルスの代替物ではない，ウッドケミカルスの用途が拡がるものと期待される．そのような意味からも，本書において関連した技術開発の最近の動向を取りまとめることは意義あるものと考えている．

文　献

1) H.Lieth, R.H.Whittaker, 日本木材学会編，バイオマスの利用技術，p9（1991）
2) 紙・パルプ，日本製紙連合会編，No.603, p16（1999）
3) FAO統計（1997）

第2章　バイオマスの成分分離技術

佐野嘉拓*

2.1 はじめに

ポスト石油時代には木質バイオマス（以下バイオマス）を循環型資源として広範に有効利用する技術の確立が必要である。バイオマスは図1に示すように，森林資源から直接的に産出される木材（間伐・除伐材，伐根，樹皮や枝葉を含む）の他に，建築廃材や古紙などの都市ゴミ，わら類やバガスなどの農業廃棄物，ケナフなどの繊維栽培植物など多岐にわたる。

代表的なバイオマスである木材の化学組成を図2に示す。概算で50％のセルロース，20〜30％のヘミセルロースおよび20〜30％のリグニンから構成され，セルロースは鉄筋コンクリートの鉄筋に類する存在であり，ヘミセルロースとリグニンの多くは物理的または化学的に相互に入り組んだコンクリートに類する物質として存在している。また，リグニンの一部は強固な樹体を形成するために，細胞と細胞の間に存在して細胞を相互に接着し，強固な維管束構造を形成する役割を担っている。バイオマス成分を有用な用途に変換・利用するには，何よりもまず，省エネルギー，省資源，環境に温和な方法で各成分を不都合な変質をさせずに，別々に分離する必要がある。これまでに表1に大別される数多くのバイオマス成分分離技術が提案されている。これらの多くはバイオマス成分の効率的総合利用を目的としたものではなく，木材からセルロースを

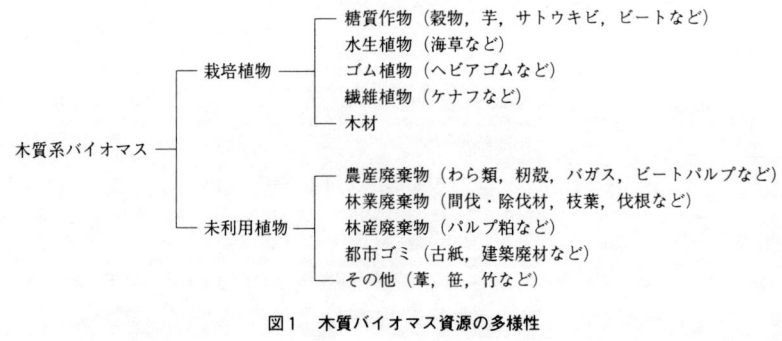

図1　木質バイオマス資源の多様性

＊Yoshihiro Sano　北海道大学大学院農学研究科　応用生命科学専攻生命有機化学講座　教授

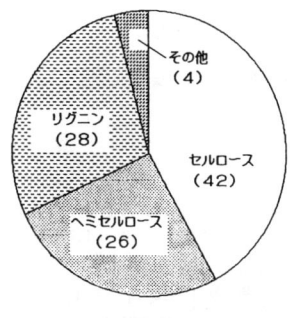
エゾマツ材の化学組成

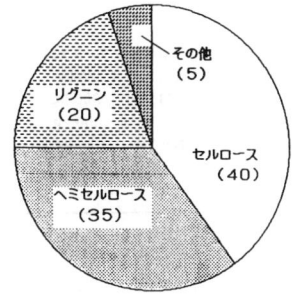
シラカンバ材の化学組成

図2　シラカンバ材とエゾマツ材の化学組成

表1　主要なバイオマスの成分分離技術とその特徴

1. 現行の化学パルプ製造法(クラフト法)・・・セルロース以外の成分は燃料に使用する
2. 無機酸によるバイオマス糖化法・・・セルロースはグルコース，ヘミセルロースは単糖類またはフルフラールなど，リグニンは酸加水分解リグニンとして分離する
3. 酵素によるバイオマス糖化法・・・セルロースはグルコースに，リグニンとヘミセルロースは前処理で分離し，ケミカルスに使用する
4. 蒸煮・爆砕法・・・広葉樹チップが対象で，蒸煮・爆砕した後，別の分離操作でセルロース，ヘミセルロース，リグニンに分離・利用する
5. 低沸点有機溶媒によるソルベント法・・・アルコール，メタノールなどを用いた高温高圧処理でセルロース，リグニンおよびフルフラールに分離する
6. 高沸点有機溶媒によるソルベント法・・・酢酸，プロピレングリコール(PG)などを用いて，酢酸では硫酸等の触媒のもとで還流抽出し，セルロース，単糖類，リグニンを分離し，PGなどでは高温低圧処理でセルロースとリグニンを分離する

化学パルプとして分離するものであるが，バイオマス成分分離法としても重要であるので，最新の方法を含むこれらの分離法について概説する。

2.2　現行の化学パルプ製造法による成分分離

木材から無機薬剤を用いて化学パルプ（以下パルプ）を製造するプロセスもバイオマス成分の分離技術の一つであり，木材からコンクリートと接着剤に類するリグニンを除き，鉄筋に類するセルロース繊維を分離する工程である。現行の主要な化学パルプ製造法であるクラフト法は完成度の高いパルプ製造プロセス（図3）であり[1]，全てのバイオマスからセルロースを強度特性の良好な製紙用パルプとして分離することができるし，パルプ化薬剤の再生方法が完成しているこ

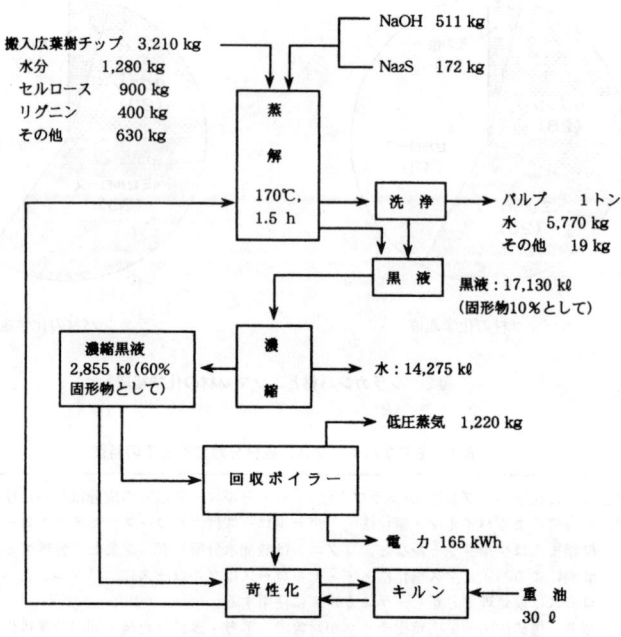

図3 クラフトパルプ製造プロセスの概要

とから，木材パルプ生産国ではパルプ生産量の70〜80％がクラフト法で製造されている。クラフト法は木材に対して25〜30％のアルカリ無機試薬（NaOHとNa₂S）を含む水溶液で木材チップを170℃前後の温度で数時間，加熱することにより行われている。このリグニンを除く過程で大部分のヘミセルロースがリグニンと一緒にパルプ（以下セルロースとする）から分離され，廃液（黒液）に溶け出す。使用した大量のアルカリ無機薬剤は黒液を濃縮し，回収炉で燃焼する操作で回収・再生し，繰り返し再利用されている。この薬剤の再生プロセスは多くのエネルギーを要するプロセスであるために，廃液に含まれる全てのリグニンとヘミセルロースはパルプ化薬剤の再生燃料として利用されている。アルカリ性の黒液を酸性化すると，黒液中のクラフトリグニンは沈殿物として回収できるが，水溶性のヘミセルロースとその変質物は大量の無機塩と混在するために，単離精製することは技術的にも経済的にも難しい。したがって，副産物，特にヘミセルロースの燃焼熱は表2に示すように重油の30％に過ぎないが，クラフト工場では黒液からリグニンやヘミセルロースをプロセス燃料として利用している。即ち，クラフト法は木材の50％を占めるセルロースのみを製紙原料として分離・利用し，パルプ廃液に含まれるリグニンとヘミセ

表2　バイオマス成分の燃焼熱

(単位：kcal/kg)

リグニン	6,100
リグニン水素化分解物	8,200
キシロース	3,200
フルフラール	5,100
40％リグニンを含むフルフラール溶液	5,400
重油	10,000～11,000
石炭	5,000～7,000
コークス	6,000～7,000

ルロースはプロセス燃料に利用するバイオマスの分離技術である。

2.3　無機酸や酵素による木材糖化法による成分分離

木材の無機酸や加水分解酵素による木材糖化法は国の内外で古くから研究されている分離法の一つである。詳細はセルロースの資源化で述べられるが，基本操作[2]は図4に示すような
① 木片の前加水分解によりヘミセルロースからフルフラールまたは単糖類を分離する，
② 残った木片を乾燥し，木粉に粉砕する，
③ 木粉を80％硫酸で主加水分解し，セルロースを水溶性のヒドロセルロースにする，
④ 水に不溶なリグニンを分離する，
⑤ 分離した水溶液から大部分の硫酸を拡散透析などで回収する，
⑥ 水溶液の硫酸濃度を10％に調製し，100分間煮沸し，ヒドロセルロースをグルコースに後加水分解する，
⑦ 後加水分解液から硫酸をアミン塩として分離・回収する，
⑧ 得られる糖液からブドウ糖の結晶を得る。

日本の多くの木材化学者などの協力により研究・開発されたこの濃硫酸による酸加水分解法は北海道法と呼ばれる。北海道法による木材糖化工場が1950年代に北海道の旭川で建造されたが，
⑨ 無機酸の拡散透析による回収技術，
⑩ 耐酸性反応装置の開発，
⑪ リグニンから無機酸の定量的な分離，
⑫ 加水分解リグニンの有効利用など
の技術的課題が十分に解決できないために，実際に製品を製造できないままに工場は閉鎖された。即ち，リグニンに含まれる痕跡の硫酸はリグニンを燃焼すると，燃焼炉を腐蝕・破損するために，リグニンを燃料にも使用できなかったし，拡散透析に使用する耐酸性イオン交換膜の製造技術が

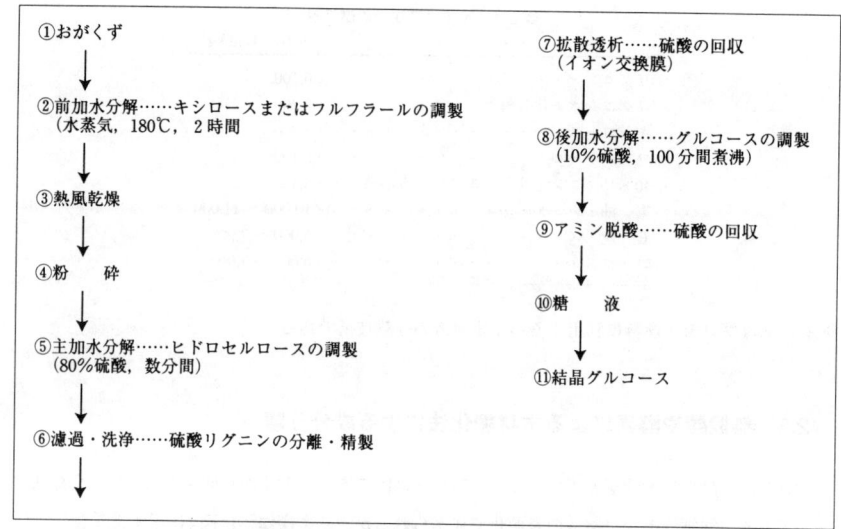

図4 濃硫酸による糖化プロセスによるバイオマスの成分分離

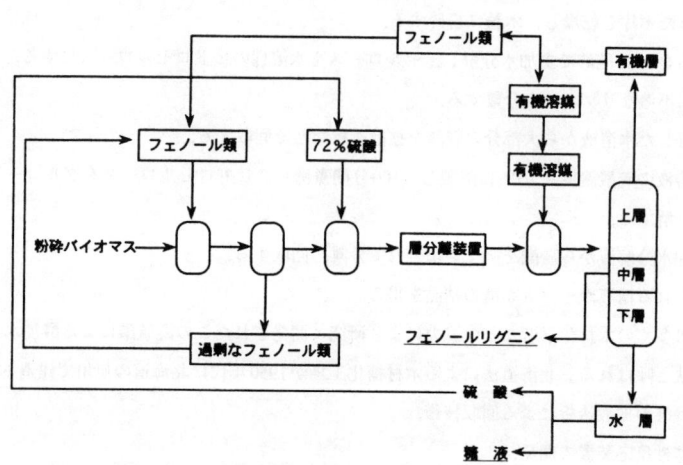

図5 フェノール類を用いた層分離法によるバイオマスの成分の分離

確立していなかったのが最大の原因と考えられる。現在，アメリカで計画されている酸加水分解法[3]では，硫酸を石膏として回収し，利用する計画であると推定される。使用する耐酸性装置は高価であるが，開発されたと報告されている。しかし，他の多くの課題はなお未解決のままの

ようである。

　最近，図5に一例するクレゾール等のフェノール類を用いた相分離法が提案されている[4]。相分離法は72％硫酸などの濃硫酸水溶液，クレゾールと木粉の混合物を反応し，炭水化物を単糖類に酸加水分解して水溶液に溶解し，リグニンをクレゾール層に溶かし出す。次に，クレゾールを蒸留して除き，クレゾールリグニン（CL）を分離し，水層から硫酸を回収し，糖液を分離するプロセスと考えられる。この方法は以前に提案された酸加水分解法[3]とフェノール類によるパルプ製造法[5]を組み合わせた方法であるが，木粉の製造，硫酸の回収・再利用などの課題やフェノール類の抱える溶媒特性や毒性などの課題の解決法は示されていない。フェノール類によるバイオマス成分の分離法の詳細は後述する。

　セルロース加水分解酵素であるセルラーゼを用いるセルロースの酵素糖化技術は最近のバイオテクノロジーの技術革新に伴ない急速な進展が期待される次世代の重要な分離技術である。詳細は後編に譲るが，現段階では

①パルプ化に使用するチップサイズの大きな木片は酵素糖化できない，

②微細な木粉でもセルロースを包理するリグニンを除去しなければ，セルロースは糖化できない，

③古紙は脱墨しなければ，糖化されない，

④わら類や籾殻の糖化には脱シリカの前処理が必要である。

したがって，最新のバイオテクノロジーで効率的な酵素糖化を行うためにも，まず，大部分のリグニンを温和で，省エネルギーなバイオマス成分の分離技術によりセルロースから分離する必要がある。

2.4　有機溶媒を用いたソルベント法による成分分離

　バイオマスをバイオマス変換によりケミカルスやバイオエネルギーなどに有効利用することが求められている。バイオマス変換の原料は紙パルプ原料のような良質なセルロース繊維を含むバイオマスである必要がなく，農産廃棄物，林業廃棄物（枝根や除伐材），都市ゴミ，劣悪古紙などで十分である。しかし，バイオマスを次世代の循環型資源として最大限に活用するには，これら低質廃棄物は元より，現在でも大量に使用されているパルプ材（チップ）もパルプ製造法を検討し，リグニンとヘミセルロースも最大限に有効利用する必要がある。即ち，いずれのバイオマスも次世代の要請（省エネルギー，無公害，省資源）を満足するプロセスで成分分離し，各成分の特性を最大限に活用した種々の用途に利用できる総合的な技術の構築が不可欠である。しかし，そのような次世代の要請に応えるバイオマスの成分分離技術は確立されていない。もし，バイオ

マスの分離技術が開発されるならば，次世代のバイオマスコンビナートの構築が可能である。
循環型資源を用いたバイオマスコンビナートは，
①木材チップおよび農業廃棄物や除・間伐材などの分散型バイオマスを小規模でも稼働できる成分分離プロセスによりセルロース，リグニン，ヘミセルロースおよび抽出成分に分離する，
②各成分は中央や周辺に位置するセルロース，リグニン，ヘミセルロースおよび抽出成分の各変換工場や製紙工場に搬入し，高度な製品に交換する。例えば，セルロースの変換工場として，各種のセルロース誘導体を調製する工場群であり，セルロースをセルラーゼなどでグルコースに変換する工場であり，グルコースを発酵や異性化により各ケミカルス，甘味料，食品添加物や界面活性剤などを製造する工場群であり，生分解性プラスチック工場であり，製紙工場などが考えられる。

勿論，バイオマスコンビナートのような大きな組織でなく，地域産業の振興としてバイオマス成分分離工場と部分的な変換工場を立ち上げることも可能である。

有機溶媒を用いたバイオマスの成分分離技術はこれらの要請に応える成分分離法としての特性を備えている。有機溶媒を用いたバイオマス成分の分離はこれまで，主として木材からパルプ（セルロース）を製造する技術として古くから研究され，種々の溶媒系を用いたパルプ化法が特許化されている。有機溶媒を用いたパルプ化法はオルガノソルベントパルプ化法やソルベントパルプ化法と呼ばれるが，その代表的な方法はエタノールを用いたパルプ製造法であり，1931年に研究が開始され[6]，クラフト法等の大量生産が可能な優れた方法が開発されたために長い間研究は中断されていた。しかし，オイルショックの1970年代に省エネルギー，無公害のパルプ化法として再認識され，研究が再開され[7]，半商業生産の段階に達している。これまでの研究はパルプの生産を目指したものであるが，基本的にはバイオマス成分分離と基軸が一緒であるから，ソルベント成分分離法を念頭に入れて最新の技術を紹介する。

2.4.1 ソルベント法に用いられる溶媒

ソルベント法に使用される有機溶媒はリグニンを可溶化できる水溶性の有機溶媒であり，有機溶媒を回収し，再利用するために単一の溶媒系が一般的に用いられる。リグニンの溶出を促進させるために少量の酢酸，無機酸やフェノール類を混合した溶媒系も使用されている。数多くの有機溶媒の使用が提案されているが，溶媒類は表3[7-35]に示す水よりも溶媒の低い低沸点系と水よりも沸点の高い溶媒系に大別される。

低沸点溶媒としてエタノールの他に[7-14]，メタノール，イソプロパノール，n-プロパノールなどが研究されている。高沸点溶媒には酢酸[27-31]，クレゾール[25]，フェノール[24,6]，ジメチルスル

表3 リグニンの加溶媒分解に利用されている有機溶媒と触媒

低沸点有機溶媒 （触媒）	EtOH[7-11]，EtOH（AlCl$_3$, H$_2$SO$_4$）[12]，EtOH（HCl）[13]，EtOH（MgSO$_4$）[14]，MeOH（NaOH）[15]，MeOH（NaOH-AQ）[16]，MeOH（NaOH-Na$_2$SO$_3$-AQ）[17]，ケトン類（NH$_3$）[18]，イソ-PrOH[Mg（HSO$_3$）$_2$][19]，n-PrOH（PHOH＋AcOH）[20]
高沸点有機溶媒 （触媒）	ジオキサン[21]，エチレングリコール（サリチル酸）[22]，THFA（HCl）[23]，フェノール[24]，フェノール（HCl）[5]，クレゾール[25]，ギ酸（HCl-H$_2$O$_2$）[26]，AcOH[27]，AcOH（PHOH）[28]，AcOH（HCl-H$_2$O$_2$）[29]，AcOH（HCl, H$_2$SO$_4$）[30]，AcOH-酢酸エチル[31]，モノエタノールアミン[32]，DMSO[33]，DMSO（H$_2$SO$_4$）[34]

EtOH：エタノール，MeOH：メタノール，PrOH：プロピルアルコール，AQ：アントラキノン，
THFA：テトラフルフリルアルコール，AcOH：酢酸，DMSO：ジメチルスルホキシド

ホキシド[33,34]，アルコール性高沸点有機溶媒類（HBS）[35]などがパルプ化溶媒に検討されている。

2.4.2 ソルベント法による分離プロセス

ソルベント法は溶媒の種類に関係なく，図6に示す分離プロセスからなる。即ち
① リグニンのソルボリシス（加溶媒分解）による可溶化，
② 可溶化しないセルロースの分離・洗浄，

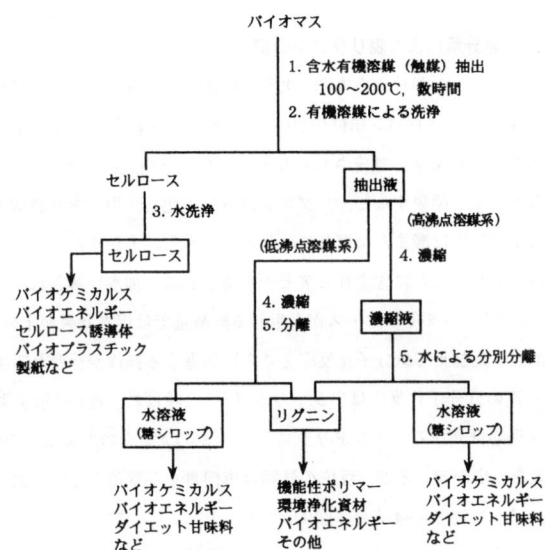

図6 ソルベント法によるバイオマスの成分分離と利用

③可溶化物からリグニンとヘミセルロース（またはフルフラールなどの糖変質物）の分別・分離，
④溶媒の回収・再利用の基本プロセスからなる。

リグニンを加溶媒分解するために，バイオマスを含水溶媒と共に，200℃前後の温度で数時間加熱するか，含水溶媒に酸や塩基の触媒を加え，100℃前後の低温度で加熱する。リグニンの加溶媒分解の処理の際に，リグニンと同時にヘミセルロースも低分子化し，ヘミセルロース分解物（糖類，フルフラールまたは糖変質物など）としてリグニン分解物と一緒に溶媒に溶け出す。しかし，リグニン分解物とヘミセルロース分解物は水により容易に分別・分離できる。フルフラールは水に不溶であるが，溶媒の回収の際に水蒸気蒸留または分留され，リグニンや他の糖類から分離できる。

無触媒の低沸点溶媒による加溶媒分解は，高温高圧の分離条件が必要であるが，反応液とセルロースの洗浄液から有機溶媒のみを留去し，残った水溶液からリグニンを容易に分離できる。高沸点溶媒では高温低圧の分離条件で成分分離ができるが，反応液と洗浄溶媒から溶媒を蒸留・回収する際に多くのエネルギーを消費する。著者らは高沸点溶媒の回収に要するエネルギー消費を極力抑えた環境に温和な成分分離法（HBS法）を開発し[35]，特許申請を行っている。詳細は後述する。

2.4.3　リグニンの加溶媒分解による脱リグニン機構

リグニンはフェニルプロパン単位からなる3次元網状構造の複雑な天然高分子ポリフェノールであり[36]，構成するフェニルプロパン単位の50～60％はβ-O-4結合で相互に結合している。官能基分析や酸化分解などの結果から推定されたリグニンの部分構造式を図7に示す。このβ-O-4結合を加溶媒分解などにより開裂すると，リグニンは低分子化し，用いた有機溶媒に易溶性となる。リグニンの低分子化反応は酸または塩基により促進される。木粉またはチップを含水有機溶媒で加熱すると，ヘミセルロースに含まれるアセチル基が酢酸に加水分解され，この酢酸が加溶媒分解を触媒する。しかし，ヘミセルロースから生じる酢酸量では促進効果が十分でないために，溶媒に酢酸や無機酸を少量加えて低分子化反応をさらに促進する操作が行われる場合がある。無機酸を触媒とした一連の低分子化反応はアシドリシス[37]と呼ばれ，図8に示すように硫酸と塩酸により脱リグニン反応は異なる。アシドリシスでは，β-O-4結合の開裂反応の他に転位反応，縮合反応などの複雑な反応が起こるが，反応の詳細は専門書をご覧頂きたい。他に熱弱酸性溶媒ではリグニンのフェノール性β-O-4結合は図9に示すホモリシス（均一反応）[38]や図10に示すシクロヘキサジエノン構造にエノールカルバニオン炭素が求核付加し，開裂する加溶媒分解（アルドソリシス aldosodysis）[39]が起こると考えられる。

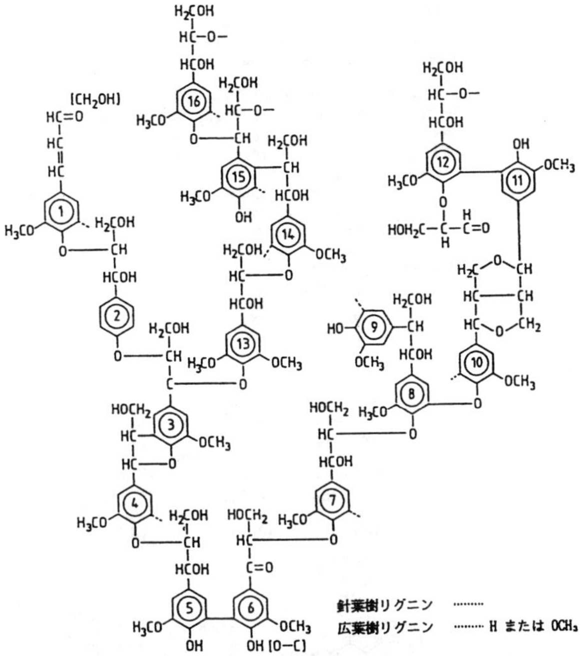

図7　リグニンの化学構造模型

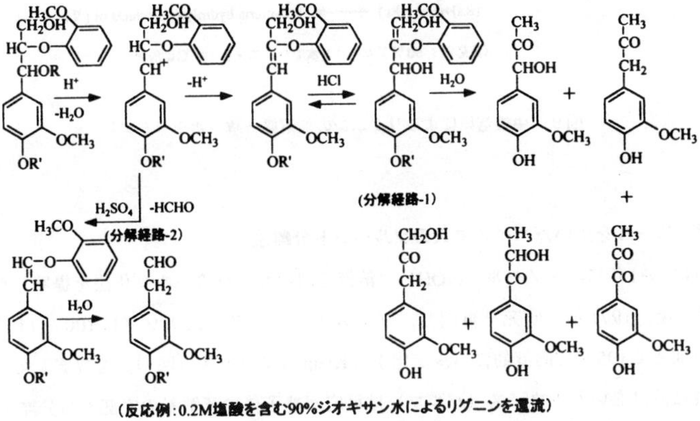

針葉樹リグニン　………
広葉樹リグニン　……… H または OCH₃

（反応例：0.2M塩酸を含む90%ジオキサン水によるリグニンを還流）

図8　無機酸を含む中性溶媒によるリグニンの加溶媒分解（アルドリシス）

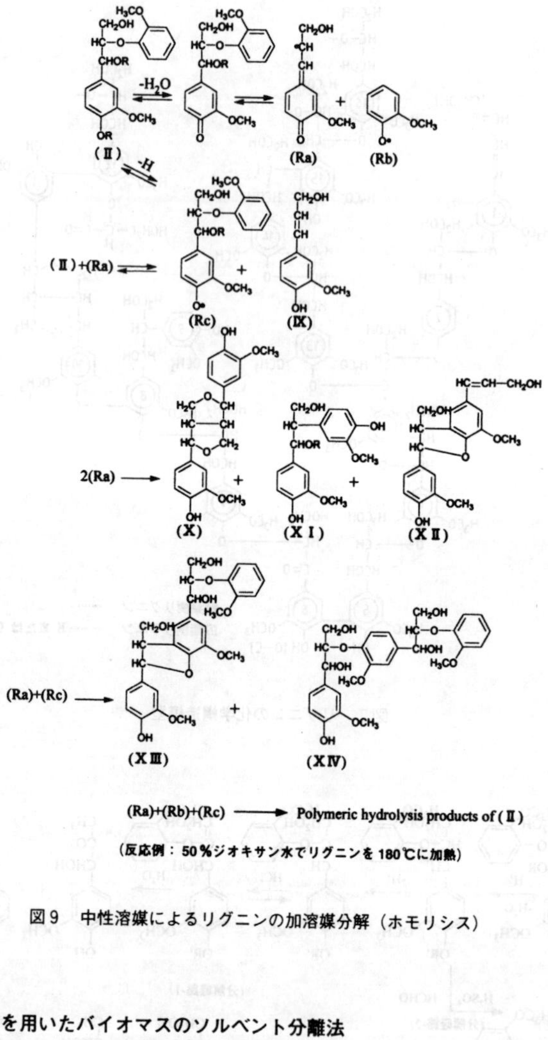

図9 中性溶媒によるリグニンの加溶媒分解（ホモリシス）

（反応例：50％ジオキサン水でリグニンを180℃に加熱）

2.4.4 アルコールを用いたバイオマスのソルベント分離法

Kleinertは1931年にエタノール（EtOH）水溶液を用いた木材のパルプ化法を提案した[6]。40年間の中断の後，1971年に研究を再開し，プレスチーミングしたチップに100〜110℃の50％EtOH水を加えて195℃で向流的にパルプ化するKleinertプロセス（図11）を提案している[7]。即ち，EtOHに溶けないセルロース（パルプ）は反応が終了後に蒸解釜の底部から分離する。釜の上部から取り出したEtOH水による反応液を集め，EtOHを五重効用蒸発釜で蒸発回収し，残った

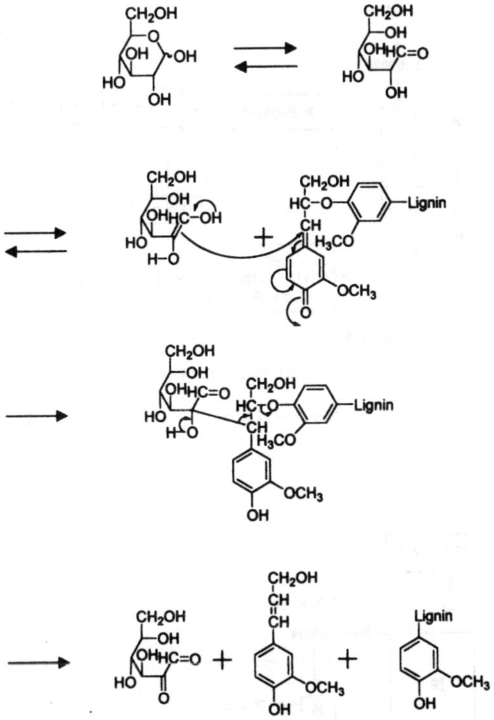

反応例：糖類を含む70%HBS水でリグニンを200℃に加熱

図10　糖類によるリグニンの加溶媒分解（アルドソリシス）

表4　50%エタノール水を用いたバイオマスの成分分離（Kleinertプロセス）

樹　　種	スプルース	パイン	ポプラ	広葉樹混材
分離条件				
温　度(℃)	185	185	185	183
時　間(分)	60	60	30	45
セルロース(%)	55.9	54.0	55.8	53.1

水溶液からリグニンと糖類を分離する。Kleinertプロセスで得られるパルプの収率とパルプの強度特性を表4に示した。パルプ（セルロース）の収率は相当する樹種のクラフトパルプより高く，製紙用としての強度特性を有している。セルロースは塩素化合物を使用しない環境に温和な試薬により完全漂白し，高級紙やセルロース誘導体の原料に使用できるし，酵素糖化と発酵によりケ

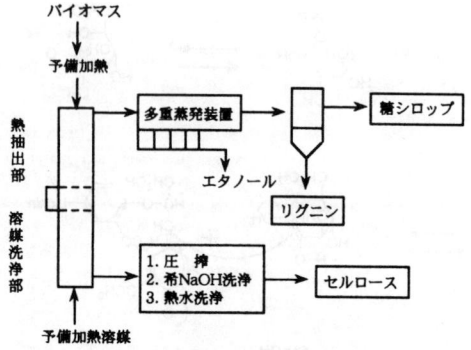

図11 Kleinertによるエタノールを用いたバイオマスの成分分離

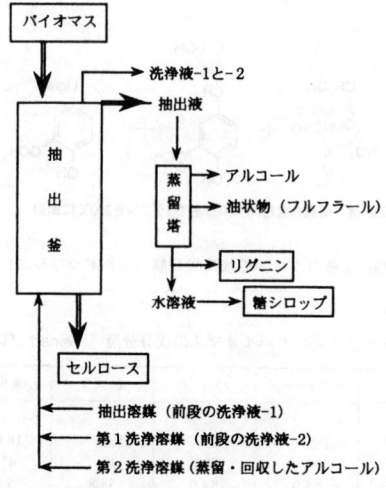

（バイオマスを195℃（35kg/cm²）の40〜60％エタノール水（抽出溶媒）で1時間循環した後，抽出液として分離し，前段の洗浄液-1と2でセルロースをさらに洗浄し，次段の抽出溶媒および第1洗浄溶媒に使用する。）

図12 アルコールを用いたアルセル法による成分分離

ミカルスやバイオエネルギーに変換できる。

1985年にはアルセル法がカナダで提案され,[8] パイロット操業された。アルセルプロセス（図12）では，カナダの主要な早生広葉樹であるカバ，アスペンとカエデを用いてセルロース，リグニンおよびフルフラールを製造するために計画された。プロセスは80℃に予備加熱したチップを蒸解釜に装填し，195℃（35kg/cm^2）の50％EtOH（蒸解液）を1時間，循環させる。次に，蒸解釜の底部から前段の蒸解により得られた第1洗浄液を送入し，反応液を上部から回収する。第1洗浄液によるパルプの洗浄が終了したら，同様に第2洗浄液による洗浄を行い，最後に純粋な回収EtOHでセルロースを洗浄する。釜を脱圧し，セルロースを分離し，セルロースに付着したEtOHは水蒸気で回収する。反応液からEtOHを回収し，残った水溶液を遠心分離し，リグニンを回収し，凍結乾燥した後，市販する。遠心分離液から糖シロップとフルフラールを分離する。1990年には，30トン/日のパルプを生産するプラントを用いてバイオマスの分離を行い，18ヵ月以上の好調な試験操業を経て，300トン/日の工場の建設が予定されていたが，計画は中止されている。中断の原因は明白ではないが，製造技術には問題はなかったといわれている。

EtOH法の欠点は35kg/cm^{2}の高圧による分離法であり，針葉樹材や高比重の広葉樹材の成分分離ができないことである。EtOH法の欠点を改善するために，硫酸，塩酸，塩化アルミニウムなどの触媒の使用が検討されている[12,13]。しかし，分離されたセルロースは劣化が著しく，製紙用には利用できないが，酵素糖化やセルロース誘導体の原料には支障なく利用できる。

また，EtOHによりバイオマスを加熱すると，ヘミセルロースに含まれるアセチル基（-COCH$_3$）の加水分解で生じる酢酸がヘミセルロースの加水分解を促進し，製紙用セルロースの収率が低下する。そこで溶媒を80％メタノールMeOHに代え，少量のアルカリ土類金属塩を添加した溶媒系を用いて，生じた酢酸を中和するNAEM法が提案されている[14]。このNAEM分離法は200℃，50分間行われたが，針葉樹チップも支障なく成分分離され，パルプ収率はクラフト法に比べて

表5 NAEM触媒を含む80％メタノール水を用いた成分分離

樹　種	セルロース(％)	カッパ価	粘度(cP)	セルロースの強度特性		
				裂断長(km)	比破裂強さ	比引裂強さ
アスペン	62	19	55	11.0	60	71
	(54)	(12)		(8.0)	(107)	(51)
カ　バ	66	25	39	11.3	82	68
スプルース	64	45	38	12.0	100	78
	(45)	(40)	(22)	(12.3)	(116)	(87)
ヘムロック	59	30	28	15.5	113	87
	(44)	(38)	(23)	(12.3)	(108)	(98)

成分分離条件：0.05M MgSO$_4$を含有する80％メタノール水，200℃，50分間。（　）内は同一樹種によるクラフト法の結果。

10～20％高く，パルプの強度特性はクラフトパルプに匹敵すると報告されている（表5）。

EtOHによる分離法の特徴は

①パルプ化溶媒（EtOH）を単蒸留などにより簡便に経済的に回収し，再利用できる，

②パルプ化や溶媒回収により環境汚染物質を放出しない，

③パルプは易漂白性であり，無塩素漂白できる，

④反応液からリグニンを高収率で製造できる，

⑤反応液からヘミセルロース由来の成分（フルフラールと糖類）が得られる，

⑥高温高圧分離法であり，危険が伴う，

⑦針葉樹や比重の大きな広葉樹のチップの成分分離が難しいなどである。

①～⑤の特徴は比較的小規模な装置により成分分離が可能であることを示すから，EtOH法は農業廃棄物や草本類のような分散型バイオマスにも有効な成分分離法と考えられる。高圧による危険を回避するために，アルセル法では窒素ガスを分離装置に充填し，分離を行っている。

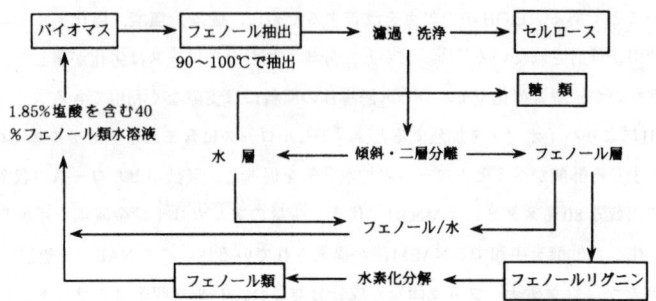

（塩酸を含むフェノール水でバイオマスを90～110℃に加熱し，成分分離する）

図13　フェノール-塩酸によるバイオマスの成分分離

表6　塩酸を含むフェノールによるバイオマスの成分分離

樹　種	分離時間(h)	セルロース	
		収率（％）	残存リグニン
カ　バ	4	44	11
スプルース	8	58	40
稲　わ　ら	1	40	8

分離条件：1.85％塩酸を含む40％フェノール水，90～100℃で加熱・抽出。残存リグニン：カッパー価

2.4.5　フェノールまたはクレゾールによる成分分離

フェノール，クレゾールなどの低分子フェノール類がリグニンの水素化分解により製造できることから，フェノールまたはクレゾールを用いたバイオマスの成分分離法が検討されている。Battelle-Genevaプロセス（図13，表6）では，40％含水フェノールに1.85％塩酸を加えて，カバ，スプルースとワラを100℃で1〜4時間加熱し，セルロースとフェノールリグニンを分離している[5]。いずれも良好な成分分離が可能であった。スプルースでは長時間の加熱が必要であるが，いずれのバイオマスから得られるセルロースも溶解パルプやバイオケミカルスの原料に利用できる特性を示した。しかし，不透明度が低く，製紙用には利用できない。このプロセスの特徴は少ない設備投資と溶媒使用量が比較的少量で済むことであるが，パルプからフェノールの洗浄・分離，溶媒の低い回収率と毒性が重大な課題と報告されている。

塩酸を加えずに含水クレゾールのみによりバイオマスを170〜190℃に加熱すると，針葉樹材も広葉樹材や他のバイオマスと共に，セルロース，クレゾールリグニン（CL）と糖シロップに

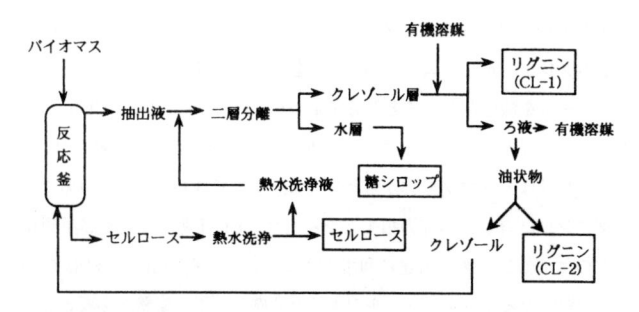

（酢酸を含む60〜80％クレゾール水でバイオマスを160〜180℃に加熱し，成分分離する）

図14　クレゾールによるバイオマスの成分分離

表7　クレゾールによる針葉樹バイオマスの成分分離

分離条件		セルロース (KL)	クレゾールリグニン		糖シロップ	結合リグニン量(%)	
クレゾール	酢酸		CL-1	CL-2		CL-1	CL-2
クレゾール	30	67.6(12.3)	16.2	24.9	4.1	13.7	41.8
クレゾール	50	53.3(3.1)	25.6	23.1	8.0	15.7	38.5
p-クレゾール	50	52.8(3.2)	21.2	31.7	7.1	9.8	39.6
m-クレゾール	50	52.6(2.5)	27.0	27.7	10.1	15.9	44.4

分離条件：トドマツチップに30％または50％酢酸(対チップ)を含む70％クレゾール水を加え，180℃，2時間加熱・抽出し，図14のように成分分離した。クレゾール：市販の混合クレゾール。KL：セルロースに残存するクラーソンリグニン(％対セルロース)。セルロース，CL-1，CL-2，と糖シロップ：％対チップ。結合リグニン量：CL-1とCL-2に結合したクレゾール量。

表8 クレゾールによる広葉樹バイオマスの成分分離

分離条件		セルロース(KL)	クレゾールリグニン		糖シロップ	結合リグニン量(%)	
C:W	酢酸		CL-1	CL-2		CL-1	CL-2
7:3	10	56.9(7.3)	14.8	10.4	12.5	13.4	9.4
1:1	10	51.2(7.8)	12.4	14.7	16.2	19.9	24.4

分離条件：ブナチップに10%酢酸(対チップ)を含むクレゾール：水(C：W)(7:3または1:1)を加え，前者の組成では170℃，2時間，後者の組成では160℃，3時間加熱・抽出し，図14のように成分分離した。クレゾール：市販の混合クレゾール。KL：セルロースに残存するクラーソンリグニン(%対セルロース)。セルロース, CL-1, CL-2と糖シロップ：%対チップ。結合リグニン量：CL-1 と CL-2 に結合したクレゾール量。

分別できる（図14，表7と8）[25]。また，含水クレゾールにバイオマスに対して5～10％の酢酸を加えると，リグニンの分解反応[40]が促進され，蒸解温度を10～20℃低くすることができる。得られるセルロースはセルロース誘導体や酵素・発酵処理によるバイオケミカルス変換の原料および製紙原料としての特性を備えている。クレゾール廃液にベンゼン—n-ヘキサン（1：1）を加え，高分子量のクレゾールリグニン-1（CL-1）を沈殿・分離させる。分離液から溶媒を蒸発させ，さらにクレゾールを減圧蒸留すると低分子量のCL-2が分離される。CL-1とCL-2はトドマツチップから25.6％と23.1％，ブナチップから14.8％と12.4％の収率で分離され，CL-1とCL-2に結合するクレゾール量はトドマツで15.7％と38.5％，ブナでは13.4％と19.9％であり，大量のクレゾールがリグニンに結合し，溶媒の損失となった[25]。CLは常温硬化や高温硬化のフェノール樹脂接着剤などの付加価値のある用途に利用できるが，これらの用途に利用する場合には，CLの製造コストが問題になるし，クレゾールの毒性を考慮した用途開発が必要となる。

　クレゾールによる新規パルプ製造法は1982年から5年間，通産省の産業活性化技術開発制度による大きな研究費を獲得し，産学官の技術者を結集し，多岐にわたる研究が行われた。しかし，フェノール法での課題の他に[5]，クレゾールの悪臭に対する研究員や作業員の拒否反応，排水の周辺環境への影響，リグニンと親和性の強いクレゾールをリグニンから分離する経済的な技術などの課題があり，研究は中止された。

2.4.6 有機酸による成分分離

　有機酸もバイオマス成分の有効な分離溶媒であり，①酢酸（AcOH）[27]，②酢酸エチル—AcOHの混液[31]，③触媒量のフェノール類[28]または④無機酸を含むAcOH[30]，⑤過酸化水素を含むギ酸[26]などの溶媒による成分分離が検討されている。①～③では木材チップを150～200℃に数時間蒸解することで，溶媒に不溶なセルロース，反応液から（酢酸）リグニンが単離される。しかし，ヘミセルロース由来の糖類は高温度の酢酸により著しく変質され，糖類としては回収されな

い。酢酸に不溶なセルロースは製紙，機能性誘導体およびバイオマス変換の各原料に高度利用できる。③の方法ではセルロースの他にフェノールリグニンが得られる。

　触媒量の塩酸を含む酢酸水を沸点近くに加熱し，バイオマスに連続的に透過することで成分分離するアセトソルブ法が提案されている。[29] チップに加熱した0.1％塩酸の95％酢酸水を4時間透過させ，リグニンとヘミセルロースを加溶媒分解してセルロースから分離する。次に，セルロースは3〜5％過酸化水素を含む70％酢酸水で80℃，8時間処理することにより純白なセルロースを40％の収率で分離した（図15）。得られるセルロースは不透明度が低く，製紙原料には利用できないが，セルロース誘導体や糖化原料には有効である。アセトソルブ法は常圧下での成分分離であるから，特殊な高圧釜を必要としないが，化学パルプの製造法として研究されたために，抽出液から分離されたリグニンと糖類の分析はほとんど行われていない。

　過酸化水素と酢酸による純度の高いセルロースの調製法は過酸化水素と酢酸から過酢酸を作り，セルロースに残存するリグニンを完全に分解し，除く原理に基づくものである。酢酸よりもギ酸は過酸化水素と容易に反応し，リグニンを分解する過ギ酸を生成することから，酢酸の代わりにギ酸を用いた図16に示す分離プロセスが提案されている[26]。過酸化物とリグニンの反応は，①リグニンの芳香核への水酸基の導入，②脱メチル化，③側鎖の脱離，④エーテル結合の開裂，⑤エポキシ化などが知られている。ギ酸系によるセルロースは塩素系漂白剤を使用しなくとも，アルカリ性過酸化水素のみで高純度にすることが可能であり，製紙原料のみならず種々の用途に高度利用できる。このプロセスでは副産物として得られるリグニンが過ギ酸により著しく変質していると推定されるが，糖類を含む副産物の分析は行っていない。ギ酸は非常に強い

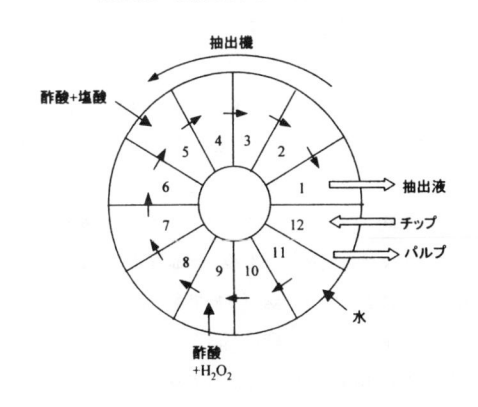

図15　塩酸を含む酢酸水によるアセトソルブ法による成分分離

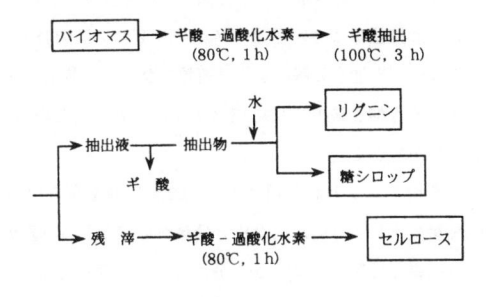

図16　過ギ酸によるバイオマスの成分分離

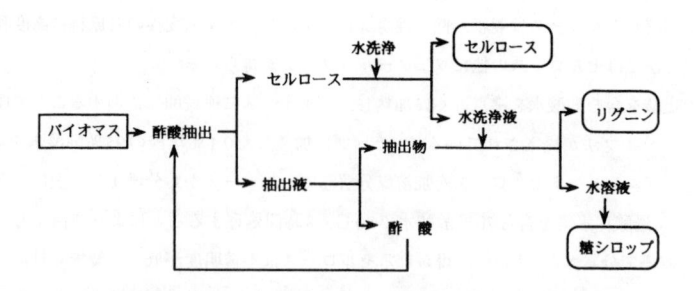

(触媒量の塩酸または硫酸を含む酢酸水でバイオマスを煮沸し，成分分離する)

図17　常圧酢酸抽出法によるバイオマスの成分分離

酸であり，不安定な溶媒であるから，このプロセスの提案者は同じプロセスで酢酸を使用する方法を提唱している。

著者らも酢酸抽出法がバイオマス成分の効率的な成分分離法と考え広範な研究を行っている[30]。当初は180～200℃の高温酢酸水による成分分離を検討したが，ヘミセルロース由来の糖類の収率が低いことから無機酸を含む酢酸水をバイオマスに環流させる常圧酢酸抽出法を継続研究している。実験室的にはフラスコにバイオマスと酢酸水を加え，冷却管を付して短時間環流し，酢酸をバイオマスに浸透させた後，所定量の無機酸を加えて1～4時間，同様に環流する図17に示す基本操作により成分分離が可能であった。即ち，

①酢酸抽出により酢酸に不溶なセルロースを分離する，

②酢酸抽出液から酢酸を回収する，

③残った酢酸抽出物に温水またはパルプの水洗浄液を加え，水に不溶なリグニンを濾過または遠心分離し，凍結乾燥する，

④リグニンの分離液から水を除き，糖シロップを製造するプロセスである。

常圧酢酸法によりバイオマス中のリグニンは図18に示す加溶媒分解により低分子化し，ヘミセルロースも加水分解により単糖類となり，酢酸水に抽出される。リグニンの加溶媒分解は触媒に用いる塩酸と硫酸で反応機構が僅かに異なるために[41]，広葉樹材と針葉樹材で脱リグニンの難易さが起こる。

広葉樹チップとわら類は0.1～0.2％塩酸を含む95％酢酸水および0.25～0.32％硫酸を含む90％酢酸水により効率的な成分分離が可能である（表9）。針葉樹チップ（表10），古紙や籾殻は硫酸触媒では脱リグニンが十分でなく，大量のリグニンが残存するセルロースが得られた（表11）。しかし，0.1～0.2％塩酸を含む95％酢酸水により支障なく成分分離が可能であった。塩酸

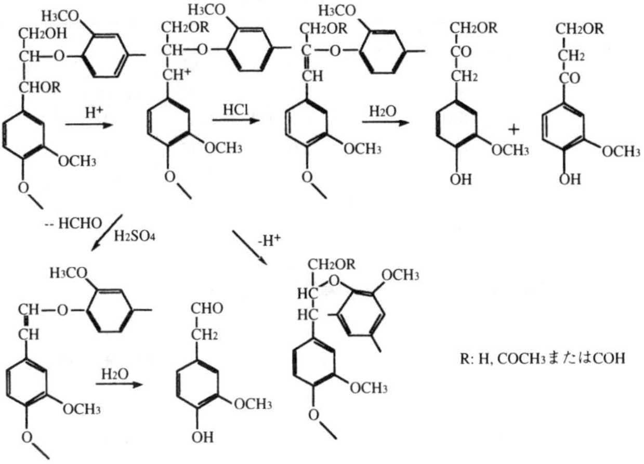

図18 ギ酸および無機酸を含む酢酸水によるリグニンの加溶媒分解

表9 常圧酢酸法による広葉樹材の成分分離

樹 種	分離条件			%対チップ		
	酢酸	硫酸	時間	セルロース(KL)	リグニン	糖シロップ
カ バ	90	0.28	3	51.8(5.3)	17.7	38.6
	90	0.32	3	51.1(5.0)	22.2	30.2
	95	H0.10	3	51.9(4.7)	19.0	27.1
ブ ナ	90	0.24	3	49.8(7.5)	—	—
	90	0.28	3	52.0(8.1)	—	—
	90	0.32	3	47.5(7.2)	—	—
ポプラ	90	0.32	3	49.9(3.5)	22.9	22.3

表10 常圧酢酸法による針葉樹材の成分分離

樹 種	分離条件			%対チップ		
	酢酸	塩酸	時間	セルロース(KL)	リグニン	糖シロップ
トドマツ	95	0.10	3	54.3(—)	26.1	22.1
			4	50.7(5.9)	24.8	17.9
エゾマツ	95	0.10	4	51.8(4.6)	21.7	19.0
カラマツ	95	0.10	4	55.0(14.9)	15.5	17.5
		0.10	1×1×2	53.0(6.9)	19.8	41.1
		SA0.32	4	0.0	7.2	16.5
ス ギ	95	0.10	4	57.5(12.1)	26.8	14.8
			1×1×2	53.0(6.9)	27.8	36.8

表11 常圧酢酸法による古紙・農産廃棄物の成分分離法

バイオマス	分離条件			%対チップ		
	酢酸	触媒	時間	セルロース(KL)	リグニン	糖シロップ
稲 わ ら	90	SA0.28	3	63.5(5.3 +17.3*)	9.2(+1.5*)	23.6(+17.5*)
籾 殻	90	SA0.32	2	71.1(17.6+22.8*)	9.9	28.1
	95	H 0.10	2	64.1(12.0+25.0*)	16.2	33.9
新 聞 紙	95	H 0.10	2	61.5(9.3)	19.1	28.8
			4	63.2(8.0)	20.7	28.2
脱墨新聞紙	95	H 0.10	2	79.3(7.4)	7.4	29.6
			4	77.1(5.5)	13.1	34.9

＊：各分離物に含まれる灰分量(%対分離物)

および硫酸による分離効率の差異は両触媒によりリグニンの加溶媒分解の機構が異なることに起因すると考えられる。

　酢酸に不溶なセルロースは他のソルベントセルロースと同様に無塩素漂白剤により残存する着色リグニンを分解し，純度の高いセルロースを調製し，製紙およびセルロース誘導体の原料に利用できるし，酵素糖化と発酵によりケミカルスやバイオエネルギーに変換することも可能である。

　大量に得られる。糖シロップの主成分は単糖類であり，バイオマス成分のヘミセルロースが常圧酢酸抽出処理により単糖類に加水分解されたことを示す。広葉樹チップ，わら類，籾殻などから分離されたシロップには，出発原料の5〜10％の収率に相当するキシロースが含まれていた。ソルベント法によりバイオマスからこのような高収率で単糖類が得られる報告はこれまでに存在しない。針葉樹チップや新聞古紙からのシロップはマンノースが主要である。糖シロップの分析結果はバイオマスのヘミセルロースがこの酢酸抽出により単糖類に加水分解されていることを示唆する。糖シロップを脱色し，イオン交換樹脂で脱塩し，接触還元することによりキシリトールやマンニトールの結晶を得ることができた[42]。

　得られるリグニンの官能基，分子量，熱的性質などを分析した。リグニンの平均分子量は樹種に関係なく近似し，他の工業リグニンでは観察されていない熱に溶融する性質を示した。この熱溶融性を利用して，汎用リグニン炭素繊維や優れた吸着性能を有する繊維状・粒状・シート状のリグニ

図19　バイオマスの100ℓ容常圧酢酸抽出装置

ン活性炭が調製された[43]。また，常温硬化・高温硬化樹脂接着剤を製造することが可能であった。他に機能性リグニンポリマーや古紙などとの複合シートなどの調製が行われている。

わら類，籾殻と古紙からも，大量の糖シロップ，リグニンとセルロース，わら類と籾殻からさらにシリカの分離が可能であった。新聞古紙からのセルロースはインキの被覆のために酵素加水分解はできなかった[44]。しかし，脱墨古紙ではこの問題は解消された。小規模な実験室の研究結果を参考に，現在100（ℓ容）の酢酸抽出装置（図19）を試作し，バイオマス成分の効率的分離と大量の成分の製造を検討し，良好な結果を得ている。

常圧酢酸抽出法の最大の特徴は大気圧下で大量のバイオマスの成分分離が可能であることであり，課題は希薄な酢酸水溶液から酢酸の経済的な回収である。酢酸は刺激臭を有する溶媒であるが，密閉装置で酢酸抽出，酢酸洗浄および水洗浄をすることが可能であるから刺激臭はそれほど支障がなく，周辺環境への影響も少ない。

2.4.7 高沸点アルコール溶媒を用いたHBS法による成分分離

高沸点アルコール溶媒（HBS）は200℃前後の沸点を有する図20に代表される溶媒である。HBSはアルコール臭で低揮発性の取り扱い易い溶媒であるが，HBSを直接，バイオマスの成分分離やパルプ化溶媒に使用した研究例はなく，これらに塩酸，サリチル酸などの触媒を加えたパルプ化法が僅かに報告されているに過ぎない。HBSが分離溶媒として注目されない主な理由は①高価であり，②HBSを成分分離に使用した後，蒸留により回収し，再利用するのにエタノール，酢酸などより多くのエネルギーを消費することにある。

HBSはバイオマスの炭水化物から容易に製造することが知られているし，成分分離には溶媒

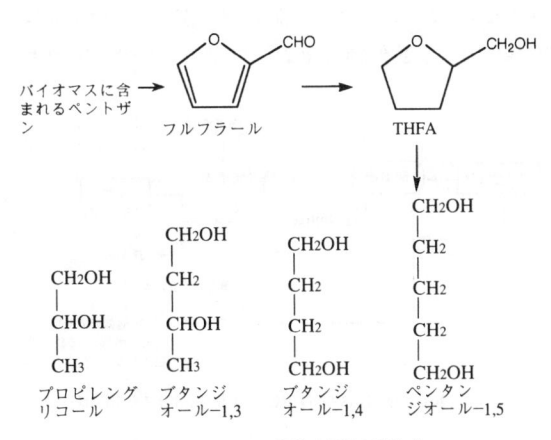

図20 代表的なHBS溶媒の種類と構造式

混合物で十分であるから，HBS混合溶媒を農産廃棄物，都市ゴミなどから大量に製造し，低廉な価格で供給することが可能である。HBS溶媒を成分分離に使用する場合，初めの段階では大量のHBSが必要であるが，プロセスが稼働し始めた後では，プロセスでロスした溶媒を補給する量で十分である。また，HBS混合溶媒が未利用バイオマスから低価格で製造されるならば，他の種々の用途（溶媒，不凍液，熱冷媒など）にも利用できることから，未利用バイオマスの新たな利用法となる。したがって，成分分離に使用したHBSの回収・再利用に消費するエネルギー量が大幅に削減できるならば，HBS法は興味あるバイオマスの成分分離法になると考えられる。

最近，著者らは環境に温和で省エネルギー型のHBSを用いた新たなバイオマス成分分離法を開発し[35]，特許申請が行われている。図21にHBS分離プロセスを示した。HBS法による成分分離は次のプロセスからなる。

①バイオマスに60〜80％の含水HBSまたはRHBS（HBSによる成分分離の後に回収した⑥の混合溶媒）を加え，180〜220℃で1〜3時間加熱する，
②不溶なセルロースを反応液（抽出液）から分離する，
③HBSまたはRHBSでセルロースを洗浄する，
④次に付着した溶媒を熱水で洗浄し，セルロースを調製する，
⑤抽出液に④の熱水洗浄液の初留を加え，沈殿するリグニンを濾過・凍結乾燥し，調製する，
⑥⑤の濾液から水のみを蒸発・回収し，残った溶液（RHBS）を①と③に繰り返し使用する。

⑥のRHBSは主要なHBSの他に糖類，糖変質物，抽出成分，低分子リグニンなどを含むが，これらの成分を個々に分離するのはエネルギー的に得策でないことから，RHBSをそのまま，①と③の溶媒に繰り返し使用する。①〜③を最少量のエネルギーで行うためには，①の余熱により③の洗浄を行う図22に示すような連続釜が望ましい。また，水の回収に要するエネルギー消費量

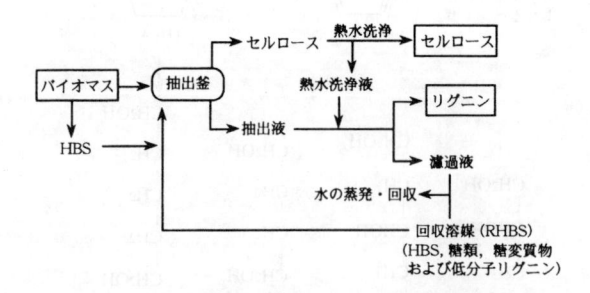

(180-220℃の含水HBSまたはRHBSによりバイオマスを成分分離する)

図21 高沸点有機溶媒（HBS）におけるバイオマスの成分分離

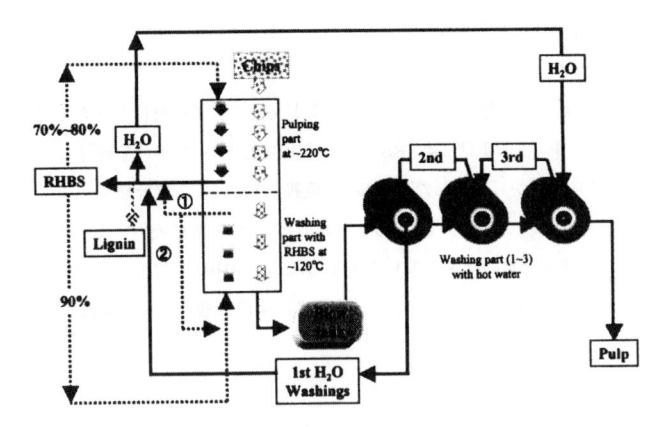

図22 HBSを用いた連続装置によるバイオマスの成分分離

表12 RHBSによる広葉樹材(シラカンバ)の成分分離

成分分離番号	溶媒	セルロース(KL)	リグニン(炭素含量)
1	80%HBS	56.3(4.0)	20.7(65.6)
2	80%RHBS-1	51.1(2.7)	25.4(66.1)
3	80%RHBS-2	54.1(3.3)	26.4(65.9)
4	80%RHBS-3	49.6(2.8)	33.6
5	80%RHBS-4	52.9(2.7)	28.5

分離条件：100mlオートクレーブ，200℃，3時間。分離の溶媒にNo.1は市販の1,3-ブタンジオールを使用し，No.2～No.5はNo.1～No.4から回収したRHBS（図20）を使用した。

表13 RHBSによる針葉樹材（トドマツ）の成分分離

成分分離番号	溶媒	セルロース(KL)	リグニン(炭素含量)
1	70%HBS	54.0(9.8)	26.8(67.1)
2	70%RHBS-1	50.0(5.4)	33.2(67.3)
3	60%RHBS-2	42.9(5.4)	37.8(67.9)
4	70%RHBS-3	49.5(6.7)	34.5
5	70%RHBS-4	50.0(8.4)	36.2

分離条件:1.8ℓオートクレーブ，220℃，1時間。分離の溶媒にNo.1は市販の1,3-ブタンジオールを使用し，No.2～No.5はNo.1～No.4から回収したRHBS（図20）を使用した。

を少なくするために，④と⑤に用いる水を最少量に抑え，④のセルロースの水洗浄を水の沸点に近い温度で行うことが望ましい。③の洗浄回収の初液は抽出液と合するが，残りの洗浄液はその

まま，①と③の溶媒に使用しても成分分離に支障がなかった。④の初液はリグニンの沈殿に使用するが，残りの洗浄液は回収水と共に④に繰り返し使用する。

　RHBSを用いた繰り返し成分分離を針葉樹材にトドマツ，広葉樹材にシラカンバ，HBS溶媒に市販のブタンジオール-1,3および-1,4（BDOL-1,3とBDOL-1,4）を用いて検討した。新鮮なHBSによる成分分離プロセスから回収したRHBS-1を直接，2回目の成分分離やパルプの洗浄に使用し，2回目の分離プロセスで回収したRHBS-2を3回目の成分分離に使用する一連の分離操作を合計で5回繰り返し，成分分離の結果を表12と13に示した。RHBSを繰り返し使用しても，成分分離の結果に何ら支障がなく，①〜⑦のHBSプロセスは実現可能な成分分離法であることが明らかとなった。

　スギとカラマツの各チップは表14に示したように，HBSでは，良好な成分分離ができなかったが，RHBSにより支障なく成分分離が可能であった。

　HBS溶媒にバイオマスから容易に調製できるプロピレングリコール（PG）やテトラヒドロフルフリルアルコール（THFA）を用いても良好な成分分離が可能であり，バイオマスとして木材の他に，ユーカリ，農産廃棄物の稲わら，麦わら，バガス，パーム油廃棄物，草本類のケナフなどの成分分離を検討し，興味ある結果が得られている。

表14　HBSとRHBSによる針葉樹材の成分分離

樹種	溶媒	セルロース(KL)
トドマツ	70%HBS	52.1（8.8）
	70%RHBS	47.3（2.0）
スギ	70%HBS	52.9(13.1)
	70%RHBS	44.7（6.7）
カラマツ	70%HBS	53.0(14.5)
	70%RHBS	47.7(10.9)

分離条件：100mlオートクレーブ，220℃，2時間。HBS溶媒に市販のプロピレングリコール（PG）を使用し，RHBSは図20によりRPGを使用した。

　RHBSが新しいHBSよりも有効な溶媒であったのは，RHBSに少量含まれる還元糖がリグニンの加溶媒分解を促進する（図10）ことに起因する。

　HBS-RHBSの5回の繰り返しで調製した各セルロースはいずれも，バイオプラスチック，セルロース誘導体，糖化バイオマス変換および紙などの原料に広く利用できる性質を備えていた。セルロースに残留するリグニン量を1％以下に減らした高純度のセルロースもHBSプロセスのみで製造することが可能であった。

　HBSプロセスでは糖シロップは熱変質され，水に不溶な成分としてリグニンと一緒に分離されるために，リグニン収率は分離の繰り返し回数が増加するに伴って，増加し，最大で元のバイオマスに含まれるリグニンの約160％の収率で得られた。糖変質物を含むリグニンの官能基の含量，元素分析値および平均分子量は新鮮なHBSで得られたリグニンと大きな差異がなく，また，いずれのリグニンも熱溶融性を示し，繊維状活性炭などの環境浄化資材や機能性リグニンポリマ

一の原料に使用できることが明らかになっている。また，これらのリグニンの一部をHBSプロセスの燃料や市販の燃料に利用する場合には，炭素含量の高い成分に変換される糖変質物はエネルギー効率の改善をもたらす。

以上の結果は，HBS法が少量の水の管理により，全てのバイオマスを省エネルギーで環境に温和な方法で成分分離が可能であることを示す。セルロースは全ての用途に利用できるし，リグニンも環境浄化資材や機能性樹脂などの広範な用途に利用できる。HBSは低質バイオマスから製造し，分離溶媒に補給できる。また，HBS法ではクラフトパルプ化の老朽化した連続蒸解釜，パルプの洗浄装置などをバイオマスの成分分離装置として再利用できる。

2.5 蒸煮・爆砕法による成分分離

蒸煮・爆砕法は興味あるバイオマス成分の分離法である。蒸煮・爆砕法に関する研究は木材チップを高温・高圧の水蒸気で蒸煮処理し，繊維板を製造する研究に端を発し，1970年代に入ってバイオマス成分の利用に研究がシフトしている。国の内外でバッチ式や連続式の蒸煮・爆砕装置の開発が進み，バイオマス成分の分別・分離と各成分の有効利用に関する数多くの興味ある研究成果が報告されている。日本では農林水産省で1975年に開始されたプロジェクト研究「農林水産物からの微生物タンパク質の製造技術」と1981年に開始された「バイオマス変換計画」でバイオマス成分の成分分離法として蒸煮・爆砕法が検討されている。研究成果は林野庁の木材成分総合利用技術研究組合に引き継がれ，多くの企業が参加し，技術上や経済性の諸問題が詳細に検討された。研究成果の詳細はそれらの研究成果報告書などで詳しく報告されている。

バイオマスの蒸煮・爆砕によるバイオマスの成分分離は図23のプロセスからなる[45]。

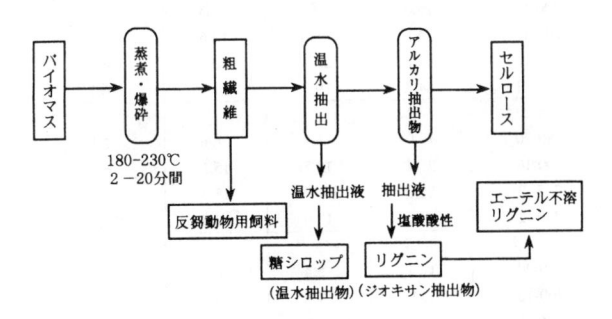

(バイオマスを180～230℃の水蒸気で2～20分間蒸煮し，爆砕した後，溶媒により分別・分離する。)

図23　蒸煮・爆砕によるバイオマスの成分分離

①バイオマスを耐圧釜で180〜230℃の水蒸気で短時間，蒸煮することによりヘミセルロースとリグニンを分解（低分子化）する。
②次に，瞬時に脱圧し，加熱軟化した細胞壁を物理的に破壊（爆砕）する。
③爆砕したチップを温水抽出し，水溶性になったヘミセルロース由来の糖シロップを分離する。
④次にNaOH水溶液または有機溶媒により爆砕リグニンを抽出する。アルカリ抽出物を酸性にし，沈殿するリグニンを濾過または遠心分離し，凍結乾燥する。有機溶媒抽出物では溶媒を減圧留去した後，残留物をリグニンとして分離する。
⑤最後に残物を水で洗浄し，セルロースを得る。
①と②を小規模な連続装置で行うことができる。

図23に準じてシラカンバなどの広葉樹チップを蒸煮・分離した結果を表15に示した[46]。リグニンの抽出はアルカリの代わりにジオキサンが使用され，さらにエーテルで分別されている。③の糖類は単糖類〜オリゴ糖類からなり，活性炭やイオン交換樹脂で精製し，さらに接触還元することにより付加価値の高い還元オリゴ糖類などが製造される。リグニンは炭素繊維，接着剤など種々の付加価値の高い用途に利用できる。セルロースはセルロース誘導体や酵素糖化を経由したバイオケミカルスの原料に利用できる。しかし，このセルロースは蒸煮・爆砕処理により繊維が

表15 蒸煮による広葉樹材の成分分離

蒸煮条件	%対チップ			
樹種-温度-時間	温水抽出物	キシロース	ジオキサン抽出物	エーテル不溶リグニン
シラカンバ				
180-20	23.7	15.5	10.3	3.6
200- 5	19.2	12.0	8.1	3.0
200-10	15.6	9.1	8.5	3.3
200-15	24.5	8.6	10.6	3.5
225- 2	34.2	22.4	20.4	4.4
230- 2	34.3	19.2	21.9	6.7
コナラ				
180-20	14.9	5.8	6.6	2.1
200-10	27.4	12.7	15.1	6.1
225- 2	25.8	14.7	18.3	10.7
230- 2	26.2	12.0	19.5	12.1
ブナ				
180-20	12.3	5.4	6.5	2.0
200-10	15.0	7.8	10.0	5.3
225- 2	23.2	12.0	17.3	8.4
230- 2	22.1	17.1	11.6	5.4

温度―時間：℃―分間，バイオマスは図22により成分分離した。

損傷を受けているので,高級紙の原料には利用できない。また,蒸煮・爆砕したチップはそのまま,反芻動物用の飼料に使用できる。しかし,針葉樹や比重の大きな広葉樹のチップでは蒸煮・爆砕処理によりリグニンの低分子化が進まず,細胞壁を十分に破壊できないために,不満足な成分分離となる。

文　献

1) 佐田栄三,浅岡　宏,紙パ技協誌,**43**,751（1989）
2) 北海道法を考える会,わが国における木材加水分解工業,エフ・コピント富士書院,p.52（1997）
3) 斉木　隆,バイオサイエンスとインダストリー,**58**,362（2000）
4) 木下剛志ほか,木材学会研究発表会要旨,p.556（2000）
5) W.Schweers, *Chem. Tech.*, **4**, 409（1974）; H. Sacchetto and J. Kauppila, Proceedings of SPCI World Pulp & Paper Week, p. 92, SPCI, Sweden（1984）
6) T. N. Kleinert, U. S. pat., 1, 856, 567（1931）
7) T. N. Kleinert, U. S. pat., 3, 585, 104（1971）
8) J. H. Lora *et al.*, *Tappi*, **68**, 94（1985）
9) M. Baumeister *et al.*, *Das Papier*, **34**, 9（1989）
10) G. Petty, *Pap. Technol.*, **30**, 10（1989）
11) E. K. Pye *et al.*, *Tappi*, **71**, 113（1991）
12) K. V. Sarkanen, Progress In Biomass Conversion, Vol. 2, Academic Press, N. Y.（1983）
13) R. A. Young *et al.*, "Biomass Utilization", p. 585, Plenum Press, N. Y.（1983）
14) L. Paszner *et al.*, *Tappi*, **72**, 135（1990）
15) 中野準三,紙パ技協誌,**31**,762（1977）
16) G. Dahmann *et al.*, *Tappi*, **73**, 237（1990）
17) N. P. Black, *Tappi*, **74**, 87（1991）
18) G. Dahaas *et al.*, *Tappi*, **57**, 127（1974）
19) 文星筆ほか,木材学会誌,**34**,237（1988）
20) 佐野嘉拓ほか,木材学会誌,**31**,836（1985）
21) O. Engel *et al.*, German pat., 581, 806（1933）
22) O. J. Nelson, *Appita*, **31**, 29（1977）
23) B. D. Bogomolov *et al.*, *Khim. Grev*, **6**, 43（1979）
24) A. Johhanson *et al.*, *Paperi ja Puu*, **67**, 500（1987）
25) 榊原　彰,紙パルプ技術タイムス,**27**,21（1982）;佐野嘉拓ほか,紙パ技協誌,**42**,487（1988）;紙パ技協誌,**42**; Y. Sano *et al.*, *Mokuzai Gakkaishi*, **35**, 807（1989）
26) J. Sundquist *et al.*, *Paperi ja Puu*, **86**, 616（1986）
27) R. A. Young *et al.*, *Holzforschung*, **40**, 99（1986）

28) 金子尚史ほか，紙パ技協誌，**45**, 96（1991）
29) H. H. Nimz, *Holz als Tohund Werkstoff*, **44**, 207（1986）
30) 佐野嘉拓ほか，木材学会誌，**36**, 207（1990）；浦木康光ほか，紙パ技協誌，**45**, 62（1991）；金野晴男ほか，リグニン討論会要旨集（香川），121（1993）ほか
31) R. A. Young, *Tappi*, **72**, 195（1989）
32) 荻山紘一ほか，紙パ技協誌，**27**, 123（1973）
33) O. P. Alekseeva, *Khim. Drev.*, **1**, 153（1973）
34) L. S. Nahum *et al., Svensk Paperistidn.*, **73**, 725（1970）
35) 梶本純子ほか，第66回紙パルプ研究発表会講演要旨集（岩手），p. 24（1999）；ワヒュ エコ ウィドドほか，第66回紙パルプ研究発表会講演要旨集（岩手），p. 138（1999）；ワヒュ エコ ウィドド，北海道大学農学研究科修士論文（1999）
36) E. Adler *et al., Wood Sci. Technol.*, **11**, 169（1977）
37) K. Lundquist *et al., Acta Che. Scand.*, **26**, 2005（1972）
38) 佐野嘉拓，木材学会誌，**21**, 207（1975）
39) 佐野嘉拓，未発表
40) 佐野嘉拓，木材学会誌，**35**, 813（1989）
41) Y. Sano *et al., J. Wood Sci.*, **44**, 217（1998）
42) 久保田康恵,北海道大学農学研究科修士論文（1999）
43) S. Kubo *et al., Holzforschung*, **50**, 144（1996）；Y. Uraki *et al., Holzforschung*, **51**, 188（1997）ほか
44) 鈴木　茂，平成8年度科学技術庁委託調査研究報告，p. 30,〔財〕北海道科学・産業技術振興財団（1997）
45) 木材成分総合利用技術研究組合，木材成分総合利用研究成果集，p.346（1990）
46) 木材成分総合利用技術研究組合，木材成分総合利用研究成果集，p. 24（1990）

第3章　セルロケミカルスの新展開

3.1　酸加水分解

飯塚尭介＊

3.1.1　はじめに

　地球上に存在する最大の有機物資源であるセルロースに対し，これまで以上に大きな期待が寄せられている。いうまでもなく，セルロースの化学工業原料としての利用に加えて，エネルギー資源としての利用を目的とした技術開発の進展が注目されているわけであるが，ここではセルロースからの燃料用エタノールの製造を目的とした酸加水分解法（酸糖化法）の技術動向を中心に述べる。セルロースからの燃料用エタノールの製造はバイオマス資源を利用した新しい液体燃料の誕生と捉えられているむきもあるが，第二次世界大戦の以前から一部で実施されていたもので，決して新しいものではない。ブラジルでは国土の2％を燃料用エタノール生産用農地とすることにより，サトウキビを中心とした農作物からエタノールを生産し，ブラジルにおける全液体燃料を石油からエタノールに転換するという，いわゆる「国家アルコール計画」が1975年に策定された。その後，1985年にはエタノールの生産規模は年間1000万kl近くにも達し，国内の車の多くがエタノール混合ガソリンあるいは無水エタノールによるようになったといわれるが，現在は石油価格の低下等の事情からその割合は低下しているといわれる。一時的とはいえ，このような燃料用エタノールの普及は，石油価格の高騰によるのみならず，将来を見越した国の優遇政策の賜物でもあったことに留意する必要がある。米国においては，後に述べるように国立研究機関の設置を中心とした研究体制の充実に加えて，エタノール混合ガソリン（ガソホール）がアイオワ，カリフォルニア，イリノイ，ミシガンなどで実際に使用されており，その使用に対し税制上の補助措置が取られているといわれる。ここで重要なことは，これらの取り組みがデンプンや廃糖蜜を原料とするものであり，農産廃棄物，木材等のセルロース系資源を出発物質としたものではない点である。世界的にみれば，食糧の必要量は今後間違いなく増大することを考えると，そのような用途と競合しないセルロース系資源を利用した燃料用エタノールの生産のための技術開発こそが，今期待されているといえる。

　セルロースの加水分解によるグルコースの製造には，多くの場合酸あるいは酵素が触媒として使用される。酸としては硫酸あるいは塩酸が使用されることが多いが，主に研究目的にはギ酸，

＊Gyosuke Meshitsuka　東京大学大学院農学生命科学研究科　教授

リン酸，トリフルオロ酢酸，フッ化水素酸[1,2]等が使用されることもある。また，酸として希酸を使用する希酸法，濃酸を使用する濃酸法があるが，後に述べるように両者の間には反応機構的にも，また使用する装置的にも大きな相違があることはいうまでもない。

セルロースは木材等の植物資源の主要成分ではあるが，他の主要成分であるヘミセルロースおよびリグニン，さらにはその他の副成分と共存しているのが通常であり，それらの間には化学的あるいは物理的結合が存在すると考えられている。そのためセルロースの利用に際しては共存成分の多様な影響を受けることになる。セルロースの酸加水分解についてみるならば，反応性，生成物（グルコース）の収率および純度に及ぼす共存成分の影響が大きく，その問題の解決のために前章で紹介されているような各種の成分分離技術が提案されている。

セルロースの酸加水分解とは，酸によるグリコシド結合の開裂であるが，これはグリコシド結合がアルカリ処理に対して比較的安定であるのに対して，酸処理によって比較的容易に開裂されることによる。同様の反応は多糖全般に期待されるが，加水分解の受け易さは多糖によって一様ではない。一般にキシラン等のペントサン系多糖がセルロース等のヘキソサン系多糖よりも速やかに加水分解される[3]。そのためヘミセルロースを含む植物資源の希酸加水分解の初期生成物ではペントサン系ヘミセルロース由来の糖あるいはその変質物が主要な成分となる。一方，セルロースの希酸加水分解に対する共存リグニンの影響は小さいとされている。すなわち，植物資源を予め脱リグニン処理することなく，直接希酸により加水分解した場合と，脱リグニン処理後に希酸加水分解した場合の単糖の収率には大きな差異はないといえる。この点は次節で紹介される酵素加水分解において，共存リグニンがその効率に大きな影響を示すのと際立った相違点である。

セルロースの希酸加水分解に極めて大きな影響を示す要因に，セルロースのもつ結晶，非晶構造がある。すなわち，希酸による加水分解反応は酸との接触の容易な非晶領域において先行し，その進行は均一反応としての取り扱いが可能である。一方，結晶領域では非晶領域に遅れて，結晶表面から徐々に反応が進行する。このような事情から，加水分解に先立って磨砕を行い，木材

表1　各種前処理がセルロースの酸加水分解に及ぼす影響

前処理方法	水可溶性成分量　%
未　処　理	4
250K Gy 電子線照射	10
250K Gy γ線照射	12
1500K Gy 電子線照射	38
エチレンジアミン	10

酸加水分解条件：1N-HCl, 100℃, 2hr

等の植物資源中のセルロースを予め非晶化しておくことが有効である。因みに，結晶化度38％のセルロースと，これを30分間磨砕処理し，結晶化度6％としたものの0.1M硫酸，180℃，20分の酸加水分解で得られる糖収率が，22.2％から26.2％に増加することが報告されている[4]。希酸加水分解生成物の収量増加は，電子線照射，γ線照射，あるいはエチレンジアミン処理などの前処理によっても認められている[5]。

濃酸の存在においては，後述するようにセルロースは膨潤し非晶化するため，セルロース全体が均質に酸加水分解を受けるようになる。このことが，酸溶液の調製，植物資源の前処理，廃酸の処理，装置の材質等の面で希酸法に比較して条件の複雑な濃酸法が，依然として関心を持たれている所以である。

3.1.2 セルロースの酸加水分解機構

セルロースに限らず多糖の酸加水分解反応は，グリコシド酸素に対するプロトン付加に始まり，図1に示す機構[6]によってオキソニウムイオン（1）を経て進行する。（1）からアグリコン側が脱離して生成するカルボニウムイオン（2）は半イス型構造をとるとされており，これに水分子が付加することにより新しい還元性末端が生成する。酸加水分解反応に対する各種の多糖の反応性に関しては多くの報告がある。ヘキソサン同士の比較では，ヘミセルロース系多糖の加水分解速度が非晶性セルロースよりも大きいことが知られている。これはメチル-β-D-マンノピラノシド，メチル-β-D-ガラクトピラノシドの加水分解速度が，メチル-β-D-グルコピラノシドのそれのそれぞれ2.95倍および4.25倍に達していること[7]からもうかがうことができよう。また，ペントサン系多糖の酸加水分解速度が，ヘキソサン系多糖のそれよりも大きいことが確かめられている[3]。以上の理由から，木材を初めとした植物資源の酸加水分解においては，先にも述べたように反応の初期にペントサン系のヘミセルロースに対する反応が進行し，次いでヘキソサン系ヘミ

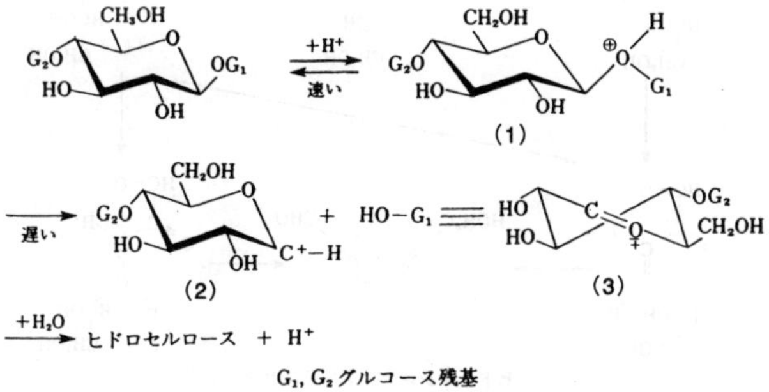

G_1, G_2 グルコース残基

図1 セルロースの酸加水分解機構

セルロースおよびセルロース非晶領域に対する反応が，最も遅れてセルロース結晶領域に対する反応が進行することになる。このように，厳密な分別は困難ではあるが，酸による適切な前加水分解を配置することにより，グルコースを純度高く得ることが可能である。

3.1.3 酸加水分解における単糖の安定性

多糖の酸加水分解による単糖の調製において問題となる点の一つに，生成する単糖が酸加水分解の反応条件では安定ではなく，さらに複雑な二次的生成物に変化することがある。セルロースから生成するグルコースは，図2に見られるようにヒドロキシメチルフルフラールを経て，さらに複雑な縮合反応に入っていく。このことは，不十分な酸加水分解とともに，過大な条件での酸加水分解においても得られる単糖の収量が低下することを意味している[8]。図3に示したセルロースの希酸処理における糖化率と処理時間（滞留時間）の関係[9]からも明らかなように，単糖収率に極大値が存在するとともに，酸処理温度を高めることによって，極大収率を引き上げるの

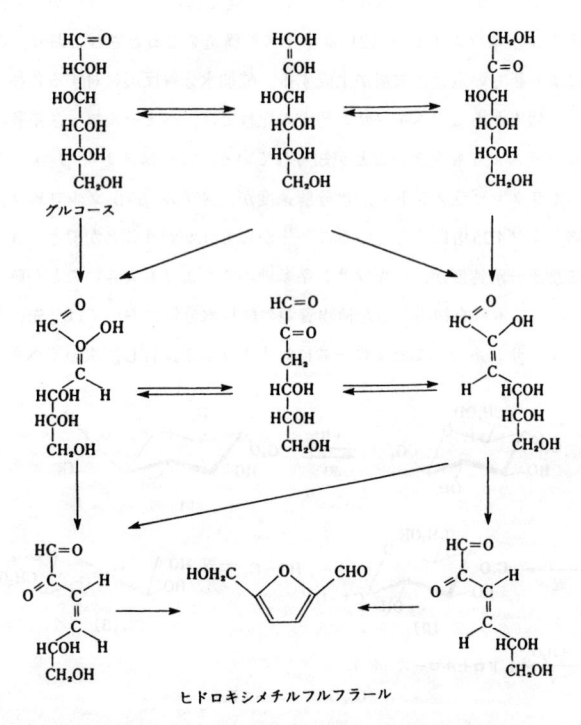

図2 グルコースの酸処理中における変化

みならず，それを達成するための処理時間を大幅に短縮することが可能であることがわかる。希酸による加水分解を130℃前後で行う場合に必要な処理時間が十時間ないし十数時間であるのに対して，220℃程度の処理温度では0.3分前後まで処理時間を短縮することができるとともに，高い単糖収量が得られることが知られている。このような高温・短時間処理の実現は，大量のバイオマス資源の利用を考えるとき，酸加水分解法の最も重要な利点の一つであり，それを可能とする具体的なシステムが後に述べるように多数提案されている。

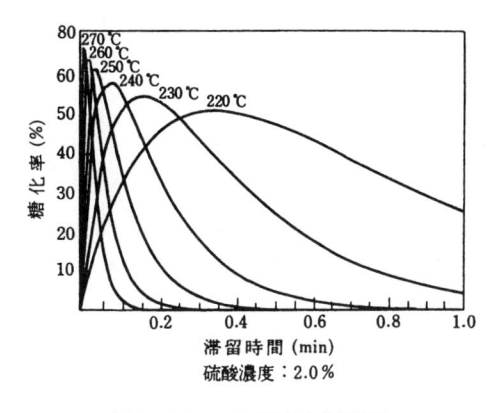

図3 セルロースの酸加水分解温度および滞留時間と糖化率の関係

3.1.4 濃酸処理とセルロースの酸加水分解

既に述べたように，セルロースには結晶領域と非晶領域が存在しており，希酸を用いた酸加水分解では酸とセルロース分子とのアクセスの容易な後者における反応が先行することになる。一方，ある種の濃酸（濃塩酸，濃硫酸，濃リン酸）を添加すると，セルロースは膨潤し，最終的には溶解する。塩酸では40％以上の濃度で溶解することが知られており，硫酸では55〜75％の濃度で膨潤し，それ以上の濃度で溶解する。リグニン定量で使用されるクラーソン法において，72％硫酸の添加によって試料木粉が表面からジェル状に変化していくのが観察されるが，まさにこの膨潤現象の一例である。この現象は濃酸中でセルロース分子中の水酸基にプロトンが配位して共役酸が形成される結果，セルロースの親水性が増大し，多くの水分子を引き寄せることによると考えられる。なお，各種の濃酸中ではセルロースに酸および水分子が配位した構造が生成

濃リン酸	$(C_6H_{10}O_5 \cdot 2H_2O \cdot H_3PO_4)n$
濃硝酸	$(C_6H_{10}O_5 \cdot H_2O \cdot HNO_3)n$
濃硫酸	$(C_6H_{10}O_5 \cdot 4H_2O \cdot H_2SO_4)n$
濃塩酸	$(C_6H_{10}O_5 \cdot 4H_2O \cdot HCl)n$

図4 セルロースと濃酸からなる配位化合物

していると考えられる（図4）。また，濃硫酸処理後に水中に投入して得られる白色の沈殿をアミロイドといい，グルコース残基当たり4分子の水分子が配位した構造になっている。

濃酸処理においてはセルロース結晶領域の非晶化とともに，ある程度の主鎖の加水分解も進行すると考えられる。このような濃酸処理に引

き続いて希酸処理工程を配置することにより，セルロース全体の酸加水分解を効率的に進めることが可能となる。

3.1.5 酸加水分解プロセス（酸糖化プロセス）
3.1.5.1 濃酸法

濃酸を使用する酸糖化プロセスとして非常に多くのものが提案されている。これには濃硫酸を使用するピオリア法（米国），ジョルダニー法（イタリア），濃塩酸を使用するベルギウス-ライナウ法（ドイツ），塩化水素ガスを使用するプロドール法（ドイツ），エラン法（フランス）等があるが，我が国でも濃硫酸法としては北海道法が，また塩化水素ガスを使用する方法としては野口研究所法が提案されている。北海道法は第二次大戦直後に実用化が試みられたもので，図5に示すように[10]，原料木材チップはまずダイジェスターに送られて軽度の酸加水分解処理（図中

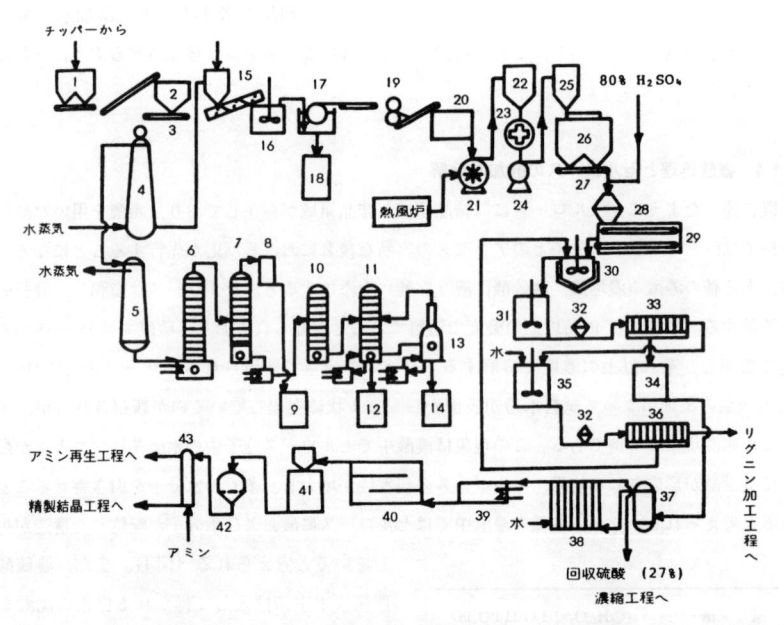

1.サイロ 2.チップビン 3.定量供給機 4.ダイジェスタ（前加水分解） 5.リボイラ 6.初留塔 7.脱エタノール塔
8.コンデンサ 9.メタノール貯槽 10.脱水塔 11.精留塔 12.フルフラール貯槽 13.脱高沸塔 14.タール貯槽
15.ブローサイクロン 16.残渣受槽 17.ロータリフィルタ 18.ロ液受槽 19.プレス 20.ストレージビン 21.ケージミル
22.サイクロン 23.破砕機 24.ファン 25.サイクロン 26.ホッパ 27.定量供給機 28.酸混合機 29.熟成機 30.希釈槽
31.濃度調整槽 32.ダイヤフラムポンプ 33.リグニン分離フィルタ 34.糖液貯槽 35.スラリー槽
36.リグニン洗浄フィルタ 37.微粒リグニン分離フィルタ 38.イオン交換膜脱酸槽 39.加熱器 40.後加水分解槽
41.糖液受槽 42.微粒子フィルタ 43.アミン脱酸塔

図5　北海道法の酸糖化プロセス

の4) を受ける。言うまでもないことではあるが，この段階は主として原料中のヘミセルロースの加水分解を目的としており，ヘミセルロース由来のメタノールおよびフルフラールが主成分として得られる。このような前加水分解を受けたチップは，洗浄，乾燥，破砕等の処理の後，濃硫酸を加え熟成工程で所定時間保持される（図中の29）。この段階で十分に膨潤したセルロースは希釈され，生成した残渣リグニンの沈殿を分離した後，後加水分解槽において単糖にまで加水分解される。このような濃硫酸法においては，熟成工程での酸濃度を適切に管理することが特に重要である。これは，酸濃度の僅かな変化によって，残渣リグニン中に含まれるセルロース分が大きく変動するためである。図6に各種処理温度での酸濃度とセルロース残渣量の関係を示す[11]。15.5℃では72％硫酸で2時間処理した際のセルロース残渣量と68％硫酸で6時間処理した際の残渣量が同程度であり，硫酸濃度68％で2時間処理の段階では著しく多量のセルロース分が残渣中に残っていることになる。0.5℃では75％硫酸，2時間処理の際の残渣セルロース量に72％硫酸で到達するには，10時間もの処理が必要となる。このことから，酸濃度を厳密に管理することが非常に重要であるが，3～4％程度の硫酸濃度の変動は，原料中の水分量の変動で容易に予想されるものである。しかし，原料中の水分量に合わせて異なる濃度の濃硫酸を調製し，使用することは実際問題として困難であり，逆に原料の含水率を予め厳密に調整することで，工程を管理することが必要となる。図5において熱風炉を備えた乾燥工程が設けられているのもそのことによる。その他の濃硫酸法の問題点としては，廃酸の処理と酸による装置の腐蝕の問題を挙げる必要がある。後者については，材料科学の進歩によって耐酸性の金属材料も開発されているようであるが，前者については大量の廃硫酸を効率良く回収，再利用するための膜技術等の開発が待たれるところである。

　以上，北海道法を例にとって濃硫酸法の特徴について述べた。濃塩酸法あるいは塩化水素ガス

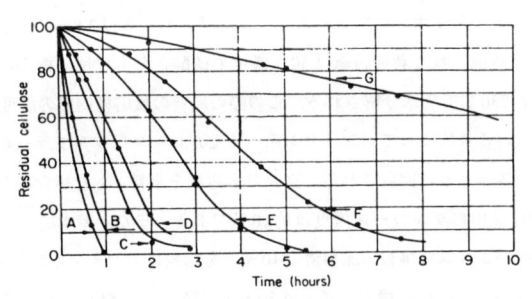

A = 40℃, 62％; B = 0℃, 80％; C = 45℃, 51％; D = 15.5℃, 72％;
E = 0.5℃, 75％; 20℃ 68％; F = 15.5℃, 68％; G = 0.5℃, 72％; 30℃ 51％

図6　セルロースの濃酸処理における酸濃と加水分解効率の関係

を使用する塩酸ガス法においても，これらの特徴は多くの点で共通であるが，酸濃度の調整および廃酸の回収については大きく異なっている。すなわち，硫酸とは異なり塩酸は減圧下に気体状で添加・回収することができる。原料の含水率に合わせて添加された塩化水素ガスは原料中の水分に溶解して所定の酸濃度となる。また処理後の廃酸を容易に減圧回収し，再利用することができる。このように濃塩酸法あるいは塩酸ガス法は濃硫酸法にはない特質をもっており，濃硫酸法以上に深刻な装置の腐蝕問題が解決をみるならば，非常に興味深い方法であるといえる。無水フッ化水素あるいは90％程度の高濃度フッ化水素酸による木材の酸加水分解がカナダにおいて検討されている[2]。フッ化水素の腐蝕性，毒性のために，装置的に解決すべき問題も多く残されていると考えられるが，反応が室温以下の低温，短時間に完了し，グルコースの収率が80％以上に達すること，廃酸は減圧下に回収・再利用できることなどの特徴を有しており，今後の展開に期待を感じさせる。

3.1.5.2　希酸法

希酸法としてこれまでに提案されたプロセスはいずれも希硫酸を使用するもので，歴史的にはショラー法（米国），マジソン法（米国），ソ連法などが著名である。パーコレーター内に層状に置かれた木材チップに濃度1％程度の希硫酸を注ぎながら，120℃～140℃で酸加水分解するもので，加水分解時間は10～14時間にも達する。また，この方法で得られる加水分解液中の糖濃度は1％程度と，非常に低いことが問題である。

加水分解の効率を大幅に高め，高濃度の糖液を得るために開発された方法に，いわゆるフロープロセスがある。筒状の反応槽の一端から原料（木材チップあるいは木粉等）と希硫酸を高速で導入し，原料が反応槽内を高速で移動する間に加水分解する方法である。原料の反応槽内での滞留時間（反応時間）を10秒～10分と非常に短時間に設定することが可能であるため，反応槽の温度は200℃あるいはそれ以上の高温にすることができる。図7に示したDartmouth Process Iは，プラグフローリアクターを使用したプロセスで，反応槽のサイズは3.8cm（径）×14.02m（長）である[12]。パルパー解繊された新聞古紙は50％濃度の硫酸とともに反応槽内に導入され（混合後の硫酸濃度1％），230℃で加水分解される。この際の原料の反応槽内での濃度は約30％，滞留時間は11.4秒である。これによってペントサン系ヘミセルロースはフルフラールとして，セルロース由来のグルコースとともに回収される。クラフト古紙を原料とした場合のグルコースへの転換率は約55％，糖化液中のグルコース濃度は約10％である。また，基本的には類似のシステムであるが，原料濃度がより低い場合（原料濃度10％）を対象にデザインされたものにDartmouth Process IIがある（図8）[12]。反応槽のサイズは30.5cm（径）×10.66m（長）である。10％糖液を製造する場合について両デザインの経済性を比較すると，デザインIでのコストを100とすると，デザインIIでは140になるとの結果が得られている。これは後者での加水分解直後の糖濃度

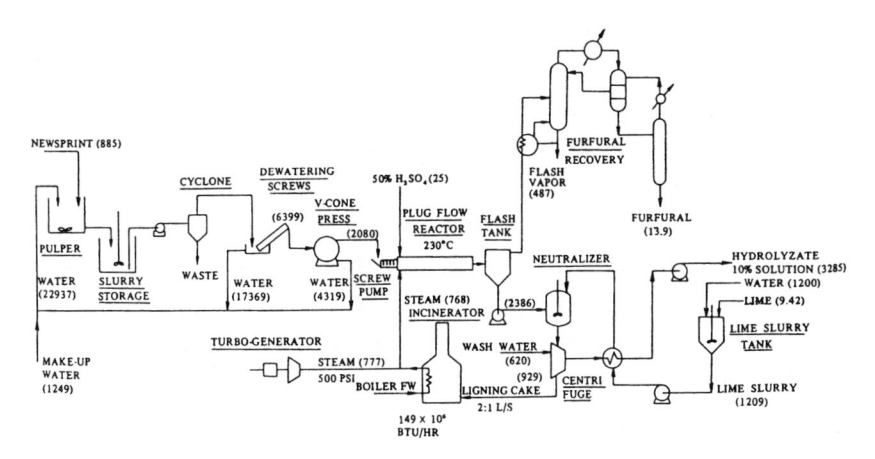

図7 ダートマスプロセス（デザインI）
（原料濃度30％，数値はトン／日）

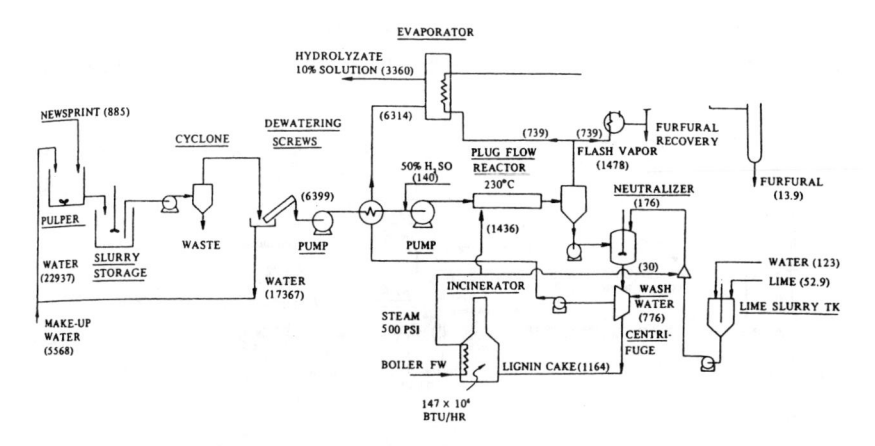

図8 ダートマスプロセス（デザインII）
（原料濃度10％，数値はトン／日）

が約5.3％であり，これを濃縮する必要があることによる。ジョージア工科大学で開発されたGIT法では，連続して配置された2つの連続爆砕装置（Stake Technology 社製）を酸加水分解反応槽としている[13]。第一段の爆砕装置で軽度の爆砕処理をされた段階で，ヘミセルロースはフルフラールとして気相画分に分離される。次いでアルカリ抽出段において原料中のリグニンが抽出分離されたのち，改めて酸の存在下に第二段の爆砕処理を行う。これによって原料中のセルロース分は効率良くグルコースに変換される。加水分解残渣を，必要に応じて再度酸加水分解工程

に返送することによって合計のグルコース収率を高めることができる。しかし，多くの場合再度の酸加水分解は行われず，残渣は燃料として利用され，プロセスの運転に必要なエネルギーに変換されている。Vulcan Cincinnati 社（オハイオ，米国）では25Mgal／年の燃料用エタノール製造システムとしてGIT法を評価し，副産物についても製品としての価値を評価に加えるならば，良好なシステムであるとの結論に達している[14]。なお，エネルギーバランス的には，システムの運転に要したエネルギーの約1／3がエタノールおよび副産物として回収されている。また，Chem System 社（ニューヨーク，米国）[15]は，GIT法と類似のシステムを用いたトウモロコシ穂軸およびアスペン材の酸糖化，燃料用エタノールの製造について，経済性評価を行い，前加水分解の後，リグニンの抽出分離を行うことなく主加水分解を行うことで大幅にエタノールの製造コストを低減できるとしている。これは現状では分離リグニンに十分な用途が見出されていないことに起因している。図9にアメリカン・カンプロセス（American Can Process）[16]を示す。ボールバルブを経てパイプ状反応管に圧入された原料に酸が添加されたのち，外套パイプ内を流れる高温の油によって加熱され，酸加水分解が行われる。反応終了後，冷却ゾーンを経て受容器内に内容物が放出される。本プロセスは導入部のバルブの構造上，木粉あるいは小粒径のチップが原料となると考えられるが，加熱油の温度を調節することにより，容易に処理条件を調整することが可能である。

フロープロセスの最大の利点は，処理時間（滞留時間）の設定範囲が極めてフレキシブルであ

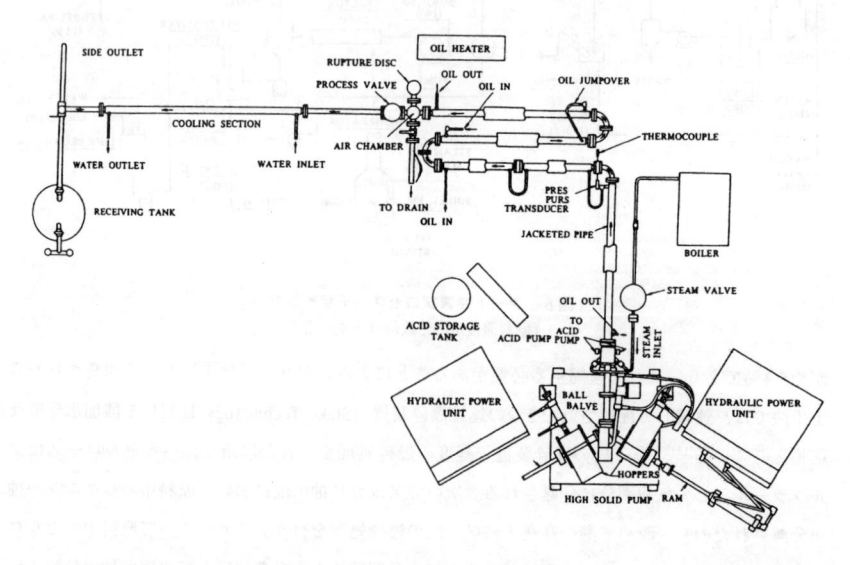

図9　アメリカン・カンプロセス

る点にある。すなわち，必要に応じて極めて短い処理時間を設定することも可能である。化石燃料に代わる燃料用エタノールの製造が経済的に成立するためには，1000トン／日程度のセルロース原料を処理する大規模工場の実現が必要であるとされているが，フロープロセスは十分このような条件を満たすプロセスであると考えられる。

3.1.6 最近の世界における酸糖化プロセス実用化の試み

第一次，第二次石油危機以降，化石資源代替エネルギー源としてのバイオマス資源の利用に大きな関心が寄せられてきたが，近年，地球環境との関係でその期待は益々大きなものとなっている。米国では稲わらを原料とする燃料用アルコール製造の実用プラントが建設されつつあるともいわれる。そこで，ここでは米国を中心に世界の実用化への取り組みを，酸糖化を組み込んだものを中心に紹介する[15]。

米国におけるバイオマス・エネルギー開発研究の中心は，コロラド州デンバー市郊外にある国立再生可能エネルギー研究所（National Renewable Energy Laboratory, NREL）が担っている。この研究所は以前には国立太陽エネルギー研究所（SERI）と称されていたもので，以前からバイオマス利用に関する研究を積極的に行っていたが，1991年に現在の名称に改められた。バイオマス・エネルギーに対する米国政府の期待の大きさが感じられるところである。同研究所において，現在，多数の企業，大学，団体との共同によって研究開発が進められているが，その目的の第一はバイオマス資源からの燃料用アルコールを，ガソリンと競争力あるコストで製造するために必要な技術開発にあり，今後10年間に現在のアルコール製造コスト38.5円／Lを19～22円／Lに下げることを目標としている。その中で進行しつつあるプロジェクトの幾つかを以下に概観する。BCI International 社によるBCI Jennings Project では，バガス，あるいは稲わら等の農産廃棄物から年間76000klのエタノールを製造するプラントを2001年に運転開始することが予定されているが，ここでは2段の希硫酸加水分解プロセスが採用されることになっている。詳細は不明であるが，内面にセラミック製タイルを貼ることで装置の腐蝕対策が図られているといわれる。なお，廃希硫酸は回収して再利用することはせず，石膏としてボードの製造に利用される予定である。Masada NY Project では，ニューヨーク州ミドルタウンで固形都市ゴミから年間38000klのエタノールの製造を目指しているが，ここでは濃酸法が採用されている。また，カリフォルニア州サクラメント市で準備中の Arkenol Sacramento Project では稲わらから濃硫酸法によって46000kl／年のエタノールの製造を予定している（図10）。ここでは第一段で70％硫酸，40℃の条件で処理した後，第二段では30％硫酸，95～100℃の条件のバッチタイプの反応槽で加水分解が行われる予定といわれる。使用済濃硫酸の回収には陰イオン交換樹脂カラムが使用される。計算によると，直径5m×1mのイオン交換樹脂カラム10基でこの程度のプラントの廃濃硫酸が回

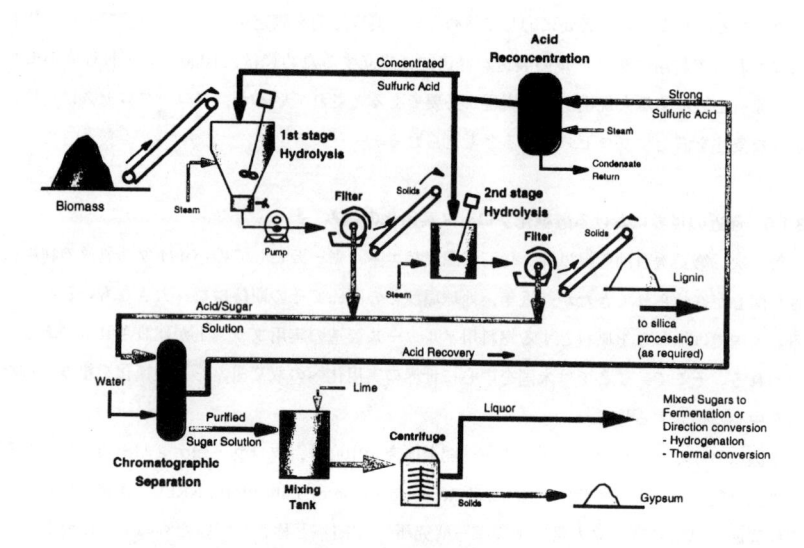

図10 アルケノール社濃酸法プロセス

収可能であるとされている。なお，希硫酸は石膏として回収される予定である。また，反応槽の腐蝕対策としては，タンタルによるコーティングが採用されている。これらのプロジェクトはいずれも今後1年程度でプロセスの運転開始を予定しているものであるが，これら以外に2002年あるいは2003年開始の予定で準備中のプロジェクトも多い。特徴としては，後発のプロジェクトにおいては酸に代わって酵素によるセルロースの加水分解の導入を予定しているものが多いことである。

　イスラエル工科大学とニューヨーク大学の両者の共同研究で，固形都市ゴミからの液体燃料の製造に関する興味深い報告がなされている[16]。これはイスラエルの北ハイファ地域から集められた固形都市ゴミで，水分含量50％，セルロース分30％を含むものを対象とし，これから前処理によって金属，ガラス等を除去したのち，これをバッチ型反応槽およびエクストルーダー型の連続型反応槽によって酸加水分解し，得られた糖液から発酵によってエタノールを製造するプロジェクトである。既に述べたように，バッチ型反応槽では，歴史的にも130℃程度の温度で10数時間という長時間の酸処理を行うのが通常であった。しかし，この報告では装置的な工夫によって230℃もの高温で10～15秒間の処理が行われ，グルコース収率60％以上を達成している。すなわち，原料を含む反応槽内を所定の温度に昇温したのち，反応槽内に酸を注入し，ごく短時間，混合，反応させたのち，放出口を開いて反応物を取り出すことによって，10数秒という処理時

間が達成できたようである。このような条件をより容易に達成するために，ニューヨーク大学において開発された連続型反応槽を用いた検討が行われ，50％のグルコース収率を得るとともに，将来，収率を60％に引き上げる可能性を示す知見を得ている。

現在，大都市圏においては増大する都市ゴミの処理は共通した問題となっている。焼却処理あるいは埋め立て処理に要する費用の大きさとともに，埋め立て用地の逼迫と焼却処理にともなう大気の汚染もまた大きな問題である。しかるに，発生源によって差異はあるが，固形都市ゴミ中には乾燥重量当たり30％あるいはそれ以上のセルロース分が，紙ゴミとして含まれているのが通常であり，これからグルコースを経て燃料用アルコールが製造できるならば，都市ゴミをゴミとしてではなく，有用な資源として利用することができる。木材から製造され，紙として利用された資源は，燃料用アルコールとして再度有効利用されるわけであり，その意義は計り知れない。昭和63年の統計であるが，全国で排出される一般廃棄物の総量は4839万トンであり，その処理のために1兆1500億円もの費用がかかっている。また，その10％が東京都の区部からの廃棄物であり，その量は年々急増しているといわれる。良質の古紙を製紙原料として再利用すべきことはもちろんであり，現在53％程度といわれる製紙原料に占める古紙パルプの利用率をさらに高めるよう努力していくことが必要である。しかし，雑多な夾雑物質を多く含む低質古紙については，むやみに製紙原料としての利用を志向するのではなく，燃料用アルコールの製造に使用することが適当であろう。本来，廃棄物処理に巨額の費用を要していたことを考えれば，燃料用アルコール製造に要する費用の一部を，地方自治体に期待することも可能であると考えられる。いずれにしても，人口の集中した都市で大量に発生する廃棄物を，新たな資源として捉え，その総合的利用システムを構築することは，循環型社会の構築に大きな意義をもつものといえる。そして，一般廃棄物に多くの夾雑物が含まれていること，その量が膨大であることを考えると，そこに含まれるセルロース分の酸加水分解にはフロープロセスを選択することが適切であるといえよう。

文　　献

1) B.Helferich, O.Peters, *Justus Liebigs Ann.Chem.*, **494**, 101 (1932)
2) J.N.Saddler, M.Mes-Hartree, Proceedings of 3rd Pan Am.Symp.on Fuels and Chem. By Fermentation (1983)
3) B.W.Simson, T.E.Timell, *Cellulose Chem. & Technol.*, **12**, 51 (1978)
4) M.A.Millet, M.J.Effland, D.F.Caufield, *Advances in Chem. Ser.*, **181**, Am. Chem.Soc., p71 (1979)
5) B.Philipp, D.C.Dan, H.P.Fink, Proceedings of the Ekman's-Days International Symp.-IV, Stockholm, p79 (1981)

6) A.Girard, *Compt. Rend.*, 81, 1105（1875）; 中野準三, 樋口隆昌, 住本昌之, 石津 敦, "木材化学", ユニ出版, p58（1983）
7) J.T.Edwood, *Chem. Ind.(London)*, 1102（1955）
8) K.Schönemann, Chem. Eng. Sci., 8 171（1958）
9) H.E.Grethlein, Proceedings of 2nd Annual Fuels from Biomass Symp.（1978）
10) 小林達吉, 醱協誌, 23, 122（1965）
11) H.F.Wenzl, "The Chemical Technology of Wood", translated to English by F.E.Brauns, D.A.Brauns, Academic Press, p199（1970）
12) H.E.Grethlein, *Biotechnol.& Bioeng.*, 20, 503（1978）
13) Nuclear Assurance Corp., Report No.:DOE / RA 50322-TI-V.1, 2（1981）
14) Vulcan Cincinnati Inc. Report（1981）
15) Chem Systems Inc., Report No.:SERI /STR231-1744（1983）
16) J.A.Church, D.Wooldridge, *Ind. Eng. Chem. Prod. Res. Dev.*, 20, 371（1981）

3.2 酵素加水分解

鮫島正浩*

3.2.1 はじめに

　生体触媒としての酵素の機能を理解するためには，対象となる基質の化学構造が酵素によってどのように認識されているかを正しくとらえることが重要である。セルロースは高分子化合物である。しかも，通常の状態ではセルロースは1本のβ-1,4-グルカン分子鎖として存在するのではなく，寄り集まって繊維状構造を形成している。すなわち，天然セルロースには分子鎖，ミクロフィブリル，繊維といった階層構造が存在する。したがって，それぞれのレベルでのセルロースの構造と性質を正しく理解した上で，それを加水分解する酵素であるセルラーゼの機能を考えなければならない。このような観点に基づき，ここではセルラーゼの機能についてセルロースの構造と対応させながら解説する。セルラーゼ分子の構造は多様であるが，基本的には図1の例に示した糸状菌 Trichoderma reesei 生産するセルラーゼCBH IIのように加水分解反応を触媒する活性中心とそのサブサイト（活性中心近傍でセルロース分子鎖と相互作用をする領域）を含むコアドメイン，セルロース結合性ドメインならびに両者をつなぐリンカーから構成される一本鎖のペプチドである[1]。しかし，セルロース結合性ドメインが欠如したセルラーゼやその他の機能を備えたドメインを持つセルラーゼも存在する。

3.2.2 セルラーゼによるセルロース分子鎖の認識と加水分解

　セルロースを構成する単糖のβ-グルコースでは，すべての水酸基がピラノース環から水平に

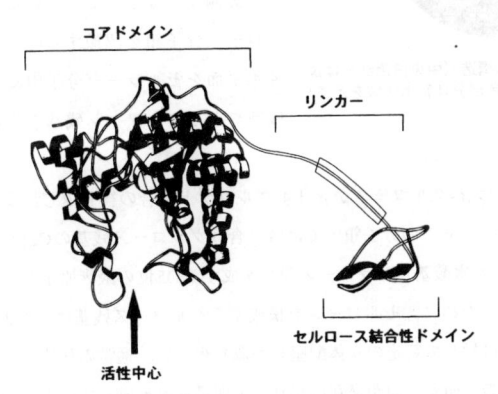

図1　典型的なセルラーゼ分子の構造（Trichoderma reesei CBH II の例）[1]

---

*　Masahiro Samejima　東京大学大学院農学生命科学研究科　生物材料科学専攻　助教授

β-face

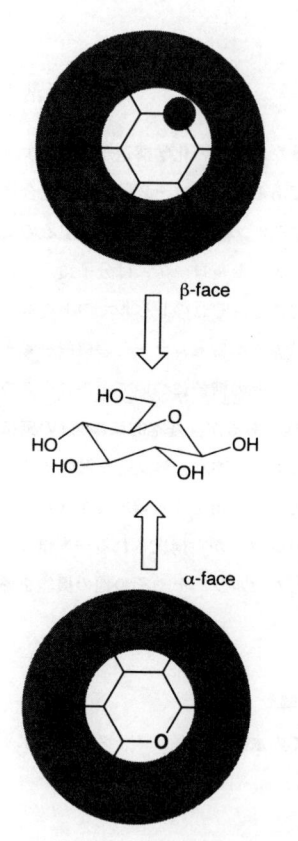

α-face

図2　β-グルコースの構造（中央白色部分は疎水領域，周囲灰色部分は親水領域を示す）

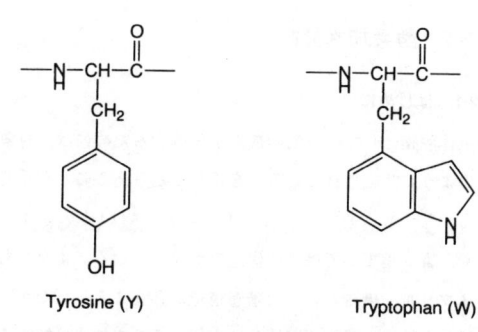

Tyrosine (Y)　　　　　　Tryptophan (W)

図3　セルロース分子鎖の疎水平面に結合するアミノ酸残基チロシン（Y）とトリプトファン（W）

突き出すように配置しているため，ピラノース環を横から見ると非常に平らな構造をしている。また，β-グルコースのピラノース環を上下から見ると，環の中央部分には非常に疎水的な平面領域が存在しており，その周囲をドーナッツ状に親水的な平面領域が取り囲んでいる（図2）。β-グルコースのピラノース環には2つの面が存在するが，Haworth式で示される構造式の表側が β 面と呼ばれ，裏側が α 面と呼ばれている。セルラーゼがセルロース分子鎖を認識する時，このピラノース環疎水平面をセルラーゼ分子中に存在するチロシン残基やトリプトファン残基の芳香環がファンデルワールス力で捉える（図3）。

セルロース分子鎖は β-グルコースが β-1,4-グルコシド結合の繰り返しによって重合したものである。しかしながら，同一の分子鎖中では隣り合うグルコース残基のC2位の水酸基とC6位の水酸基間およびC3位の水酸基とピラノース環を構成するO5位の酸素原子間でそれぞれ水素結合を形成している。このために，セルロースを構成するグルコース残基はこの2つの水素結合によってグルコシド結合に対して特定の立体配座しか取り得ない。通常の状態では，セルロースの分子鎖はピラノース環の α 面と β 面が交互に現れる平面構造を形成している。このような理由から，セルロースを構成する単位がグルコースであるというのは正確な表現ではなく，セルロースを構成する基本単位は β-グルコースが β-1,4-グルコシド結合で繋がった二糖のセロビオースとする

のが妥当である。

　糸状菌の生産するセルラーゼのセルロース結合性ドメインは33～40アミノ酸残基からなる比較的小さなドメインであるが，そこには3つのチロシン（あるいは一部トリプトファン）の芳香環が10.4 Å間隔で直線状に並んだ平面構造が必ず存在する[2]。この長さはちょうどセルロース分子鎖でのセロビオース単位の繰り返し間隔と一致している。また，セロビオース単位の連続する3つのピラノース環α面をセルラーゼ分子のチロシン残基が吸着していることが示されている（図4）。セルロース結合性ドメインによって吸着にすることで，セルラーゼ分子はセルロース分子鎖に対して向きと位置を合わせることができる[3]。

　一方，コアドメインのサブサイトに存在する4つのトリプトファン残基はセルラーゼがセルロース分子鎖を活性中心に取り込み，正しく配置させるために極めて重要な働きをしている。図5に示す糸状菌 *Trichoderma reesei* のCBH I と呼ばれるセルラーゼではサブサイトに存在する2つのトリプトファン残基（W367とW375）の働きによってセルロース分子鎖は活性中心（+1と-1の間の加水分解反応点）で大きく捉られ，それにより-1位に存在するグルコース残基のピラノース環はイス型からボート型の立体配置に変わっている[4]。これにより加水分解に必要な活性化エネ

図4　CBH I のセルロース結合性ドメイン上に存在する3つのチロシン残基によるセルロース分子鎖の捕捉[3]
Y：チロシン，Q：グルタミン，N：アスパラギン

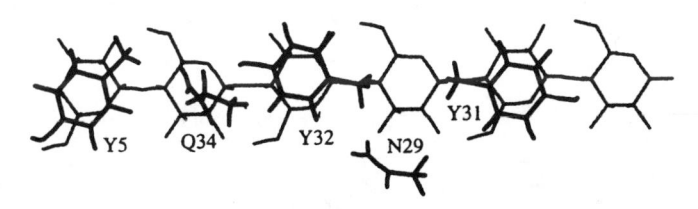

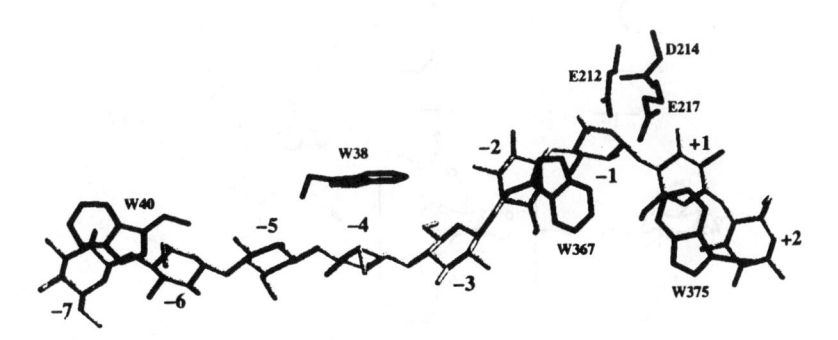

図5　CBH I のコアドメイン活性中心によるセルロース分子鎖の捕捉[4]
（＋は還元性末端側，－は非還元性末端側）

ルギーが大幅に低減化されるため,セルラーゼは常温でもセルロース分子鎖を加水分解できると考えられる。

セルラーゼによるセルロース分子鎖のβ-1,4-グルコシド結合の加水分解機構は,加水分解反応によって新たに生成した還元性末端水酸基の立体配置の選択性によって2通りに分かれる[5]。加水分解反応によって新たに生成する還元末端にα型水酸基を与える場合をinversion型開裂,またβ型水酸基を与える場合をretention型開裂と呼んでいる。また,それぞれについて図6に示すような反応機構が提案されている。

すなわち,inversion型では,加水分解を触媒するアミノ酸残基として多くの場合は活性中心に

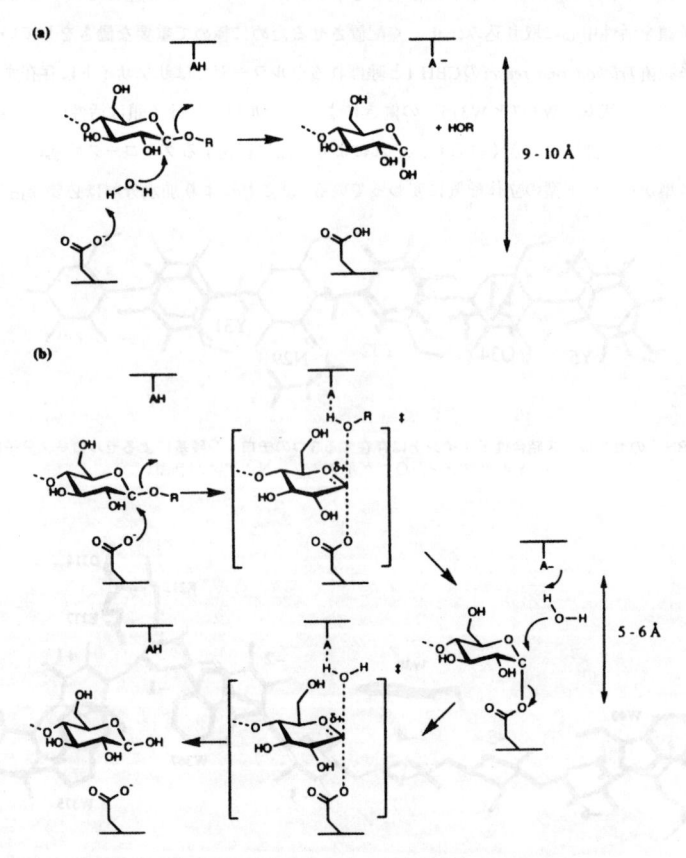

図6 セルラーゼによるβ-1,4-グルコシド結合の加水分解機構[5]
(a) inversion型開裂　　(b) retention型開裂

2つアスパラギン酸のカルボキシル基が約9～10Åの距離が向かい合って存在する。この時，片方のアスパラギン酸は酸触媒のプロトン供与体として働き，もう一方は加水分解反応の際に取り込まれる水酸基イオンを水分子から遊離させる際のプロトン受容体として働く。そして，グルコシド結合に対するプロトン化とピラノース環C1位に対する水酸基イオンの付加がS_{N_2}反応として同時に進行するため，立体配置が反転する。

一方，retention型では，多くの場合は2つのグルタミン酸のカルボキシル基が活性中心において約5～6Åの距離で対峙し，1つが酸触媒のプロトン供与体として働き，もう一方は反応中間体でのC1位の安定化に寄与する。また，retention型の開裂の場合，グルコシド結合に対するプロトン化とC1位に対する水酸基イオンの付加反応はS_{N_1}反応として逐次的に進行する。図5に示したCBH Iの場合は，グルタミン酸残基（E217）がプロトン供与体として働き，もうひとつのグルタミン酸残基（E212）が反応中間体の安定化に寄与している。

セルラーゼの中にはセルロース分子鎖を捉えたまま連続的に移動しながら加水分解反応を行う性質を有する酵素が存在する。このような酵素ではセルロース分子鎖が活性中心に取り込まれると，加水分解後もセルロース分子鎖は容易に脱離することはなく活性中心の中を逐次的に移動しながら，順次セロビオースを切り出していく（図7）。このようなセルロース分子鎖の分解パタ

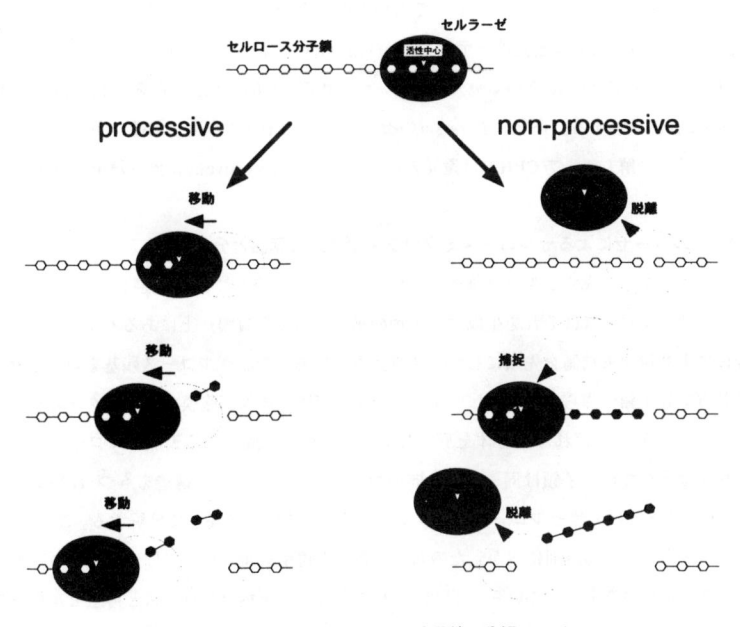

図7 セルラーゼによるセルロース分子鎖の分解モード

ーンをprocessive的な分解と呼んでいる。これに対して，1回の加水分解反応ごとに活性中心からセルロース分子鎖が脱離するような分解パターンを示すものをnon-processive的な分解と呼んでいる。ここで，従来からのendo-exoに基づく概念とprocessivityに基づく概念は全く異なることを強調しておきたい。すなわち，前者では，セルラーゼがセルロース分子鎖の末端構造を認識して活性中心へ取り込む（exo）か，末端構造を認識しないで分子鎖を中央から活性中心に取り込むか（endo）を議論している。これに対して，後者では，セルロース分子鎖の取り込み方を議論しているのではなく，1回の加水分解反応後にセルラーゼがセルロース分子鎖を捉えたまま移動し次の加水分解反応を行う（processive）か，加水分解反応ごとにセルラーゼがセルロース分子鎖から離れる（non-processive）かを議論している[6]。

　従来，セルラーゼはセルロース分子鎖の末端構造を認識して攻撃するか否かによって，exo型とendo型に大別されてきた。しかしながら，最近の研究では，すべてのセルラーゼはセルロース分子鎖の末端構造を認識しないendo型であることが明らかにされている。したがって，セロビオヒドロラーゼ（CBH）と呼ばれているセルラーゼはendo型processive酵素，エンドグルカナーゼ（EG）と呼ばれているセルラーゼはendo型non-processive酵素と置き換えて考えるべきである。

　セロビオース単位の繰り返しによって出来上がったセルロース分子鎖には方位が存在する。C1位側が出ている末端は還元性を示すことから還元性末端，これに対してC4位側が出ている末端は非還元性末端と呼んでいる。セルラーゼの中でもCBHは分子鎖を一定方向に向かってprocessive的に分解する。糸状菌T. reeseiのセルラーゼCBH Iは非還元末端に向かってprocessive的に分子鎖を分解し，一方CBH IIは還元末端に向かってprocessive的に分子鎖を分解する[7]。

3.2.3　セルラーゼによるセルロースミクロフィブリルの認識と分解

　セルロースを生合成する生物は細菌，藻類，植物，そしてホヤなどの動物まで多岐にわたっている。天然セルロースはそれを生成する生物の細胞膜（原形質膜）上にあるセルロース合成酵素複合体により還元末端側を先頭にして，非還元末端にあらたなグルコース残基を縮合させるようなやり方で分子鎖が作られる[8]。セルロース合成酵素複合体は細胞膜でさらにターミナルコンプレックス（TC）とよばれる集合体を形成しているため，生成される天然セルロースのミクロフィブリルはすべての分子鎖は同一方向を向いた平行鎖（パラレル）構造をもつ（図8a）。したがって，セルラーゼは天然セルロースミクロフィブリルの方向を認識して分解する。これに対して，セルロースをいったん溶剤に溶かしたのち，紡糸した再生セルロースでは分子鎖は逆平行鎖（アンチパラレル）構造をとっている（図8b）。したがって，天然セルロースと再生セルロースは分子鎖レベルでの構造は同じであるが，ミクロフィブリルレベルの構造は著しく異なる。したがっ

て，セルラーゼにとっては天然セルロースと再生セルロースは全く分解特性の異なる基質なのである。

TCの形状とその大きさは，生物種，分化による組織形成の過程などで大きく異なる[9]。それに従って，出来上がったミクロフィブリルの形状とその大きさも多種多様である。例えば，木材のような植物細胞壁のセルロースミクロフィブリルでは，結晶の縦横幅はともにおよそ3 nmであり，幅方向にはわずか6本程度のセルロース分子鎖しか存在しない。これは標準的なセルラーゼ分子の大きさ15～25 nm比べてとても小さいものである。これに対して，バロニアなどの海藻が作るセルロースのミクロフィブリルは縦横幅とも20 nmで比較的大きいが，それでも幅方向に存在するセルロース分子鎖は40本程度である。このように，セルロースのミクロフィブリルはセルラーゼに対して微小な結晶であることが理解できる（図9）。

セルロース分子鎖はセロビオース単位の繰り返しによって成り立っているが，これを構成する

a) 天然セルロースミクロフィブリル（平行鎖構造）

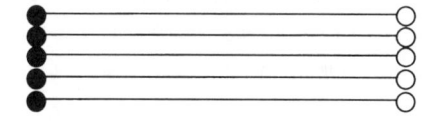

b) 再生セルロース（逆平行鎖構造）

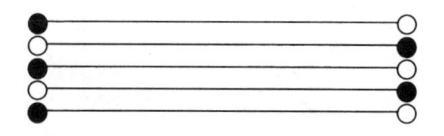

○ 還元性末端残基
● 非還元性末端残基

非還元性末端基　セロビオース単位　n　還元性末端残基

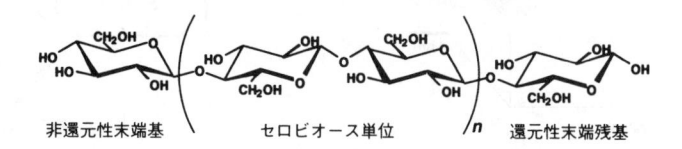

図8　セルロースミクロフィブリルの平行鎖構造と逆平行鎖構造

ピラノース環を横側から見ると親水性の高い水酸基が連続して存在する。一方，ピラノース環を上下から見ると疎水領域が連続する。このようなセルロース分子鎖の性質によって，TCから吐き出されたセルロース分子鎖の束であるミクロフィブリルは水素結合に加えてファンデルワールス力に基づく疎水結合によって規則的に配列した結晶構造を形成する。この際セルロースは常に外側に露出する疎水平面を最小にするように会合するため，天然セルロースミクロフィブリルでは疎水平面は結晶構造のコーナー部分だけに存在する（図10）。セルラーゼがセルロース分子鎖をとらえる時にはこの疎水平面を利用することはすでに述べたが，セルロースミクロフィブリル表面ではこのような疎水平面が最小になっているため，セルラーゼが吸着できる場所は限られている。このことが結晶性セルロースがセルラーゼにとって難分解性であることと大いに関係していると考えられる。結晶性セルロースがセルラーゼによって分解されにくいのは，単にセルロースが結晶性物質であるという理由だけではなく，セルロースミクロフィブリル表面ではセルラーゼによって吸着カ所として認識される疎水表面が限られているためと考えられる。

　従来，天然セルロースミクロフィブリルの結晶構造はセルロースIと呼ばれてきたが，最近になって，その構造がさらにIαとIβと呼ばれる2相構造に分かれることが示されている[10]。また，同一のミクロフィブリル中に2相構造が局在化して存在することも明らかにされている。このことから，セルロースのミクロフィブリルは単一の結晶ではなく，むしろ微結晶領域の複合体と考えるべきであり，また2層構造の間には不連続面も存在する。最近の研究では，Iα構造がIβ構

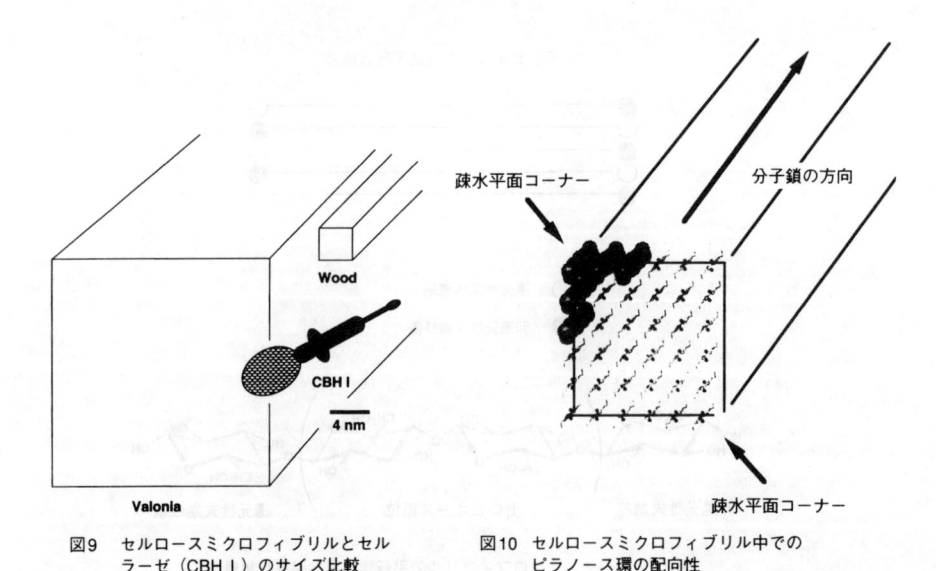

図9　セルロースミクロフィブリルとセルラーゼ（CBH I）のサイズ比較

図10　セルロースミクロフィブリル中でのピラノース環の配向性

造に比べてセルラーゼによって分解されやすいことが明らかにされている[11]。このことはセルロースミクロフィブリルの結晶構造がセルラーゼによって不均一的に分解されることを示唆している。

ここまで，天然セルロースのミクロフィブリルは結晶性であると言ってきたが，これはあくまでX線回折や電子線回折を測定するような静的な状態での話である。植物の細胞壁に存在するセルロースミクロフィブリルの結晶幅は3 nm程度であるのに対して，セルロース分子鎖の長さは少なくとも1000 nm以上と考えられる。したがって，セルロースのミクロフィブリルはまさに糸か紐のような構造をしており，外部から力が加わるような条件，すなわちセルロース繊維が強制的に曲げられたような環境やセルロース繊維に対して撹拌のような操作を加えた場合，セルロースミクロフィブリルが結晶構造を維持して挙動しているかははなはだ疑問である。

また，天然セルロースのミクロフィブリルは完全な結晶ではなく，多くの非晶領域を含むと言われている[12]。しかしながら，天然セルロースミクロフィブリルには結晶の2相構造が存在したり，そもそも結晶幅が非常に小さいことから，酵素分解に対してセルロースミクロフィブリルを明確な結晶領域と非晶領域に分けて捉えることは問題が多い。さらに，結晶領域と非晶領域が直列に交互に並んだような天然セルロースミクロフィブリルの構造モデルを目にすることが多いが，このような明確な繰り返し構造が現実に存在するか否かは定かではない。しかし，セルラーゼによる分解特性を見る限り，少なくともミクロフィブリル表面ならびにミクロフィブリルの両端には非晶性構造が存在すると考えられる。

さらに，セルロースミクロフィブリル内部にも生合成過程での分子鎖の歪みやヘミセルロースなどの他の多糖成分とのハイブリッドによって非晶構造が存在する可能性や，外部から物理的な力が加わることによってミクロフィブリルに歪みが生じることにより非晶構造が誘導される可能性などについても考慮する必要がある。また，セルラーゼによるセルロースミクロフィブリルやセルロース繊維の分解において，サスペンジョンの濃度や撹拌方法の差異が分解効率に対して非常に大きな影響を与えるのは後者のような理由からであろう。

すでに述べたように*T.reesei* のCBH IやCBH IIはセルロース分子鎖に対してはendo型processive酵素として作用するが，セルロースミクロフィブリルをこれらの酵素で処理すると，分解は常にミクロフィブリルの末端から進行する。この現象はバロニアのような太いミクロフィブリルがこれらの酵素で分解される際に一端が細って行くことで確認されている。CBH Iは還元性末端側から非還元性末端に非常に緩い勾配で細って行くように分解し（図11a），CBH IIでは非還元性末端から還元性末端に向かって鉛筆を削るような細り方でミクロフィブリルを分解することから（図11b），ミクロフィブリルの分解方位は両者では反対であることが分かる[7]。また，細り方に大きな差が認められるのは両者でのprocessivityに差があるためと考えられる。ここで

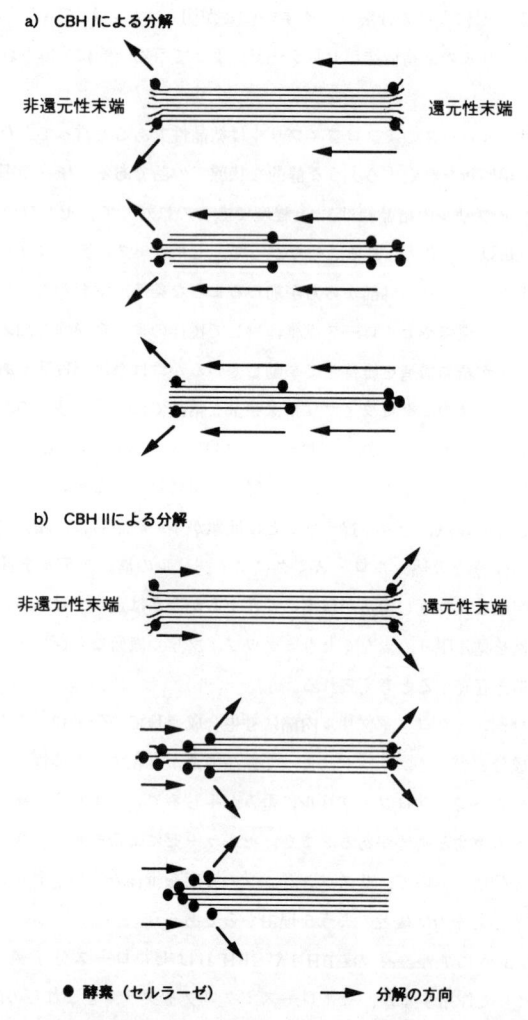

図11 セルラーゼによる高結晶セルロースミクロフィブリル（バロニア）の分解様式

CBH IとCBH IIがともにセルロースミクロフィブリルの末端から分解を開始する理由は両酵素がexo的にセルロース分子鎖を認識したためではなく，バロニアのような太いセルロースミクロフィブリルでは両端にのみ非晶性構造が局在しているためと考えるべきことを強調しておきたい。このことは逆にCBH IやCBH IIのような結晶構造を加水分解できるprocessive型酵素でもEGの

場合と同じように加水分解反応の初発には非晶性構造が必要であることを示唆している。しかし，CBH IやCBH IIの場合はひとたび分子鎖を捉えてしまうと加水分解反応が分子鎖上を連続的に移動しながら進行するため（図7），分解は結晶領域まで進行する。これに対して，EGの場合は非晶性領域のみを non-processive的に分解するので，バロニアのような太いミクロフィブリルに対してはほとんど分解は進行しない。一方，バロニアのような高結晶セルロースにおいても，CBH Iによる加水分解特性の経時変化を調べると数％の非晶性領域がミクロフィブリル表面に存在することが示唆される[13]。

従来，セルラーゼの研究において，結晶性セルロース基質としてアビセルがよく利用されている。しかしながら，アビセルは強酸処理によって短小化された結晶性セルロース残渣であり，天然セルロースミクロフィブリルと結晶単位胞の構造こそ共通であるが，よりマクロな構造体としては全く異なるものである。したがって，同じ結晶化度でもアビセルと天然セルロースミクロフィブリルでは酵素による分解挙動は大きく異なる。酢酸菌の生産するバクテリアセルロースは強酸処理をしないで得られる唯一の天然セルロースミクロフィブリルであるから，セルラーゼにとって良好な基質といえる[14]。

一方，カルボキシメチルセルロース（CMC）もセルラーゼの研究でよく利用される基質であるが，これを非結晶性セルロースのモデルとして基質に用いるのは好ましくない。CMCはセルロース誘導体ではあるが，セルロースではないからである。幾種かのキシラナーゼはCMCを分解することが知られており，その反対にCMCに対して分解特性の低いセルラーゼも存在する。非晶性セルロースに対するセルラーゼ分解活性を調べる際には，CMCを用いるよりもむしろSO_2-アミン系溶媒から再生した非晶性セルロースなどを基質に利用することが望ましい[14]。

3.2.4 セルラーゼの分類，分子構造とその機能

セルラーゼを生産する生物は細菌，糸状菌，植物，動物と幅広く，それぞれがつくるセルラーゼの分子構造とその機能は多様である[8]。また，同一菌株においても多種のセルラーゼを生産するのが普通である。従来，セルラーゼはその作用特性の違いからエンドグルカナーゼ（EG）とセロビオヒドロラーゼ（CBH）に分類され，さらにそれぞれに対して複数の酵素が存在する場合が多いのでCBH I，CBH II，EG I，EG II，EG IIIのようにローマ数字で番号を付けて区別してきた。しかし，実際にはEGとCBHによる区別は定義が不明確であったり，中間的な性質を示すものも少なくない。また，最近の分子生物学的および生化学的研究の結果は，そもそもセルロース分子鎖をexo型に認識して分解するセルラーゼが存在しないことを示しているので，セルラーゼをendo型とexo型に分類することは正しくない[15]。しかしながら，いまだに個々のセルラーゼをEGとCBHの名前で呼ぶことが広く行われているので，ここでも便宜的に慣例名に従って個々

のセルラーゼを呼ぶことにする。

図1に示すようなコアドメインとセルロース結合性ドメインから構成されるセルラーゼを，パパインなどのプロテアーゼによって部分分解すると，リンカーが選択的に切れて，それぞれのドメインが分離される。セルロース結合性ドメインを失ったコアドメインの可溶性セロオリゴ糖や非晶性セルロースに対する加水分解力は元のセルラーゼに対して遜色ないが，結晶性のセルロースミクロフィブリルに対する分解能力はほとんど失われる[16]。

セルロース結合性ドメインの構造は糸状菌と細菌では大きく異なるが，糸状菌の間ではその構造の相同性は非常に高い。すでに述べたように，セルロース結合性ドメインの存在によりセルラーゼはセルロースミクロフィブリルに対して方向と位置を合わせることが可能となり，このことによりセルロースミクロフィブリル構造を効率的に分解できると考えられる。また，セルロース結合性ドメインはセルロース分子鎖の疎水平面を覆うように吸着するため，セルラーゼが吸着することによってセルロースミクロフィブリルやセルロース繊維の分散性は明らかに向上する[16]。このことは，セルラーゼの機能が単にセルロース分子鎖の加水分解を触媒することにとどまらず，セルロース繊維の表面構造に吸着することに基づく分散機能を有することを示している。

近年，セルラーゼのコアドメインの分子構造はhydrophobic cluster analysis（HCA）と呼ばれるタンパク質の疎水性アミノ酸配列の2次元的な解析に基づき，α-ヘリックスやβ-シート構造の数や分布とそれらの折りたたみなどの立体構造パターンによってファミリーとして分類されるようになった[17,18]。このHCA法によって，現在までにセルラーゼは11の異なるファミリーに分類されているが，その詳細についてはhttp://afmb.cnrs-mrs.fr/~pedro/CAZY/ghf.htmlに公開されているので参照していただきたい。また，この分類では，たとえば糸状菌 T. reesei の生産するセルラーゼのCBH IやEGIのように従来はexo型とendo型として分けられていたものが同一のファミリー7に分類されている（表1）。また，逆に同じexo型でもCBH IIはCBH Iとは異なるファミリー6に分類されている。さらに，CBH IとEG Iはファミリー7に属するセルラーゼという理由で，それぞれをファミリー分類に基づくCel7A，Cel7Bという名称で呼ぶことが提案されている。ちなみに，ファミリー6に分類されるCBH IIの場合はCel6Aとなる。同一のファミリー内では，加水分解反応を触媒する活性中心を形成するバックボーンとなるタンパクの立体構造は共通である。たとえば，ファミリー6ではβ/αバレル構造であり，ファミリー7ではβ-ゼリーロール構造である（図12）。

また，加水分解の反応機構にはinversion型開裂とretention型開裂が存在することはすでに述べたが，HCA解析により同一ファミリーとして分類されたセルラーゼ間ではこれらのβ-1,4-グルコシド結合の加水分解様式の選択性は完全に一致している。

しかしながら，同じファミリーに属するセルラーゼであってもセルロースミクロフィブリルに

表1 コアドメインの分子構造に基づく好気性糸状菌セルラーゼの分類

ファミリー	従来の名称	起源	ファミリーに基づく名称	開裂後の還元末端立体配置
5				
	EGII	Trichoderma reesei	Cel5A	β
	En-1	Irpex lacteus		β
	EG I	Schizophyllum commune	Cel5A	β
6				
	CBH II	Phanerochaete chrysosporium	Cel6A	α
	CBH II	Trichoderma reesei	Cel6A	α
7				
	CBH I	Phanerochaete chrysosporium	Cel7A	β
	CBH I	Trichoderma reesei	Cel7A	β
	CBH II	Agaricus bisporus		β
	CBH I	Aspergillus aculeatus		β
	Ex-1	Irpex lacteus		β
	EG I	Trichoderma reesei	Cel7B	β
	EG I	Humicola insolens	Cel7B	β
12				
	EG	Aspergillus aculeatus		β
	EG III	Trichoderma reesei	Cel12A	β
45				
	EG V	Trichoderma reesei	Cel45A	α
	EG V	Humicola insolens	Cel45A	α

T. reesei CBH I
(Family 6)

T. fusco E2
(Family 6)

T. reesei CBH I
(Family 7)

T. reesei EG I
(Family 7)

図12 ファミリー6および7属のセルラーゼ・コアドメインの分子構造[6]
(矢印は活性中心を示している)

対する分解挙動は大きく異なることが多い。たとえば,ファミリー7に属するCBH IとEG Iでは,前者がセルロースミクロフィブリルを逐次的に加水分解し主要な生成物としてセロビオースを与えるのに対して,EG Iはセルロースミクロフィブリルをほとんど分解できない。その一方で,可溶性セロオリゴ糖や非晶性セルロースに対しては,CBH Iに比べてEG Iの分解速度が速い。このようなCBH IとEG Iの分解挙動の差が何に基づくかは長い間不明確であったが,X線回折によ

る構造解析によって，それはコアドメイン中に存在する触媒中心とそのサブサイト（触媒中心付近でセルロース分子鎖を捕捉する部位）の溝部分が上からペプチドループの庇で覆われているか否かに依存していることが明らかとなった[19,20]。そして，この庇の存在がprocessive的な分解にも非常に重要な役割をしているものと考えられる。これに対して，EGIでは活性中心を覆うペプチドループが欠落しているため，non-processive的な分解様式を示す。また，最近の研究ではCBH Iの活性中心を覆っている庇はセルロース分子鎖を取り込むときに跳ね上がることが示された[21]。このことはCBH Iがendo型のセルラーゼであることを示す根拠となっている。また，モデル基質を用いた分解実験でも，CBH IやCBH IIがセルロース分子鎖の末端構造を認識しないendo型のセルラーゼであることが確認されている[22,23]。

このようなCBHとEGのミクロフィブリルに対する酵素機能の差はセルラーゼの利用を考えて行く場合に特に重要である。すなわち，CBHは繊維の強度に関わるようなセルロースミクロフィブリルの結晶領域まで分解するのに対して，EGはセルロース繊維の表面に存在する毛羽や繊維の捩れなどからできた非晶性領域や，また汚れがたまるような非晶性領域などを選択的に攻撃すると考えられる。したがって，EGはセルロース繊維の強度に対する影響が少ないため，工業的に洗剤成分や繊維の表面加工剤として利用されている。

3.2.5　セルラーゼによるセルロース繊維加水分解とその応用

我々が生活の中で天然セルロースとして認識しているものの多くは通常はパルプや綿などの植物繊維である。しかし，これらはセルロースのミクロフィブリルそのものではなく，セルロースのミクロフィブリルがさらに他の多糖成分と複合化して出来上がった植物の繊維細胞である。もちろん，コットンなどではセルロースの含有率は極めて高いが，それでも他の多糖成分を含む複合体であることを忘れてはならない。セルロースミクロフィブリルは通常では幅が1～10 nmのオーダーで長さが1μのオーダーであるのに対して，セルロース繊維の場合は幅が10μのオーダーで，長さが1mmのオーダーである。セルロースのミクロフィブリルはセルラーゼにとっては小さな構造物であるが，植物繊維はセルラーゼにとって逆に極めて大きな構造物である。分子鎖レベルとミクロフィブリルレベルでのセルロースにおいてはセルラーゼによる分解挙動についてはすでに多くの知見が得られている。しかし，セルラーゼの用途はいずれもセルロース繊維に対する作用に基づくものであるから，大きさ的に3～4桁もの差があるセルロース繊維に対するセルラーゼの作用を分子鎖レベルやミクロフィブリルレベルで解析した結果と直接的に関連づけることは困難である。

セルラーゼのセルロース繊維に対する分解挙動に関しては以下に示すような事実が明らかにされている。示差走査熱量計を用いるとセルロース表面に存在する結合水量を求めることができる

が，この値はセルロース繊維の比表面積に依存している。コットンのセルロース繊維にprocessive的セルラーゼを作用させるとその表面の結合水量は徐々に減少し，その後緩やかに増加する。この変化はprocessive的なセルラーゼによるセルロース繊維表面の平滑化とそれに引き続くフィブリル化の現象とよく対応している。これに対して，non-processive的セルラーゼでコットンのセルロース繊維を処理すると急激に結合水量が増加した後，引き続いて急激に減少するといった全く異なる挙動を示す。これは，non-processive的セルラーゼの作用によるとセルロース繊維の急速な膨潤化とその後と非結晶領域の選択的な分解を組み合わせることで理解することができる（図13)[24]。

セルロースに対して酵素加水分解を行う応用目的としては，まずセルロース繊維の表層構造の改質や分解洗浄が上げられる。これにあたるものとして，セルラーゼの洗剤としての利用，繊維加工剤としての利用などがすでに大きな工業用途として成り立っている。また，紙リサイクル

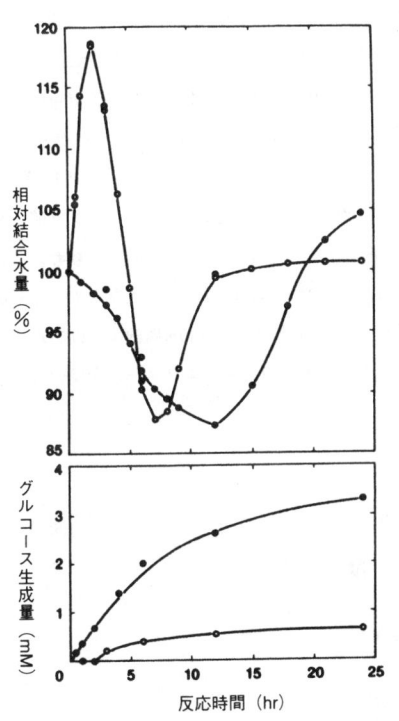

図13 セルラーゼ処理によるコットン繊維の相対結合水量の変化[24]
○：*Irepex lacteus* En-1（endo型non-processive酵素）
●：*Irepex lacteus* Ex-1（endo型processive酵素）

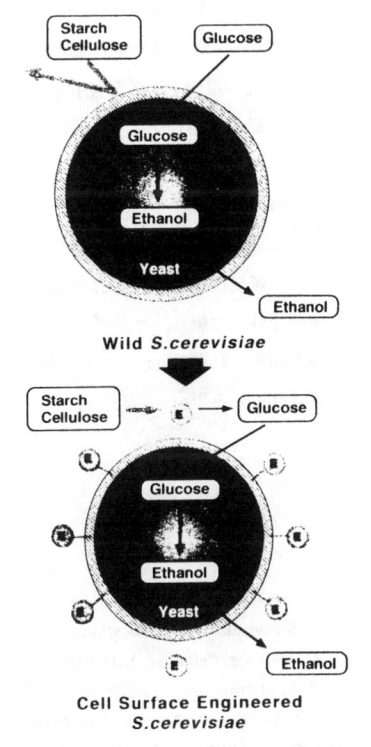

図14 細胞表層工学によるセルロース資化性酵母（*S.cerevisiae*）の創成[31]

過程での脱インク処理へのセルラーゼの利用も検討されている。これらについては，すぐれた成書と総説があるのでそれを参照していただきたい[25-27]。

さらにセルロースの酵素加水分解の応用目的として可溶性セロオリゴ糖の生産が挙げられるが，セルラーゼの触媒機能から考えて実際に可能なのはセルロース基質からのセロビオースの生産に限られる。セロビオースの機能性食品としての可能性については他の総説を参照していただきたい[28]。

1970年代のオイルショック以来，セルロースの酵素加水分解の目的として常に期待が寄せられているのは，酵素によるセルロースの完全加水分解に基づくグルコース生産とそれに引き続くアルコール発酵である[29]。このプロセスが工業的に成立するとセルロースを原料として多くの工業原料が提供できるとともにバイオマスのエネルギー化に対しても大いに貢献できる。セルロースの酵素加水分解と競合するものに強酸による酸加水分解があるが，少なくとも反応装置や後処理のことを考えると酵素加水分解は酸加水分解にくらべて大きな利点がある。また，得られたグルコースからのエタノールの発酵生産を考えた場合も酵素加水分解のほうが圧倒的に有利である。また最近，遺伝子工学を利用して糸状菌のセルラーゼならびにβ-グルコシダーゼ遺伝子を酵母の細胞壁表層結合タンパク質に融合させ，さらに分泌発現系を利用してセルラーゼとβ-グルコシダーゼを細胞外壁タンパク質として局在化させたアーミング酵母が作出された（図14）[30,31]。得られた酵母は可溶性セロオリゴ糖を資化できることから，将来はこのようなアーミング酵母を利用することによって一段階発酵でセルロースからエタノールを生産できる可能性も考えられる。また，嫌気性細菌である Clostridium 属細菌ではセルロソームと呼ばれる巨大なセルラーゼ複合体を菌体外に生産し，セルロースを効率的に分解している[32]。Clostridium 属細菌にはアルコール発酵も同時に行うことができる菌株も存在しているのでセルロースのエタノール変換への利用が期待されている[33]。

文　献

1) M. Srisodsuk, *VTT Publications*, 188, p. 20 (1994)
2) B. Henrissat, *Cellulose*, 1, 169-196 (1994)
3) M.-L. Mattinen, *et al., FEBS Lett.*, 407, 291-296 (1997)
4) T. T. Teeri, *et al., Biochem. Soc. Trans.*, 26, 173-178 (1998)
5) G. Davies, *Biochem. Soc. Trans.*, 26, 167-173 (1998)
6) G. Davies & B. Henrissat, *Structure*, 3, 853-859 (1995)

7) J. Sugiyama & T. Imai, *Trends Glycosci. Glycotechnol.*, 11 (57), 23-31 (1999)
8) D. P. Delmer & Y. Amor, *Plant Cell*, 7, 987-1000 (1995)
9) 杉山淳司, *Cell. Commun.*, 1 (1), 6-12 (1994)
10) 杉山淳司, 今井友也, *Cell. Commun.*, 7 (1), 2-8 (2000)
11) 林徳子, *Cell. Commun.*, 2 (2), 29-33 (1995)
12) 磯貝明, *Cell. Commun.*, 2 (1), 17-21 (1995)
13) Y. Fukuchi, *et al.*, *Proc. MIE Bioforum 98*, pp. 104-110 (1999)
14) M. Samejima, *et al.*, *Carbohydr. Res.*, 305, 281-288 (1998)
15) B. Henrissat, *Cell. Commun.*, 5 (2), 84-90 (1998)
16) M. Linder *et al.*, *J. Biotechnol.*, 57, 15-28 (1997)
17) B. Henrissat, G. Davies, *Curr. Opin. Struc. Biol.*, 7, 637-644 (1997)
18) 大宮邦雄, 粟冠和郎, *Cell. Commun.*, 6 (1), 7-11 (1999)
19) G. J. Kleywegt, *et al.*, *J. Mol. Biol.*, 272, 383-397 (1997)
20) C. Divne, *et al.*, *J. Mol. Biol.*, 275, 309-325 (1998)
21) J.-Y. Zou, *et al.*, *Structure*, 7, 1035-1045 (1999)
22) S. Armand, *et al.*, *J. Biol. Chem.*, 272, 2709-2713 (1997)
23) 天野良彦ほか, 応用糖質科学, 45 (2), 151-161 (1998)
24) 星野栄一, 神田鷹久, 44 (1), 87-104 (1997)
25) 坂口博脩, *Cell. Commun.*, 2 (2), 15-21 (1995)
26) 上島孝之, 産業用酵素, 丸善, p. 18-24 (1995)
27) 上島孝之, 酵素テクノロジー, 幸書房, p. 12-14 (2000)
28) 渡辺隆司, *Cell. Commun.*, 5 (2), 91-97 (1998)
29) A. N. Glazer & H. Nikaido (斉藤日向ほか訳), 微生物バイオテクノロジー, 培風館, p. 243-263 (1996)
30) 上田充美, 村井稔幸, 生物工学, 76, 506-510 (1998)
31) 田中渥夫, 上田充美, 生物工学, 77, 505-509 (1999)
32) E. Bayer, *et al.*, *J. Struc. Biol.*, 124, 221-234 (1998)
33) S. N. Freer & C. D. Skory, *Can. J. Microbiol.*, 42, 431-436 (1996)

3.3 発酵生産物

3.3.1 セロオリゴ糖およびその誘導体

渡辺隆司*

セルロースはこれまで高分子体として様々な利用法が開発されてきた（第3章3.4節参照）。また，セルロースをグルコースまで加水分解物し，生成したグルコースを発酵原料としてアルコールなどの有用物質を生産する方法も広範囲に研究されている（3.3.2参照）。これに対し，セロオリゴ糖の利用に関しては，セルロースからセロオリゴ糖を生産する実験室規模での研究例は報告されているが[1-4]，セロオリゴ糖の機能の全容を解明して食品素材やケミカルスとして工業的に利用した例は知られていない。グルコースはデンプンの加水分解でも製造できることから，セルロースをグルコースまで加水分解するのではなく，β-1,4結合を残したセロオリゴ糖の形で利用する方法を探ることは，今後セルロースの高度利用を図る上で重要な位置を占めていくものと予想される。筆者らは，セルロース系オリゴ糖の生理機能開発を目的として，セルロース加水分解用に設計したセルラーゼバイオリアクターを用いてサルファイトパルプからセロビオースを連続生産し，生成したセロビオースのヒトとラットに対する生理機能試験を行ってきた[5-9]。ここでは，得られた生理機能試験のデータを基にセルロース系オリゴ糖のもつ食品素材としての特徴を述べる。

3.3.1.1 セロオリゴ糖の消化性

ヒトが難消化性オリゴ糖を摂取すると，口腔，胃，小腸での消化吸収を逃れて大腸にそのまま達し，大腸に生息する腸内細菌により炭酸ガス，水素，メタン，単鎖脂肪酸等に分解される。この腸内細菌による発酵過程が人体に様々な生理作用を及ぼすことから，近年難消化性糖類に関する研究が成人病予防を主眼として急速な進展をみせている[10-14]。セルロースは地球上に最も多量に存在する多糖でありヒトの消化酵素にはセルラーゼが含まれないことから，その部分分解物であるセロオリゴ糖も難消化性オリゴ糖として機能することが予想される。しかしながら，これまでセロオリゴ糖の生体に及ぼす生理作用はほとんど報告されていなかった。

口から摂取した食物は口腔，食道，胃，小腸（十二指腸，空腸，回腸）を通過し，大腸（盲腸，結腸，直腸）に達する。これらの器官を通過する過程で，糖質は唾液に含まれるα-アミラーゼ，胃液による酸加水分解，膵液α-アミラーゼ，小腸粘膜に結合したグルコアミラーゼ，マルターゼ，サッカラーゼ・イソマルターゼ複合体，トレハラーゼ，ラクターゼ，グルコシルセラミダーゼ，α-リミットデキストリナーゼなどにより加水分解される。加水分解の結果生じた単糖は小腸において吸収され，血糖値の増大やインスリン分泌をもたらす。スクロースなどの消化性の糖

---

* Takashi Watanabe　京都大学　木質科学研究所　バイオマス変換研究分野　助教授

```
          消化性オリゴ糖    難消化性オリゴ糖                                    甘味
                                                                          非う蝕誘発性
                                                                          抗う蝕誘発性
          加水              加水
          分解              分解                  唾液    α-アミラーゼ
          を              を
          受              受                    胃液    酸加水分解
          け              け
          る              な
                          い                    膵液    α-アミラーゼ
              血糖値の増大
              インスリンの分泌                    小腸粘膜
                                                 マルターゼ
              単純に分解                          グルコアミラーゼ
              小腸により吸収                      サッカラーゼ・イソマルターゼ複合体
                                                 トレハラーゼ
                                                 ラクターゼ
              慢性的な過剰摂取                    グルコシルセラミダーゼ
              糖尿病
              肥満                              大腸
                                                腸内細菌叢による分解
              ビフィズス菌選択増殖作用
              インスリン分泌抑制効果              短鎖脂肪酸
              血圧低下作用                       (酢酸，プロピオン酸，酪酸, etc)
              血清コレステロール低下作用
              中性脂肪濃度低下作用

              大腸・小腸の上皮細胞活性化          CO₂, H₂, etc.
              作用
              消化管粘膜血流量増大作用
              消化管運動抑制作用
              結腸ガン抑制作用
```

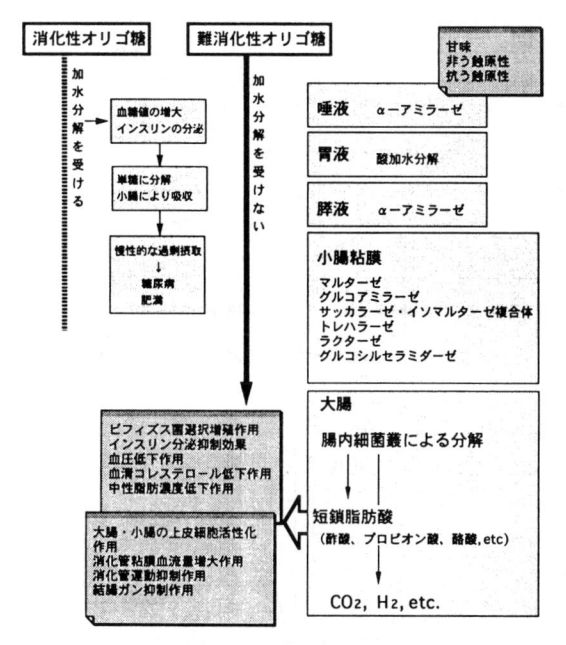

図1　オリゴ糖の消化性と生理機能

質を慢性的に過剰摂取するとインスリンの作用低下により糖尿病が誘発される。また，インスリンの分泌が増大するとリポタンパクリパーゼ活性が高まり，脂肪細胞が中性脂肪を取り込み始め中性脂肪の蓄積が促進される。ところが，難消化性オリゴ糖と呼ばれる糖質は小腸を通過するまでの過程で加水分解を受けずにそのまま大腸に達し，大腸内に生息する腸内細菌によって分解利用される。この結果，腸内細菌の菌叢が変化し，同時にオリゴ糖の発酵産物である短鎖脂肪酸が腸管を通して吸収され生体に様々な生理作用を及ぼす。このように，小腸で消化・吸収される消化性オリゴ糖は過剰摂取により肥満，糖尿病などの原因となる上，大腸の腸内細菌に直接働きかけることもできない。これに対し，難消化性オリゴ糖は小腸までで分解されることなく大腸にそのまま到達してビフィズス菌増殖作用や短鎖脂肪酸による腸粘膜の新陳代謝活性化などの生理作用をもたらす（図1）。また，血糖値やインスリン濃度を高めることもない。したがって，オリゴ糖の機能性評価を行うためには，はじめにオリゴ糖の消化性を明らかにしなければならない。

　こうした観点に立ち，我々はラットとヒトを用いて耐糖能試験を行った（図2,3）。耐糖能試験とは糖質を摂取した後，血中のグルコース濃度とインスリン濃度を測定することによって糖質の消化・吸収性や糖代謝に対する負荷を評価する試験である。その結果，セロビオースのヒトに対

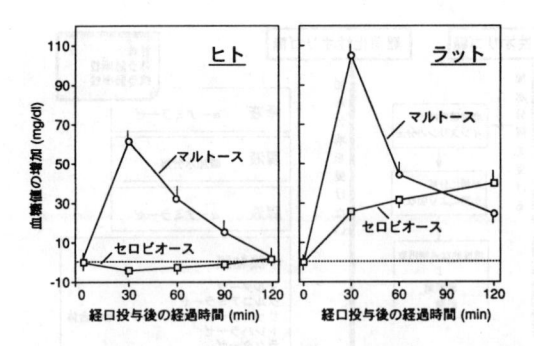

図2 ヒトおよびラットへのセロビオースの経口投与による血糖値の変化

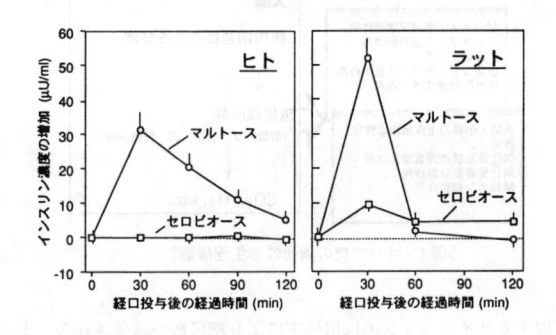

図3 ヒトおよびラットへのセロビオースの経口投与によるインスリン濃度の変化

する経口投与では血糖値およびインスリンの増加が全く認められず,セロビオースは難消化性オリゴ糖として機能することが示された[5-9]。

3.3.1.2 セロオリゴ糖の短鎖脂肪酸発酵能

難消化性オリゴ糖が分解されずに大腸に達し,大腸内の腸内細菌によって利用されると,酢酸,プロピオン酸,酪酸,乳酸などの短鎖脂肪酸が生成する。これらの短鎖脂肪酸は,消化管血流粘膜血流量の増大,膵外分泌の刺激,消化管粘膜上皮細胞の増殖,消化管運動の刺激,ナトリウム・水分吸収の増大,コレステロール合成の抑制,有害細菌の感染防御などの生理作用を有する。大腸の中で生成した短鎖脂肪酸の9割以上は速やかに吸収される。この中で,酪酸の大部分とプロピオン酸のいくらかは,全身のエネルギープールに入る前に大腸の上皮細胞に横取りされて,上皮細胞のエネルギー源として利用される。このように,酪酸は大腸上皮細胞の新陳代謝をとりわけ活発にする生理作用がある[15]。また,酪酸にはDNA修復の促進効果や結腸癌の予防効果も指摘

表1 セロビオースの腸内細菌による短鎖脂肪酸発酵性試験 (m mol / L)[8]

	Acetic acid	Propionic acid	Butyric acid	Total SCFA	Lactic acid	pH
6hr						
Cellobiose	0.69 ± 0.18	2.24 ± 0.04	10.19 ± 0.40	13.12 ± 0.50	0.47 ± 0.01	5.3
Maltitol	0.86 ± 0.35	2.15 ± 0.11	5.60 ± 0.35	8.61 ± 0.53	0.35 ± 0.02	5.5
Glucose	0.67 ± 0.23	2.05 ± 0.06	8.01 ± 0.13	10.72 ± 0.19	0.60 ± 0.01	5.5
24hr						
Cellobiose	0.90 ± 0.16	1.57 ± 0.10	10.76 ± 0.44	13.23 ± 0.39	0.38 ± 0.01	5.3
Maltitol	1.81 ± 0.17	2.86 ± 0.10	9.32 ± 0.46	13.99 ± 0.35	0.38 ± 0.00	5.3
Glucose	1.13 ± 0.03	2.49 ± 0.20	8.52 ± 0.42	8.61 ± 0.53	0.35 ± 0.02	5.5

されており，難消化性オリゴ糖や食物繊維の機能性発現において重要な位置を占めている[10,16-20]。そこで，難消化性であることが確かめられたセロビオースの腸内細菌による発酵性試験を行った。その結果を表1に示す。

表1から明らかなように，セロビオースが腸内細菌によって発酵を受けると短鎖脂肪酸として酪酸が主に生成することが示された[8]。培養開始6時間後の酪酸濃度はマルチトールの約2倍でグルコースより高い。セロオリゴ糖はグルコースと異なり小腸までで消化・吸収されることなく大腸に達することから，大腸における酪酸生成因子としての利用が期待される。従来よりオリゴ糖の健康増進効果を説明する代表的な指標としてビフィズス菌の増殖効果がうたわれている。ビフィズス菌の増殖は，スカトール，インドールなどの腸内腐敗産物を減少させるなど，ヒトの健康にとって好ましい影響を及ぼすことは確かであるが，ビフィズス菌から生成する短鎖脂肪酸は主として乳酸と酢酸であるため，大腸内の菌叢がビフィズス菌に著しく偏ると，腸上皮細胞の新陳代謝に大きな効果をもたらす酪酸の相対濃度は低下する。したがって，こうした酪酸の機能に注目するならば，ビフィズス菌増殖因子のみでは不十分であり酪酸生成因子も効率的に組み合わせることにより腸内環境を改善していくことが必要である。セロビオースは可溶性の糖質であり，なおかつ消化吸収されずに大腸に達するため，大腸内における酪酸濃度を高めるためには最も優れた糖質のひとつと考えられる。

3.3.1.3 セロオリゴ糖の脂質代謝への影響

セロオリゴ糖のもつ脂質や糖質の代謝改善効果を調べることを主な目的として，ラットをセロビオースを含む高ショ糖食で長期飼育した。即ち，生後3週齢のSD系雄性ラットをショ糖64.7％，カゼイン25％，コーン油5％，ミネラル混合（MM-2）4％，ビタミン混合（Harper）1％，塩化コリン0.2％およびビタミンE0.05％からなる基本飼料で2週間予備飼育後3群（12匹／一群）に分け，I群は高ショ糖食，II群は高ショ糖食99％にセロオリゴ糖を1％，III群は高ショ糖食97.5％にセロオリゴ糖を2.5％添加した飼料を与えた。飼料ならびに飲料水は自由摂取させ，

表2 高ショ糖食飼育ラットに対するセロビオース投与の生理的影響[5]

Feeding type	High sucrose diet (Control)	High sucrose diet + Cellobiose 1%	High sucrose diet + Cellobiose 2.5%
Body weight (g)	370 ± 8	381 ± 9	379 ± 9
Feed efficiency*	0.35 ± 0.01	0.35 ± 0.02	0.34 ± 0.01
Body fat (%)	30.0 ± 1.1	27.3 ± 0.8	28.3 ± 0.7
Serum biochemical data			
Fructosamine (μmol / L)	426 ± 5	346 ± 13	344 ± 15
Total cholesterol (mg / dl)	108.1 ± 5.0	81.5 ± 5.3	91.6 ± 3.4
HDL-cholesterol (mg / dl)	83.2 ± 4.5	53.7 ± 3.3	66.8 ± 3.9
Triglyceride (mg / dl)	88.0 ± 4.8	63.6 ± 6.3	61.6 ± 7.0
Total protein (g / dl)	6.0 ± 0.1	6.2 ± 0.2	6.0 ± 0.1
Albumin (g / dl)	3.7 ± 0.1	3.7 ± 0.1	3.6 ± 0.04
GPT (IU / L)	5.6 ± 0.4	3.9 ± 0.8	4.4 ± 0.8
ALP (IU / L)	67.5 ± 4.2	79.0 ± 12.0	77.5 ± 5.6
Calcium (mg / dl)	8.6 ± 0.2	9.0 ± 0.2	9.3 ± 0.2
Organs and fat pads (% of body weight)			
Liver	3.3 ± 0.1	3.4 ± 0.1	3.5 ± 0.2
Kidney	0.7 ± 0.02	0.7 ± 0.02	0.7 ± 0.02
Cecum with content	0.6 ± 0.03	0.6 ± 0.04	0.6 ± 0.02
Epididymal fat pads	1.7 ± 0.1	1.6 ± 0.1	1.6 ± 0.1

Starting level of percent body fat : 21.7 ± 0.3%; fructosamine : 213.1 ± 11.1mmol / L; total cholesterol : 87.3 ± 4.4mg / dl; HDL-cholesterol : 52.3 ± 2.8mg /dl; triglyceride : 34.2 ± 4.6mg / dl. *Four weeks feeding of high sucrose diet.

それぞれ4週間飼育した。その結果，セロオリゴ糖を加えた高ショ糖食を食べさせた飼育群では，セロオリゴ糖なしの高ショ糖食で飼育した対照群に比べ体脂肪率が低下したばかりでなく，総コレステロールや中性脂肪濃度が低下した。また，高血糖状態の指標となる血清フルクトサミン量も低値を示した。さらに，セロオリゴ糖添加高ショ糖食飼育群と対照群の血清総タンパク質，アルブミン，ALP，カルシウム濃度，体重，飼育効率，臓器重量には有意差は認められなかった[5]。これらの結果から，セロビオースを主成分とするセロオリゴ糖は糖代謝，脂質代謝に好ましい影響を及ぼし，糖尿病や肥満予防に役立つ可能性が示唆された（表2）。

3.3.1.4 *Streptococcus mutans*のセロビオース発酵性

虫歯の原因となる通性嫌気性球状細菌*Streptococcus mutans*は口腔内で生育してグリコシルトランスフェラーゼ（GTF）を生産し，このGTFの働きによってスクロースから不溶性グルカンを合成する。不溶性グルカンが合成されると細菌が歯面に付着して繁殖し，糖を発酵して有機酸を生じ，最終的にエナメル質が脱灰する。この虫歯の発生機構からわかるように，スクロース存在下で*mutans*菌による不溶性グルカン生成を阻止できる糖質は抗齲蝕性糖質と呼ばれ虫歯予防に顕著な効果を示す。スクロースからの不溶性グルカンの生成は阻止できないが，それ自身からは不

溶性グルカンが生成せず S. mutans 菌による酸産生能も低い糖質は非齲蝕性糖質と呼ばれ，スクロースの代替甘味料として利用すれば虫歯予防に何らかの効果を示すことが期待される。試験の結果，S. mutans はスクロースとセロビオースの共存下において不溶性グルカンが生成するが，セロビオース単独では不溶性グルカンは生成せず，pHの低下も少ないことが示された[8]。したがって，in vitro の実験ではセロビオースはキシロオリゴ糖と同様非齲蝕性の糖質と考えられる。

3.3.1.5 セロオリゴ糖の微生物に対する生理機能

セロビオースは in vitro において Bifidobacterium adolescentis, B. infantis, B. longum, Lactobacillus acidophilus により資化される[2]。Bifidobacterium brave 203 株はセロビオース資化能を有しているが，長期に渡ってグルコースと可溶性デンプンを炭素源として培養すると，セロビオースの資化能が低下あるいは消失し，セロビオース培地に戻して訓養するとセロビオースの資化能が再び回復する。このセロビオース資化能はB. brave 203 株のもつ2種の β-グルコシダーゼのうち，β-D-フコシダーゼ活性を有する β-グルコシダーゼIに支配されている。セロビオースの訓養培養によってセロビオース資化能が回復したB. brave をセロビオースとともにラットに投与するとビフィズス菌量が140倍に増加する[21]。セロビオースは，バニリンとグルコン酸の共存下でシイタケの子実体発生を顕著に促進する[22]。また，セロオリゴ糖の細菌，酵母，糸状菌に対するセルラーゼ（セロビオヒドロラーゼ，エンド-β-グルカナーゼ，β-グルコシダーゼ）誘導効果は数多く報告されているが，好熱性放線菌 Thermomonospora fusca に対しては，セロビオースがプロテアーゼの誘導効果を示す。セロビオースによって誘導される菌体外プロテアーゼは T. fusca のアミラーゼを失活させると同時にマルトースの取り込みを阻害するため，培地中に加えたセロビオースは T. fusca の炭素源取得経路をデンプン系からセルロース系に切り替える働きをする[23]。

3.3.1.6 セロオリゴ糖の誘導体化

セルロース系オリゴ糖の生理機能開発を行うためには，セロオリゴ糖に糖鎖を付加したり官能基を導入することにより機能改変を行うことが有効と考えられる。ここでは代表的な誘導体化反応と期待される生理機能の一部を紹介する（図4）。

セロビオースに Aspergillus niger β-グルコシダーゼを作用させると，セロビオース非還元末端C-6位に優先的に β-グルコシル基が転移して 4-O-β-ゲンチオビオシルグルコースが生成する。糖転移物の収率は消費されたセロビオースに対して57％である[24]。一般に糸状菌由来の β-グルコシダーゼの多くは糖転移反応や縮合反応によりグルコースやセロビオースから β-1,6結合を有する類似したオリゴ糖の混合物（ゲンチオオリゴ糖）を与える。合成されたオリゴ糖は苦みを有し，ビフィズス菌増殖活性を持つ。ゲンチオオリゴ糖の還元物である糖アルコールは腸内細菌により資化されにくいが，Lactobacillus casei に対しては特異的によく資化される[25]。

セロビオースを水素添加により還元すると，糖アルコールであるセロビトールが得られる。セ

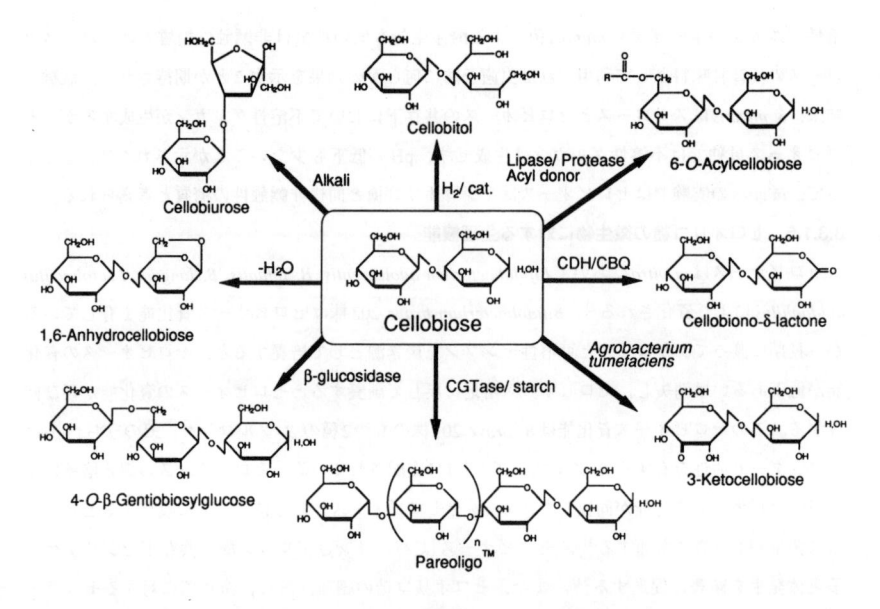

図4 セロビオースの酵素的および化学的変換

ロビトールは,ショ糖の約45％の甘味を持ち,セロビオースに比べて耐酸性に優れる。セロビトールはセロビオース同様結晶性が高いため,例えば結晶性を食感に活かした食品開発に有用と思われる。セロビウロース（4-O-β-D-glucopyranosyl-D-fructose）はセロビオースをアルカリ異性化することにより得られる甘味物質であり,セロビオースと異なり苦みも有する。ラット小腸アセトン粉末溶液による消化試験によりセロビウロースのエネルギーは1.52kcal/gであることが示されている。この値はスクロースの半分以下であり,低カロリーである[26]。

セロオリゴ糖とデンプンを$Bacillus\ macerans$や$B.\ stearothermophilus$のシクロデキストリングルカノトランスフェラーゼ（CGTase）と反応させると,セロオリゴ糖非還元末端C-4位にマルトデキストリンが結合したオリゴ糖が得られる。本オリゴ糖は分子内にα-グルコシド結合とβ-グルコシド結合を合わせ持つ水溶性のグルコオリゴ糖であり,さわやかな甘味を持つ。従来,デンプンとセルロースは全く異なる性質をもつグルカンとして対比されてきた。分子中に両者の結合様式をもったオリゴ糖は,酵素阻害剤,酵素誘導剤,合成ポリマー原料,甘味剤などの用途が期待される[6]。

リパーゼやプロテアーゼは有機溶媒中においてトリハロエタノールやビニルエステルなどのアシル供与体と糖のエステル交換反応を触媒し糖エステルを合成する[27]。また,脂肪酸と糖との

縮合反応も触媒する。ヘキソピラノースとの反応の場合，一般にC-6位にアシル基が優先的に結合した糖エステルが生成する。こうしたアシル化糖には，抗腫瘍活性，抗菌活性，植物生長抑制作用などの生理活性がある。セロビオースに関しても非還元末端C-6位のアシル化反応が報告されているが[28]，生理機能は報告されていない。

　セロビオースを木材腐朽菌の生産するセロビオースデヒドロゲナーゼ（CDH）やセロビオース：キノンオキシドリダクターゼ（CBQ）で酸化するとセロビノ-δ-ラクトンが生成し，セロビノ-δ-ラクトンは容易に加水分解されてセロビオン酸が生成する。木材腐朽においては，セロビオン酸は3価マンガンのキレーターとして機能するが[29]，食品添加物として考えるなら陽イオンのキャリアーとしての用途が可能であろう。

　*Agrobacterium tumefaciens*はセロビオース非還元末端の3位を酸化して3-ケトセロビオースを生成する。3-ケトセロビオースは，ポリマーのbuilding blockとしての利用が可能である[30]。

　このように，セロビオースはβ-1,4結合を残したまま様々な誘導体に変換可能であり，これらの誘導体の広範囲な機能の探索が必要である。

3.3.2　グルコースの発酵生産物

　セルロースをグルコースまで加水分解すれば，グルコースを炭素源とする多種多様な微生物発酵が可能となる。グルコースの微生物発酵により得られる代表的発酵産物には，メタン，水素，エタノール，ブタノール，イソプロパノール，エリスリトール，ギ酸，酢酸，プロピオン酸，酪酸，クエン酸，L（+）-イソクエン酸，L（+）-アロイソクエン酸，コハク酸，イタコン酸，乳酸，ピルビン酸，酒石酸，フマル酸，リンゴ酸，α-ケトグルタル酸，コウジ酸，サリチル酸，D-アラボアスコルビン酸，2,3-ブタンジオール，アセトン，アミノ酸，脂質，核酸関連物質，タンパク，酵素，補酵素，生理活性物質等が挙げられる。本項では，これらの中からグルコースの酸化，異性化とエネルギー変換として重要なメタン発酵，およびエタノール発酵を紹介する。

3.3.2.1　酸化還元反応によるグルコースの変換

　グルコースの酸化還元反応による変換を図5に示した[31]。グルコースは，*Aspergillus flavus, Saxidomus giganteous, Tridophcus flaccidum, Oudemasiellamucida*等の生産するピラノース-2-オキシダーゼにより2-ケト-D-グルコース（D-グルコゾン）に変換される。ピラノース-2-オキシダーゼは木材腐朽菌である*Coriolus versicolor*や*Lenzites betulinus*，紅草である*Tridophycus flaccidum*によっても生産される。2-ケト-D-グルコースは還元によりD-フルクトースを生成する。ガラクトースオキシダーゼはD-ガラクトースの6位を酸化して6-アルデヒド-D-ガラクトースと過酸化水素を生成するが，D-グルコースにも反応して6-アルデヒド-D-グルコースを生成する。6-アルデヒド-D-グルコースは，還元的アミノ化により1,6-ジアミノソルビトールに変換される。D-グルコース

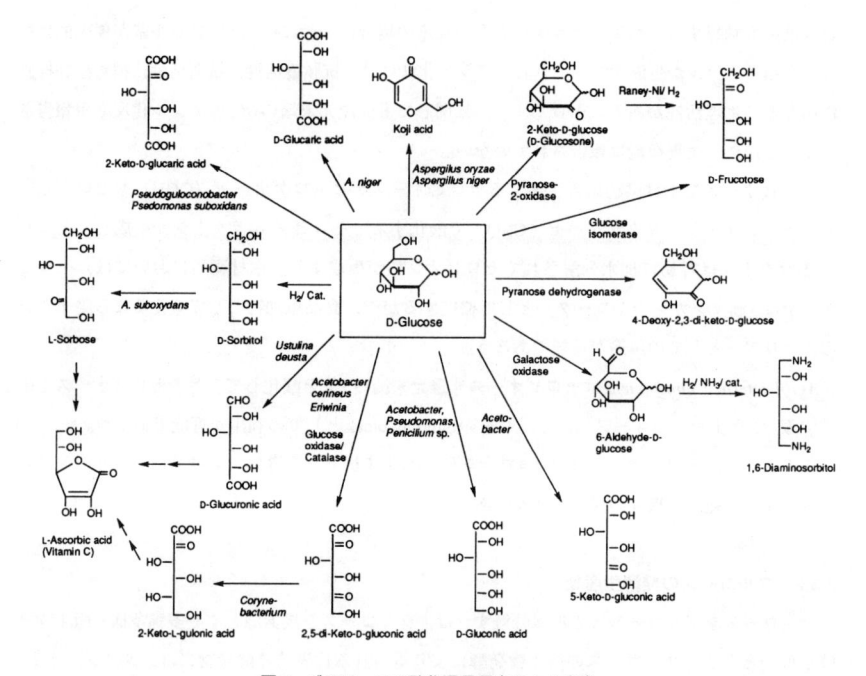

図5　グルコースの酸化還元反応による変換

の1位をAcetobacter, Pseudomonas, Penicillium, Gluconobacter属などの細菌で酸化するとD-グルコン酸が生成する。グルコン酸は，酸味剤，ミネラル強化剤，豆腐凝固剤として利用されているが，腸内細菌に対してはビフィズス菌を選択的に増殖させる活性が報告されている[32]。D-グルコン酸のナトリウム塩は，洗浄剤や金属キレート剤としても利用されている。D-グルクロン酸はヘミセルロース中に含まれている酸性糖であるが，グルコースの6位をUstulina deusta等で酸化することによっても生産される。セルロースをSporocytophagamyxococcoidesで酸化するとポリグルクロン酸が生成する。D-グルコースの1位と6位をAspergillus nigerで酸化すると，D-グルカール酸が生成する。D-グルカール酸をPseudogluconobacter属細菌でさらに酸化すると2-ケト-グルカール酸が生成する。Acetobacter, Pseudomonas, Xanthomonas, Serratia属細菌は，D-グルコン酸を100%近い高収率で2-ケト-D-グルコン酸に変換する。Acetobacter属細菌はD-グルコースから5-ケト-D-グルコン酸を生成する。Aspergillus oryzaeやA. nigerによりD-グルコースから生産されるコウジ酸は，抗生物質，殺虫剤として利用される。EriwiniaやAcetobacter cerineusはD-グルコースから2,5-ジケト-D-グルコン酸を生成する。2,5-ジケト-D-グルコン酸をCorynebacterium mutansで還元する

と2-ケト-L-グロン酸が生成する。2-ケト-L-グロン酸はビタミンCの合成中間体となる。以上のように、グルコースを位置特異的に酸化する多様な微生物反応が知られており、セルロケミカルス製造の要素反応として利用価値が高い。

3.3.2.2 グルコースの異性化反応

グルコースは、イソメラーゼ、エピメラーゼ、リダクターゼ、デヒドロゲナーゼ等により多様な希少糖類に変換される。例えば、D-グルコースは、キシロースイソメラーゼによりD-フルクトースに変換される（図6）。D-フルクトースはD-タガロース3-エピメラーゼによりD-プシコースに変換され、これが*Enterobacter*によりアリトールに変換される。アリトールは*Gluconobacter*によりL-プシコースに変換され、これをD-タガロース3-エピメラーゼと反応させると、L-フルクトースが生成する。D-プシコースは、前駆脂肪細胞の脂肪細胞への分化を阻害し、ラットに対して体脂肪蓄積を抑制する。D-プシコースは、L-ラムノースイソメラーゼによりD-アロースへも変換される[33,34]。

一方、D-グルコースは、*Candida famanta* R-28によりD-アラビトールに変換され、これが*Acetobacter aceti*により脱水素されてD-キシロースが生成する。D-キシロースは、*Acinteobacter*のL-リボースイソメラーゼによりD-リキソースに変換される。D-リキソースは抗腫

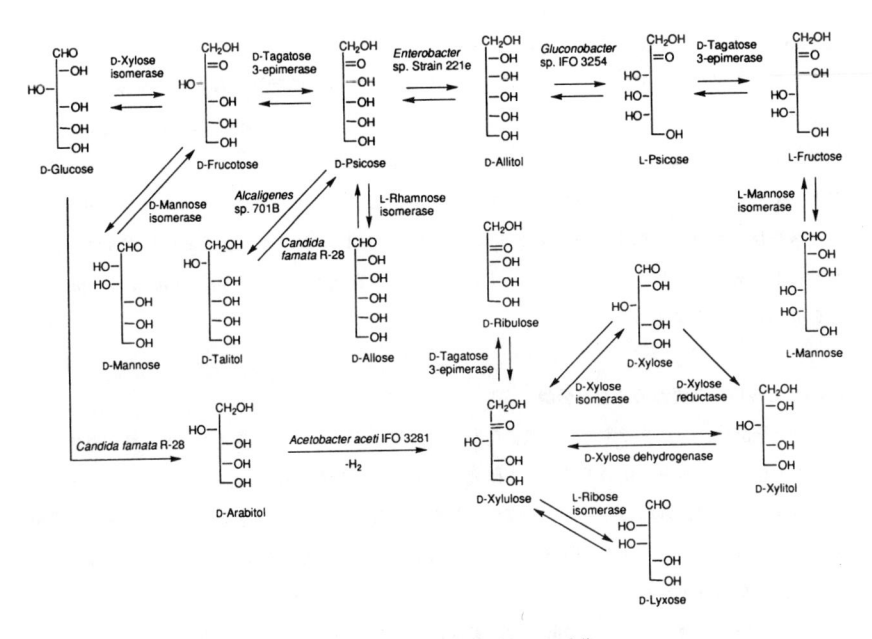

図6 グルコースの異性化反応による変換

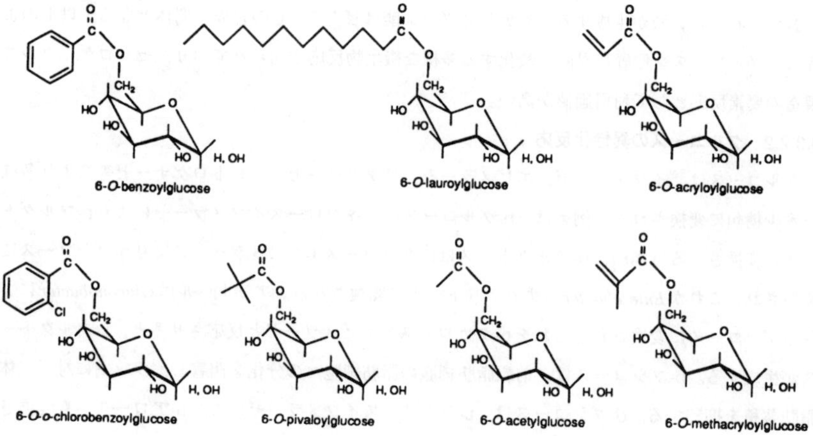

図7 リパーゼおよびプロテアーゼで合成したグルコースエステル

瘍活性をもつα-ガラクトシルセラミドの合成材料となる[35]。*Candida famanta* R-28はD-プシコースからのD-タリトールの生産も触媒する[33]。

3.3.2.3 グルコースの酵素的エステル化反応

グルコースはリパーゼおよびプロテアーゼによるエステル交換反応,あるいは縮合反応により糖エステルに変換される。グルコースから合成した糖モノエステルの例を図7に示した。これらの糖エステルの中で,アクリル酸およびメタクリル酸エステルは糖をブランチしたポリマーの原料として利用できる。*Bacillus* 属プロテアーゼを用いピリジン中でビニルメタクリレートとグルコースを反応させると収率82.5%でグルコースメタクリレートが合成される[27]。グルコースの異性化糖であるフルクトースのラウレートはスクロース存在下で虫歯菌 *Streptococcus mutans* の生育を48時間以上抑制する[36]。

3.3.3 セルロース資源のメタン発酵

メタン発酵は,これまで主として農畜産廃棄物,生ゴミ,下水,工業廃水などの浄化処理,コンポスト化,エネルギー化の手段として研究されてきた。しかしながら,リグニンのネットワークを破壊する木材前処理とセルラーゼ高生産菌を組み合わせれば,林産資源の高効率メタン発酵も理論上は可能である。メタン発酵では,生成物であるメタンが発酵残渣から容易に分離されるという大きな利点がある。

メタン発酵は,嫌気性条件下で微生物の働きにより有機物が低分子の脂肪酸や炭酸ガス,アル

コールなどに分解され，これらの物質が嫌気性メタン菌のもつメタン生成系酵素群によってメタンに変換される過程をいう。メタン発酵による有機物からガスへの分解は3段階を経て進行する。第一段階の酸生成過程において，酸生成細菌群によって，有機物が単糖類，アミノ酸などの低分子物質を経て，酢酸，プロピオン酸，酪酸，乳酸などの短鎖脂肪酸やエタノールになる。次に，酢酸以外の短鎖脂肪酸やエタノールは，水素生成細菌により水素と酢酸に変換され，最後の第3段階においてメタン生成細菌群によりメタン，二酸化炭素に分解される。ほとんどのメタン生成菌は水素とギ酸を基質にできるが，酢酸を基質にできるメタン生成菌は，*Methanosarcina*と*Methanothrix*だけである。プロピオン酸，酪酸，乳酸などの短鎖脂肪酸やエタノールは，酢酸および水素に変換されてからメタンになる[37,38]。

酢酸からメタンを直接発生させる酵素反応はメチル-S-CoMレダクターゼによって触媒される[39]。

$$HS\text{-}CoB + CH_3\text{-}S\text{-}CoM \rightarrow CoB\text{-}S\text{-}S\text{-}CoM + CH_4$$

基質である補酵素B（HS-CoB）とメチル補酵素（CH_3-S-CoM）はメタン菌独自の補酵素である。この補酵素は補欠分子族として特異な補酵素F430を結合している。F430はニッケルを含むテトラピロール環構造をもち，近年その結晶構造が解析された[40]。メチル-S-CoMレダクターゼ以外のメタン生成系酵素であるホルミルトランスフェラーゼ，カルボニックアンヒドラーゼ，シクロヒドロラーゼ，メチレンテトラメタノプテリンレダクターゼに関しても結晶構造が報告され[41-43]，メタン生成系酵素群の触媒機構に関する研究が近年急速に進展している。

これまで，メタン発酵においては，微生物を高濃度に保持し，廃液中の可溶性有機物が高濃度のみならず低濃度にも対応できる発酵プロセスが開発されてきた。それらは，Upflow anaerobic sludge-blanket（UASB），Upflow anaerobic filter process（UAFP），Anaerobic fluidized-bed reactor（AFBR），などで，いずれも固定化菌体法である。UASBは，排水がリアクターの底部から供給され，スラッジのベッド，懸濁されたスラッジ（ブランケット）を経て上部から処理液となって排出されるものである。スラッジは0.5～2.5mmのグラニュールを形成している。UASB法は家畜排泄物の液肥化・尿汚泥処理，食品工場廃水処理などに利用されている。ビール，ジャガイモデンプンの廃残滓の処理に13,000～66,000kg/COD/dayのUASBが稼働している[44]。UAFPはリアクター内に砕石やプラスチックの充填剤を詰めその表面にメタン発酵菌を生育させたバイオリアクターである。AFBRはリアクター内で流動できる担体にメタン発酵菌を生育させ流動床として用いるものである。AFBRにおいては，担体に付着する微生物層（バイオフィルム）の厚さが発酵性に大きな影響を与える。バイオフィルムが厚いと脂肪酸生成細菌の活動が低下するが，逆にメタン生成菌の活動は活発化する[45]。

メタン発酵では，低分子脂肪酸生成菌とメタン発酵菌という異なる微生物群が必要となる。低

分子脂肪酸生成菌とメタン発酵菌を同じ発酵槽で処理する一段式発酵では原料の組成変化などにより酸生成菌の生育が過多になるとメタン生成菌の活動が抑制される。酸生成菌とメタン生成菌を異なる発酵タンクで培養する二段式発酵ではこうした問題が軽減されるため，経済性の高い二段式発酵システムの開発が行われている。

クラフトパルプ工場の廃液にはメタノール含有廃液があるため，このメタノール含有廃液をそのまま嫌気発酵処理するとメタノールによるメタン発酵の阻害が問題となる。Fukuzakiらは，プロピオン酸-メタノール混合物のメタン発酵をUASBを用いて行い，*Methanosarcina*属細菌によるメタノールの分解が発酵阻害を軽減することを示した[46]。

メタン発酵の技術的課題としては，硫酸還元菌による発酵阻害[47]の回避，UASB，UAFP，AFBRなどのバイオリアクターの改良等による単位体積当たりのメタン生成効率の向上，固形有機廃棄物の破砕技術などによる固形基質からの発酵効率の向上，発酵層保温技術などによる冬季の発酵効率低下の回避，遺伝子組み替え等によるメタン発酵菌や脂肪酸生成菌の改良とその利用，などが挙げられる。エタノール発酵に比較してメタン発酵では基質の加水分解工程が注目されておらず，基質の前処理と発酵効率の関係がほとんど明らかにされていない。例えば，生ゴミ処理を目的とした京都府伏見区のメタン発酵施設ではオガクズや剪定木は分解されることなくそのまま発酵残滓として排出されている。林産廃棄物などリグノセルロースのメタン発酵では，エタノール発酵と同様，基質の前処理や加水分解工程に関しても検討を加えていく必要があるであろう。

3.3.4 セルロース資源のエタノール発酵
3.3.4.1 エタノール発酵技術

セルロースを原料とするエタノール発酵は，バイオマス資源のエネルギー化の有力な方法として米国を中心に近年特に注目を浴びている。糖蜜，デンプン質を原料とするエタノール発酵技術はすでに成熟段階にあり，全世界で約2500万kl/年のエタノールが生産されている。米国ではこれまでコーンを原料とし，湿式ミルでデンプン質を取り，蒸煮して液化型および糖化型アミラーゼで液化した後*Saccharomyces cervisiae*で連続あるいは回分法で発酵してきたが[48]，後述のように林産廃棄物を含むセルロース系バイオマス資源からエタノールを製造する国家プロジェクト（表3）が現在進行中である。

エタノール発酵性微生物の分子育種とその利用に関する研究が近年急速に進展している。Ingramらは*Zymomonas mobilis*の*pdc*, *adhB*遺伝子を大腸菌の染色体に組み込み，エタノール発酵性をもつ安定した形質転換大腸菌株KO11を作出した。この組み替え大腸菌KO11株をセルロースの酸加水分解プロセスと組み合わせて10,000Lのファーメンターで48時間に渡り収率90％以上で連続的に40g/Lのエタノールを生産した。彼らは，これとは別に*Klebsiella oxytoca*にエタノー

表3 米国におけるバイオマスからの燃料エタノール生産プロジェクト[65,66]

企業／プロジェクト名・生産地	生産開始時期	加水分解法	原料	エタノール生産量	備考
BCI Jennings, LA	2001	2段階希硫酸	バガス	76,000kl/年	アルコール発酵には組み替え大腸菌使用
Masada Middletown, NY	2001	濃硫酸	固形都市ゴミ, MSW	38,000kl/年	原料供給と建設予定地契約済み
Arkenol Sacramento, CA	2001	濃硫酸	イナワラ	46,000kl/年	イナワラからシリカも製造
BCI/Gridley LLC Gridley, CA	2002	酵素	イナワラ 林産廃棄物	76,000kl/年	Ogden Pacific Power POPIバイオマス発電所に併設予定
Sealaska Southeast Alaska	2003	未定	針葉樹 廃棄物	23,000- 30,000kl/年	
BCI/Collins Pine Chester, CA	2003	酵素	針葉樹 廃棄物	77,000kl/年	Collins Pine社バイオマス発電所（12MW）に併設予定

表4 併行複発酵（SSF）によるセルロース原料からのエタノールの発酵効率[49]

原料名	原料 (g/L)	エタノール発酵性 微生物	セルラーゼ (FPU/L)	セロビアーゼ (IU/L)	発酵時間 (h)	エタノール (g/L)	エタノール(g) /原料(g)
精製結晶性セルロース (Sigmacell 50)	100	K. oxytoca P2	1,000	-	96	37.0	0.370
	100	K. oxytoca P2	1,000	-	168	42.1	0.421
	100	K. oxytoca P2	2,500	-	96	41.4	0.414
	100	K. oxytoca P2	2,500	-	168	46.8	0.468
	75	B. custersii	1,950	-	72	32.0	0.427
	100	B. custersii	1,900	-	240	40.0	0.400
オフィス用紙[1]	200	S. cerevisiae	3,440	387	72	55.8	0.279
	200	S. cerevisiae	3,440	387	96	59.3	0.297
	200	S. cerevisiae	6,880	773	72	63.0	0.315
	200	S. cerevisiae	6,880	773	96	65.8	0.329
	120	K. oxytoca P2	1,000	-	96	40.8	0.340
水蒸気蒸煮オフィス用紙[2]	100	S. cerevisiae	2,649	274	48	29.4	0.294
酸処理オフィス用紙[2]	100	S. cerevisiae	2,649	274	48	35.6	0.356
	93	K. oxytoca P2	567	-	80	39.6	0.426
酸処理オフィス用紙[3]	100	K. oxytoca P2	1,000	-	96	43.5	0.435
	100	K. oxytoca P2	1,000	-	72	41.4	0.414
酸処理バガス[4]	100	K. oxytoca P2	1,000	-	96	23.3	0.233
	160	K. oxytoca P2	1,600	-	96	26.3	0.164
	160	K. oxytoca P2	3,200	-	96	32.5	0.203
	160	K. oxytoca P2	3,200	-	168	38.6	0.241
酸処理ハイブリッド ポプラ[5]	130	S. cerevisiae + B. clausenii	1,710	13,680	144	42.0	0.323
	108	S. cerevisiae + B. clausenii	975	1,950	192	35.3	0.327
	130	S. cerevisiae	1,710	13,680	72	43.0	0.331
	108	S. cerevisiae	975	1,950	192	35.7	0.331
SO_2処理ヤナギ[6]	100	S. cerevisiae	1,800	225	72	29.3	0.293
	150	S. cerevisiae	2,700	338	72	39.1	0.261

1) 80%セルロース, 10%ヘミセルロース, 2) ヘミセルロース除去, 3) 90%セルロース, 10%ヘミセルロース, 4) 63%セルロース, ヘミセルロース除去, 5) 69.5%セルロース, ヘミセルロース除去, 6) 60%セルロース, ヘミセルロース除去

ル発酵系遺伝子を組み込み、セルラーゼSpezyme CE、Spezyme CEと組み合わせた併行複発酵（SSF）を試みた。結晶性セルロースのSSFでは70％以上の理論収率でエタノールを生産した（表4）[49]。糖化とエタノール発酵を同時に行う併行複発酵に関しては、この他にも多くの研究例が報告されている。SSFでのセルラーゼ糖化率を向上させるために、超音波処理を加えながらSSFを行うとエタノール生産量が20％向上し、酵素量が超音波処理を加えない場合の半分に抑えられた[50]。Holtzappleらは、ギョウギ芝（バミューダシバ）をハンマーミル処理後AFEX処理し、これを酵素（セロビアーゼ、グルコアミラーゼ、ペクチナーゼ、セルラーゼ）と S. cervisiae で併行複発酵し100g/Lの原料から15g/Lのエタノールを生産した[51]。Kadamらは、35〜60g/Lの条件で広葉樹からSSFにより滞留時間、1、2、3日でそれぞれ55％、74％、83％のセルロースが糖化され、9.7〜20.6g/Lのエタノールを生産した[52]。Moritzらは、パルピング一次汚泥を原料として酵素（ノボザイム）と酵母の併行複発酵によって50g/Lの糖濃度からエタノール10.6g/Lを生産している[53]。

　エタノール発酵に関しては、この他固定化菌体[54]を用いたエタノール生産や栄養源の及ぼすエタノール発酵速度へ影響も幅広く検討されている。アルブミン加水分解物はエタノール発酵速度を増大させる[55]。また、エタノールはグルコースのみからでなくグルコースの脱水生成物であるレボグルコサンからも生産される。レボグルコサン1gから S. cervisiae によってエタノール0.13gが生産された[56]。

　バイオマスをエタノールに変換するためには、グルコースとともにキシロースもエタノールに変換しなければならない。しかし、アルコール発酵性酵母である Saccharomyces はキシロースを代謝できない。そこで、Hoらはエタノール耐性の高い S. diastaticus と S. uvarum の細胞融合酵母1400株にキシロース代謝系酵素の遺伝子であるキシロースリダクターゼ、キシロースデヒドロゲナーゼ、キシルロキナーゼ遺伝子を組み込めキシロース発酵能を有する S. cervisiae を育種した。育種された酵母のキシロース代謝系の合成は、その誘導にキシロースを必要とせず、またグルコースによる抑制も受けることなく、グルコースとキシロースの両者を発酵することができた[57]。KrishnanらはHoの作成したキシロース発酵性形質転換株を用いてトウモロコシ繊維のSSFを行い、100時間でおよそ50g/Lのエタノールを生産した。KrishnanらはさらにコーンコブのSSFにおける前処理の影響を調べ、アンモニア-HCl処理の有効性を明らかにした。アンモニア-HCl処理を行った場合のコーンコブからのエタノール生産は48時間で40.7g/Lであった[58]。一方、Mahattanataveeらは、キシロースリダクターゼとキシリトールデヒドロゲナーゼ遺伝子を S. cervisiae AM12株に導入し、この形質転換株を用いてキシロース1g当たり0.16gのエタノール、もろみのエタノール15.8g/Lを生産した[59]。また、Caoらは、アンモニア処理したコーンの軸穂をセルラーゼで糖化し、グルコースとキシロースの混合物を組み替え酵母で発酵し、収率84％

でエタノール47g/Lを得た[60]。同様にMoniruzzamanらは，キシロース発酵性を賦与した組み替え S. cervisiaeで，グルコースとキシロースの混合物を発酵し，収率85％で52g/Lのエタノールを生産した[61]。

SSFに適した温度領域で優れたアルコール発酵能を示す酵母の育種も報告されている。例えば，Goughらは耐熱性酵母 K. marxianus IMB3株を用いて，45℃で糖濃度23％の糖蜜培地で収率89％で濃度7.4％のエタノールを得た。培地にMgSO$_4$, KH$_2$PO$_4$, 亜麻仁油を添加するとエタノール濃度は8.5％に増加し，生産速度は4.8倍となった[62]。Morimuraらは，耐熱性凝集酵母 S. cervisiae KF-7から高濃度のKCLを用いて耐塩性のK211株を取得した。K211株は親株より高濃度のトレハロースとグリコーゲンを蓄積し，回分発酵において定常期でも高い生存率を示した[63]。

バイオマスからのエネルギー生産を目的として，エタノールと同時にアセトン，ブタノールを生産する試みも行われている。例えば，Classenらは，米殻，バガス，桑の木の小枝，国内有機廃棄物（DOW）を酸加水分解すると，それらはそれぞれ22,43,45,15g glucose/ DRY matterを生成し，Clostridium beijerinkii NRRL B-592を用いてグルコースを回分発酵でしたところ，194gのグルコースから53gのアセトン，ブタノール，エタノール（ABE）が生産されたと報告している[64]。

3.3.4.2　エタノール発酵の今後

エタノールはバイオマスの生物変換によって生産される最も有力な貯蔵性エネルギー物質である。エタノールは輸送性に優れ，自動車用燃料としての環境影響評価がNRELを中心に詳細に検討されている。特に，カリフォルニア州ではオクタン価を高めるために添加されてきたMTBE（Methyl tert-butyl ether）による地下汚染が深刻化したため，2002年末までにMTBEのガソリンへの添加を全面禁止するとの方針が打ち出されている。MTBEのガソリン添加の禁止により燃料アルコール市場は非常に大きくなる可能性がでており，自動車燃料として使用した場合の詳細な環境影響評価がなされている[65-67]。ブラジルにおいてもMTBEの使用が中止され，ガソリン価格の上昇に伴ってエタノール燃料の利用が再び活発化している。

バイオマスエタノールの生産コストは，併行複発酵（SSF）法の改良によるセルラーゼ加水分解速度の向上，セルラーゼ生産効率の向上，セルラーゼ比活性の向上，パーコレーションレアクターでの酸加水分解効率の向上，遺伝子組み替え菌を用いたペントースとヘキソースの同時発酵の達成などにより，1979年の147円/Lから1991年には39円/Lに低下している[67]。NREL（米国・国立再生可能エネルギー研究所）では，将来的に19円/Lのエタノール生産が可能と予測している。こうした点を背景として，米国では現在表3に示す工業プロジェクトが進行している[68,69]。

木材からエタノールを生産する場合，希酸や爆砕などの前処理で生成する分解産物が，酵母やバクテリアのエタノール発酵を阻害することが知られている。シンナミックアシッドやシンナムアルデヒド，バニリン，バニリン酸などのリグニン関連物質はエタノール発酵性微生物に対し比

較的強い発酵阻害を起こす。また,酢酸やフルフラールなどの糖に由来する低分子化合物も発酵阻害を示すことが報告されている。したがって,前処理木材を効率良くエタノールに変換するためには,これらの発酵阻害物質を除去することが必要である。こうした目的のため,蒸射や真空蒸留による揮発性化合物の除去,石灰による中和,イオン交換樹脂や活性炭などによる吸着処理,有機溶媒や水による抽出処理が検討されている[70]。このように,木材のエタノール発酵においては,発酵阻害物の除去も重要な課題である。

文献

1) Y. Kuba, *et al., Enzyme Microbiol. Technol.*, 12, 72 (1990).
2) (株) ニチレイ;日揮 (株), "食品機能の変換・高度化技術", フードデザイン研究組合編, 173 (1994).
3) 谷口肇;農化, 63, 1133 (1989).
4) T. Homma, T. *et al., J. Chem. Eng. Japan*, 25, 639 (1993).
5) 里内美津子他, 日本栄養・食糧学会誌, 49, 143 (1996).
6) T. Watanabe, *et al., Proc. '94 Cellulose R & D*, 81 (1994).
7) 渡辺隆司, 第18回近畿アグリハイテクシンポジウム講演要旨, 近畿地域農林水産・食品バイオテクノロジー等先端技術研究推進会議編, 87 (1995).
8) 渡辺隆司, *Cellulose Commun.*, 5, 91 (1998).
9) 生物機能を利用した地球環境改善技術に関する調査―リグノバイオプロセスの構築―, 平成6年度調査報告書, NEDO-GET9402, 95 (1995).
10) J. H. Cummings, *et al., Eur. J. Clinin. Nutr.*, 51, 417 (1997).
11) K. Imaizumi, *et al., Agric. Biol. Chem.*, 55, 199 (1991).
12) M. Okazaki, *et al., Bifidobacteria Microflora*, 9, 77 (1990).
13) S. Tamai, *et al.*, 応用糖質化学, 41, 343 (1994).
14) S. Fujikawa, *et al.*, 日本栄養・食糧学会誌, 44, 37 (1991).
15) 坂田隆, 第18回化学と生物シンポジウム 食物繊維とオリゴ糖―その生理的機能と生産― 講演要旨集, 25 (1993).
16) J. H. Cummings, *et al.*, Plenum Press Inc., New York, 107 (1986).
17) A. Mcintyre, *et al., Gut*, 34, 386 (1993).
18) J. H. Cummings, *et al., Cancer Surveys*, 6, 601 (1987).
19) G. A. Weaver, *et al., Gut*, 29, 1539 (1988).
20) J. H. Cummings, *et al., Clinic. Nutr.*, 16, 3 (1997).
21) 矢野俊博他, *Jan. J. Dairy and Food Sci.*, 39, 229 (1990).
22) 池ヶ谷のり子, "シイタケ菌の子実体形成に関する生理学的研究", 河村式椎茸研究所編, 79 (1995).

23) J. E. Busch, *et al., Microbiology*, **143**, 2021（1997）.
24) T. Watanabe, *et al., Eur. J. Biochem.*, **209**, 651（1992）.
25) 形浦宏一他，新食品開発用素材便覧，吉積智司編，271（1991）.
26) 小澤修，特開平5-207861.
27) T. Watanabe, *et al., Carbohydr. Res.*, **275**, 215（1995）.
28) S. Riva, *et al., J. Am. Chem. Soc.*, **110**, 584（1988）.
29) B. P. Roy, *et al., J. Biol. Chem.*, **269**, 19745（1994）.
30) 前田淳史，京都大学大学院農学研究科応用生命科学専攻，修士学位論文要旨，123（2000）.
31) H. Röper, Carbohydrates as Organic Raw Materials, ed by F. W. Lichtenthaler, VCH, Weinheim, Germany, 267（1991）.
32) T. Asano, *et al., Microbial Ecology in Health and Disease*, **7**, 247（1994）.
33) 平成11年度科学技術総合研究委託費地域先導研究研究成果報告書，香川県産業技術振興財団，1（2000）.
34) 伊藤弘道，香川大学博士論文（農学），80（1996）.
35) Z. Ahmed, *et al., J. Biosci. Bioeng.*, **88**, 676（1999）.
36) T. Watanabe, *et al., Curr. Microbiol.*, **41**, 210（2000）.
37) D. L. Klass, Biomass for Renewable Energy, Fuels, and Chemicals, Academic Press, SanDiego, USA, 445（1998）.
38) 嫌気条件下における微生物反応機構の工業的利用に関する調査　平成11年度調査報告書，NEDO-GET-9950, 10（2000）.
39) 嶋盛吾，生物工学，**76**, 353（1998）.
40) U. Ermler *et al., Science*, **278**, 1457（1997）.
41) U. Ermler *et al., Structure*, **5**, 635（1997）.
42) C. Kisker *et al., EMBO J.*, **15**, 2323（1996）.
43) U. Ermler *et al., Biospektrum, Sonderausgabe zur Jahrestagung*, 34（1997）.
44) D. L. Klass, Biomass for Renewable Energy, Fuels, and Chemicals, Academic Press, San Diego, USA, 445（1998）.
45) P. Buffiere, *et al., Water Res.*, **32**, 657（1998）.
46) S. Fukuzumi, *et al., J. Fermnt. Bioeng.*, **84**, 382（1997）.
47) S. Singh Kripa, *et al., J. Fermnt. Bioeng.*, **85**, 609（1998）.
48) 高効率再生可能資源の創製並びにバイオコンバージョン技術に関する調査，平成9年度調査報告書，165（1997）.
49) L. O. Ingram, *et al.*, Fuels and Chemicals from Biomass, ACS Symposium Ser. 666, 57（1997）.
50) S. M. Lastck , *et al., Appl. Biochem. Biotechnol.*, **24/25**, 431（1990）.
51) M. T. Holtzapple, *et al., Biotechnol. Bioeng.*, **44**, 1122（1994）.
52) K. L. Kadam, *et al.*, Handbook on Bioethanol -Production and Utilization, Ed. By C. E. Wyman, Tayler & Francis, Washington, USA, 213（1996）.
53) J. W. Moritz, *Biotechnol. Bioeng.*, **49**, 504（1994）.
54) T. Roukas, *Biotechnol. Bioeng.*, **43**, 189（1994）.
55) C. S. Shin, *et al., Biotechnol. Bioeng.*, **45**, 450（1995）.
56) E. M. Prosen, *et al., Biotechnol. Bioeng.*, **42**, 538（1993）.

57) N. W. Y. Ho, et al., Appl. Environ. Microbiol., 64, 1852 (1998).
58) Krishnan, et al., Fuels and Chemicals from Biomass, ACS Symposium Ser. 666, American Chemical Society, 74 (1997).
59) K. Mahattanatavee, et al., Ann. Reports ICBiotech., 16, 323 (1993).
60) N. J. Cao, et al., Biotechnol. Lett., 18, 1013 (1996).
61) M. Moniruzzaman, et al., World J. Microbiol. Biotechnol., 48, 499 (1997).
62) S. Gough, et al., Appl. Microbiol. Biotechnol., 46, 187 (1996).
63) S. Morimura, et al., J. Ferment. Bioeng., 83, 271 (1997).
64) P. A. M. Classen, et al., Biomass for Energy and Industry, Proc. Of 10th European Conference and Technology Exhibition, 138 (1998).
65) B. K. Bailey, Handbook on Bioethanol -Production and Utilization, Ed. By C. E. Wyman, Tayler & Francis, Washington, 56 (1996).
66) 自動車用低炭素燃料の製造技術動向調査, NEDO-GET-9823 (1999)
67) C. E. Wyman, Handbook on Bioethanol -Production and Utilization, Ed. By C. E. Wyman, Tayler & Francis, Washington, 1 (1996).
68) 森川康, JBAアルコール・バイオマス研究講演会要旨, 1 (1999).
69) 斉木隆, JBAアルコール・バイオマス研究講演会要旨, 10 (1999).
70) J. D. McMillan, Conversion of Hemicellulose Hydrolyzates to Ethanol, Enzymatic Conversion of Biomass for Fuels Production, ACS Symp. Ser. 566, ed by M. E. Himmel, et al., American Chemical Society, 411,1994.

3.4 機能性セルロース誘導体

磯貝　明＊

3.4.1 はじめに

天然多糖であるセルロースは，その特有の化学構造，固体構造により，他の天然高分子あるいは合成高分子にはない特性，あるいは卓越した特性を多く有している。そのセルロース系材料にさらに新たな機能付与や特性を補強するための"セルロースの改質"に関する研究・技術が数多く検討され，蓄積され，一部は実用化されてきた。セルロース系材料の改質方法には，機械的あるいは物理的な作用によるもの，生物的あるいは酵素処理によるものもあるが，化学的方法による"誘導体化反応"はセルロース系材料の改質の中心を占めてきた。

誘導体化によるセルロースの化学改質においては，①化学反応の種類，②反応条件，③適用するセルロース系材料，④化学改質の結果，⑤化学改質による特性発現，⑥利用方法，⑦特性・性能の経時変化，⑧劣化あるいは分解，という点が一連の研究のテーマとなってきた[1]。これらの基礎研究では出発セルロース材料として，セルロース純度が高い綿リンターあるいは微結晶セルロース粉末（綿リンターあるいは漂白木材パルプを希酸加水分解した残渣で，重合度は200～300）が用いられることが多い。

一方，ウッドケミカルスとして木材由来のセルロース系材料を誘導体化反応の出発物質として用いる場合は，特に上記③の，適用するセルロース系材料により，誘導体化反応そのものおよび得られたセルロース誘導体の特性が大きく影響される場合が多い。すなわち，原料が針葉樹材か広葉樹材か，その木材からパルプ繊維を取り出す際のパルプ化および漂白方法，その際の乾燥方法－乾燥履歴，そして，その結果パルプ中に残存する非セルロース物質（ヘミセルロース，リグニン，抽出成分およびそれらの分解物）の構造，種類，存在量，存在分布について特に留意する必要がある。これらの因子により，綿リンターを原料としたセルロース誘導体では問題とならなくても，木材由来のセルロースを原料にした場合ではマイナスの特性として現れてしまうことがある。したがって，木材セルロース系材料中の非セルロース成分の存在が問題とならないようなセルロース誘導体類の調製，あるいは逆に，非セルロース成分の存在をプラスに利用する誘導体化方法，または，原料中の非セルロース成分を前もってあるいは誘導体化反応中にできる限り除去してセルロース純度を高める方法が必要となる。一般には非セルロース成分を多く含むセルロース誘導体は，原料コストの低減により安価となるが，セルロース純度の高いものに比べて低品質とみなされ，用途も限定されてしまう場合がある。

＊　Akira Isogai　東京大学大学院農学生命科学研究科　助教授

3.4.2 セルロースに対する化学反応の種類

セルロース分子鎖に対する化学改質の方法とその部位の概略をまとめて図1に示す[2]。セルロース中に存在する豊富な水酸基に対するエステル化，カルバメート化，エーテル化，デオキシハロゲン化は最も一般的な誘導体化反応であり，多くの場合，これらの誘導体化反応により元のセルロースが有している高安定性，親水性，生体適合性，光学活性などに加えて新たに有機溶剤可溶性あるいは水可溶性などの新しい機能が付与される。有機溶剤に可溶なセルロースエステル類，水に可溶なセルロースエーテル類の一部は工業的に生産されており，広い分野で利用されている。これらのセルロース誘導体の特性を支配する分子レベルでの因子としては，置換基の種類・化学構造，全置換度，置換基分布，分子量および分子量分布，純度等がある。

特に最近の研究では，置換度制御，置換基の分布制御，置換基分布の測定方法に関する報告が多い。図2に示すように，置換基分布にはいくつかのレベルがある[2,3]。すなわち，グルコース残基のC2，C3，C6位の水酸基間での平均的な置換基の導入分布（置換度の比率），セルロース分子鎖内における置換基の導入分布，セルロース分子鎖間での置換基の導入分布である。置換度制御，置換基分布制御が注目されるのは，現在の工業的なセルロース誘導体類の調製方法では，酢酸セルロース（セルロースアセテート）のように任意の置換度の生成物を1段階の反応で調製できない場合があり，また，セルロース原料からのエステル化あるいはエーテル化反応が固体セル

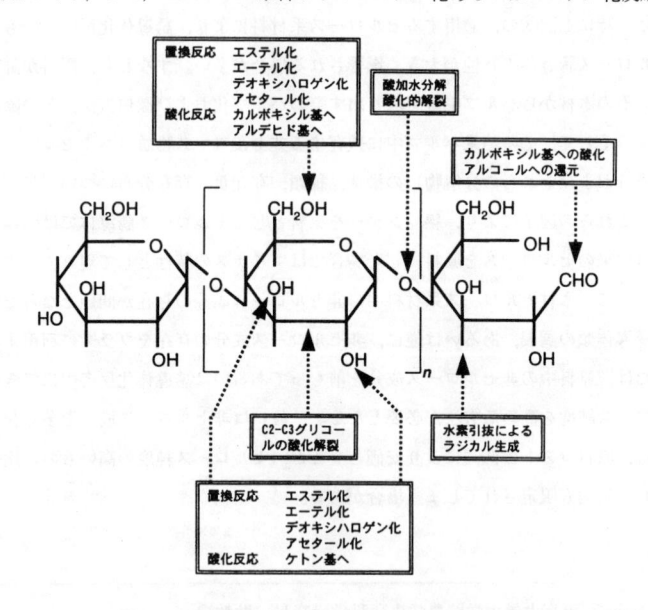

図1　セルロース分子に対する化学改質の種類とその部位

ロースと液状試薬間での不均一反応であるため，全置換度の制御あるいは置換基分布の制御が一般に困難であることに起因している。置換度および置換基分布の制御により，反応効率が改善され，製品の物性変動を抑え，新たな機能の発現が期待される。

セルロース誘導体類の機能，特性を支配するのは，上記のような誘導体自身の分子レベルの因子に加えて，製膜条件や形態，他の成分との相互作用，表面構造，表面処理などが複雑に関与する。

本節では酸化反応による改質も加えて，機能性セルロース誘導体類の最新研究例についてまとめたが，紙面の都合でデオキシハロゲン化は省略した。最近では古畑の総説等がある[2,4]。なお，本節で紹介する研究例の多くはセルロース純度の高い綿リンター，微結晶セルロース粉末を原料としており，特に木材由来のセルロース原料を用いた場合に限定してはいない。

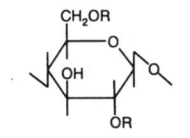

グルコース残基の3水酸基間

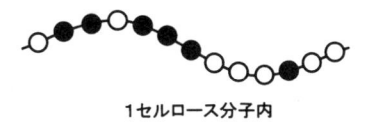

1セルロース分子内

セルロース分子間

図2　セルロースの置換基分布に関するレベル

3.4.3　エステル化およびカルバメート化

セルロース水酸基に無機酸，有機酸あるいはそれらの関連物質を反応させることにより，セルロースエステル類が調製される。カルバミン酸類とのエステル（カルバメート類）も含めて図3に代表的なセルロースエステル類調製の際の添加試薬と生成物を示す。例えばセルロースの有機酸エステルを調製する際には，①硫酸触媒あるいは過塩素酸触媒存在下で固体セルロースに有機酸無水物を作用させるか，②セルロースをその非水系溶媒中に溶解させ，有機酸無水物あるいは有機酸クロリドと塩基触媒（ピリジン，1,3-ジメチルイミダゾール等）を加えて反応させるか，③マーセル化セルロースをDMF中に分散させ，有機酸クロリドと塩基触媒を加えて加熱する[5]などの条件が必要である。また，副反応としてエステル化される例としては，セルロース試料を希硫酸中で加熱処理すれば，セルロースの酸加水分解を伴いながら少量の硫酸エステル基が導入される。木材の酢酸蒸解過程（例えば90％以上の酢酸中で180℃，3時間程度処理）では少量の酢酸エステル基が副次的に導入される。

一方，カルバメート化反応では，固体セルロース試料に無水条件でピリジンとイソシアネートを加え，70℃程度で加熱させることにより反応が進む。過剰の試薬があれば，1日以上の加熱攪

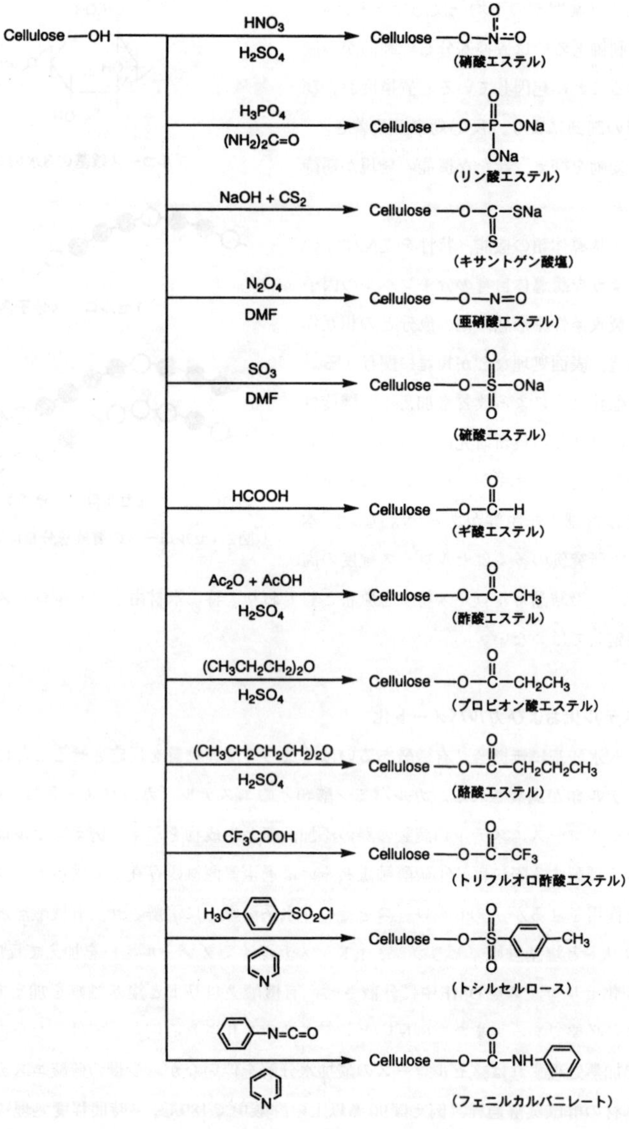

図3　代表的なセルロースのエステル化反応

拌によって3置換体となり，反応溶媒に溶解する。有機酸エステル化反応と比較すると，図3に示すように，カルバメート化過程ではH^+が副生しない。したがって，反応過程でのセルロース主鎖の切断が抑えられると考えられており，各種セルロース試料のGPC分析による分子量および分子量分布を得るための誘導体化に用いられている[6]。この場合，GPC分析では一般的なテトラヒドロフランを溶媒とすることができる。さらに，セルロース主鎖の解裂を抑えるために，ジメチルスルホキシド（DMSO）等を溶媒に加える方法などが提案されている[7,8]。

3.4.3.1 酢酸セルロース

　酢酸セルロースは現在最も多量に工業生産されているセルロースエステルである。工業的には，リンターパルプあるいは漂白木材パルプに対して酢酸－無水酢酸－硫酸系混液を処理し，セルロース水酸基のアセチル化を不均一反応（固体―液体反応）で進める。反応の進行に伴って固体セルロースは反応媒体に溶解し，高α-セルロース含有量の原料パルプから製造した場合には三酢酸セルロース（セルローストリアセテート）が生成した段階で完全に反応溶媒に溶解する。二酢酸セルロース（セルロースジアセテート）を調製する場合には引き続き，反応溶液に水と塩酸を加えて溶液状態（均一状態）を維持したままで加水分解による脱アセチル化を行う。

　酢酸セルロースの従来の工業的な製造方法に対し，①コンピュータによる温度制御下での高温減圧アセチル化，②高温での脱アセチル化，③フラッシュエバポレーション段による反応液からの酢酸の分離という新しい工程が導入され，それによって反応工程エネルギーと反応試薬の削減が達成された（図4）。また，酢酸セルロース調製用のパルプとしてこれまで用いられてきた高α-セルロース含有量の溶解パルプ（針葉樹漂白亜硫酸パルプ）が入手しにくいなかで，中程度のα-セルロース含有量の溶解パルプを出発原料とした場合でも，アセトン不溶成分が少ない二酢酸セルロースが製造可能になった。すなわち，α-セルロース含有量が95％以下の木材パルプ

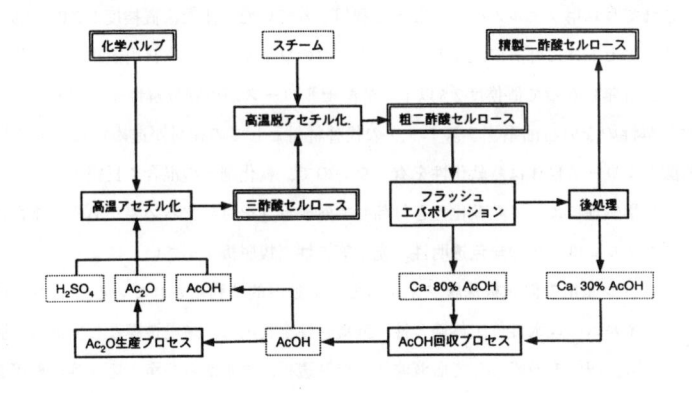

図4　新しい酢酸セルロース製造システム

を用いて従来法でアセチル化した場合には，生成するヘミセルロースアセテートとセルローストリアセテートの複合体によって多量のアセトン不溶部分が生成し，ゲル状となって紡糸を困難にしてしまう。一方，上記の新しい高温アセチル化および高温脱アセチル化反応過程では，ヘミセルロースの部分的な低分子化によってセルロース—ヘミセルロース間の物理的あるいは化学的結合の解裂を促進し，結果的にゲル状物質の生成が抑えられる。その結果，93％以上のα-セルロース含有量であれば，針葉樹あるいは広葉樹漂白亜硫酸パルプからでも酢酸セルロースが製造可能となった[9]。しかし，酢酸セルロース製造用の原料パルプの安定供給に関連して，さらに「90％以下の低α-セルロース含有量の特に広葉樹漂白クラフトパルプからの二および三酢酸セルロース製造時の不溶ゲル成分の低減」は重要な課題である。このような観点から，ゲル成分の化学構造，固体構造，生成機構，溶媒にジクロロ酢酸を添加すること等によるその削減法について詳細な報告がある[10-14]。

一方，高井らはセルロースオリゴマーのトリアセテートの固体^{13}C-NMRスペクトルとX線回折パターンから原料となるセルロースの結晶構造，固体構造を検討している[15]。さらに，従来の均一系脱アセチル化法，ベンゼンを用いた不均一反応および非水系セルロース溶剤（塩化リチウム—ジメチルアセトアミド：LiCl-DMAc）を用いた均一反応における各水酸基の反応性，置換基分布の差異に関する詳細な検討から，一段階での二酢酸セルロースの調製法を目指している[16]。Shimamotoらは，酢酸セルロース調製の際に添加する硫酸が，セルロース水酸基のアセチル化の触媒ばかりではなく，セルロース分子鎖の切断をも触媒していることを速度論的に明らかにした[17]。なお，酢酸セルロースの非水系セルロース溶剤を用いた実験室レベルでの新しい調製法および置換基分布測定法に関する研究は後の3.4.3.2および3.4.3.3で述べる。

三酢酸セルロースはジクロロメタン—メタノール混液などのハロゲン化炭化水素系溶剤に溶解し，成形されて写真用フィルムベースなどに利用されていた。また，置換度が2.0〜2.5の二酢酸セルロースはアセトンに可溶で，成形されてタバコのフィルター，衣料用繊維などに用いられてきた。一方，近年になって置換度2.5以下の酢酸セルロースが生物分解性を有することが報告され，生物分解性のない石油系プラスチックの代替材料としての検討が進められている[18]。その際に，酢酸セルロース自体は熱軟化性を有しないので，軟化剤との混合や長鎖アルキル基を導入するなどの化学処理によって熱軟化性を付与して熱成形性を付与する必要がある。また，三酢酸セルロースフィルムは，その無色透明性，光学等方性（複屈折が小さい）により，フラットパネル液晶ディスプレイ用の偏光板保護フィルムとして独占的に利用されている[19]。さらに，酢酸セルロースフィルムの親水性，生体適合性，分離特性を利用し，逆浸透膜として海水の脱塩，果汁の濃縮，一方，限外ろ過膜として血液濾過，血液透析，原水からの浄水処理等に利用されており，その用途が拡大している[20]。

酢酸セルロースについては，既存生分解性高分子として様々な機能発現に関する基礎研究が報告されている。酢酸セルロースフィルムによるガス中の二酸化炭素の分離による酸素濃度の増加に関する検討[21]，中空糸化してバクテリアを固定化して液体中のフェノールを分離する試み[22]，液体中のアルコールの分離[23]，環状有機物の吸着挙動解析[24]，置換度制御による酢酸セルロース繊維の強度特性解析[25]，固定化酵素能解析[26]，ε-カプロラクタムあるいはL-ラクチドを用いたグラフト化による熱軟化性の付与[27]，セルラーゼによる分解性の検討[28]，アセチル化リグニンとのブレンドによる熱軟化性の付与[29]等が挙げられる。

3.4.3.2 新しいエステル化法とエステル類

前述の不均一系アセチル化反応では，置換度制御および置換基分布制御が困難であるため，その解決を目指して，非プロトン性有機溶剤を用いる不均一系反応あるいは非水系セルロース溶剤を用いる均一系反応が検討されている。清水らは，有機酸（あるいは有機酸塩）−ピリジン−p−トルエンスルホン酸クロリド系による不均一反応で，広い範囲の置換度を有するセルロース有機酸エステルが一段階で調製できることを報告した[30,31]。セルロースの非水系溶剤であるLiCl-DMAcあるいはLiCl-DMI（1,3-ジメチル-2-イミダゾリジノン）を用いたセルロースの均一系アセチル化についてはいくつかの報告がある[32-35]。この系でのシンナモイル化では，セルロースのC6位の水酸基が選択的にエステル化される[36]。その他，プロピオニル化[37]，ブチル化，トシル化[38-40]，ジシクロヘキシルジカルボジイミドを塩基触媒とする長鎖エステル化[41-43]等が検討された。

硫酸エステル基を含む水溶性多糖類の中には抗凝血性，抗HIVウイルス性などの生理活性を有するものがある。そこで，NO-X系の非水系セルロース溶剤（例えばN_2O_4-DMF系）と無水SO_3を用いた均一反応により，水溶性のセルロース硫酸エステルを調製する試み，および生成物の置換基分布に関する報告がある[44-46]。

上記の非水系セルロース溶剤を用いる均一反応あるいは有機溶剤系の不均一反応により，新しいタイプのセルロースエステル類，セルロースカルバメート類も報告されている。C12〜C20の長鎖アルキルエステル基の導入と，それによる液晶性発現に関する研究[41-43,47-49]，フッ素を含有する置換基をエステル結合で導入するための反応条件と置換度の関係，それによる物性改質に関する基礎研究も行われた[50-54]。ある種のセルローストリエステル類およびセルローストリカルバメート類は，カラム充填剤として用いた場合に光学活性物質の分離を可能にする。これは，セルロース主鎖の光学活性を反映するためであり，図5にこの光学分割に用いられている代表的なセルロースエステル類およびカルバメート類の化学構造を示す[55]。その他，様々な新しいセルロースエステル類がセルロースを出発物質として，あるいは市販のセルロース誘導体を出発物質として調製された。セルロースを85％リン酸に溶解させてI_3^+を処理すると，置換度3の次亜ヨウ

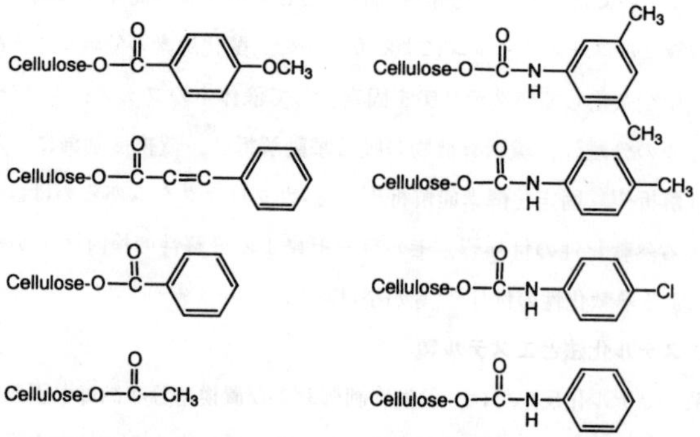

図5 光学分割用カラム充填剤として用いられているセルロースエステル類およびカルバメート類

素酸エステル［Cellulose-(OI)$_3$］が得られる[56]。CMC中の遊離の水酸基部分に光感光性基[57,58]あるいはスルホン酸基[59]，硝酸基[60]をエステル基として導入した誘導体類，高液体吸収剤を目的として硫酸セルロースをグルタルアルデヒドで架橋した誘導体類[61]等が報告されている。

3.4.3.3 セルロースエステル類の分析

　置換度が3に満たないセルロースエステル類や，複数の種類の置換基を持つセルロースヘテロエステル類（例えば酢酸酪酸セルロース：セルロースアセテートブチレート）は，前述の3.4.2項で示したように，置換度ばかりではなく，各レベルでの置換基の分布の差異によって物性が変化する。セルロースエステル類の置換基分布制御により，同じ平均置換度でも異なった新しい性質が現れる可能性があるため，多くの置換基分布の測定方法が提案されている。セルロースエステル類に残存している遊離の水酸基を別のエステル基でブロックし，CDCl$_3$を溶媒として^{1}H-あるいは^{13}C-NMRを用いてグルコース残基のC2位，C3位，C6位の水酸基間の置換度比率を求める方法が一般的である。この方法の特徴は，遊離水酸基のブロックにより残存水酸基による水素結合形成が原因となるスペクトルの複雑化を避けることができ，明瞭な結果を得ることができる。この方法により,酢酸セルロース,酢酸酪酸セルロース等の置換基分布測定が可能となった[2,3,62-65]。

　一方，さらに3置換体，2置換体，1置換体，0置換体グルコース残基の比率を得るために，メチル化－部分分解－CDCl$_3$化－FABMSによる分析法も提案されている[66]。今後は，セルロースエステル類の分子鎖内，分子鎖間での簡便な置換基分布測定方法の確立とその工業的な制御方法の開発が待たれる。

　その他の分析としては，様々なセルロースエステル類の熱分解挙動解析[67,68]，硝酸セルロース溶液の攪拌による分子鎖解裂の検討等が報告されている[69]。

3.4.4 エーテル化

多くの市販のセルロースエーテル類は，膨潤した固体アルカリセルロースと液体試薬間での不均一反応で製造されるため，この分野においても置換度制御，置換基分布制御，置換基分布測定法は，新しいセルロースエーテル類の調製とともに重要な基礎的テーマとなってきた。また，既

出発物	反応試薬	条件	生成物	DS/MS
Cellulose—OH	NaOH/H_2O, i-PrOH	ClCH$_2$COONa	Cellulose—OCH$_2$COONa カルボキシメチルセルロース	DS:0.6-1.6
	NaOH/H_2O	CH$_3$Cl	Cellulose—OCH$_3$ メチルセルロース	DS:1.6-2.0
	NaOH/H_2O	(CH$_3$)$_2$SO$_4$	Cellulose—OCH$_3$ メチルセルロース	DS<2.2
	NaOH/H_2O	CH$_3$CH$_2$Cl	Cellulose—OCH$_2$CH$_3$ エチルセルロース	DS:0.8-2.6
	NaOH/H_2O, t-BuOH	H$_2$C—CH$_2$\\O/ (エチレンオキシド)	Cellulose—OCH$_2$CH$_2$OH ヒドロキシエチルセルロース	MS<3
	NaOH/H_2O, t-BuOH	H$_2$C—CH—CH$_3$\\O/ (プロピレンオキシド)	Cellulose—OCH$_2$CHCH$_3$ / OH ヒドロキシプロピルセルロース	MS<5
	NaOH/H_2O	CH$_2$=CH-CN	Cellulose—OCH$_2$CH$_2$-CN シアノエチルセルロース	DS<2.8
	NaOH/H_2O	ClCH$_2$CH$_2$NEt$_2$	Cellulose—OCH$_2$CH$_2$NEt$_2$ ジエチルアミノエチルエチルセルロース	DS<0.4
	NaOH/H_2O	H$_2$C—CH—CH$_2$NMe$_3^+$\\O/	Cellulose—OCH$_2$CHCH$_2$NMe$_3^+$ / OH トリメチルアンモノイルヒドロキシプロピルセルロース	DS<0.4
LiCl/DMAc 溶解		Tr-Cl ピリジン	6-O-トリフェニルメチルセルロース (6-O-トリチルセルロース)	DS=1

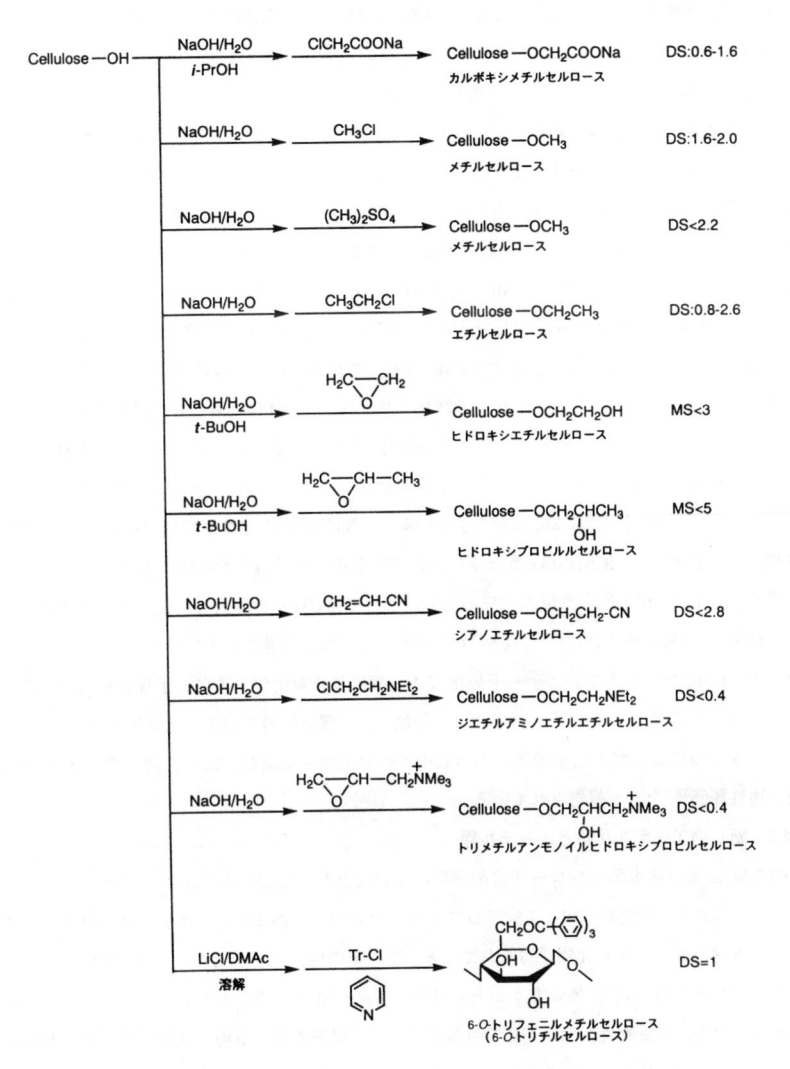

図6 代表的なセルロースのエーテル化反応

存のセルロースエーテル類に対して僅かな化学処理により，新たな機能発現を達成した報告もある。代表的なセルロースのエーテル化反応を図6に示す[2]。水系媒体では，水酸化ナトリウムによりセルロースのアルコラートを部分的に形成させ，ハロゲン化物，エポキシ化合物等をエーテル化試薬として用いる。反応媒体にi-プロピルアルコールを添加すると，試薬の反応効率が上がるとともに，生成物の単離が容易になる。実験室レベルでは，高置換度のセルロースエーテル類の調製を目的として，非水系セルロース溶剤を用いた報告が多い。この場合には粉末NaOH，NaH，t-BuOK等がアルコラート形成用塩基として用いられている。

3.4.4.1 カルボキシメチルセルロース (CMC)

カルボキシメチルセルロースナトリウム塩（CMC-Na）は，水溶性のセルロース誘導体の中では最も大量に工場生産されており，増粘剤，分散剤等として医薬，食品，繊維・紙等の多岐にわたる分野で利用されている。田口らは，CMCの1分子鎖内での置換基分布をセルラーゼ処理物の電気泳動解析によって測定し，CMC水溶液の安定性に与える影響を検討した。その結果，置換度，3水酸基間の置換基分布が同じでも，分子鎖内の置換基分布の差異によりCMCの溶液特性が異なり，均一な置換基分布を有するCMCほど，酵素や共存する塩濃度に対する溶液安定性が増加することを明らかにした。これらの結果に基づき，①CM化試薬として従来から用いられていたモノクロロ酢酸の代わりに，モノクロロ酢酸i-プロピルを用い，②セルロース水酸基のアルコラート形成に必要な水酸化ナトリウム水溶液をセルロース－i-プロパノール混合系に対して分割添加するという，新たなCMC調製方法を提案し，既にCMCの工業生産に利用されている[70]。

基礎的な分野では，LiCl-DMAc系セルロース溶剤を用いて調製した6-O-トリチルセルロースを出発物質として，C2位，C3位の一部あるいはすべてにCM基を導入し，後でトリチル基をはずしたCMCが調製されている[71,72]。C6位のみがCM化された誘導体はまだ得られていない。

その他，CMCのエンドグルカナーゼ処理による置換基分布変化および分子量分布変化の測定[73]，pHによる溶液物性の変化[74]，対イオンの種類による電気伝導度および熱分解挙動の変化[75]，アルミニウム塩によるゲル化挙動[76]，水溶液中での分子間水素結合形成[77]，超低置換度のCMC調製と物性評価[78]などが報告されている。

3.4.4.2 新しいエーテル化法とエーテル類

LiCl-DMAc系の非水系セルロース溶剤を用いる方法などで調製した6-O-トリチルセルロースから，複数段による反応により，2,3-ジ-O-アルキルセルロースあるいは6-O-アルキルセルロースなど，位置選択的エーテル化物が得られている[79,80]。その他，メチルセルロース[33,81-84]，ヒドロキシプロピルセルロース[85]等が非水系セルロース溶剤を用いて調製されており，それらの置換度，置換基分布，溶液物性，ゲル形成特性等について，従来の水系不均一媒体で得られたセルロースエーテル類と比較されている。

3置換体のセルロースエーテル類の調製は，従来の水系のアルカリセルロースを経る方法では，副反応のために1段階では調製できなかった。しかし，非水系セルロース溶剤を用いることにより，それが可能になった。以下にこれまで報告されている3置換セルロースエーテル類の，4通りの調製方法の概略を示す。①セルロースをSO_2－ジエチルアミン－DMSOに溶解させ，粉末NaOHとエーテル化試薬（塩化アルキル，臭化アルキル，ヨウ化アルキル等）により調製[86,87]。②酢酸セルロース出発物質としてDMSOに溶解させ，粉末NaOHと若干の水分およびエーテル化剤により脱アセチル化と同時にセルロース水酸基をエーテル化する[88,89]。③再生セルロースをLiCl-DMAcに溶解させ，ヨウ化アルキルとメチルスルフィニルカルバニオン（NaH-DMSOで調製）によりエーテル化する[90]。④セルロースをLiCl-DMIに溶解させ，粉末NaOHとヨウ化アルキルにより反応させる[33]。上記④の溶剤は①に比べてセルロース溶液が安定であり，さらに粉末NaOH，エーテル化試薬の添加量も①の場合の約1/3で3置換体に達成できる。

　新しいセルロースエーテル類としては，水溶性のセルロースエーテル類に僅かに長鎖アルキル基を導入することにより，著しい溶液物性の改質が可能であることが報告された[91]。例えば，部分疎水化ヒドロキシエチルセルロース（HM-HEC）は，炭素数12～24のアルキル鎖を有して末端にエポキシドを有する化合物をHECに反応させて得られる。このHM-HECは，重量で1～2％，置換度で0.01～0.03の疎水基を含有しており，したがって水溶性を維持しており，非イオン性である。水溶液中では，図7に示すように，分子間での疎水性の相互作用によってネットワーク構造を形成するため，濃度0.2％以上では同じ濃度でも疎水化していないHECに比べて著しく粘度が増加する[92,93]。HM-HEC以外にも，メチル化あるいはエチル化したHECあるいはヒドロキシプロピルセルロース（HPC）も親水性基と疎水性基を両有しており，水溶液中で界面活性作用，他の成分との相互作用，溶液物性と温度の関係，相分離挙動が検討されている[94-99]。

　また，新しいセルロースエーテル類として，セルロースの長鎖アルキルエーテル[100]，櫛状両親媒性セルロースエーテル[101]，セルロースのC6位の水酸基に選択的に導入されたp-メトキシトリフェニルメチルエーテル[102]，アミノ基を有するセル

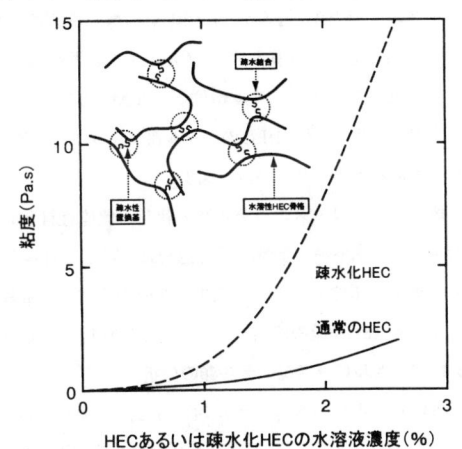

図7　部分疎水化したヒドロキシエチルセルロースの粘度特性とその際の疎水性の分子間相互作用

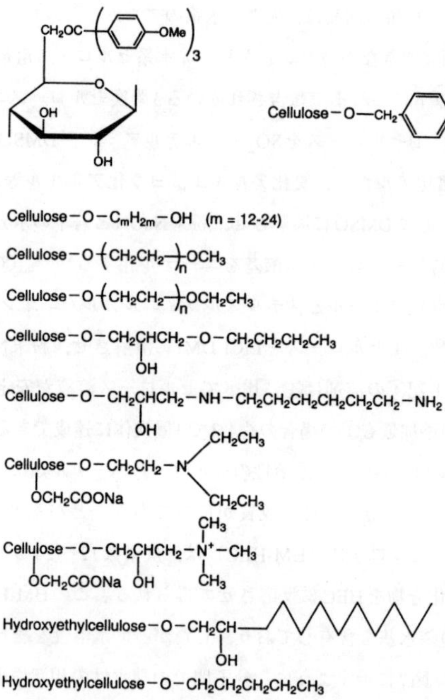

図8 最近報告された新しいセルロースエーテル類の化学構造

ロースエーテル類[103]等が，LiCl-DMAc等の非水系セルロース溶剤を用いて調製されている。その他，光反応性基の導入[104]，スルホエチル基の導入[105]，CMCにカチオン基を導入した両イオン性のセルロースエーテル類[106,107]，CMCの部分アミド化物[108]，CMCのザンテート[109]，CMCのギ酸エステル[110]，HECのフタル酸エステル[111]等が調製され，新しい機能性材料としての特性の検討が進められている（図8）。

既存のセルロースエーテル類の新しい機能材料としての検討として，置換度1.5程度のメチルセルロース水溶液の加熱－冷却過程における不可逆ゲル形成の機構と応用について[112,113]，シアノエチル化HPCのリチウム二次電池の固体高分子電解質としての可能性等が[114]，またエチルセルロース（EC）膜の液晶ディスプレイ用材料としての検討[115]などが報告されている。

3.4.4.3 セルロースエーテル類の分析

市販のセルロースエーテル類のほとんどすべては置換度が3には満たず，メチルセルロース（MC），HEC，HPC，あるいはそれらの部分疎水化物のように水溶性である場合が多い。したがって，セルロースエステル類同様，置換基分布はその溶液物性に大きな影響を与えるとともに，

前述したように水溶液中での疎水基間の相互作用によるゲル形成挙動をも支配する場合がある。

　CMCの3水酸基間の置換度比率に関しては，50％重硫酸／重水中で部分的に加水分解－溶解させて^{1}H-NMRで分析する方法が確立している[116]。しかし，置換基分布に関する更なる情報を得るために，完全メチル化－還元分解－アセチル化してGCあるいは^{13}C-NMRで分析する方法が提案されている[117,118]。CMCの1分子鎖内における置換基分布に関しては前述した[70]。MCの1分子鎖内における置換基分布に関しては，部分加水分解とその生成物のFAB-MSによる分析法が提案されている[119]。その他，MC，HEC，HPC，疎水化HPC，疎水化HEC，シアノエチルセルロース等の^{13}C-NMRによる3水酸基間の置換基分布測定方法が提案されている[65,120,121]。また，MC，EC，HEC，疎水化HPC，CMCおよびCMCの鉄，銅，ナトリウム塩等の熱分解挙動が報告されている[122]。

3.4.5　グラフト化

　セルロースのグラフト化に関しては，①過硫酸塩，過酸化水素－金属塩系あるいはγ線照射によってセルロースにラジカルを形成させ，そこからビニルモノマーをラジカル重合する方法，②セルロース水酸基をアルコラート（Cell-O$^-$）にして，そこからビニルモノマーをアニオン重合させる方法，および③セルロース水酸基を接点として重縮合によりポリエステル型あるいはポリウレタン型の長鎖をグラフト化する方法等がある[123]。

　セルロースをパラホルムアルデヒド（PF）－DMSO系あるいはLiCl-DMAc系非水溶剤に溶解させ，上記①の方法でパーフルオロオクチルエチルアクリレートを重合させ，フッ素含有アルキル基をグラフト化する方法が検討されている[124,125]。その結果，非水系溶剤を用いた均一系の方が，固体セルロースに不均一系でグラフト化する場合よりもはるかにグラフト化効率が高いことが明らかになった。その他，酢酸セルロースに対してN-ビニルカルバゾール[126]を，エポキシ基を含むセルロース誘導体に様々なビニルモノマーをグラフト化する方法[127]が報告されている。セルロースをLiCl-DMAcに溶解させ，ジエチルアミノサルファー・トリフルオライド（DAST）を作用させると，セルロースの幹に別のセルロース鎖がC1-O-C6結合で導入され，分岐した構造を有するグラフト型セルロースが得られる[128]。さらに，CMCにジメチルアミノエチルメタクリレートをグラフト化して両イオン性グラフトセルロースを調製する方法[129]，セルロースをLiCl-DMAcに溶解させ，アクロイルクロリドを導入した後にそこからポリアクリロニトリルをグラフト化する方法[130]等が報告されている。

3.4.6　酸化

　セルロースの酸化は誘導体化ではないが，化学改質法として重要なので紹介する。過ヨウ素酸

酸化によるC2-C3結合の解裂とそれによるジアルデヒドセルロースの調製はよく知られている。C2-C3位の90％以上の酸化を達成するには，通常，光を遮断して室温で数日間の処理が必要となるため，低分子化等の副反応が起こる。一方，セルロースのPF-DMSO溶液からメタノール中に再生して得られる，部分的にPF由来のメチロール基が結合したセルロースは水に可溶であり，これを出発にすると均一反応で過ヨウ素酸酸化が進む。この場合には，約20時間で酸化が完了する[131]。しかし，乾燥して得られたジアルデヒドセルロースは分子内，分子間でヘミアセタールを形成するため，たとえ完全に酸化された場合でも化学構造は不均一となり，水に不溶となる。このジアルデヒドセルロースを亜塩素酸で酸化すれば，水可溶性で均一な化学構造を有するジカルボキシセルロースナトリウム塩が得られ，$NaBH_4$で還元すれば，水可溶性のジアルコールセルロースとなる[132-137]。ジアルデヒドセルロースは，さらにヒドロキサム酸誘導体に変換され，金属錯体形成能等が検討されている[138]。クロマト用のセルロースゲルビーズに対する過ヨウ素酸酸化も報告されている[139]。

セルロースをクロロホルム中に懸濁させ，N_2O_4を作用させると，セルロースの1級水酸基であるC6位の一部がカルボキシル基に酸化されることはよく知られている。しかし，この場合には副反応は避けられないため，均一な化学構造を有する酸化セルロースは得られない。セルロースを85％リン酸に溶解させ，亜硝酸塩を用いる酸化反応により，C6位の水酸基のカルボキシル基

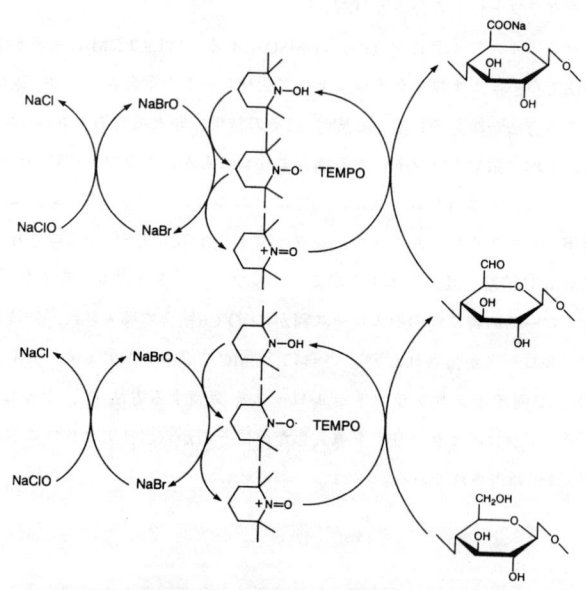

図9　セルロースのTEMPO触媒酸化反応機構

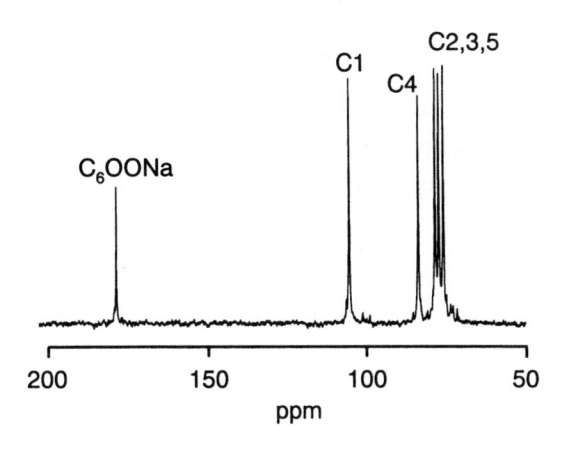

図10 再生セルロースをTEMPO-NaBr-NaClO系で酸化して得られたセロウロン酸
(β-1,4-ポリグルクロン酸)の重水中での^{13}C-NMRスペクトル

への酸化効率が高められ，結果的に水溶性のポリグルクロン酸が得られている[140]。この場合も主鎖の解裂による低分子化とともに，C2位，C3位のケトンへの酸化も起こり，酸化選択性が劣る。一方，水溶性の安定ラジカルである2,2,6,6-テトラメチルピペリジン-1-オキシラジカル（TEMPO）を触媒量用いる水系の酸化反応により，条件によってはセルロースのC6位が選択的に酸化されることが明らかになってきた（図9）。このTEMPO触媒酸化を天然セルロースに適用した場合には，僅かな量のカルボキシル基がセルロース表面に導入され，セルロース系繊維の表面化学改質に応用できる[141-143]。一方，再生セルロースあるいはマーセル化セルロースに適用した場合には室温で1時間以内の反応で，C6位の水酸基のほぼ全てが選択的に酸化されてカルボキシル基に変換した水溶性のβ-1,4-ポリグルクロン酸ナトリウム（セロウロン酸ナトリウム）が得られる（図10）[141]。このセロウロン酸の重合度は酸化条件に依存し，処理時間が長くなるとラジカルが関与する副反応により，低分子化が起こる[144]。従来の代表的な水溶性セルロース誘導体であるMC，HEC，HPCなどと比較すると，セロウロン酸は，均一な化学構造であり，生物分解性，生物代謝性を有している[145]。したがって，これらの特性を利用して新たな機能材料としての利用が期待される。

3.4.7 おわりに

以上のように，セルロースの化学的改質・誘導体化に関する基礎および応用研究報告は最近のものだけでも大変多く，分野も多岐に渡っている。天然多糖類であるセルロースの優位性が広く認識されている中で，更なる機能材料としての利用の必要性，合成高分子代替材料としての利用

の必要性が高まっていることを示している。セルロース系材料は親水性であり，常温では常に吸着水，結合水を含有している。したがって，セルロースの絶乾処理を必要とする非水系セルロース溶剤の利用に関しては，実験室レベルでは可能であっても，工業レベルでの実用化は難しい。反応効率の観点からは，水系媒体にもかかわらず共存する水の水酸基には反応せずにセルロース水酸基に選択的に反応するような誘導体化反応が理想である。置換基導入位置が制御されたセルロース誘導体類の新しい機能には期待が大きい。しかし，現状ではセルロース溶剤の利用や多段階の反応が必要であり，よほどの高付加価値でない限り，工業レベルでの実用化は難しい。したがって，各水酸基の反応性，反応速度の詳細な把握・制御により，簡便な置換基分布制御用の反応システムの確立が待たれる。

文　献

1) A.Ishizu, "Wood and Cellulosic Chemistry", p.757, Marcel Dekker, New York（1991）
2) A.Isogai, "Chemical Modifications of Wood and Cellulosic Materials", p.599, Mercel Dekker, New York,（2000）
3) 磯貝明, 手塚育士, セルロースの事典, 朝倉書店, p.130（2000）
4) 古畑研一, セルロースの事典, 朝倉書店, p.146（2000）
5) P.Wang and B.Y.Tao, *J. Appl. Polym. Sci.*, **52**, 755（1994）
6) L.R.Schroeder and F.C.Haigh, *Tappi J.*, **62**, 103（1979）
7) R.Evans et al., *J. Appl. Polym. Sci.*, **42**, 813（1991）
8) R.Evans et al., *J. Appl. Polym. Sci.*, **42**, 821（1991）
9) 薮根秀雄, *Cellulose Commun.*, **4**, 114（1997）
10) K.Ueda et al., *Mokuzai Gakkaishi*, **34**, 356（1988）
11) H.Matsumura and S.Saka, *Mokuzai Gakkaishi*, **38**, 270（1992）
12) H.Matsumura and S.Saka, *Mokuzai Gakkaishi*, **38**, 862（1992）
13) S.Saka and K.Takahashi, *J. Appl. Polym. Sci.*, **67**, 289（1998）
14) S.Saka et al., *J. Appl. Polym. Sci.*, **69**, 1445（1998）
15) H.Kono et al., *Carbohydr. Res.*, **322**, 256（1999）
16) 永井展裕ら, 第6回セルロース学会要旨集, p.67（1999）
17) S.Shimamoto et al., "Cellulose Derivatives: Modification, Characterization and Nanostructures", ACS Symp. Ser., 688, p.194（1998）
18) 白石信夫, 実用化進む生分解性プラスチック, 工業調査会, p.102（2000）
19) 村山雅彦, *Cellulose Commun.*, **5**, 101（1998）
20) 柴田徹, 第1回セルロース系新材料セミナー（JCII）資料（2000）
21) J.-H.Hao and S.Wang, *J. Appl. Polym. Sci.*, **68**, 1269（1998）
22) T.-S.Chung et al., *J. Appl. Polym. Sci.*, **68**, 1677（1998）

23) S.Cao et al., *J. Appl. Polym. Sci.*, 71, 377 (1999)
24) Y.Kiso et al., *J. Appl. Polym. Sci.*, 71, 1675 (1999)
25) 浅井種美ら, 第6回セルロース学会要旨集, p.21 (1999)
26) D.Murtihho et al., *Cellulose*, 5, 299 (1998)
27) M.Yoshioka et al., *Cellulose*, 6, 193 (1999)
28) B.Saake et al., 文献17, p.201 (1998)
29) I.Ghosh et al., *J. Appl. Polym. Sci.*, 74, 448 (1999)
30) Y.Shimizu et al., *Cellulose Chem. Technol.*, 25, 275 (1991)
31) Y.Shimizu et al., *Sen'i Gakkaishi*, 49, 352 (1993)
32) G.A.Marson and O.A.E.Seoud, *J. Appl. Polym. Sci.*, 74, 1355 (1999)
33) A.Takaragi et al., *Cellulose*, 6, 93 (1999)
34) M.Terbojevich et al., *Cellulose*, 6, 71 (1999)
35) A.M.Regiani et al., *Cellulose Chem. Technol.*, 37, 1357 (1999)
36) A.Ishizu et al., *Mokuzai Gakkaishi*, 37, 829 (1991)
37) E.Bianchi et al., *Carbohydr. Polym.*, 34, 91 (1997)
38) K.Arai and N.Yoda, *Cellulose*, 5, 51 (1998)
39) T.Heinze et al., *J. Appl. Polym. Sci.*, 60, 1891 (1996)
40) T.Heinze et al., *Macromol. Chem.*, 197, 4207 (1996)
41) G.Samaranayake and W.G.Glasser, *Carbohydr. Polym.*, 22, 1 (1993)
42) G.Samaranayake and W.G.Glasser, *Carbohydr. Polym.*, 22, 79 (1993)
43) K.J.Edgar et al., 文献17, p.38 (1998)
44) W.Wagenknecht et al., *Carbohydr. Res.*, 240, 245 (1993)
45) M.Gohdes et al., *Carbohydr. Polym.*, 33, 163 (1997)
46) M.Gohdes and P.Mischnick, *Carbohydr. Res.*, 309, 109 (1998)
47) T.Itoh et al., *Polym. J.*, 24, 641 (1992)
48) J.E.Sealey et al., *J. Polym. Sci., Polym. Chem. Ed.*, 34, 1613 (1996)
49) H.Gauthier et al., *J. Appl. Polym. Sci.*, 69, 2195 (1998)
50) M.Hasegawa et al., *J. Appl. Polym. Sci.*, 45, 1857 (1992)
51) T.Liebert et al., *Cellulose*, 1, 249 (1994)
52) M.Muramoto et al., *Sen'i Gakkaishi*, 46, 496 (1990)
53) K.Goto et al., *Mokuzai Gakkaishi*, 37, 57 (1991)
54) F.Guittard et al., *Macromolecules*, 27, 6988 (1994)
55) 大西敦ら, *Cellulose Commun.*, 4, 2 (1997)
56) M.Pagliaro, *Carbohydr. Res.*, 315, 350 (1999)
57) R.Pernikis and B.Lazdina, *Cellulose Chem. Technol.*, 30, 187 (1996)
58) M.Kamath et al., *J. Appl. Polym. Sci.*, 59, 45 (1996)
59) K.Arai and H.Goda, *Sen'i Gakkaishi*, 49, 482 (1993)
60) 野村忠範, *Cellulose Commun.*, 5, 105 (1998)
61) S.Vogt et al., *Carbohydr. Res.*, 266, 315 (1995)
62) Y.Tezuka and Y.Tsuchiya, *Carbohydr. Res.*, 273, 83 (1995)
63) Y.Tezuka, *Carbohydr. Res.*, 241, 285 (1993)

64) Y.Tezuka et al., Carbohydr. Res., 222, 255 (1992)
65) 手塚育士, Cellulose Commun., 6, 73 (1999)
66) J.Heinrich and P.Mischnick, J. Polym. Sci., Polym. Chem. Ed., 37, 3011 (1999)
67) M.-R.Huang and X.-G.Li, J. Appl. Polym. Sci., 68, 293 (1998)
68) X.-G.Li, J. Appl. Polym. Sci., 71, 573 (1999)
69) J.M.-Fingini, 文献17, p. 184 (1998)
70) 田口篤志ら, Cellulose Commun., 2, 29 (1995)
71) H.Q.Liu et al., Macromol. Chem. Rapid Commun., 18, 921 (1997)
72) T.Heinze and K.Rottig, Macromol. Chem. Rapid Commun., 15, 311 (1994)
73) S.Horner et al., Carbohydr. Polym., 40, 1 (1999)
74) T.E.Eremeeva and T.O.Bykova, Carbohydr. Polym., 36, 319 (1998)
75) V.Sunel et al., Cellulose Chem. Technol., 33, 215 (1999)
76) 佐藤重信ら, 第5回セルロース学会要旨集, p.32 (1998)
77) L.Schulz et al., 文献17, p. 218 (1998)
78) 細川幸司ら, 第5回セルロース学会要旨集, p. 93 (1998)
79) T.Kondo and D.G.Gray, Carbohydr. Res., 220, 173 (1991)
80) T.Kondo, Carbohydr. Res., 238, 231 (1993)
81) M.Hirrien et al., Carbohydr. Polym., 31, 243 (1996)
82) H.Q.Liu et al., Cellulose, 4, 321 (1997)
83) J.Desbrieres et al., 文献17, p. 332 (1998)
84) P.Garidel and A.Blume, Carbohydr. Res., 326, 67 (2000)
85) T.Fukuda et al., Sen'i Gakkaishi, 48, 320 (1992)
86) A.Isogai et al., Carbohydr. Res., 138, 99 (1985)
87) A.Isogai et al., J. Appl. Polym. Sci., 31, 341 (1986)
88) T.Kondo et al., J. Appl. Polym. Sci., 34, 55 (1987)
89) T.Kondo and D.G.Gray, Carbohydr. Res., 220, 173 (1991)
90) L.Petrus et al., Carbohydr. Res., 268, 319 (1995)
91) 田中良平, APAST, 20, 10 (1996)
92) R.Tanaka et al., Carbohydr. Polym., 12, 443 (1990)
93) R.Tanaka et al., Colloid Surfaces, 66, 63 (1992)
94) R.Tanaka et al., Macromol. Chem., 198, 883 (1997)
95) K.Thuresson et al., J. Phys. Chem., 101, 6450 (1997)
96) K.Thuresson and B.Lindman, J. Phys. Chem., 101, 6460 (1997)
97) H.Evertsson and S.Nilsson, Carbohydr. Polym., 40, 293 (1999)
98) S.M.O'Connor and S.H.Gehrke, J. Appl. Polym. Sci., 66, 1279 (1997)
99) T.Yamagishi and P.Sixou, Polymer, 36, 2315 (1995)
100) H.-Q.Liu et al., Macromol. Chem. Rapid Commun., 18, 921 (1997)
101) H.Nishimura et al., Cellulose, 4, 89 (1997)
102) J.A.C.Gomez et al., Macromol. Chem., 197, 953 (1996)
103) I.Ikeda et al., Sen'i Gakkaishi, 48, 332 (1992)
104) K.Arai and Y.Kawabata, Macromol. Chem., 196, 2139 (1995)

105) T.Ishiguro et al., *Sen'i Gakkaishi*, **51**, 571 (1995)
106) G.Z.Zheng et al., *J. Polym. Sci., Polym. Phys. Ed.*, **33**, 867 (1995)
107) G.Z.Zheng et al., *Polymer*, **37**, 1629 (1996)
108) D.Charpentiev et al., *Carbohydr. Polym.*, **33**, 177 (1997)
109) H.Zeng et al., *J. Appl. Polym. Sci.*, **54**, 1989 (1994)
110) T.Heinze and U.Heinze, *Macromol. Chem. Rapid Commun.*, **18**, 1033 (1997)
111) U.G.Beker et al., *J. Appl. Polym. Sci.*, **74**, 3501 (1999)
112) 早川和久, *Cellulose Commun.*, **7**, 72 (2000)
113) J.Desbrieres et al., *Carbohydr. Polym.*, **37**, 145 (1998)
114) 佐藤貴哉, *Cellulose Commun.*, **5**, 98 (1998)
115) 島本周ら, 第5回セルロース学会要旨集, p.32 (1998)
116) F.F.-L.Ho and D.W.Klosiewicz, *Anal. Chem.*, **52**, 913 (1980)
117) S.G.Zeller et al., *Carbohydr. Res.*, **211**, 41 (1991)
118) A.Baar and W.M.Kulicke, *Macromol. Chem.*, **195**, 1483 (1994)
119) P.W.Arisz et al., *Carbohydr. Res.*, **271**, C15 (1995)
120) P.W.Arisz et al., *Carbohydr. Res.*, **243**, 99 (1993)
121) E.Nakayama and J.Azuma, *Cellulose*, **5**, 175 (1998)
122) X.-G.Li et al., *J. Appl. Polym. Sci.*, **73**, 2927 (1999)
123) 橋本和彦, セルロースの事典, 朝倉書店, p.155 (2000)
124) H.Matsui and N.Shiraishi, *Mokuzai Gakkaishi*, **39**, 1188 (1993)
125) H.Matsui and N.Shiraishi, *Mokuzai Gakkaishi*, **39**, 1194 (1993)
126) S.Basu et al., *J. Polym. Sci., Polym. Chem. Ed.*, **32**, 2251 (1994)
127) I.Ikeda et al., *Sen'i Gakkaishi*, **48**, 157 (1992)
128) C.E.Frazier et al., *Carbohydr. Polym.*, **31**, 11 (1996)
129) T.Tan et al., *J. Appl. Polym. Sci.*, **69**, 879 (1998)
130) E.Bianchi et al., *Carbohydr. Polym.*, **36**, 313 (1998)
131) T.Morooka et al., *J. Appl. Polym. Sci.*, **38**, 849 (1989)
132) T.Morooka and M.Norimoto, *Sen'i Gakkaishi*, **47**, 328 (1991)
133) A.J.Varma and V.B.Chavan, *Carbohydr. Polym.*, **27**, 63 (1995)
134) M.I.Popa et al., *Cellulose Chem. Technol.*, **30**, 33 (1996)
135) A.J.Varma and V.B.Chavan, *Cellulose*, **2**, 41 (1995)
136) K.Tihlarik and M.Pasteka, *Cellulose Chem. Technol.*, **27**, 267 (1993)
137) E.Maekawa and T.Koshijima, *J. Appl. Polym. Sci.*, **42**, 169 (1991)
138) E.Maekawa and T.Koshijima, *J. Appl. Polym. Sci.*, **43**, 417 (1991)
139) K.Pommerening et al., *Carbohydr. Res.*, **233**, 219 (1992)
140) A.E.J.Nooy et al., *Carbohydr. Res.*, **304**, 117 (1997)
141) A.Isogai and Y.Kato, *Cellulose*, **5**, 153 (1998)
142) T.Kitaoka et al., *Nordic Pulp Paper Res. J.*, **14**, 279 (1999)
143) 磯貝明, *Cellulose Commun.*, **5**, 136 (1998)
144) 柴田泉ら, 第7回セルロース学会要旨集, p.83 (2000)
145) 羽生直人ら, 第7回セルロース学会要旨集, p.90 (2000)

第4章　ヘミセルロースの利用技術

志水一允*

4.1　はじめに

　木材のヘミセルロースはセルロースに次いで豊富に存在する多糖類にも関わらずそれ自体の特性を生かして利用されることは現在のところほとんどない。例えば広葉樹のキシランは直鎖状の多糖類でかなり強いフィルムを形成することが知られているが，この特性を生かしては利用されていない。およそ40年前の旭川にあった木材加水分解工業では広葉樹材を180℃の水蒸気で処理してキシランをフルフラールに変換して利用した。唯一，現在，工業的に利用されている例としては，シラカンバの豊富なフィンランドで，シラカンバ材を希硫酸で加水分解してキシロースを得，水添してキシリトールを製造している。

　糖質はこれまで生体の骨格構造やエネルギー貯蔵体として考えられてきたが，近年，多糖の化学構造解析，免疫生化学的技術の発達とともに，植物成分の大半を占める糖質の生物活性が注目されるようになった。β-1,3-グルカンを主鎖とする多糖類が持つ免疫賦活作用をはじめとして，ある種のオリゴ糖が持つ人の健康に関与する種々の生理的機能，植物の多糖類に由来するオリゴ糖が持つ植物の成長や分化，生体防御に関与する情報伝達物質としての機能などが明らかにされている。特に，最近，栄養とか滋養とかいう観点から捉えられて来た食品が，便通をよくしたり，コレステロールを低下させるなどの生体の生理を調節する機能から見直されて，機能性食品という概念が提案され，食物繊維，オリゴ糖等に関心が寄せられている。このようなことから，担子菌等の微生物が産生する多糖類が健康食品として実際に生産・販売されたり，種々のオリゴ糖が機能性食品として飲食物やペットフードに添加されている。

　セルロケミカルスの新展開を図るうえで，木材中に20～30％含まれるヘミセルロースの適切な用途を開発することはきわめて重要である。ここでは，糖質のもつ生理活性に着目して，この分野での今後の研究に資するため，これまでの研究成果をまとめることとする。

＊Kazumasa Shimizu　（財）林業科学技術振興所

4.2 木材ヘミセルロース

4.2.1 木材ヘミセルロースの種類

表1および2に,邦産広葉樹と針葉樹の化学組成を示した[1]。広葉樹の場合,ホロセルロース

表1 日本産広葉樹の化学組成

樹種	灰分	温水抽出物	EtOH-ベンゼン抽出物	ペントサン	ホロセルロース	α-セルロース	リグニン
1.ドロノキ Populus maximowiczii	0.69	2.1	1.8	13.6	82.0	52.8	22.1
2.ヤマナラシ Populus Sieboldii	0.47	3.3	2.5	19.0	81.1	49.4	18.3
3.オニグルミ Juglans sieboldiana	0.35	7.2	3.9	13.3	77.6	50.0	21.8
4.サワグルミ Pterocarya rhoifolia	0.43	2.8	2.3	14.0	78.2	48.2	23.8
5.ヤマハンノキ Alnus hirsuta	0.34	3.7	2.3	14.6	72.7	47.8	23.0
6.ミズメ Betula grossa	0.43	2.4	2.3	26.8	78.4	45.6	23.5
7.シラカンバ Betula platyphylla	0.24	2.1	2.0	21.5	76.8	56.4	17.6
8.マカンバ Betula maximowicziana	0.43	1.9	0.9	17.6	77.2	46.9	22.9
9.アカシデ Carpinus laxiflora	0.64	3.4	2.2	26.5	80.4	46.0	16.8
10.アサダ Ostrya japonica	0.47	3.7	2.0	19.1	79.7	48.0	23.4
11.クリ Castanea crenata	0.81	11.2	2.4	14.8	69.6	42.1	20.6
12.シイノキ Shiia Sieboldii	0.23	12.7	3.1	14.7	64.9	37.0	28.4
13.ブナ Fagus crenata	0.87	1.2	0.8	17.0	82.8	50.0	22.5
14.イヌブナ Fagus japonica	0.79	3.6	1.4	17.2	79.3	47.2	24.6
15.アカガシ Quercus acuta	0.70	8.6	3.6	17.2	71.3	46.5	24.9
16.シラカシ Quercus myrsinaefolia	0.98	7.1	1.9	19.4	75.0	48.2	22.7
17.イチイガシ Quercus gilva	1.10	6.2	0.5	15.4	76.9	47.8	26.5
18.クヌギ Quercus acutissima	0.63	3.8	0.4	17.5	78.4	49.9	18.8
19.ミズナラ Quercus crispula	0.05	5.5	1.1	19.9	76.2	47.0	26.0
20.コナラ Quercus serrata	0.61	5.7	0.5	16.9	78.2	50.3	21.8
21.ハルニレ Ulmus propinaqua	0.80	2.2	0.4	15.0	78.5	47.3	26.8
22.ケヤキ Zelkova serrata	0.79	8.0	0.9	15.5	75.1	43.9	27.1

(つづく)

樹種	灰分	温水抽出物	EtOH-ベンゼン抽出物	ペントサン	ホロセルロース	α-セルロース	リグニン
23.ヤマグワ Morus bombycis	0.39	7.1	8.0	15.0	66.9	41.7	20.9
24.カツラ Cercidiphyllum japonicum	0.32	4.7	2.6	15.7	77.7	50.6	25.6
25.ホオノキ Magnolia obovata	0.35	3.2	1.8	14.9	77.0	46.5	29.6
26.クスノキ Cinnamomum Camphora	0.52	4.5	2.3	13.6	80.5	50.1	29.0
27.タブノキ Machilus Thunbergii	0.29	7.2	4.5	15.3	72.9	49.0	25.2
28.イスノキ Distylium racemosum	0.49	5.4	1.9	17.0	73.0	47.0	17.6
29.ヤマザクラ Prunus donarium	0.27	6.0	4.6	20.9	72.9	47.6	17.6
30.イヌエンジュ Maackia amurensis	0.32	5.0	5.7	18.5	77.2	53.0	19.2
31.キハダ Phellodendron sachalinense	0.13	3.8	1.4	13.9	80.2	51.1	23.1
32.イタヤカエデ Acer mono	0.46	3.7	1.6	17.8	77.5	48.6	24.1
33.トチノキ Aesculus turbinata	0.26	3.1	1.4	14.3	74.5	46.0	26.9
34.シナノキ Tilia japonica	0.18	2.7	3.7	18.2	79.4	45.9	19.5
35.オオバボダイジュ Tilia Maximowlcziana	0.60	3.0	2.9	17.6	82.3	45.6	20.6
36.ヒメシャラ Stewatia monadelpha	0.58	2.5	1.2	14.7	69.1	43.5	24.6
37.ハリグリ Kalopanax ricinifolium	0.57	4.1	2.1	17.4	79.4	50.5	22.7
38.ミズキ Cornus controversa	0.40	3.5	1.5	17.2	73.0	46.0	22.0
39.シオジ Fraxinus commemoralis	0.49	2.7	1.8	13.8	78.3	57.4	26.0
40.ヤチダモ Fraxinus mandshurica	1.02	3.5	1.6	16.1	80.1	51.2	21.9
41.アオダモ Fraxinus Sieboldiana	0.89	5.6	3.7	16.7	74.5	45.0	23.6
42.キリ Paulownia tomentosa	0.21	9.0	8.2	16.0	72.4	45.3	20.4
43.コジイ Shita cuspidata	0.39	3.9	2.0	15.9	78.7	47.9	23.4
44. オオバヤナギ Toisusu Urbaniana	0.89	1.9	2.2	14.7	79.7	49.6	21.2

含量は65～83％で，α-セルロース含量が37～53％，ペントサン含量が13～27％の範囲にある。針葉樹の場合，ホロセルロース含量は59～75％で，α-セルロースが38～53％，ペントサン含量が4～11％になっている。広葉樹では，針葉樹に比べリグニン含量が少なく，ヘミセルロース起源のペントサン含量が多く，ホロセルロース含量が多くなっている。

広葉樹材，針葉樹材の主なヘミセルロースの種別と割合を表3に示した[2]。広葉樹材には20～

表2 日本産針葉樹の化学組成

樹種	灰分	温水抽出物	EtOH-ベンゼン抽出物	ペントサン	ホロセルロース	α-セルロース	リグニン
1.イチイ *Taxus cuspidata*	0.19	11.1	11.5	5.5	58.5	38.2	28.2
2.カヤ *Torreya nucifera*	0.66	6.7	6.6	4.9	63.8	45.3	34.5
3.イヌマキ *Podocarpus macrophyllus*	0.44	3.2	1.5	10.9	65.0	49.4	35.7
4.モミ *Abies firma*	0.97	3.6	2.3	5.2	69.8	49.0	33.5
5.ウラジロモミ *Abies homotepis*	0.20	2.3	1.5	5.7	77.1	52.6	29.4
6.アオモリトドマツ *Abies mariesii*	2.26	2.4	1.6	7.5	71.9	49.7	29.9
7.トドマツ *Abies sachalinensis*	0.26	2.6	2.6	5.2	74.0	49.4	30.0
8.シラベ *Abies Veitchii*	0.18	2.3	1.8	5.9	72.6	47.3	29.1
9.カラマツ *Larix leptolepis*	0.34	9.5	3.2	5.6	68.5	47.8	28.0
10.エゾマツ *Picea jezoensis*	0.20	3.6	1.3	6.1	71.0	47.3	28.4
11.アカエゾマツ *Picea Glehnii*	0.20	2.8	2.0	6.7	73.5	49.9	27.8
12.トオヒ *Picea hondoensis*	0.15	3.3	2.2	5.2	64.4	41.9	28.8
13.トガサワラ *Pseudotsuga japonica*	0.14	4.4	3.5	5.1	68.1	47.1	33.1
14.ツガ *Tsuga Sieboldii*	0.24	4.1	3.0	4.3	71.0	51.0	31.1
15.アカマツ *Pinus densiflora*	0.33	3.3	2.7	8.1	71.1	46.5	26.0
16.ヒメコマツ *Pinus pentaphylla*	0.27	3.2	8.1	4.7	68.4	44.5	27.1
17.クロマツ *Pinus Thunbergii*	0.21	3.0	3.3	6.7	62.9	44.0	25.8
18.スギ *Cryptomeria japonica*	0.81	4.2	3.9	7.4	66.7	43.9	32.6
19.コヤマキ *Sciadopitys verticillata*	0.18	6.6	11.0	4.7	60.8	38.7	28.5
20.ヒノキ *Chamaecyparis obtusa*	0.48	4.2	5.1	5.0	69.3	47.3	29.6
21.サワラ *Chamaecyparis obtusa*	0.35	7.4	9.4	5.1	60.2	41.0	30.7
22.ネズコ *Thuja Standishii*	0.33	10.8	8.8	6.3	69.8	47.6	28.9
23.アスナロ *Thujopsis dolabrata*	0.43	3.8	4.2	6.4	61.6	41.2	31.9
24.ヒノキアスナロ *Thujopsis dolabrata* var.	0.73	4.5	4.2	5.9	75.2	48.4	33.0

30％のヘミセルロースが含まれるが，そのうちの80〜90％はグルクロノキシランである。残りがグルコマンナンで，材に対しておよそ3〜4％含まれる。針葉樹のおもなヘミセルロースはグ

表3 主なヘミセルロースの種類

ヘミセルロース	対原木（％）	対ヘミセルロース（％）
	広葉樹	
グルクロノキシラン	20～35	80～90
グルコマンナン	＜3	＜10
	針葉樹	
グルコマンナン	10～15	60～70
（ガラクトグルコマンナンを含む）		
アラビノグルクロノキシラン	5～10	15～30

ルコマンナン（ガラクトグルコマンナンを含む）とアラビノグルクロノキシランである。材に対して，前者は10～15％，後者は5～10％含まれる。

この他に，あて材に含まれるガラクタンとカラマツ心材に特異的に含まれるアラビノガラクタンがある。広葉樹引張あて材は，細胞内腔に高度な結晶性のセルロースからなるゼラチン層（G層）をもち，正常材と異なっている。このG層をもつ繊維のS_1とS_2層では正常材よりグルコマンナンが少なく，ガラクタンがおよそ5％存在する。針葉樹圧縮あて材も解剖学的，物理的，化学的に正常材と異なる。正常材よりリグニンを多く含み，セルロース，マンナンが少なく，また，ガラクタンをおよそ10％含むことで特徴的である。このガラクタンは仮道管にのみ生じ，柔細胞には生成しない。大半のガラクタンはS_1層とS_2の外層に分布している。

カラマツやタマラック材の心材に，アラビノガラクタンが重量で5～40％存在する。辺材から心材への移行時に，生きている柔細胞中で合成され，仮道官，柔細胞，エピセリウム細胞の内腔に堆積する。細胞壁構成成分である上述のヘミセルロース類とは本質的に異なる。幹の上部より下部に多く，髄から心材—辺材の境界に放射線方向に向けて多くなる。

4.2.2 木材ヘミセルロースの化学構造[3)]
4.2.2.1 キシラン

キシランは主鎖がβ-1,4-結合したD-キシロース残基（D-Xyl）からなるヘミセルロースである。

広葉樹キシラン（グルクロノキシラン 図1）は単一側鎖として，α-1,2-結合した4-O-メチル-D-グルクロン酸残基（4-O-Me-D-GlcA）をもつ。4-O-Me-GlcAとXylの比は1:10。天然状態では，Xyl 10個に対し，5～7個の比率で，C-2およびC-3にアセチル基をもつ。平均重合度は150～200。還元性末端にラムノース（Rha）とガラクチュロン酸残基（GalA）をもつ。

針葉樹のキシラン（アラビノグルクロノキシラン 図2）は，単一側鎖として，4-O-Me-GlcAの

他に，α-1,3-結合したL-アラビノフラノース残基（L-Araf）をもつ。ArafとXylの比は1:5〜12，また，4-O-Me-GlcAとXylの比は1:5〜6個。4-O-Me-GlcA側鎖の多くは隣接した2個のキシロース残基のそれぞれにつく。針葉樹キシランはアセチル基をもたない。熱帯広葉樹材のキシランのなかにはL-Arafも含むものがある。エスパルトグラス，コムギやカラスムギのワラ，トウモロコシの穂軸などのイネ科植物のキシランは，針葉樹キシランと同様，Arafと4-O-Me-GlcA側鎖をもつ。

4.2.2.2 グルコマンナン

針葉樹グルコマンナンは直鎖の多糖類で，主鎖はβ-1,4-結合したD-マンノース残基（D-Man）とβ-1,4-結合したD-グルコース（D-Glc）残基からなる（図3）。これらの残基にD-ガラクトース

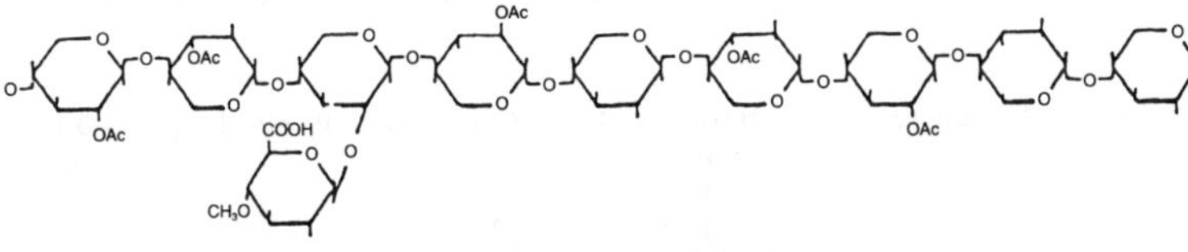

図1　広葉樹キシランの化学構造

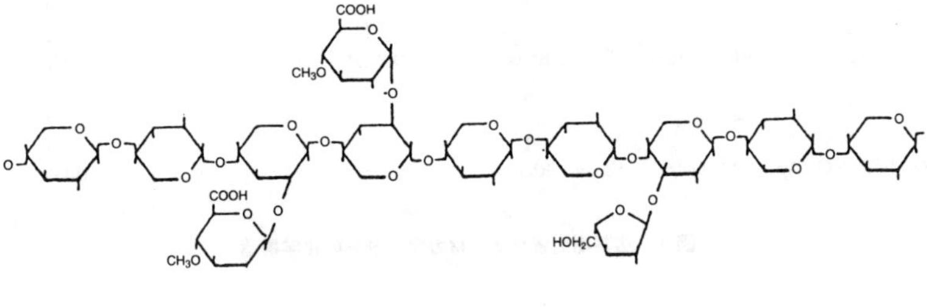

図2　針葉樹キシランの化学構造

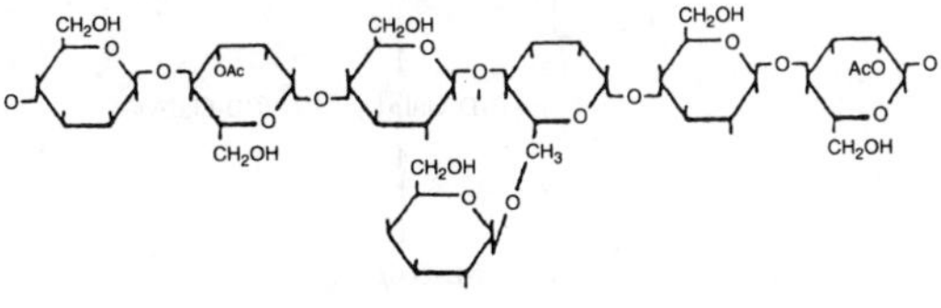

図3　針葉樹グルコマンナンの化学構造

(D-Gal)残基が単一側鎖としてα-1,6-結合している。ManとGlcの比は3：1で，主鎖中ランダムに配列している。側鎖Galの比率が高いもの（Gal：Glc：Man=1：1：3）はガラクトグルコマンナンと呼ばれ，その比率の低いもの（Gal：Glc：Man=0.1：1：3）はグルコマンナンと呼ばれる（前者は水に可溶で，後者はアルカリに可溶）。重合度と比施光度はガラクトグルコマンナンの場合40～100，-3.8～8.2°の範囲にあり，グルコマンナンで61～126，-24～-40°の範囲にある。これらのグルコマンナンは4.3～8.8％のアセチル基を含む。これは置換度（DS）0.17～0.36に相当する。このアセチル基は不規則にグルコマンナン中に分布する。

広葉樹グルコマンナンはβ-1,4-結合したD-GlcとD-Man残基がランダムに配列した主鎖からなる。GlcとManの比は1：1～2。比施光度は約-30°，数平均重合度（DPn）約70である。広葉樹グルコマンナンはアセチル基を持たない。

4.2.2.3 ガラクタン

広葉樹引張りあて材ガラクタンの主鎖もβ-1,4-結合したD-Galよりなる（図4）。主鎖中のD-Gal

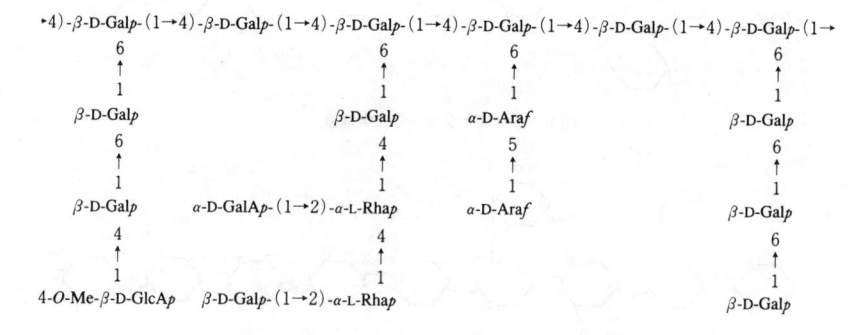

```
→4)-β-D-Galp-(1→4)-β-D-Galp-(1→4)-β-D-Galp-(1→4)-β-D-Galp-(1→4)-β-D-Galp-(1→4)-β-D-Galp-(1→
        6                         6              6                              6
        ↑                         ↑              ↑                              ↑
        1                         1              1                              1
     β-D-Galp                   β-D-Galp       α-D-Araf                      β-D-Galp
        6                         4              5                              6
        ↑                         ↑              ↑                              ↑
        1                         1              1                              1
     β-D-Galp        α-D-GalAp-(1→2)-α-L-Rhap  α-D-Araf                      β-D-Galp
        4                         4                                             6
        ↑                         ↑                                             ↑
        1                         1                                             1
 4-O-Me-β-D-GlcAp     β-D-Galp-(1→2)-α-L-Rhap                                β-D-Galp
```

図4　広葉樹引張りあて材ガラクタンの化学構造

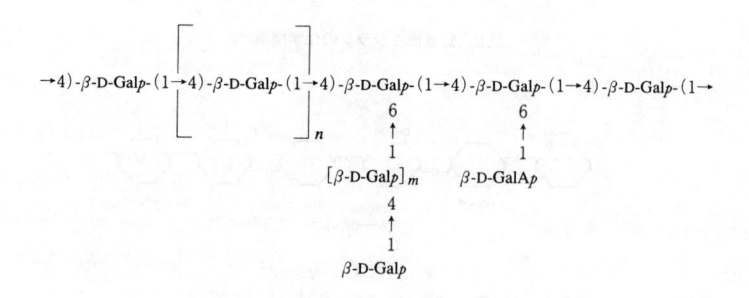

```
  [→4)-β-D-Galp-(1→4)-β-D-Galp-(1→4)-β-D-Galp-(1→4)-β-D-Galp-(1→4)-β-D-Galp-(1→]n
                                      6             6
                                      ↑             ↑
                                      1             1
                                 [β-D-Galp]m    β-D-GalAp
                                      4
                                      ↑
                                      1
                                   β-D-Galp
```

図5　針葉樹圧縮あて材ガラクタンの化学構造

のあるものはC-6に種々の側鎖を持つ。側鎖の多くはβ-1,6-結合したD-Galからなり，末端のGalのC-4に4-O-Me-GlcAが結合している。その他の側鎖としてはL-RhaやL-Araf残基がある。比施光度[α]$_D^{25}$+11～16.5°，重合度350～380。

針葉樹圧縮あて材ガラクタンはβ-1,4-結合したD-Gal残基の主鎖からなり，C-6で僅かに分岐している（図5）。Gal 20個当たり1個のGalA残基を単一側鎖として持つ。GalのC-6に，結合している。重合度は200～300。

4.2.2.4 アラビノガラクタン

主鎖がβ-1,3-結合したD-Gal残基からなり，それぞれのGalのC-6に側鎖を持つ（図6）。主な側鎖はβ-1,6-結合した2個のGalと3-O-（β-L-Arap-）L-Arafである。また，少量ではあるがGal, Araf, GlcA残基も単一の側鎖として存在する。GalとArafの比は，アラビノガラクタンの起源により異なり，2.6～9.8に渡っている。

一般に，アラビノガラクタンは分子量の大小によってAとBの2グループに分けられる。Aは主なもので，重量平均分子量（MWw）は100,000で，Bはマイナー部でMWwは16,000である。低分子量のアラビノガラクタンBは樹齢が高くなるとともに，元来グルコマンナンに結合していたアセチル基が遊離して，この遊離した酢酸でアラビノガラクタンAが加水分解されて生成すると考えられている。

4.2.2.5 リグニン・炭水化物複合体（lignin-carbohydrate complex）

木材の細胞壁は，親水性の炭水化物ポリマーであるセルロースやヘミセルロースと，疎水性の芳香族ポリマーであるリグニンから形成されている。ヘミセルロースはリグニンとマトリックスを形成し，セルロースミクロフィブリル間に堆積している。ヘミセルロースは他の糖に比べて疎水面の大きいガラクトースやマンノース残基からなり，また，一部の水酸基がアセチル化され，疎水性が付与されている[4]。これらのことから，親水性のセルロースと疎水性のリグニンとの中間にあって物理的化学的に相互の馴染みを良くし，細胞壁を強固なものにする役割を果たしていると推定されている。ヘミセルロースとリグニンの化学的結合様式として，ヘキソース残基C-6

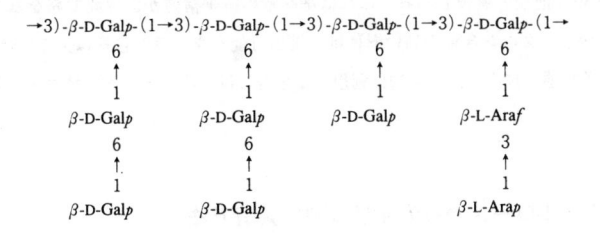

$\rightarrow$3)-β-D-Gal$p$-(1$\rightarrow$3)-β-D-Gal$p$-(1$\rightarrow$3)-β-D-Gal$p$-(1$\rightarrow$3)-β-D-Gal$p$-(1$\rightarrow$

```
      6              6              6              6
      ↑              ↑              ↑              ↑
      1              1              1              1
  β-D-Galp       β-D-Galp       β-D-Galp       β-L-Araf
      6              6                             3
      ↑              ↑                             ↑
      1              1                             1
  β-D-Galp       β-D-Galp                      β-L-Arap
```

図6　カラマツ心材アラビノガラクタンの構造

位の一級水酸基とリグニン側鎖の α 位もしくは共役 γ 位との間のエーテル結合や GlcA カルボキシル基とリグニンの α 位もしくは共役 γ 位との間のエステル結合が推定されている。

4.3 木材ヘミセルロースの抽出方法

　ヘミセルロースが細胞壁中でリグニンと物理的化学的結合していることから，木材ヘミセルロースを純粋な形で抽出するには，アラビノガラクタンとある種の広葉樹キシランを除いて，以下に述べるように，脱リグニン処理や分別・精製処理が必要で，多くのコストがかかる。ヘミセルロースを抽出して利用することはよほど付加価値の高い利用法がない限り経済的に成り立たない。

　針葉樹材からキシランやグルコマンナンを抽出するには，脱リグニンした針葉樹木粉を1〜2％の水酸化バリウムに浸漬し，続いて10％水酸化カリウム，1％水酸化ナトリウム，3％ホウ酸を含む15％水酸化ナトリウムで逐次抽出する。最初の抽出でアラビノキシランが溶出し，水可溶のガラクトグルコマンナンが第2段階で抽出される。アルカリ可溶のグルコマンナンが最後のステップで溶出する。

　あて材のガラクタンは，脱リグニン後水または10％炭酸ナトリウムで抽出し，Fehling 溶液とヨウ素溶液で精製する。著量のガラクタンが脱リグニン反応中に熱亜塩素酸塩溶液に溶出する。

　広葉樹キシランを定量的に抽出するには，脱リグニン後10％前後の水酸化カリウムで抽出する。しかし，一般に，広葉樹材木粉を脱リグニンせずに直接10％程度のアルカリ水溶液で抽出すると，その量は樹種間で異なるが，ヘミセルロースの一部が溶出してくる。表4に，各種の広葉樹脱脂木粉を12％KOH で抽出したときのヘミセルロース溶出量と溶出部の糖組成を示した[5]。ヘミセルロース抽出量は樹種間で異なり，多くの樹種でその材中のヘミセルロースのおよそ50％がアルカリで直接抽出しうるが，シラカンバ，モリシマアカシアのように80％以上のヘミセルロースが抽出される樹種もある。また，逆に，ケヤキ，トチノキ，ハルニレ，クスノキのように，抽出量が30％前後の樹種もある。これは細胞壁の微細構造が樹種間で異なることに起因すると思われるが，リグニン含量の高い樹種ほど抽出可能なキシラン含量は少ない傾向にある。キシランを高分子状態で抽出し，工業的に利用する場合には，原料となる樹種は抽出効率からみて限られてくる。

4.4 木材ヘミセルロースからのオリゴ糖の製造方法

　木材からオリゴ糖を製造する方法としては，①抽出したヘミセルロースを酵素や鉱酸で部分加

表4 脱脂広葉樹材のリグニン含量と糖組成および木粉からアルカリで抽出されるヘミセルロースの量

樹種 学名	抽出 量*1	ヘミセ ルロー ス量*2	糖組成（%）					
			リグニン	Rha	Man	Ara	Gal	Xyl	Glc
1.シラカンバ Betula platyphylla var.japonica	30.4	24.1	17.6	0.8	3.3	2.0	1.9	33.7	58.3
2.モリシマアカシア Acacia mearnsii	21.6	24.8	22.0	T	2.2	0.8	1.7	29.5	64.9
3.マカンバ Betula maximowicziana	21.8	19.7	22.9	0.8	3.3	0.8	1.9	22.6	70.6
4.アカシデ Carpinus laxiflora	24.0	19.1	16.8	0.8	2.5	T	1.6	35.1	60.0
5.カンノンボク Camptotheca acuminata	24.4	18.0	24.1	0.8	3.0	0.7	1.4	24.0	70.1
6.シナノキ Tilia japonica	24.3	17.6	19.5	0.6	3.1	1.0	1.0	25.3	68.9
7.ヤマナラシ Populus sieboldii	20.9	17.6	18.3	0.6	2.1	0.7	1.0	24.4	71.2
8.ドロノキ Populus maximowiczii	20.0	17.5	22.1	0.5	3.3	0.8	0.9	23.2	71.3
9.ヤシャブシ Alnus firma	21.4	17.4	—	0.8	3.4	0.9	1.4	28.3	65.3
10.タイワンハンノキ Alnus japonica(1-year-old)	15.9	17.3	25.5	T	1.0	T	T	20.3	79.0
11.ヤマハンノキ Alnus hirsuta var.sibirica	21.9	16.6	23.0	0.7	T	T	0.9	26.8	71.7
12.ダケカンバ Betula ermanii	20.2	16.6	23.6	1.0	T	1.9	1.9	24.6	70.6
13.クヌギ Quercus acutissima	21.3	16.0	18.8	0.6	3.0	1.0	1.4	27.4	66.6
14.アサダ Ostrya japonica	21.0	15.9	23.4	1.0	2.9	0.6	1.2	26.5	67.9
15.クリ Castanea crenata	19.9	15.1	20.6	1.2	2.1	T	2.0	23.5	71.2
16.ブナ Fagus crenata	16.7	14.9	24.4	1.2	2.8	1.0	1.5	31.5	62.1
17.キリ Paulownia tomentosa	18.5	14.6	20.4	1.1	3.1	0.8	1.0	25.5	68.5
18.ミズキ Cornus controversa	15.4	14.5	22.0	0.8	T	0.7	1.1	20.9	76.4
19.ヤマサクラ Prunus jamasakura	26.7	14.4	17.6	1.9	2.4	1.0	2.6	28.0	64.2
20.オニグルミ Juglans Siebldiana	16.8	14.0	21.8	—	—	—	—	—	—
21.セン Kalopanax pictus	17.6	13.5	22.7	0.8	2.3	1.1	1.3	22.7	71.8
22.ヤマグワ Morus bombycis	19.3	13.3	20.9	0.6	2.7	0.9	1.7	24.9	69.1
23.タイワンハンノキ Alnus japonica	15.9	13.1	28.8	1.7	3.8	0.8	1.1	24.5	68.1
24.モウソウチク Phyllostachys heterocycla	20.5	13.0	25.9	T	T	2.5	0.8	36.7	60.1
25.オオバヤナギ Toisusu urbaniana	17.5	12.8	21.2	1.0	2.8	0.9	1.3	28.3	65.8

（つづく）

樹種 学名	抽出量*1	ヘミセルロース量*2	リグニン	糖組成 (%)					
				Rha	Man	Ara	Gal	Xyl	Glc
26.イヌブナ Fagus japonica	17.3	12.6	24.6	0.6	2.7	1.4	1.5	26.3	67.6
27.ギンネム Leucaena leucocephala(1-year-old)	12.3	12.6	22.5	1.1	2.5	0.9	1.7	17.1	76.8
28.ミズナラ Quercus crispula	14.2	12.4	25.9	0.8	2.4	0.6	1.0	23.9	71.4
29.マテバシイ Pasania edulis	16.8	12.3		0.8	T	0.8	2.0	29.8	66.6
30.チシマザサ Sasa kurilensis	21.8	12.2	24.4	T	T	2.3	0.7	34.4	62.6
31.アカガシ Quercus acuta	15.7	12.1	24.9	0.7	2.9	0.9	2.4	26.8	66.3
32.キハダ Phellodendron amurense	16.0	11.9	23.1	0.8	3.6	0.9	2.7	18.2	73.9
33.マダケ Phyllostachys bambusoides	22.0	11.8	24.8	T	T	2.2	1.1	32.8	63.9
34.スダジイ Castanea cuspidata var.sieboldii	17.4	11.6	28.4	0.9	T	T	1.6	25.2	72.5
35.Eucalyptus grandis	17.5	11.3	29.8	0.6	1.8	0.8	1.6	21.5	73.7
36.タブノキ Machilus thunbergii	15.2	11.4	25.2	—	—	—	—	—	—
37.シラカシ Quercus myrsinaefolia	17.3	11.3	22.7	0.8	2.1	0.8	1.6	29.1	65.5
38.ホオノキ Magnolia obovata	15.4	11.2	29.6	0.7	3.2	0.9	1.2	25.0	69.0
39.Eucalyptus urophylla	16.0	11.1	28.6	0.6	1.8	0.9	1.7	22.7	72.3
40.コナラ Quercus serrata	15.9	11.1	21.8	0.7	T	1.3	3.7	23.8	70.5
41.イタヤカエデ Acer mono	14.6	10.9	24.1	0.5	3.5	1.2	0.9	26.1	67.7
42.ヤチダモ Fraxinus mandshurica	14.2	10.7	21.9	0.8	5.7	1.5	0.9	25.5	65.8
43.ヒメシャラ Stewartia monadelpha	13.5	10.7	24.6	0.7	2.9	0.7	1.5	28.4	65.8
44.イスノキ Distylium racemosum	14.8	10.6	29.8	0.5	2.7	1.3	1.6	27.6	66.2
45.ニセアカシア Robinia pseudoacacia	14.8	10.6	21.2	T	3.3	0.7	1.3	25.4	68.6
46.イヌエンジュ Maackia amurensis var.buergeri	14.8	10.5	19.2	0.8	T	1.0	1.9	19.9	76.4
47.コジイ Castanopsis cuspidata var.cuspidata	13.6	10.4	23.4	T	T	0.8	1.1	24.7	73.4
48.イチイガシ Quercus gilva	15.4	9.9	26.5	T	2.7	1.2	2.2	25.0	58.9
49.アオダモ Fraxinus lanuginosa	12.0	9.3	23.6	1.2	2.9	1.8	1.2	25.7	67.2
50.ケヤキ Zelkova serrata	14.6	9.2	27.1	0.7	4.1	0.8	1.1	28.6	64.8
51.トチノキ Aesculus turbinata	14.4	9.0	26.9	1.5	4.6	1.0	1.8	20.8	70.4

(つづく)

樹種 学名	抽出 量*1	ヘミセ ルロー ス量*2	リグニン	Rha	Man	Ara	Gal	Xyl	Glc
52.ギンネム Leucaena leucocephala	12.3	8.9	28.1	1.2	1.9	0.9	1.9	18.8	75.3
53.ハルニレ Ulmus davidiana var.japonica	13.5	8.8	26.8	3.8	3.7	0.9	1.2	21.7	68.7
54.クスノキ Cinnamomum camphora	12.5	8.4	29.0	T	2.4	0.9	1.6	21.7	73.4
55.シオジ Fraxinus commemoralis	11.3	8.3	26.0	0.6	4.1	1.2	0.9	21.3	72.0
56.カメレレ Eucalyptus deglupta	11.7	7.7	30.1	T	2.3	T	1.5	20.0	76.2
57.Eucalyptus tereticornis	12.4	7.6	30.7	0.3	1.7	0.7	2.6	17.7	77.0
58.Eucalyptus citriodoro	6.9	5.2	23.9	1.0	1.2	0.8	2.4	23.2	71.4

(注) *1　12%KOH抽出量。
　　 *2　12%KOH抽出液からEtOHで沈殿したヘミセルロース量。

水分解してオリゴ糖を製造する方法，②木材を直接高温高圧の希酸または水蒸気（蒸煮・爆砕）で処理する方法がある。以下にこれらの方法で得られるオリゴ糖を示す。

4.4.1　広葉樹キシランからのオリゴ糖

4.4.1.1　広葉樹キシランから酸加水分解によって得られるオリゴ糖

シラカンバ材キシランを酸で部分加水分解すると，キシロースやキシロオリゴ糖のほかに，表5に示す酸性オリゴ糖が得られる[6]。側鎖グルクロン酸のα-1,2-結合は主鎖中のβ-1,4-キシロシド結合と比較して70倍近く酸加水分解に対して抵抗性がある。全てのキシロシド結合を開裂する加水分解条件下でも，その結合の3分の2は加水分解されずに残る。この理由はカルボキシル基の感応効果によって説明されている。それゆえ，主な酸性糖はアルドビオウロン酸（4-O-Me-

表5　シラカンバキシラン（20g）の酸加水分解によって得られる酸性オリゴ糖

酸　性　糖	収量(mg)
(1) O-(4-O-Me-α-D-GlcAp)-(1 → 2)-O-β-D-Xyl$p$-(1 → 4)-O-β-D-Xyl$p$-(1 → 4)-D-Xyl	41.0
(2) O-(4-O-Me-α-D-GlcAp)-(1 → 2)-O-β-D-Xyl$p$-(1 → 4)-D-Xyl	313.5
(3) O-(α-D-GlcAp)-(1 → 2)-O-β-D-Xyl$p$-(1 → 4)-D-Xyl	22.6
(4) 2-O-(α-D-GalAp)-L-Rha	8.0
(5) 2-O-(4-O-Me-α-D-GlcAp)-D-Xyl	500.0
(6) 4-O-(α-D-GalAp)-D-Xyl	110.0
(7) 6-O-(β-D-GlcAp)-D-Gal	3.5
(8) 2-O-(4-O-Meα-D-GlcA)-D-Lyx	7.5
(9) 2-O-(α-D-GlcA)-D-Xyl	22.1
4-O-Me-D-GluAp	45.4
GalA	43.4
GluA	9.5

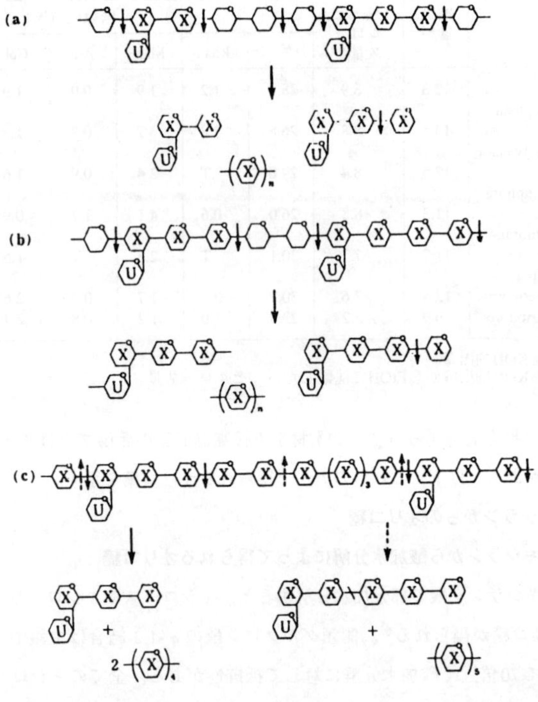

図7 種々の微生物から得られるキシラナーゼの広葉樹キシランに対する作用機構

GlcA-Xyl）である（表5）。また，4-O-Me-GlcA側鎖のついたキシロース残基の右側の2個のキシロシド結合も4-O-Me-GlcA残基の立体障害によってある程度安定化されるので，アルドトリオウロン酸（4-O-Me-GlcA-Xyl$_2$）やアルドテトラオウロン酸（4-O-Me-GlcA-Xyl$_3$）が生成する。

4.4.1.2　広葉樹キシランから酵素加水分解によって得られるオリゴ糖

キシラン主鎖のβ-1,4-キシロピラノシド結合を加水分解する酵素はキシラナーゼと呼ばれ，多くのバクテリア，酵母，菌などに分布している。

キシラナーゼは一般にエンド型で，キシラン主鎖中のβ-1,4-キシロシド結合をランダムに加水分解して，キシロース・オリゴマー（キシロオリゴ糖，Xyl$_n$）を生成する。反応時間の経過とともにキシロースを生成するが，キシロビオース（Xyl$_2$）は分解できない。キシラン主鎖に側鎖として存在している4-O-Me-GlcA側鎖がキシラナーゼの作用に影響を与える。多くのエンド型キシラナーゼの広葉樹キシランに対する作用機構は図7（a,b,c）で表され[7-9]，中性糖のキシロースやXyl$_2$〜Xyl$_n$のほかに，酸性糖としてアルドトリオウロン酸（4-O-Me-GlcA-Xyl$_2$）(a)，アルド

表6 キシロースのオリゴ糖

キシロオリゴ糖	$[\alpha]_D$	MP（℃）	分子量	
			実測値	計算値
キシロビオース	-26	189	—	—
キシロトリオース	-48	216	410	414
キシロテトラオース	-62	226	540	546
キシロペンタオース	-72	242	672	678
キシロヘキサオース	-79	237〜242	—	—

（注）すべてβ, 1-4結合

表7 キシランの酵素加水分解によって得られる酸性オリゴ糖

酸性オリゴ糖	$[\alpha]_D$	分子量		メトキシル基（％）	
		実測値	計算値	実測値	計算値
アルドビオウロン酸	+95*	364	340	—	—
アルドトリオウロン酸	+57	520	526	5.73	5.89
アルドテトラオウロン酸	+23	604	604	5.18	5.13
アルドペンタオウロン酸	+0.6	737	736	4.00	4.21
アルドヘキサオウロン酸	-12	850	868	3.54	3.57
アルドヘプタオウロン酸*	-21	1003	1000	3.05	3.10
アルドオクタオウロン酸*	-26	1100	1132	2.85	2.74

（注）＊ 未同定

テトラオウロン酸（4-O-Me-GlcA-Xyl$_3$）(b) が主生成物となる。キシランのエンド型キシラナーゼによる加水分解液から得られた酸性および中性オリゴ糖を表6，7に示す[10]。*Trametes hirsuta*から単離されたキシラナーゼの作用機作は図7(c)のように，主生成物として，Xyl$_4$, Xyl$_6$とアルドテトラオウロン酸およびアルドヘキサオウロン酸（4-O-Me-GlcA-Xyl$_5$）を与える。

酵素加水分解の場合，酵素を固定化して，酵素活性の安定化を図り，反応を連続化して生産性をあげることができる。キシラナーゼやキシロシダーゼに関しては，多孔質シリカガラス，チタニヤ，アルミナをTiCl$_4$で活性化後，あるいは，これらの担体をアルキルアミン誘導体に変換後，グルタルアルデヒド（GLUT）で活性化し，*Trichoderma viride*および*Asperugillus niger*起源のセルラーゼ系酵素が固定化されている[11]。

4.4.1.3 蒸煮によるオリゴ糖の製造

木質系資源や農産物からキシロースを製造するための希硫酸などによる加水分解法は確立した技術になっている。しかし，近年，水蒸気だけで，鉱酸を一切使わない蒸煮・爆砕法に関心が寄せられている。すなわち，これらの原料を高温高圧の飽和水蒸気で処理すると，キシランからア

セチル基が遊離して酢酸が生成し，キシランは部分加水分解をうけてキシロオリゴ糖やキシロースとなり，水に可溶となり，材から水で容易に抽出することができるようになる。

われわれは広葉樹材や各種の農産廃棄物からキシロースやキシロオリゴ糖を高収率で得るための最適蒸煮処理条件を検討した。種々の試料を180〜230℃の水蒸気で処理し，リファイナー，または，爆砕することにより解繊し，得られた繊維を水で抽出し，そのときの抽出量と抽出物中のキシロース残基の量を調べた。広葉樹の場合を表8に示した[12]。

温水抽出量およびそこに含まれるキシロース残基の量は蒸煮条件によって異なる。また，各試料でキシラン含量が異なるため，同一蒸煮条件でも水抽出量およびキシロース量は各試料間で異なる。広葉樹材では，適切な蒸煮条件を設定すれば15〜20％の収率でキシロースを得ることができる。

蒸煮処理により生成した単糖の一部はさらに脱水作用をうけてフルフラール等に変質する。蒸煮・爆砕処理した広葉樹材を水で抽出して得られる液には，上述したように，キシランに由来す

表8 種々の条件下で蒸煮処理した広葉樹材から得られる温水抽出物の収率とそれを加水分解して得られるキシロースの収率

蒸煮条件 (℃min)	シラカンバ	モリシマ アカシア	コナラ	ニセアカ シア	ブナ	コジイ	アカシアマン ギューム	ギンネム (1年生)
180-20	23.7 (15.5)	17.5 (11.6)	14.9 (5.8)	17.8 (14.1)	12.3 (5.4)	11.5 (4.7)	14.4 (10.5)	—
200- 5	19.2 (12.0)	—	21.0 (12.4)	—	13.8 (6.2)	18.4 (7.9)	—	—
200-10	15.6 (9.1)	20.4 (7.6)	27.4 (12.7)	18.2 (14.2)	15.0 (7.8)	18.9 (8.7)	9.4 6.4	—
200-15	14.5 (8.6)	—	19.0 (7.4)	—	11.8 (4.9)	13.2 (5.3)	—	—
210- 3	25.4 (13.2)	19.9 (16.0)	23.9 (12.9)	20.0 (14.0)	21.7 (11.5)	31.3 (15.8)	16.5 (12.2)	20.4 (4.0)
210- 6	23.9 (9.7)	19.3 (12.8)	23.9 (10.6)	14.8 (8.4)	22.6 (9.7)	18.3 (5.9)	14.4 (9.9)	17.5 (1.4)
210- 9	24.7 (11.0)	—	17.7 (4.2)	—	16.5 (3.2)	—	—	—
225- 2	34.2 (22.4)	26.4 (19.8)	25.8 (14.7)	19.1 (13.5)	23.2 (12.0)	22.4 (12.3)	21.9 (16.4)	17.7
225- 4	27.1 (10.4)	16.8 (11.1)	24.3 (13.6)	14.8 (8.1)	22.8 (7.6)	18.4 (4.3)	14.0 (9.8)	17.5
230- 1	33.5 (19.8)	23.9 (18.9)	—	20.0 (13.8)	—	—	16.8 (11.0)	—
230- 2	34.3 (19.2)	19.7 (12.4)	26.2 (12.0)	16.1 (9.9)	22.1 (17.1)	23.9 (9.7)	15.7 (10.0)	—

(注) ( ) 内の数値はキシロースの収率を示す。

るオリゴ糖や単糖等の有価物のほかに，ヘミセルロースやリグニンの分解物等の着色物質や不純物が含まれる。蒸煮・爆砕処理材中のオリゴ糖はきわめて水によく溶けるので，向流法で抽出すると固形分濃度14％程度の抽出液が得られる[13]。これはサトウキビやてん菜からのショ糖抽出液の濃度に近い値である。しかし，その着色度やイオン濃度はショ糖精製の場合と比較して20～50倍高い[14]。そこで，この着色物質や不純物の効率的かつ経済的除去法を確立することが重要な課題になっている。これまでに，次のような合成吸着剤，イオン交換樹脂が検討されている[15]。

a) アンバーライトＸＡＤ２およびＸＡＤ４：非極性物質の吸着・除去
b) アンバーライトＸＡＤ７：中極性物質の除去
c) 強酸性陽イオン交換樹脂（H^+）：陽イオンの除去
d) 強塩基性陰イオン交換樹脂（Cl^-）：着色物質や不純物の除去
e) 強塩基性陰イオン交換樹脂（HSO_3^-）：着色物質や不純物の除去，特に，アルデヒド，ケトン類，フルフラール等の除去
f) 弱塩基性陰イオン交換樹脂（OH^-，CO_3^{-2}）：陰イオン，着色物質，不純物の除去，中性糖と酸性糖の分別
g) 強塩基性陰イオン交換樹脂（OAc^-）：中性糖と酸性糖の分別

これらのイオン交換樹脂それぞれ単独では完全に脱色できないが，これらを組み合わせることによって着色物質を完全に除去することができる。水抽出物（固形分8％，5,000ml）を，c)→a)→d)→f)のカラム（それぞれ樹脂500ml）の順に通過させると，固形物の70％が精製物として得られる。特に，効率的な精製法として強酸性イオン交換樹脂（Na^+）を用いるイオン排除クロマトグラフィーによる精製法が提案されている[14]。

表9 蒸煮（200℃，10min）処理シラカンバ材温水抽出液中の中性糖組成

フラクション	オリゴ糖	重量比	融点（℃）
1	排除限界以上	12.8	
2	$>Xyl_{10}$	4.0	
3	Xyl_9	2.3	
4	Xyl_8	2.9	
5	Xyl_7	3.5	
6	Xyl_6	6.0	
7	Xyl_5	7.1	
8	Xyl_4	9.8	217.0～219.5
9	Xyl_3	12.0	210.0～213.0
10	Xyl_2	16.3	193.5～195.5
11	Xyl	23.2	

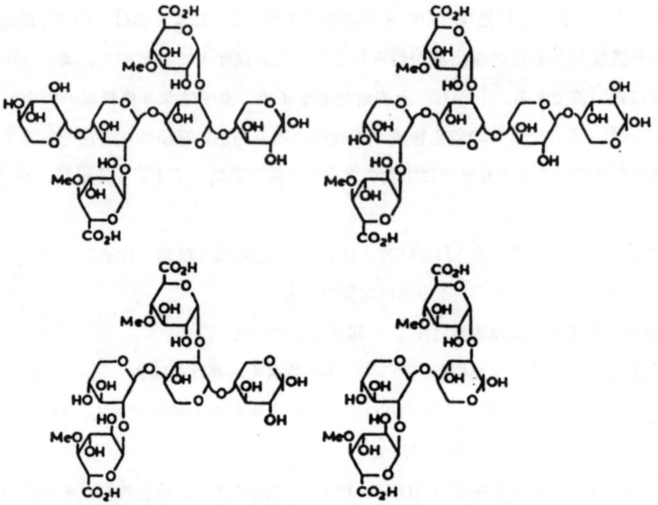

図8 針葉樹キシランから得られる酸性オリゴ糖

　蒸煮処理材の水抽出物中の中性糖組成は蒸煮条件によって異なるが，200℃ 10minシラカンバ材を蒸煮した場合の例を表9に示す。このような組成をもつ水抽出精製液キシロオリゴ糖を，Brix 70％ 程度に濃縮すると，粘稠なシラップとなる。甘味はおもにキシロースに由来するが，粘性はオリゴ糖によって生じる。水素添加等によってこのキシロースやキシロオリゴ糖を糖アルコールに還元すると吸湿性などの物性，微生物による利用性，体内での利用性等の特性が大きく変わる[13]。

　これを飲食物に利用するため，オリゴ糖画分をキシラナーゼなどでキシロビオースを主体とするキシロオリゴ糖にまで加水分解し，現在市販の麦芽水飴の粘度や甘味度と同程度に変換することが試みられている。Streptomyces sp.のキシラナーゼ粗酵素（キシロシダーゼを欠如）で処理後，脱蛋白，脱イオンしてから，濃度70％まで濃縮すると，キシロース3〜35％，キシロビオース25〜75％，キシロトリオース5〜25％の組成をもつシラップが得られている。この場合のキシロオリゴ糖は粘度がPO-30（低糖化還元麦芽水飴，三糖類以上のオリゴ糖アルコールが主体）に匹敵し（cP600），甘味度がPO-40（中糖化還元麦芽水飴，二糖類と糖アルコール）と同程度のものであった（砂糖と比較した甘味度40％）[13]。

4.4.2 針葉樹からのオリゴ糖
4.4.2.1 針葉樹キシランからのオリゴ糖

針葉樹材のキシランは広葉樹材キシランより多くの 4-O-Me-GlcA 側鎖をもち,しかもその大部分の側鎖が隣接したキシロース残基に結合しているため,酸加水分解によって,酸性オリゴ糖としては,広葉樹材キシランから生成するのと同じアルドウロン酸(表5)のほかに,図8に示すようなオリゴ糖が得られている[16,17]。Araf側鎖の α-L-1,3-結合はきわめて酸性下では不安定で容易に加水分解されるためAraf残基のついたオリゴ糖は得られない。

4.4.2.2 針葉樹グルコマンナンからのオリゴ糖

針葉樹グルコマンナンの酸による部分加水分解によって,表10に示すようなManのみからなるオリゴ糖とGlcとManからなるオリゴ糖が得られる[18]。β-1,4-D-Man結合をランダムに加水分解するエンド型の酵素はマンナナーゼと呼ばれ,キシラナーゼと同様多くの微生物が産出している。このマンナナーゼでグルコマンナンを加水分解すると,表11に示したようなオリゴ糖が得られる[19]。グルコマンノオリゴ糖類は,マンナナーゼの起源によって,2系列ある。すなわち,オオウズラタケのマンナナーゼのように(表11),グルコース残基が非還元末端にあるものを生成する場合と,逆に還元末端にあるものを生成する場合とがある。

上述したように,グルコマンナンは天然状態ではその水酸基の一部がアセチル(Ac)化されている。マンナナーゼを,このO-Ac-グルコマンナンに作用させると,それがアセチル基をもつマンノース残基のグリコシド結合を加水分解することができないため,1個以上のアセチル基をもつ三糖類以上のオリゴ糖が生成する[20]。

4.5 木材ヘミセルロースの利用技術

はじめにも書いたように,これまでに,木材のヘミセルロースが工業用原料として利用された

表10 針葉樹グルコマンナンおよびガラクトグルコマンナンの部分加水分解により得られるオリゴ糖

2糖類	3糖類	4糖類	5糖類
(1) M → M	(7) M → M → M	(15) M → M → M → M	(20) M → M → M → M → M
(2) M → G	(8) M → M → G	(16) M → M → G → M	(21) M → M → M → M → G
(3) G → G	(9) M → G → G	(17) M → G → G → M	(22) Gal → M → M → M → M
(4) G → M	(10) G → M → M	(18) G → M → M → M	(23) M → M → M → M → M → M
(5) Gal → M	(11) M → G → M	(19) Gal → M → M → M	
(6) Gal → Gal	(12) G → G → M		
	(13) Gal → M → M		
	(14) Gal → Gal → Gal		

表11 カラマツグルコマンナンの酵素加水分解により得られるオリゴ糖

フラクション	オリゴ糖	収率(%)*	フラクション	オリゴ糖	収率(%)*
1:E1	マンノース	6.7	3:E1	M→M→M	6.6
1:E2	グルコース	5.8	3:E2	G→M→M	6.4
2:E1	M→M	19.7	3:E3	M→G→M	1.1
2:E2	G→M	5.1	3:E4	Gal	
2:E3	G→G	0.2		↓	
				M→M	0.3
			4:E1	M→M→M→M	0.8
			4:E2	G→M→M→M	2.0

* 加水分解物全量に対して

のは広葉樹キシランだけで,キシロース,フルフラールの原料となってきた。フルフラールは石油からは生産できない化合物で,6,6ナイロンやフラン樹脂の原料であり,また,溶剤,脱色剤,抽出剤,殺虫・抗菌剤などとしての用途がある。

キシロースは,甘味は砂糖の4割程度で,人体内で代謝されず,低カロリー糖である。食品の臭いを消す効果があり,加熱して焦がすとほど良く着色するため(メーラード反応の利用),ちくわやあられなどの米菓子の着色に利用されている。また,キシリトールは甘味度は砂糖に匹敵するが,水に溶けるときに熱を吸収するので,清涼感のある美味しい甘味を与える。また,口腔内の微生物が代謝できないことや人体内での代謝にインシュリンを必要としないことなどの特性があって,虫歯予防用,あるいは,糖尿病患者用の格好の甘味料となる。最近,わが国でもキシリトールが食品添加物として認可され,ガムやキャンディとして利用されるようになった。

しかし,フルフラールやキシロースの原料としては,広葉樹キシランはコーンコブ,バガス,イナワラ,綿実殻などの農産廃棄物のそれと競合する。わが国はコーンコブから生産されるキシロースを中国から輸入している。

4.5.1 生理活性物質としての利用の可能性[21]
4.5.1.1 ヘミセルロースの抗腫瘍活性

多糖の抗腫瘍活性に関しての研究は免疫学の発展とともに進展してきた。多糖の化学構造の差異や微量の糖質以外の結合物質などにより生ずる免疫増強活性の有無が抗腫瘍活性を左右することが明らかにされている。しかし,多糖の抗腫瘍活性と化学構造の相関についての明確な答えは得られていない。

多糖の抗腫瘍活性は,投与した多糖が直接腫瘍細胞を攻撃するのではなく,投与された宿主が本来持っている生体防御構造,すなわち免疫ネットワークの活性化により宿主自身の力で腫瘍細胞を消滅させる宿主介在性の活性である。このため,免疫療法と呼ばれ,化学療法と異なる。即

効性は期待できないが，細胞毒性がなく長期投与が可能である。

これまでに木材パルプ中のキシラン，ビスコース工業のアルカリ廃液中のキシラン，グルコマンナン，ブナ材キシラン，カラマツ材のアラビノガラクタン，アラビノキシラン，ガラクトグルコマンナンの Sarcoma-180 (S-180), Ehrlich carcinoma, L1210, leuchemic cell 等の腫瘍細胞に対する活性が調べられている。ブナキシランは腹腔内投与で S-180 阻止率87.6％を示し，細胞毒性がないこと，このキシランの投与によりマウスリンパ球の分裂増殖が活発化し，免疫増強作用のあることが明らかにされている。

ミヤマザサ葉から熱水抽出で得られる多糖ササホリンをはじめとして，ヤクシマササ，ネマガリタケ，タケ類，ムギワラ，バガス，イネ科植物等の多糖に関しての研究報告がある。ネマガリタケキシランは化学抗腫瘍剤マイトマイシンGと併用するとマイトマイシンC単独より効果が大きくなることが報告されている。

きのこ類多糖の多くが抗腫瘍活性を示すことが報告されているが，シイタケの熱水抽出物多糖レンチナンが有名である。レンチナンは水に不溶，アルカリに可溶の分子量約百万の β-1,3-グルカンである。また，経口投与で有効な多糖としてカワラタケ菌糸からの多糖pskがあり，臨床的に認可されている。この他に，エノキタケ，ヒラタケ，スエヒロタケ，マイタケ，マンネンタケ等有効とされた多糖は枚挙にいとまがない。

担子菌由来の大部分の有効多糖は β-1,3-骨格構造をもつ。この構造は強固な3本鎖ラセン構造をとり，このことによって活性が発現する。さらに，β-1,3-主鎖に β-1,6-側鎖をもつ高次構造が活性発現の要因と推測されている。活性多糖の多くが β 型である。また，抗腫瘍活性発現には分子の会合による巨大分子構造（ミセル）が必要であるといわれている。pskの分子量は20万程度である。

4.5.1.2 食物繊維（DF）としての生物活性

植物成分の中でヒトの消化酵素により消化されない糖類は栄養学的には価値がないが，健康維持に重要であることが見出され，その脂質代謝，糖質代謝への影響が注目されている。不消化性の多糖は消化管内での酵素や栄養分の拡散を阻害し，栄養分の消化吸収を阻害する。また，コレステロールは体内で不断に合成・分解され，腸肝を循環しているが，不消化性多糖はこのコレステロールを吸着排泄する機能もある。

これまでに，コレステロール低下作用の確認された多糖としては，ペクチン，ガム類，カラゲニン，コンニャクマンナン，CMC，広葉樹キシラン等があるがセルロース，メチルセルロース，アラビノガラクタン等は無効とされている。グアーガムは脂質成分と非特異的に結合するため，小腸上部からの脂肪の吸収を遅らせコレステロール低下活性を示すが，セルロースではこのような現象は起こらない。

4.5.1.3 アラビノガラクタンの生理活性

アラビノガラクタンは高度に分岐した構造を持ち，水に良く溶ける。カラマツ材のチップや木粉から水または温水でほぼ定量的に抽出することができる。そのため，かつて，米国で生産され，食品業界で乳化剤や安定化剤等としてアラビアガムの代りに用いられた。わが国はそれを輸入していた。

最近，アラビノガラクタンがきのこ栽培時に害菌類の侵入を抑制するとともに，きのこ菌糸体および子実体の成長を促進することが見出されている[22]。

4.5.1.4 オリゴ糖の食品としての機能

オリゴ糖の食品としての機能としては，①エネルギー源としての働き（一次機能），②嗜好面での働き（二次機能），③健康の維持・増進に関与する生体調節機能面での働きがある。一次機能（栄養特性）は，オリゴ糖の消化性が関与する。二次機能（物理化学特性）としては甘味度，味質，粘性，保湿・吸湿性，水分活性，着色性，熱・pHに対する安定性などが挙げられる。三次機能（生物学的特性）としては，整腸作用，う蝕予防効果，血糖・コレステロール上昇抑制作用，ミネラル吸収促進作用，免疫賦活作用，インスリン分泌非刺激性，静菌作用などが挙げられている[23]。

ヒトの腸内には数多くの種類の細菌がヒトと共存共栄の関係で生息し，その菌叢（フローラ）はヒトの健康と極めて密接な関係にある。ヒトが難消化性のオリゴ糖を摂取すると，口腔，胃，小腸で吸収・消化されず，大腸に達してそこに生息している細菌によって炭酸ガス，水素，メタン，短鎖脂肪酸等に分解される。この腸内細菌の発酵過程が人体にさまざまな生理作用を及ぼすことから，近年難消化性糖類に関する研究が成人病予防を主眼として急速な進展を見せている。

セルロースやヘミセルロースの主鎖は β-1,4-結合したGlc,Man,Xylなどからなり，それらを部分加水分解して得られるセロオリゴ糖，キシロオリゴ糖，マンノオリゴ糖はヒトにとって難消化性である。そのため，これらのオリゴ糖は小腸を通過するまで消化されずそのまま大腸に達し，大腸内でこれらのオリゴ糖を資化できるビフィズス菌等が増殖し腸内細菌の菌叢が変化する。ビフィズス菌はヒトの腸内フローラを構成する代表的な有用菌で，老化防止等，ヒトの健康に大きく貢献しているが，これらのオリゴ糖はビフィズス菌を選択的に増殖させることができる。ビフィズス菌はこれらのオリゴ糖を利用することにより，酢酸，プロピオン酸，酪酸等の有機酸を分泌して，ヒトの健康にとって好ましくないウェルシュ菌や大腸菌等の生育を抑制し，ビフィズス菌優勢の腸内フローラを形成する。腸内に生成された有機酸は，腸管を刺激し，ぜん動運動を促進し，バランスのとれた腸内フローラを腸管に吸着・定住させ，腸の働きを正常に保つ働きをしている。

4.5.1.5　キシロオリゴ糖の特性

　キシロオリゴ糖は，D-キシロース，グラニュー糖，ソルビトール液（食添用）と比較して細菌に対する最小生育阻止濃度が低く，優れた細菌類に対する静菌作用をもつ。この他にも，キシロオリゴ糖類の種々の物性が調べられているが，キシロオリゴ糖は中糖化還元麦芽水飴（PO-40）より強く水分を吸湿し，また，放湿する性質をもつことが明らかにされている[13]。

　また，キシロオリゴ糖や還元キシロオリゴ糖シラップは，変異原性試験や急性毒性試験の結果から食品素材として安全であることが実証されたが，このキシロオリゴ糖や還元キシロオリゴ糖は，①砂糖に比較して甘味が低い，②増粘性，保水性があって，食品にしっとり感を与える，③水分活性の調節に使用可能であって，適度の静菌効果を有しているため食品の保存性を高める可能性がある，などの特徴を有する。また，このほかにも，キシロオリゴ糖は，④タンパク質やアミノ酸と加熱によって反応して（メーラード反応），食欲をそそる適度な香りと美しい黄金色を呈する。還元キシロオリゴ糖は，⑤褐変反応（メーラード反応）を起こしにくく，高い耐熱性をもつ，⑥上品でクセやくどさのないさらりとしたよい甘味質を有する，⑦虫歯の誘発因子とならない，などの特性をもつ。キシロオリゴ糖の食品としての機能については，ビフィズス菌を選択的に増殖させると言うことも見出され，機能性食品として新しい用途が期待できることが示唆されている[24]。事実，実際に乳酸飲料等に添加され利用されている。

　このキシロオリゴ糖を添加した清酒，蒲鉾，ジャム，餡，ハードボイルドキャンディ，カスタードクリームは良好な風味，適度で上品な甘味，心地よい糖フレーバーをもつ。また，還元キシロオリゴ糖で作ったこれらの飲食物は上品で適度の甘味，良好な増粘性，保湿性を有し，熱に安定で，保存性も向上したものとなる。

　この他に，キシロオリゴ糖や酸性キシロオリゴ糖が樹木の成長を促進したり阻害したりすることも知られている[25]。

4.6　おわりに

　上述したように，近年，多糖やオリゴ糖に多様な機能が見出されつつある。今後，さらに，糖類の化学構造と生理活性との相関などが明らかにされると考えられる。キシロオリゴ糖，4-O-Me-GlcAを含むキシロオリゴ糖，マンノオリゴ糖，さらにはセルロースからのセロオリゴ糖は種々の農林産物から比較的容易に生産することができる。今後，医薬，農薬，食品等としての適切な用途が開発されることが期待される。

文　献

1) 米沢保正ら，林試研報，No.253（1973）
2) T.E.Timell, *Adv. Carbohyd. Chem.*, 19, 247（1964）; *Adv. Carbohyd. Chem.*, 20, 409（1965）
3) K.Shimizu, "Wood and Cellulosic Chemistry", D.-S.Hon & N.Shiraishi ed. p.177, Marcel Dekker, New York& Basel（1991）
4) 重松幹二，APAST, No.34 , 5（2000）
5) M.Ishihara, K.Shimizu, *Mokuzai Gakkaishi*, 42, 1211（1996）
6) K.Shimizu, O.Samuehlson, *Svensk Papperstidn.*, 76, 156（1973）
7) R.F.H.Dekker,"Biosynthesis and Bio-degradation of Wood Components" p. 504,Academic Press Inc.（1985）
8) K.Shimizu, M.Ishihara, T.Ishihara, *Mokuzai Gakkaishi*, 22, 618（1976）
9) M.Ishihara, K. Shimizu, T.Ishihara, *Mokuzai Gakkaishi*, 24, 108（1978）
10) T.E.Timell, *Svensk Papperstidn.*, 65, 435（1962）
11) K. Shimizu, M. Ishihara, *Biotechnol.Bioeng.*, 29, 236（1987）
12) 志水一允，石原光朗，バイオマス変換計画研究報告，第21号，43（1990）
13) 松山薫ら，木材成分総合利用研究成果集，木材成分総合利用技術研究組合，1990，p.1053
14) 蕪木ひろみら，同上，1990，p105
15) 志水一允ら，バイオマス変換計画研究報告，第24号，農林水産省，1991
16) K.Shimizu, O. Samuelson, *Svensk Papperstidn.*, 76, 150（1973）
17) K.Shimizu, M.Hashi, K.Sakurai, *Carbohydr. Res.*, 62, 117（1978）
18) 越島哲夫，"木材の化学"，文永堂，1985
19) K.Shimizu, M.Ishihara, *Agric. Biol. Chem.*, 47, 949（1983）
20) R.Tanaka, *et al.*, *Mokuzai Gakkaishi*, 31, 859（1985）
21) 土師美恵子，木材の科学と利用技術，2. 糖質の化学，日本木材学会編，50（1993）
22) 高畠幸司，木材学会誌，40, 1147（1994）
23) 中久喜輝夫，21世紀の天然・生体高分子材料，シーエムシー，p.143（1998）
24) 岡崎昌子ら，日本農芸学会誌，65, 1651（1991）
25) M.Ishihara,Y.Nagao,K.Shimizu,Pro.8th ISWPC,Helsinki, Vol. II , 11（1995）

第5章　リグニンの利用技術

5.1　リグニン利用の現状

町原　晃[*1], 河村昌信[*2]

5.1.1　はじめに

　現在、工業的利用の対象となるリグニンはサルファイト蒸解排液ないしその主成分リグニンスルホン酸と、クラフト蒸解排液から得られるクラフトリグニンである。まず冒頭で述べたいことはサルファイトパルプ（ＳＰ）事業はＳＰの製造コストと市況、需要動向から今日では「ＳＰのみならずリグニンスルホン酸もまたサルファイト蒸解の目的生産物である」という観点で事業を捉え、リグニン製品でかなりの収益を挙げることを考えないと事業の存続・発展は難しいということである。一方クラフトリグニンの場合は原料の安定確保の面では問題はないが、蒸解排液は燃焼・薬品回収が常識で、よほどの収益が期待できない限り分別精製・化学変性してまでリグニン製品として活用する意味が薄い。したがって、リグニンスルホン酸やクラフトリグニンの利用を考えるに当たっては、「高付加価値化」と「リグニンならではの特徴を活かした大量利用」を前提条件に置くことが重要である。合成品の単なる代替品的な利用や、需要量がごく僅かしか期待できない用途では事業としての展開は難しい。

　リグニンメーカーはそのような観点から新しい用途の模索を続けているが、諸技術的課題をブレーク・スルーするに至らず、ここ10～15年大きな進歩を得ていない。しかし、リグニンスルホン酸やクラフトリグニンは数々の、合成品では得られない良さを有する貴重な工業資源であり、英知を集めて課題に対処すれば、必ずや画期的な高付加価値用途が開発できると確信している。ここではリグニン利用の現状と当面の技術的課題について概説する（本稿は第43回リグニン討論会で講演した内容に加筆訂正したものである）。

5.1.2　北米、西欧、日本のリグニン製品利用状況

　北米、西欧、日本のリグニン製品の消費量の推移を表1に、また主要用途を表2に示す[1]。リグニン製品の消費量は北米、西欧、日本合計で年間100万トンであるが、近年頭打ちで、むしろ

---

*1　Akira Machihara　日本製紙㈱　専務取締役　研究開発本部長

*2　Masanobu Kawamura　日本製紙㈱　化成品開発研究所　主任研究員

表1 主要地域のリグニン消費量

(単位:千トン,粉末品換算)

	1991	1994	1997	2000(予測)
北 米	465	460	445	455
西 欧	400	380	380	380
日 本	110	105	105	100
計	975	945	930	935

表2 主要地域のリグニン消費量(1997)

(単位:千トン,粉末品換算)

	北 米	西 欧	日 本
コンクリート減水剤	86	120	66
染料分散剤	5	13	9
飼料添加剤	150	150	—
道路防塵剤	110	—	—
農薬造粒剤・分散剤	10	40	1
泥水調整剤	11	15	1
そ の 他	73	42	28
計	445	380	105

斬減傾向にある。また新しい大量利用の途も見出されていない。

リグニン製品需要の伸び悩み,溶解パルプの需要不振,環境問題,M&Aなどの理由から,この15年間に American Can, Reed 等,大手リグニンメーカー数社が相次いで撤退した。日本においてもリグニンメーカーは15年前には6社存在したが,現在は日本製紙1社である。現時点での世界のリグニンメーカー主要5社と,その生産能力を表3に示す[1]。このうちWestvacoはクラフトリグニン製品のみを製造しており,その大部分はスルホメチル化物で後述する高付加価値用途である染料分散剤を中心に販売している。

表3 主要リグニンメーカー

製造メーカー	生産国	生産能力[2]
Borregaard LignoTech	ノルウェー他[1]	630
Georgia-Pacific Corporation	米 国	210
Tembec Inc.	カナダ	110
日本製紙	日 本	90
Westvaco	米 国	40
計		1080

1) スウェーデン,フィンランド,ドイツ,スイス,スペイン,南アフリカ,米国
2) 生産能力:千トン/年,粉末品換算

なお，リグニンのファインケミカルス原料としての代表的な利用法であるバニリンの製造は合成バニリンが経済的に優位となり，現在，リグニンからのバニリン製造を継続しているのはBorregaardのみとなっている。その他のファインケミカルス原料としての工業的利用は進展していない。

5.1.3 日本のリグニン製品利用状況の変遷

日本におけるリグニン製品の需要の変遷を表4に示す[1]。欧米では依然として道路防塵剤用途，飼料工業用途が多いが（表2），日本では従来からこれらの用途にはほとんど使用されていない。

また日本の産業構造の変化もあり，粉鉱石造粒剤のような低付加価値用途での需要は激減している。さらに合成品に比較し性能面での優位性が低い用途も需要は大幅に減少している。例えば石膏ボード用分散剤としてリグニンスルホン酸は80年代には年間2000トン程度使用されていたが[1]，合成品のナフタレンスルホン酸ホルムアルデヒド縮合物等への代替が進み現在ではほとんど使用されていない。

日本で需要が増加しているのは，付加価値の高くリグニンの特徴が活かされたコンクリート減水剤である。この傾向は欧米でも同様であるが，質的には日本の方が進んでいる。即ち，日本ではコンクリートの製造に際して減水剤の役割が極めて大きく，減水剤に非常に高い性能が要求されているため，特に減水剤製造技術においては世界のトップレベルにある[2]。

また染料分散剤もコンクリート減水剤と同様に高付加価値用途である。合成品との競争も激しいが総合的な性能面ではリグニン系が優位である。日本の染料分散剤の需要量は近年頭打ち傾向にあるが，世界的には今後もアジアを中心に大幅な需要の増加が見込まれている。欧州や日系の染料メーカーも中国等，アジア地域での染料生産を始めている。

高付加価値用途であり今後も需要の増加が見込まれるコンクリート減水剤および染料分散剤について説明を加えたい。

表4 日本のリグニン消費量
（単位：千トン，粉末品換算）

	1980	1984	1991	1994	1997	2000（予測）
コンクリート減水剤	50	54	73	67	66	63
染料分散剤	2	3	8	8	9	6
粉鉱石造粒剤	30	24	15	13	13	13
肥料造粒剤	5	6	6	6	6	6
窯業用分散剤	6	5	3	3	3	3
農薬造粒剤・分散剤	3	3	2	1	1	1
そ の 他	8	13	6	7	7	8
計	104	108	113	105	105	100

なお，リグニン（誘導体）をフェノール類の代替物として応用する研究が以前盛んに行われたが，フェノール類に比較し経済性の面でのメリットも無くほとんど使用されていない。

5.1.4 高付加価値用途
5.1.4.1 コンクリート減水剤

現在，日本で消費されるリグニン製品の約65％はコンクリート減水剤として使用されている。これは化学変性したリグニンスルホン酸が優れたセメント分散性と適度の空気連行性（AE性）を有しており，さらにコンクリートの流動性の保持効果も高いためである。

少量の添加でコンクリートの流動性が向上し，施工に必要な流動性を確保しながら水量を減少できる。この減水効果によってコンクリートの強度や耐久性が向上する。また施工に要する時間，流動性を維持することができる。このリグニンスルホン酸系減水剤はJISの「AE減水剤」に分類されるが，現在市販されているAE減水剤の大部分を占めている。

一方，「高性能減水剤」と呼ばれるナフタレンスルホン酸ホルムアルデヒド縮合物，メラミンスルホン酸ホルムアルデヒド縮合物は，分散性はリグニンスルホン酸系減水剤より優れるが，流動性の保持効果が低いため可使時間に制限があり，主としてポール，パイル等，工場で生産される高強度コンクリート用の減水剤として使用されてきた。

しかし，1980年代前半から，
・コンクリート材料として適する良質の砂，砂利等が枯渇し，リグニンスルホン酸系減水剤の分散性では水量の低減が不充分な場合が生じてきた。
・高層建築物の増加等，施工法や構造物の多様化により，分散性が非常に高く，さらに流動性の保持効果も高い減水剤が必要とされる用途が増えてきた。

このため，「高性能AE減水剤」の開発研究が活発に行われ，ポリカルボン酸[3]，アミノスルホン酸[4,5]と呼ばれる合成品が世界に先駆けて開発，高性能AE減水剤として実用化されるに至

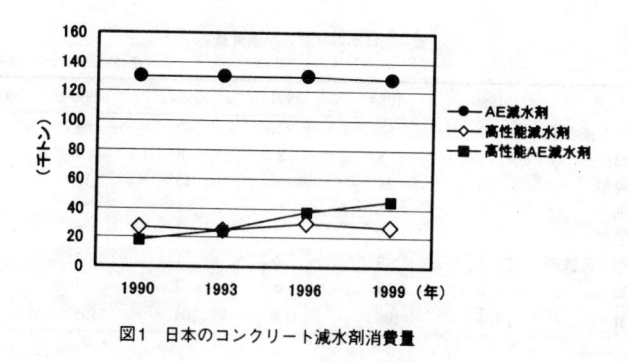

図1 日本のコンクリート減水剤消費量

った。図1にAE減水剤, 高性能減水剤, 高性能AE減水剤の需要動向[6]を示す。高性能AE減水剤の需要は今後かなりの勢いで増加するものと考えられる。

しかし, ポリカルボン酸やアミノスルホン酸と呼ばれる合成品も完全では無く欠点を有している。このためリグニンスルホン酸の長所と, ポリカルボン酸, アミノスルホン酸の長所を活かすべく複合し, 各々の機能を相補的に設計した高性能AE減水剤が, より有用であると考えられ, 実際, そうした複合品もかなり出回っている。

参考に日本製紙が開発したアミノスルホン酸系の縮合物 (ASF-N) の構造を図2に, また図3にASF-Nとナフタレンスルホン酸ホルムアルデヒド縮合物 (NSF) との分散性の比較例を示す[7]。図3中, 分散性はSlump flow で示されるが, ASF-N は NSF に比較し非常に高い分散性を有している。またリグニンスルホン酸にNSFを複合した場合, リグニンスルホン酸の特徴である適度な空気連行性が阻害されるが, ASF-Nはリグニンスルホン酸の長所を阻害しない。流動性の保持効果が高い変性リグニンスルホン酸にASF-Nを複合しオールマイティーな高性能AE減水剤と

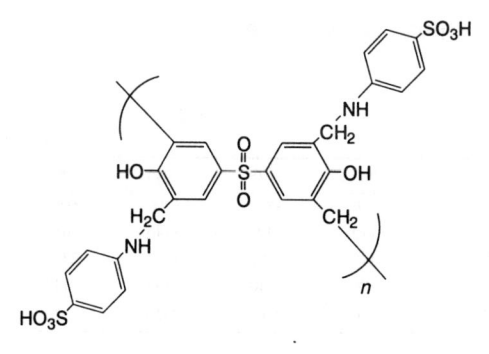

図2 ASF-N

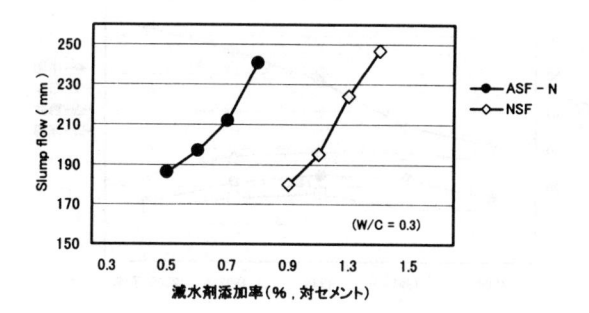

図3 コンクリート分散性

して上市しており[8]，高層建築物，大型土木工事等，多方面で使用されている。

いずれにしろ，将来的にもリグニンスルホン酸系減水剤が減水剤の主流であることには変わりはなく，多様化，高度化するニーズの変化に適応した製品開発を継続すれば今後の需要も堅調であると考える。

5.1.4.2 染料分散剤

合成繊維の中で現在最も生産量が多いのはポリエステル繊維である。表5に合成繊維の生産量を示すが[9]，ポリエステル繊維は汎用性と経済性に優れることから，生産量はこの30年間において年率9％程度で急増しており，合成繊維に占める割合は約70％に達している。また今後も生産量は増加すると考えられている。

ポリエステル繊維のような疎水性の繊維を染色する場合，分散染料が使用される。地域別の分散染料生産量を図4に示す[10]。いわゆる先進国での生産は頭打ち傾向にあるが，中国，インド，インドネシア等のアジア地域での生産が大幅に増加している。特に先進国の染料メーカーによる現地生産が顕著である[11,12]。

分散染料は，極めて疎水性の高い染料原体（色素）と分散剤からなる。染料原体はアントラキ

表5 世界の合成繊維生産量

(単位：千トン)

	1960	1975	1990	1998
ポリエステル	120	3370	8700	16060
ナイロン	410	2490	3740	4010
アクリル	110	1390	2320	2720
その他	70	110	160	140
計	710	7360	14920	22930

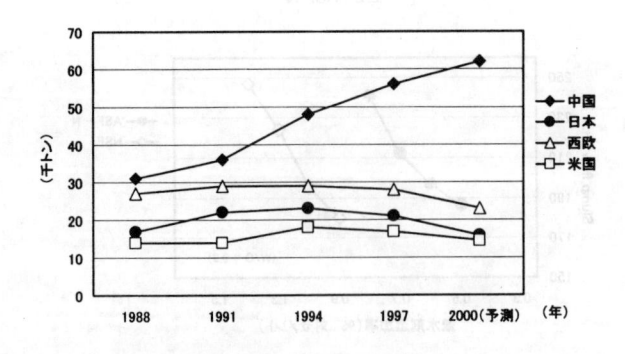

図4 分散染料の生産量

ノン系とアゾ系等があるが、アントラキノン系の例を図5に示す（C.I.Disperse RED60）。また一般的に分散染料は、染料原体30〜70：分散剤70〜30からなり分散剤が多量に使用されている。分散剤としては変性リグニンスルホン酸、スルホメチル化クラフトリグニン、変性ナフタレンスルホン酸ホルムアルデヒド縮合物が主として使用されている。ポリエステル繊維への染色は高温（約130℃）で行われるが、染料原体は高温で凝集してタール化する傾向がある。上記リグニン誘導体は染料原体との親和性に優れ、合成品に比較し染料原体の熱凝集を抑える効果（高温分散性）が高く、また染色条件による染色ブレも少ない。

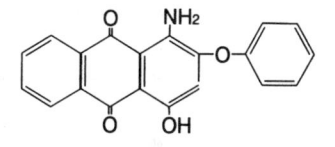

図5　C.I.Disperse Red 60

近年、染料メーカーは世界的な再編がドラスチックに進んでいる。2000年には独国のバイエル、ヘキスト、BASFの染料部門を統合した世界最大の染料メーカーも誕生する。いずれも生産拠点の統廃合、銘柄毎の集中生産を図っている。そうした動きの中で染料の長距離輸送等の面から分散染料中の分散剤の割合を大幅に低下させて物流の合理化を図るべく、前述したリグニン誘導体の長所である高温分散性をさらに高めることが強く要望されている。

この高温分散性は分散剤の「親水基と疎水基の割合」と「分子量分布（分子量および分子量分布）」に大きく影響されると考えている。特に分子量が高すぎても低すぎても高温分散性を悪化させる。分散剤の親水基と疎水基の割合、分子量分布を最適値に設定すれば非常に良好な高温分散性を有する染料分散剤を得ることは可能である[13]。

しかし染料分散剤には高温分散性の他に、分散染料製造時に染料原体ケーキを容易に微粒化する性能、粉末分散染料製造時のスプレードライ適性、染色時に染色布を分散剤自体の色で着色しない性質（汚染性）、アゾ系染料原体を還元退色しない性質等、非常に多岐にわたる性能が求められる。高温分散性を向上させれば、染料原体を微粒化する性能や汚染性が悪化する等の問題があり、まだ満足できる製品は開発されていない。

毎年多くの分散染料が上市されているが、新規に開発された染料原体はごく一部であり大部分は既存品の配合組成を変更し性能を改良したものである[11,12]。また一般的な染料原体においては染料メーカー間の差は無くなっている。分散染料の性能発現における分散剤の重要度は年々増加しており、染料分散剤メーカーのグローバルな開発競争も激しくなっている。

なお、今回紹介したコンクリート減水剤、染料分散剤に限らず分散剤として使用する場合は、官能基の種類とその割合、親水基と疎水基の割合、分子量分布が重要であると考える[7,14]。その内、分子量分布の制御には限外濾過（ＵＦ）等の膜分離処理が有用である[15]。図6に、日本製紙で製造しているＵＦ処理リグニンスルホン酸の分子量分布を示す。このＵＦ処理リグニンスルホ

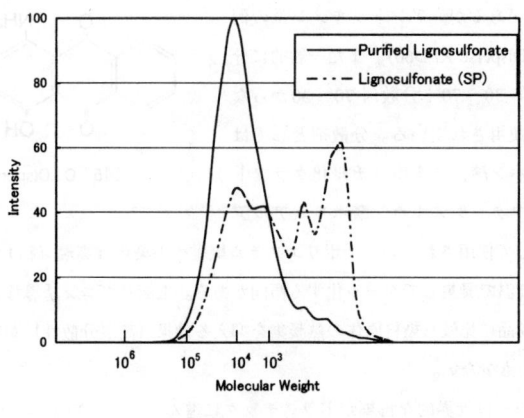

図6 分子量分布

ン酸を高度に化学変性し，コンクリート減水剤，染料分散剤等に活用しているが，さらなる分子量分布の制御と高効率な処理法が期待される。

最近，米国のベンチャー企業が振動型膜分離装置を開発している。これは膜モジュールを円周方向に激しく振動し，膜表面に極めて強いせん断力を作用させることにより非常に高い濾過効率を達成したものである[16]。膜の耐久性等，未知数ではあるが，リグニンスルホン酸に対しても非常に高い濾過効率を示すことは我々も確認しており，この分野の技術発展も望まれる。

5.1.5 新技術，新用途

コンクリート減水剤や染料分散剤以外の分野でのリグニンの利用に関する報告や特許も数はかなりあるものの，将来的に期待できる技術，用途はほとんど見出せていないのが現状である。その中で注目したい用途の一部を紹介する。

5.1.5.1 鉛蓄電池の負極添加剤

リグニンの高分子電解質としての性質を利用している用途の一つに自動車等に使用されている鉛蓄電池の負極添加剤（陰極活物質防縮剤）がある。この負極添加剤として使用できるリグニン誘導体を製造しているのは主としてBorregaard，日本製紙とWestvacoであるが，需要量は多くはなく，北米，西欧，日本を合わせても年間3000トン程度と思われる[1]。

一方で近年，自動車の排気ガスによる大気汚染，二酸化炭素による温暖化といった環境問題から電気自動車（EV），ハイブリッド電気自動車（HEV）等の環境負荷の低い自動車が注目されている。

EV，HEVの進展には搭載する電池の開発が最も重要であり新型電池の開発が活発に行われ

ている。EV，HEVは電池を多量に使用するため普及が進めば電池の需要は大幅に増加すると考えられている。

一方で従来から自動車に使用されている鉛蓄電池は新型電池に比較し，経済性，信頼性，リサイクル性に優位である[17]。このためEV，HEV用電池としても，他の新型電池とすみわける形で使用されると考えられており[17]，鉛蓄電池を採用したHEVバスも市販されているが，一般への普及には大幅な性能向上が望まれている。また従来型の自動車においても車載電気機器の増加，さらに居住スペースの拡大・エンジンルームの極小化による鉛蓄電池の温度上昇等，鉛蓄電池への負荷は増大する方向にあり鉛蓄電池の性能向上が強く要求されている。

鉛蓄電池の最大の欠点は電池寿命が短いことにある。これは充放電の繰り返しにより負極表面積の低下等が生じるためであるが[18]，リグニン誘導体を「負極添加剤」として使用することによってある程度負極表面積の低下等を防ぐことができる。しかし鉛蓄電池の寿命をさらに延ばすためには，この負極添加剤の飛躍的な性能向上が必要と考えられており，リグニン誘導体を代表とする負極添加剤の改良・開発検討が近年活発に行われている[19]。負極添加剤としてのリグニン誘導体の機能は非常に複雑であり未解明の部分が多く改良は容易ではないが，技術的なブレークスルーによる電池寿命の延長，そして環境保全への貢献が望まれる。

5.1.5.2 生分解性材料

近年，種々の環境汚染の深刻化から生分解性プラスチックに対する関心が高い。

生分解性プラスチックの日本での使用量は2000年で3000トン程度と予想されているが，今後使用量は急激に増加し，2003年には2万トン程度に達すると言われている[20,21]。

特に農業用マルチフィルムの分野では生分解性プラスチックの使用量が急増すると考えられている。ポリエチレン製の農業用マルチフィルムは日本で年間6万トン程度使用されていると推定されるが[20]，収穫後に回収せず鋤き込むだけで分解させることができれば，高齢化が進んだ日本の農業にとって大幅な省力化が期待できる。

このため微生物生産系，化学合成系，天然物利用系等の生分解性プラスチックの研究が活発に行われている[21]。

この生分解性プラスチックへのリグニンの応用研究は，生分解性フィルムとしてクラフトリグニンと澱粉の複合[22]等の報告はあるものの極めて少ないのが現状であったが，最近，三重大学の舩岡教授らにより，リグノフェノールとバイオポリエステルの複合フィルムの研究が意欲的になされている[23]。また東京工業大学の井上教授らにより，ポリカプロラクトン等の生分解性ポリエステルについて水素結合を応用する物性改良の研究がなされ[24]，さらに生分解性ポリエステルとリグニン誘導体の複合物がフィルムを形成し，フィルム物性も生分解性ポリエステル単独より向上する可能性があることが見出された[25]。生分解性プラスチックは生分解速度の調整が

表6 LIGNIN INSTITUTE
Active Membership Listing

LignoTech USA, Inc. (Borregaard)	United States
Tembec Inc.	Canada
Georgia-Pacific Corporation	United States
Nippon Paper Industries Co., Ltd	Japan
Fraser Papers Inc.	United States

Associate Member ; 17 companies

容易ではないが，リグニンにより調整幅が広がる可能性もある。
　リグニンは生分解可能な有機資源であり，この分野の研究が進展することが期待される。

5.1.6 技術的課題
　リグニンの利用は世界的にも徐々にではあるが高付加価値化の方向に進んでいる。しかし，現状に満足せず，リグニン製品事業のさらなる発展を期すため，主要リグニンメーカーを主体に世界のリグニン関係企業が参画した協会，「Lignin Institute」（本部Atlanta）が1991年に設立され，普及活動等，多面的活動がなされている（表6参照　http://www.assnhq.com/li）。
　しかし新用途の開発は極めて遅々として進まない状況にある。今後，新用途開発，またさらなる高付加価値化を促進するには技術の革新が必要である。当面の基本的技術課題を以下に示す。
・効率的な工業リグニン分子量分布制御技術の開発
・各種被分散粉粒体に対するリグニン誘導体の分散作用機構（ミクロ次元）の解明
・工業的淡色化技術ないし二次的化学処理時の濃色化抑制技術の開発
・サルファイト蒸解排液中の糖類の高機能化技術の探索
・ＳＰ（セルロース）の新規用途開発
　分子量分布の制御はリグニンを有効利用する上で重要である。現在工業化されている限外濾過法も有用ではあるが，煩雑で大規模な付帯設備を必要とするため，限外濾過法以外の工業的な分子量制御法の開発が望まれる。
　なお，新技術開発に際し，利用の途の無い廃棄物を副生させないなど，環境汚染に繋がることのないよう，留意すべきことは言うまでもない。
　リグニンは再生産可能であり，人類にとって有用な資源である。長期低迷する日本の林業を再生するためにも，リグニン（およびセルロース）の新しい，有益な大量利用の途を開発することが強く望まれる。合成品では成し遂げられないリグニンならではの特徴を活かした利用が重要である。

文　　献

1) "Chemical Economics Handbook", SRI International, No.671, 5000（1996）；一部は筆者の推定値.
2) 山田一夫, コンクリート工学, Vol.36, No.4, p.20-23（1998）.
3) 日本触媒；特許1553584.
4) 藤沢薬品工業；特許2570401.
5) 日本製紙；特許1929952.
6) ファインケミカル, Vol.21, No.10, p.22（1992）；Vol.23, No.14, p.21（1994）；および一部は筆者の推定値.
7) 河村昌信, コンクリート工学年次論文報告集, Vol.15, No.1, p.263-268（1993）.
8) 日本製紙；特許1887446.
9) 向川利和, 化繊月報, 1999年8月号.
10) 化成品工業協会, 平成7年度秋期講演会 SRI International 報告；染色工業, Vol.46, No.8（1998）；染色工業, Vol.47, No.8（1999）；および一部は筆者の推定値.
11) 尾村隆, 染色工業, Vol.46, No.8, p15-38（1998）.
12) 安部田貞治, 染色工業, Vol.47, No.8, p15-29（1999）.
13) 日本製紙；特開平11-181316, 11-181317.
14) 中本奉文, 21世紀の天然・生体高分子材料（シーエムシー）, p.119-128（1998）.
15) 松倉紀男, リグニンの化学（ユニ出版）, p.496-499（1990）.
16) 神鋼パンテック技法, Vol.41, No.2, p.47-57（1998）.
17) 坪田正温, 化学工業, Vol.49, No.3, p.19-23（1998）.
18) 日本電池編, 最新実用二次電池（日刊工業新聞社）, p.213-214（1995）.
19) 日本電池, 日本製紙；特開平11-121008, 他
20) ヤノ・レポート, 1999年11月10日号；2000年3月10日号.
21) 大島一史, プラスチックス, Vol.51, No.1, p108-112（2000）.
22) S. Baumberger, C. Lapierre, B. Monties, G. Della Valle, *Polymer Degradation and Stability*, **59**, p273-277（1998）.
23) 大前江利子, 藤田修三, 舩岡正光, 第50回日本木材学会大会研究発表要旨集, p550（2000）.
24) Y. He, N. Asakawa, Y. Inoue, *J.Polym.Sci. Polym.Phys.*, **38**, p1848-1859（2000）.
25) 李剣春, 井上義夫, 第49回高分子討論会（2000）発表予定

5.2 低分子化

舩岡正光*

5.2.1 はじめに

リグニンはフェノール系高分子素材として，植物体内にあって炭水化物の保護，細胞壁の剛直化，細胞間接着，水分通道組織のシールなど重要な機能を有している。植物が枯死した後は機能する場を土壌中に移し，高耐久性高分子担体として栄養素の吸着固定化等に長期間機能し，さらに長期的には石油石炭などの化石資源へと壮大な年月を経て変換機能する長期循環資源である。自然界における存在量は約 3×10^{11} トンと試算され，しかも毎年 2×10^{10} トン量が新たに生合成されている[1]。この量は，天然有機資源としてセルロースに次いでおり，化石資源の枯渇が近い現実となった今，量，機能共にポテンシャルの高いリグニンの有効利用は早急に達成されねばならない重要な課題である。

植物細胞壁内において炭水化物とセミ相互進入高分子網目（IPN）構造をとり高度に複合化されたリグニンを利用する場合，自ずとその方向は次の3つに限定される。

① 複合状態での利用
② 素材としての利用
　②-1　高分子素材
　②-2　低分子素材

リグニンを細胞壁から取り出し，単体として利用する場合，程度の差こそあれいずれにしてもリグニンの分子内結合を開裂させる必要がある。

リグニンを低分子化する試みは古く，基礎構造解析および有効活用の両面から活発な研究活動が展開されてきた。初期にはこれにより芳香族化合物が生成したことからリグニンの芳香族性が証明された。

リグニンの低分子化反応は，構造選択的反応および非選択的反応に分けることができる。構造選択的反応は，リグニン分子内に高頻度で存在する β-アリールエーテル結合を対象にしたものが多く，クラフト蒸解反応をはじめアシドリシス反応などこれまで数多くの方法が報告[2]されているが，いずれも反応の選択性に乏しく，ターゲットとした結合以外にも様々な2次構造転移を併発する。しかし最近，天然リグニンのベンジル位の活性を応用した一連の新しいリグニン構造制御システム[3,4]が開発され，さらにトリメチルシリルヨーダイド[5]やチオアシドリシス[6]など高度な構造選択的低分子化反応が開発されつつある。

一方，構造非選択的反応には，酸化分解（アルカリ・ニトロベンゼン酸化，過マンガン酸カリ

---

* Masamitsu Funaoka　三重大学　生物資源学部　教授

ウム酸化，接触酸化など）や還元分解など多くの反応[2]があり，古くからリグニンの構造解析に使われ，数多くの重要な知見を与えてきた。これらの反応は，いずれも高エネルギー処理を伴い，結果としてリグニンは非常に複雑な構造転移を被る。ほとんどの方法はリグニン側鎖での反応を主としているが，オゾン酸化分解[7]は芳香核の破壊を主反応としており，両者は全く異なった生成物を与える。

　本稿では比較的最近開発された，そして基礎のみならず特に生成物の利用を目的とした低分子化反応に焦点を絞り，システムとしてのその特徴と応用例を解説したい。従来の各種低分子化反応に関しては，優れた総説が出版されておりそれらを参照されたい。

5.2.2　リグニン構造制御のキーポイント

　樹体内において，リグニンは主に2つのルートにより構築される[2]。第1はフェノール系前駆体の酵素的脱水素およびそれに続くラジカル共鳴混成体のランダムなカップリングによるルートであり，結果として各構成単位にはそのフェノール性水酸基，芳香核C5位およびC1位，側鎖Cβ位に隣接単位との接点が形成される。しかしこれらの結合形成頻度は必ずしもランダムではなく，前駆体ラジカル濃度，ラジカルスピン密度，立体因子等が関与する結果，Cβ-O-アリールエーテル構造がもっとも高頻度で形成され，その量は全単位間結合の約50％にも達する[8]。第2のルートは前駆体Cβラジカル構造に含まれる活性キノンメチドの安定化に伴う構造構築メカニズムであり，結果として側鎖Cα位に多様な含酸素活性官能基が形成される。

　分枝構造に関しては，構成単位がグアイアシル型かシリンギル型かによって異なる。芳香核C3およびC5位がメトキシル基で置換されているシリンギル単位はもっぱらそのフェノール性水酸基および側鎖Cβ位で隣接単位とリンクすることになり，結果としてリニア型に成長する。しかし，芳香核C5位がオープンなグアイアシル単位ではフェノール性水酸基，側鎖Cβ位でのリンクに加え，C5位でのカップリングによって分枝構造が形成される。したがって，シリンギル型およびグアイアシル型両タイプからなる広葉樹リグニンに対し，もっぱらグアイアシル型構造からなる針葉樹リグニンではより分枝度が高く，構造的にリジッドとなる。

　天然リグニンの構造は不規則かつ多様であるが，上記したその形成メカニズムに視点を置き機能性素材誘導原料としてその構造を解析すると，以下の特性が浮かび上がる。

1　構成単位
　　アルキルフェノール誘導体
2　構成単位の活性
　　潜在的フェノール活性
3　高分子サブユニットのリニア性

シリンギルリグニン＞グアイアシル―シリンギルリグニン＞グアイアシルリグニン
4 サブユニット内の主要結合型
Cβ-O-アリールエーテル
5 サブユニット間の主要結合型
ベンジルアリールエーテル
6 単位間結合の安定性
ベンジルアリールエーテル ≪ 他種結合
7 活性官能基の分布
全構成単位のベンジル（Cα）位

リグニンはフェノール系高分子と分類されているが，そのフェノール活性は低く，遊離フェノール性水酸基量は10％程度にすぎない[9-12]。リグニンはフェニルアラニンを前駆体とし，ヒドロキシラーゼの作用によってフェノール性水酸基が多数付加されるが，すぐにOMTによってその大半がブロックされ（メトキシル基の形成）その活性を失う。さらにわずかにC4位に残存する遊離水酸基も重合過程でそのほとんどがエーテル化される（図1）。これは同じ前駆体から誘導されるフラボノイド系素材（タンニン等）がそのフェノール性水酸基を全てオープンな状態で存在，機能していることと対照的である。すなわち，リグニンはフェノール性単位を基本とした高分子素材であるが，その活性はアルキルエーテル化によって一時的にマスキングされ，これによって生態系循環速度が制御された潜在的フェノール系素材とみることができる。したがって，その高度活用には生態系におけるこのリグニンの潜在機能を徐放的に活用する逐次機能制御システムが必須であり，一気にフェノール活性を高めたり，構造を単純化することは得策とは考えられない。

5.2.3 構造選択的低分子化
5.2.3.1 相分離系変換システム
（1）逐次機能変換システムの基本原理

舩岡等は，リグニン資源を一度限りの材料に誘導するのではなく，高分子から低分子まで精密に構造を制御しながらカスケード的に長期循環活用することを意図し，天然リグニンをその構成リニア型サブユニットに解放すると共に，分子内に構造変換のためのスイッチングポイント（機能変換素子）を設計，組み込み，それを活用したリグニン資源の精密機能変換・循環活用システムを開発した[13-22]。

リグニンを潜在性フェノール系高分子として長期循環活用するため，その1次構造制御ポイントとして次の2点を設定している。

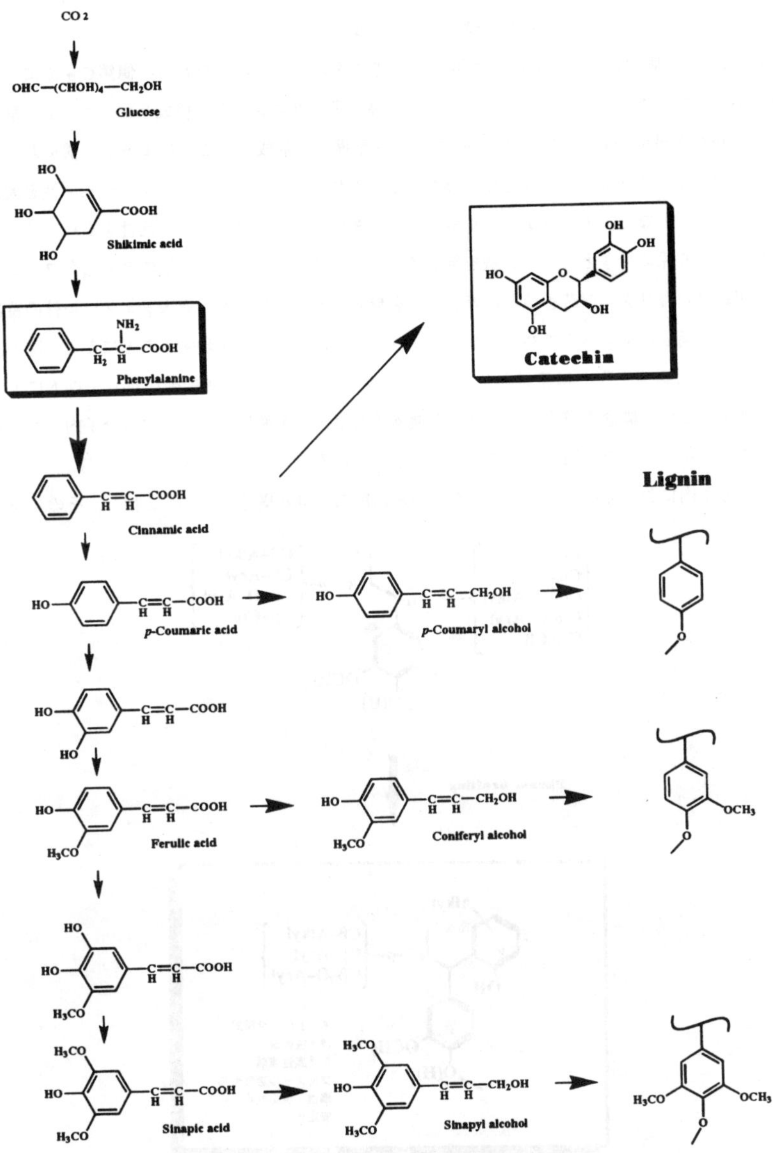

図1 リグニンの生合成ルート

1 サブユニット間結合（ベンジルアリールエーテル）の解裂によるネットワーク構造の解放
2 1,1-ビス(アリール)プロパン型構成単位の構築

1および2は側鎖Cα位の活性を活用し，同時に達成し得る。すなわち，側鎖Cα位にフェノール系化合物をグラフティングする。この時，高分子リグニンはその構成サブユニットに解放され，しかも各単位が1,1-ビス(アリール)プロパン型構造を形成することによって，構造および反応性の均一化，素材としての安定化が導かれる。これはリグニン母体のフェノール活性を大幅に変化させることなく，導入フェノール核によって総体としてのフェノール活性を高め，リグニンにフェノール系高分子としての特徴を与えることになる。さらに，Cα位に導入したフェノール核は側鎖に対しリグニン芳香核と対等な関係を形成することになり，導入フェノール核の特性はリグニンと構成単位レベルでハイブリッド化され，新たな機能が発現することになる（図2）。

さらに，舩岡等[18,20-22]は素材としての循環を意図した構造の精密制御に対し，以下に示す機能変換素子という概念を導入した。機能変換素子とは，資源循環を可能とする分子内におけるスイッチングポイントを意図し，次のように定義している。

『高分子内において，反応を選択的かつ精密に制御し得る構造ユニットを指し，その発現によ

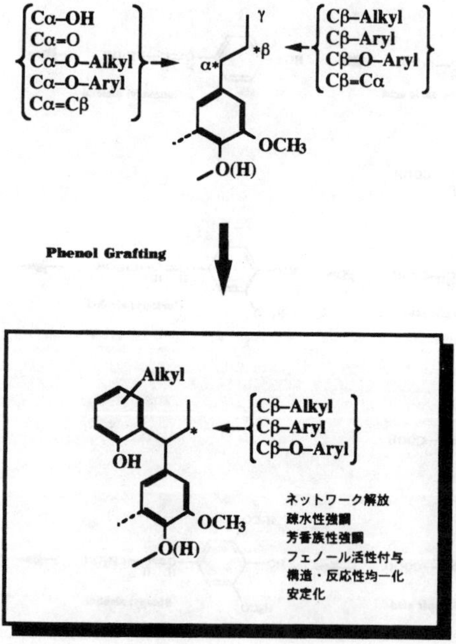

図2 天然リグニンの1次構造制御

って分子の機能が変換される。』

　天然リグニンを潜在性フェノール系高分子としてとらえ，長期間カスケード的に各種分野で活用する場合，その分子量およびフェノール活性の制御がポイントとなる。上述したように，全リグニン構成単位の約50％はCβ-O-アリールエーテル構造を介してリンクしており，これによってリグニンのフェノール活性，分子量および分子形態が制御されている。したがって，リグニン素材の機能変換を意図するとき，このリンクポイントの精密制御が鍵になる。Cβ-O-アリールエーテル結合は他種脱水素重合系結合と比べ比較的解裂し易く，さらにその隣接位（Cα位）には活性官能基が存在し，1,1-ビス(アリール)プロパン型構成単位を構築する際，導入芳香核構造は任意に制御可能である。そこでリグニン分子内に高頻度で構築可能な1,1-ビス(アリール)プロパン-2-O-アリールエーテル構造をスイッチングユニット（機能変換素子）としてとらえ，このポイントに任意に制御可能な構造を形成させることにより，リグニン系素材に構造可変機能を付与することが試みられた。すなわち，1,1-ビス(アリール)プロパン型構成単位を構築する際，Cα位にハイブリッド化するフェノール核の水酸基置換パターンを選択することにより，隣接炭素（Cβ）への求核攻撃性に差を生じさせ，それによって分子サイズおよびフェノール特性を任意に制御するシステムである（図3）。

(2) 天然リグニンの1次機能変換

　上記設計にしたがった天然リグニンの1,1-ビス(アリール)プロパン型高分子への変換を行うため，天然リグニンの選択的構造制御プロセスとして相分離系変換システムが開発された[13,20,21]。本手法のキーポイントは，リグノセルロース系複合体を形成している親水性炭水化物および疎水性リグニンに対し，それぞれ相互に混合しない環境機能媒体を設定し，異なる環境系で素材個々に精密構造変換することにある。本システムにおいて用いる環境機能媒体は，リグニンに対しフェノール誘導体，炭水化物には酸水溶液である。フェノール誘導体はリグニンの構造変換［1,1-ビス(アリール)プロパン構造構築］および溶媒としてだけでなく，酸の攻撃からリグニンを保護するバリアとして機能させる。一方，酸水溶液は炭水化物の溶媒および加水分解試薬としてのみならず，リグニン構造変換の反応触媒としても機能させる。すなわち，リグノセルロース系複合体中のリグニンをフェノール誘導体で溶媒和させた後，反応系に酸水溶液を添加する。すると反応系は2相分離系を形成し，親水性を有する炭水化物は水相にて酸の作用により膨潤・溶解され，一方疎水性リグニンは有機相に分離し，この段階で両者のIPN構造は完全に破壊される。その間，フェノール誘導体の溶媒和効果によりリグニンと酸の接触は両相の界面のみに限定され，無秩序なリグニンの2次構造変性は可及的に抑制される一方，界面での短時間の酸との接触により側鎖高活性サイト（Cα位）に選択的にフェノール誘導体が導入される。その後，系の攪拌を停止すると，両相の比重差により反応系はリグニンを含む有機相と炭水化物を溶解した水相に分離する

Switching device

1,1-Bis(aryl)propane-2-O-aryl ether unit

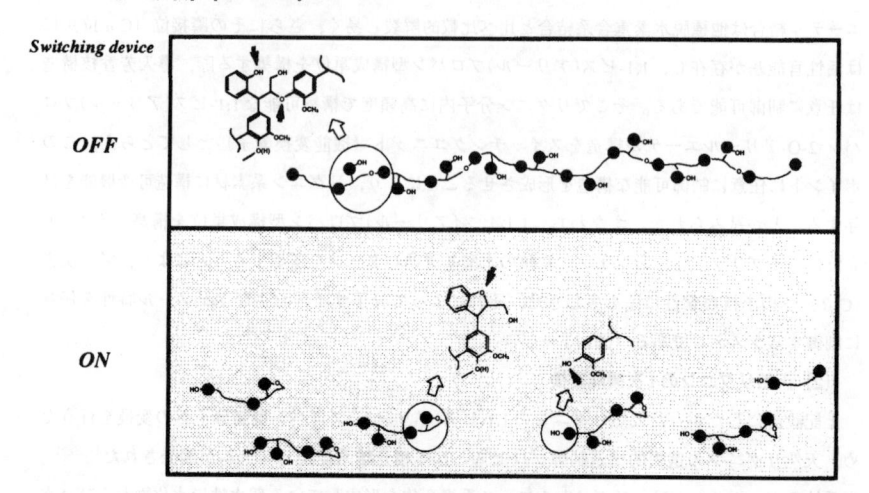

Switching device

OFF

ON

図3 天然リグニンの2次機能変換

（図4）。

上記変換反応はいずれも室温，開放系にて短時間の処理（10〜60分）で進行し，針葉樹，広葉樹，草本などいずれのリグノセルロース系複合体からも，その天然リグニンはほぼ定量的にフェノール系リグニン素材（リグノフェノール）に変換分離される。変換過程における炭水化物の膨潤・溶解によって，炭水化物からなる細胞壁フレームワーク構造が完全に解放されるため，変換分離に樹種特性は認められない。リグノフェノールは脱水素重合によって構築された天然リグニンのサブユニット構造を高度に保持しており，分子内にはフェノール誘導体が針葉樹系素材で0.6〜0.7mol/C_9，広葉樹系素材で約0.9mol/C_9ハイブリッド化されている（表1）。

(3) 天然リグニンの2次機能変換

$C\alpha$位にハイブリッド化するフェノール核水酸基を$C\beta$位に対する攻撃種すなわちスイッチング（SW）素子として活用する場合，その立体因子からリグニン結合位に対しオルト位に存在す

図4 相分離系変換システム

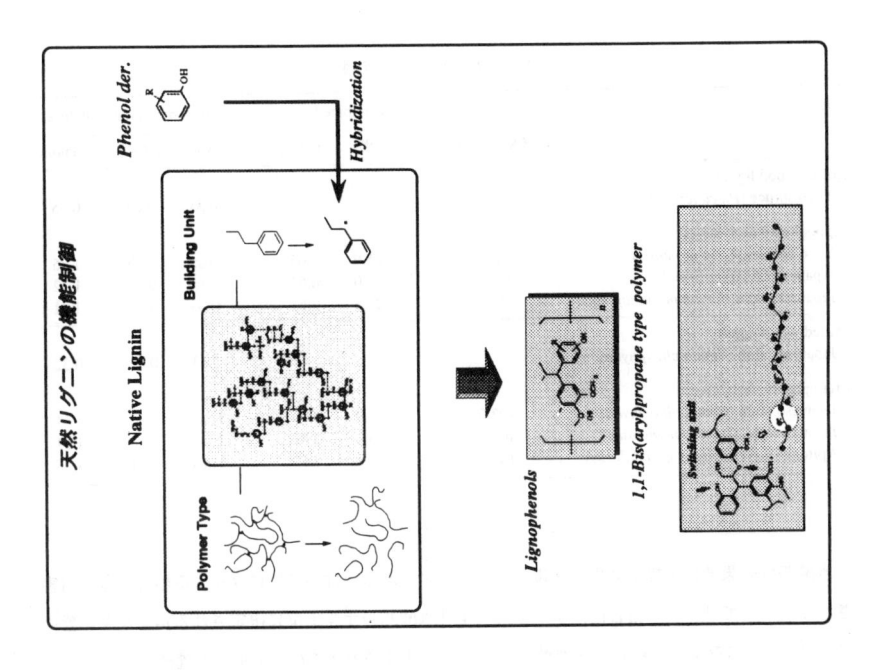

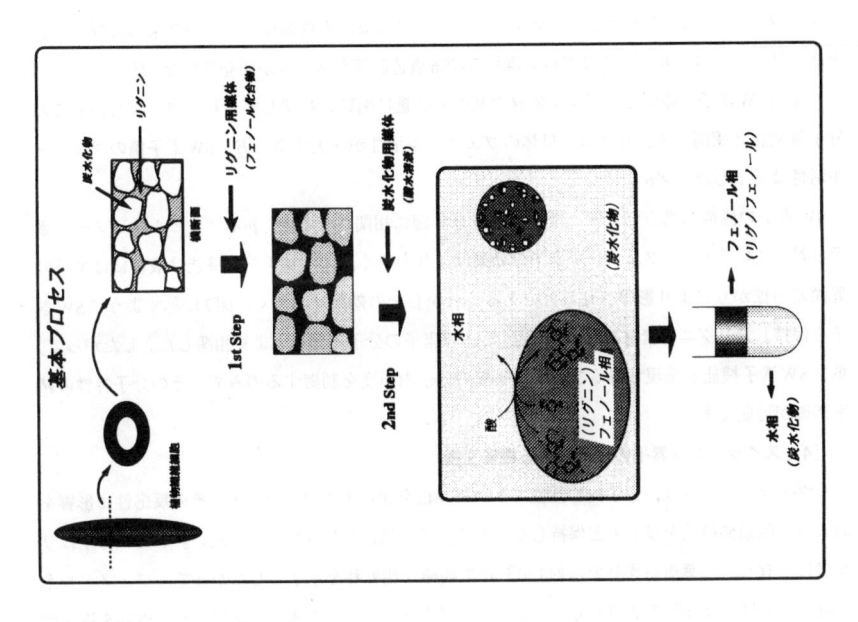

表1 リグノフェノールの性状

Species	Yield (% of Klason lignin)	Combined cresol		Hydroxyl group (mol/C_9)		
		%	mol/C_9	$C\alpha$	$C\gamma$	Phenolic
Milled wood lignin						
Yezo spruce (*Picea jezoensis*)				0.35	0.80	0.35
Lignophenol derivatives						
Yezo spruce (*Picea jezoensis*)	108.2	25.9	0.65	Trace	0.79	1.26
Japanese fir (*Abies firma*)	111.8	25.0	0.62	Trace	0.89	1.32
Japanese cedar (*Cryptomeria japonica*)	110.3	24.8	0.62	Trace	0.86	1.31
Milled wood lignin						
Japanese birch (*Betula platyphylla*)				0.53	0.82	0.32
Lignophenol derivatives						
Japanese birch (*Betula platyphylla*)	103.0	30.9	0.90	Trace	0.80	1.51
Japanese oak (*Quercus mongolica*)	109.3	26.0	0.81	Trace	0.88	1.51
Apitong (*dipterocarpus grandiflorus*)	101.6	33.2	0.92	Trace	0.91	1.58

る水酸基は効果的に隣接基効果を発現するが，メタ位あるいはパラ位に存在する場合大きく阻害される。そこでリグニン結合位置がフェノール性水酸基のオルト位に限定されるp-アルキル置換フェノールをSW素子，結合位が水酸基のパラ位に限定される2,6-ジアルキル置換フェノールをコントロール（CL）素子として，両フェノール核の隣接炭素攻撃種としての効果およびその分子内頻度コントロールによるリグニン素材の精密構造制御システムが開発された[18,22]。

分子内SW素子の頻度とリグニン素材の制御分子量は明確に相関しており（図5），しかもこの分子量変化と相関して，リグニン母体のフェノール活性が増大する一方，SW素子側のフェノール活性は低下した（図6）。

SW素子の置換基構造とスイッチング機能を詳細に相関させると，p-n-プロピルフェノール素子に対し2,4-ジメチルフェノール素子の効果はより大きく，スイッチング機能は厳密には素子の置換基の拡がりにより影響されるといえる。しかしその効果は小さく，図7に示すようにSW素子を保持したリグニン素材の制御分子量は，SW素子の分子内頻度とよく相関した。したがって，単にSW素子機能を発現し得るフェノール核の分子内頻度を制御するのみで，その分子特性の精密制御が可能である。

(4) スイッチング素子の発現による機能変換

リグノフェノールは，分子内に活性フェノール核を保持するのみならず，その反応性に影響をおよぼす側鎖共役系をほとんど保持しないため，その活性発現性は極めて高い。さらに分子はリニア性を有し，広葉樹系素材では約130℃にて明確な相転移を示す。したがって，フェノール系素材として様々な分野で活用可能であるが，分子内スイッチング素子を活用しその機能を逐次変

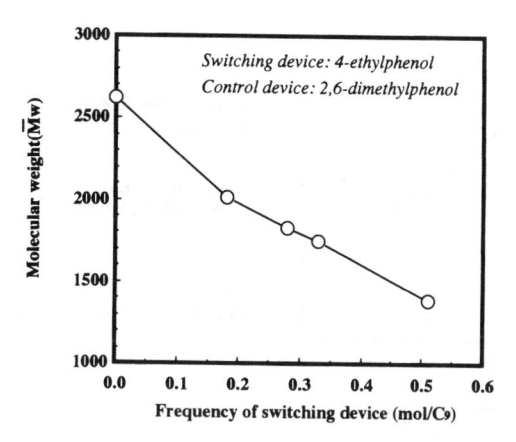

図5　分子内スイッチング素子の頻度と素材の制御分子量

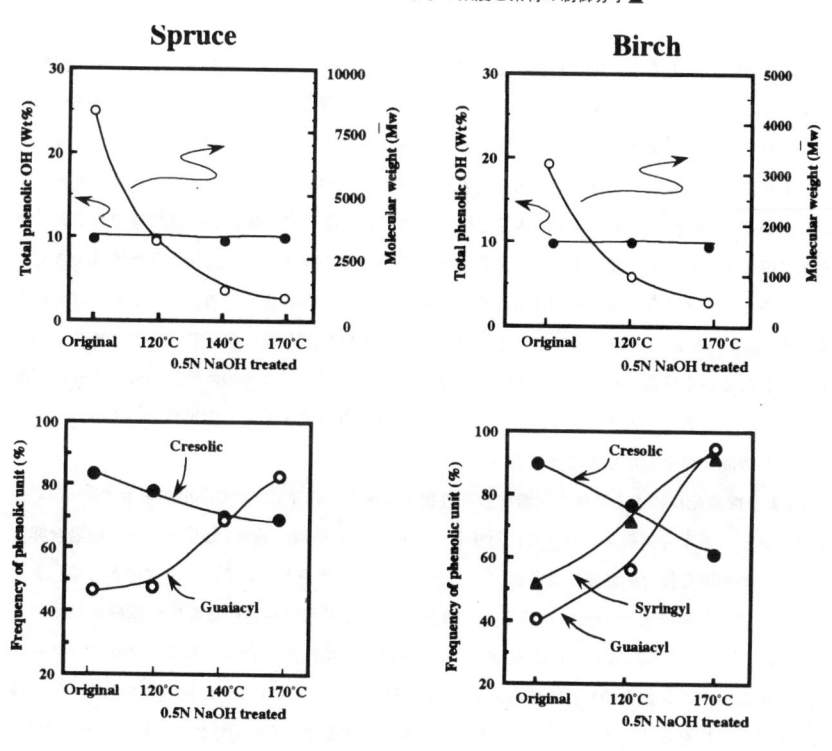

図6　分子内スイッチング機能の発現によるリグニン素材の機能変換

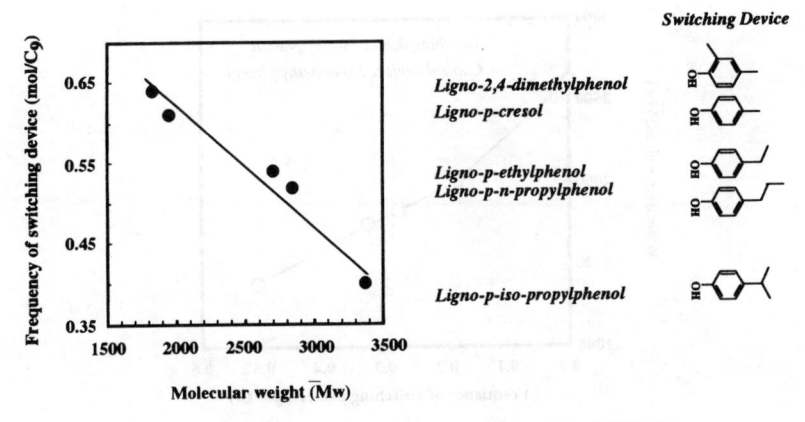

図7 分子内スイッチング素子の構造および頻度と素材の制御分子量

換することによってさらに応用範囲は広がる。すなわち，Cα位導入素子のスイッチング機能を発現させることによって，素材のフェノール活性がSW素子からリグニン芳香核へと交換され，同時に分子サイズが規制される。SW素子の隣接基効果によって機能変換された2次素材は，オリジナル素材と比較し分子サイズは大きく異なるもののそのフェノール性水酸基総量に大差はない。しかし，SW素子とリグニン母体芳香核はプロパン側鎖に対し構造的には対等であるが，水酸基に隣接するバルキーなメトキシル基の有無によってそのフェノール活性の発現性は大きく異なる。さらに，オリジナル素材の場合，素子水酸基は分子全体に広く分布しているのに対し，変換後の2次素材では分子の一端においてリグニン母体水酸基が遊離，他端では素子水酸基がエーテル化されている構造となる。したがって，個々の分子においてはその水酸基の分子内分布，配向がオリジナル素材と大きく異なり，このような構造制御は分子サイズの規制と相まって，分子に大きな機能変換をもたらすことになる。

SW素子機能発現によるリグニン素材の特性変換に関し，以下に2つの応用例を示す。

フェノール系重合体のタンパク質に対するアフィニティーは，通常1価フェノールの場合非常に低く，効果的な複合体形成には多価フェノール核が必要とされている。この理由として，タンパク質ペプチド結合とフェノール核オルト置換水酸基との水素結合の重要性が指摘されているが，1価フェノールから成る1,1-ビス(アリール)プロパン単位の重合体であるリグノフェノールが，従来のリグニン試料の5～10倍の高タンパク質吸着活性を示すことが見いだされた[21,23]。導入フェノール核をモノ-，ジ-，トリフェノールと変化させると，その活性はさらに高くなるが[24]，一方導入フェノール核頻度が同じであっても，素材のタンパク質吸着活性には明確な樹種特性が

存在した。これらの事実は，明らかにリグニン素材のタンパク質吸着活性には導入フェノール核とその分子内配向が大きく関与していることを示している。したがって，SW素子の機能を発現させ，そのフェノール活性をSW素子からリグニン母体芳香核へ交換した場合，そのタンパク質吸着活性は大きく変動すると予想される。塩基性条件下120，140℃変換処理により，量平均分子量を500程度に規整すると共に，素子水酸基とリグニン母体水酸基を交換すると，そのタンパク質吸着活性はオリジナル素材の10～20％まで明確に低下した。この値は，フェノール性水酸基を完全にブロックしたメチル化リグノクレゾールの活性とよく相関している。一方，よりドラスティックな条件下（170℃）では，リグニン母体芳香核カルバニオンあるいは$C\gamma$位水酸基が$C\beta$位を攻撃し，いったんエーテル化されたSW素子水酸基が一部再生，結果として2次素材のタンパク質吸着能は，オリジナル素材の活性をはるかに上回り，最大でオリジナルリグノクレゾールの約7倍，工業リグニン試料の約70倍に達した[22]。さらに2次素材に固定化された酵素はオリジナルリグノクレゾールの場合と同様，遊離酵素に匹敵する活性を保持しており，構造変換による酵素活性阻害作用は全く認められない。このようなオリジナル素材の吸着量を超える非常に高い活性発現は，フェノール活性の再生に加え，アリール基移動に伴う分子形態変動による吸着活性サイトの発現などが大きく関与していると考えられる。

　生分解性に乏しい石油由来のプラスチックの代替品として，3-Hydroxybutyrateからなるバイオポリエステルが注目されている。しかし，結晶性が高いため非常にもろく，材料としての活用が困難であった。これまで共重合体形成による内部可塑化，BHAやトリアセチンなどによる外部可塑化が検討されてきたが，上記逐次機能変換により天然リグニンから誘導した素材（広葉樹系リグノクレゾール2次誘導体）はこれまでの可塑剤を大きく上回り，5％の複合化でコントロールの約20倍もの可塑効果を発現，しかもバイオポリエステルの結晶性を完全にブロックしていることが示された[25,26]。しかも，使用後再度リグニン素材とバイオポリエステルに定量的に再分離可能である。長期循環資源であるリグニンと短期循環資源である生分解性バイオポリエステルとの複合材料は，リグニン資源を生態系にフィードバックする最終活用システムと位置づけられる。材料としてのリグニンの活用はここで終止符を打ち，この後は生態系機能素材として活用するシステムが好ましいといえる。

5.2.3.2　核交換反応

リグニンは生態系における際だった高耐久性の故に安定素材として一般に認識されているが，上記したように主要な単位間結合は不安定なエーテル結合であり，しかもほぼすべての構成単位はそのベンジル位が反応に対してオープンである。これは一見リグニンの高耐久性と矛盾するように見えるが，これこそリグニンが長期循環するための環境対応メカニズムとみることができる。

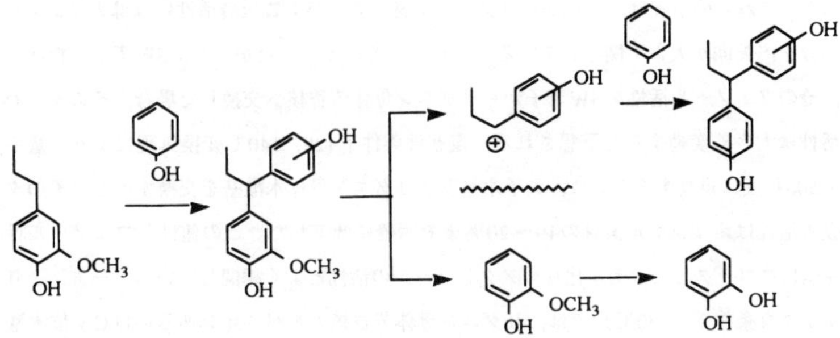

図8 核交換反応

　すなわちリグニンは外部環境の変化に対し，活性ベンジル位を中心とした構造転移を行いストレスを解放すると読むことができる。したがって，リグニンが本来有するこのメカニズムをその利用を意図した構造制御システムとして活用することは合理的である。
　三フッ化ホウ素およびフェノールの混合溶媒中でリグニンを処理すると，効率的に低分子化反応が進行し，その構成芳香核がモノマーとして遊離する[27-40]。本手法は，①リグニン側鎖C α位でのフェノールグラフティングによる1,1-ビス(アリール)プロパン型構造の形成，②リグニン芳香核の脱アルキル化反応，③メトキシル基の脱メチル化反応，からなる（図8）。リグニン芳香核の遊離を引き起こすキーステップは，②リグニン芳香核の脱アルキル化反応であり，その反応形態から本手法は核交換反応と名付けられた。
　本手法を針葉樹プロトリグニンに適用すると，非縮合型グアイアシル核のみがグアイアコール，カテコールへと定量的に変換される。広葉樹リグニンの場合には，グアイアシル核からの生成物に加え，シリンギル核がピロガロール-1,3-ジメチルエーテル，ピロガロール-1-メチルエーテルおよびピロガロールへと変換される。すなわち，グアイアシル核からの生成物（グアイアコール，カテコール）合計値およびシリンギル核からの生成物（ピロガロール-1,3-ジメチルエーテル，ピロガロール-1-メチルエーテルおよびピロガロール）合計値は，両構成芳香核の非縮合型単位を反映しており，核交換手法によってプロトリグニンの芳香核縮合度を迅速かつ簡便に定量することが可能である。

(1) 反応の選択性
　リグニン側鎖C α位にはOH基，アリールエーテル，アルキルエーテル，2重結合，カルボニル基等多様な官能基が存在するが，構成芳香核がフェノール性，非フェノール性いずれの場合でもこれらは三フッ化ホウ素—フェノール混合系にて迅速にフェノール化され，1,1-ビス(アリール)プロパン型構造が形成される。核交換法による構成芳香核の選択的遊離は，この1,1-ビス(アリ

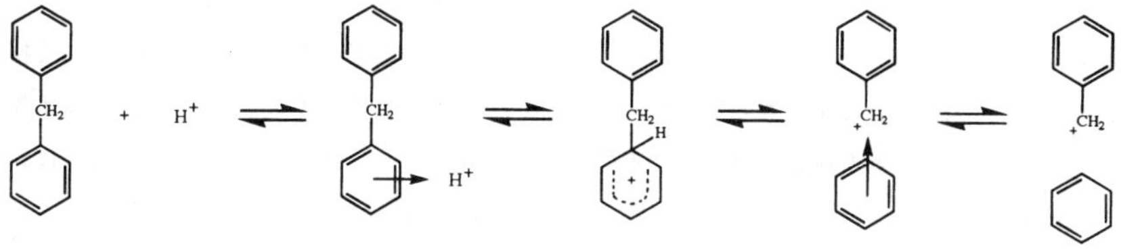

図9 ジアリールメタン型構造における芳香核の脱アルキル化

ール)プロパン型構造単位において選択的脱アルキル化反応を進行させることにあるが，そのメカニズムは以下のとおりである。

酸性条件下における芳香族化合物のアルキル化と脱アルキル化は可逆反応であり，πおよびσ錯体を経由して進行する（図9）。脱アルキル化プロセスは，生成カチオンの局在化を伴うため一般にアルキル化と比較してより厳しい条件を必要とする。一方，構成芳香核が他種芳香核と1,1-ビス(アリール)プロパン型構造を形成している場合，脱アルキル化に伴い生成するカチオンが共鳴安定化されるため，反応はより緩和な条件下で迅速に進行することになる。しかし，この場合生成したアルキルカチオンは周辺に存在するフェニル核と再縮合により安定化し，結果として分子の再配列が進行，最終的には樹脂状物質が生成することになるが，反応系に大過剰にリグニン芳香核と類似した反応性を有するモノマーフェノールを存在させた場合，生成したカチオンは自由度の高いこの芳香核と優先的に結合し，遊離したリグニン芳香核は反応系においてモノマーとして保たれることになる。

(2) 核交換手法の応用

核交換法は1,1-ビス(アリール)プロパン型構造単位における側鎖―芳香核間結合を選択的に開裂させる目的で開発されたが，本手法はリグニン芳香核の選択的遊離に限定されず，ジアリールメタン型構造単位の選択的構造解放手法として応用することができる。すなわち，ジアリールメタン型構造を有する素材あるいは反応により本構造を形成し得る素材の構成芳香核構造の解析手法として，また構成芳香核の選択的回収・利用手法として，さらにリグニン試料の低分子化と構造規整を意図した選択的構造制御システムとして様々な分野で応用が可能である[41-52]。以下にいくつかの応用例を示す。

リグニン芳香核の縮合度および構造分布は，リグニン分子の剛直性，反応性と密接に関係しており，この分子内分布頻度を定量的に把握することはリグニンを機能性素材へと変換する上で非常に重要となる。核交換法はプロトリグニンの芳香核縮合度に関する情報を迅速に与えるのみならず，単一の化学処理によって広葉樹プロトリグニンのS/G比をも与える。

樹体内の中間層領域におけるリグニンが2次壁におけるリグニンより縮合型に富むことは飯塚等によって示されている。ダグラスファー木粉2次壁および中間層に富む区分を分別し，核交換法にて解析した結果，非縮合型グアイアシル単位に対する縮合型グアイアシル単位の比は全木粉および2次壁領域に富む区分でほとんど差異は認められなかったが，中間層に富む区分では約2.5/1の比が得られた[43]。このことは，β-5, 5-5および4-O-5結合の頻度が2次壁リグニンよりも中間層リグニンでより高いこと，すなわち中間層区分のリグニン重合形態が縮合度の高いリグニン分子を導くバルク重合型であることを示している。広葉樹（Sweetgum）プロトリグニンに核交換法を適用した場合，S／G比1.56が得られた。これは固体^{13}C-NMRで得られた値とよく一致している。

選択的フェノール核破壊手法として過ヨウ素酸酸化法を核交換法と併用することによって，リグニン各構成単位におけるフェノール性水酸基の分布に関する定量的知見が得られる[9-12]。スプルースおよびアスペンにおける非縮合型グアイアシル単位のフェノール核分布はそれぞれ28％および20％とアスペンで低く，さらにシリンギル単位での分布は4％にすぎない。この値はチオアシドリシスを用いたLapierre等の結果とよく相関している。すなわち，リグニンはフェノール性高分子として分類されているが，そのフェノール活性は極めて低く，【潜在性フェノール系高分子】と呼ぶべきである。さらに，シリンギル単位の低いフェノール核分布は，シリンギル単位がリニア型に成長していること，あるいはブロック共重合ユニットとして，リグニン分子のリニア性に寄与していることを意味しており，これは広葉樹リグニンのフレキシビリティーとよく相関している。

プロトリグニンは構成単位のほとんどが活性ベンジル位を保持しており，したがって，木材を酸，アルカリで処理すると，この箇所での縮合により1,1-ビス(アリール)プロパン型構造が容易に形成される。この構造単位はリグニンの色，反応性，溶解性など，その特性に重要な影響をおよぼす。リグニン分子内に形成されたこれら構造単位は核交換法とニトロベンゼン酸化手法を併用することによってリグニンを単離することなく定量できる。

高度に縮合したリグニン（硫酸加水分解リグニン等）は構造が剛直であり，反応性に乏しくその利用は困難であるが，核交換処理することによって非縮合型およびジアリールメタン型縮合核をモノマーとして遊離させることが可能であり，遊離芳香核量は天然リグニンに近い摩砕リグニン（Milled Wood Lignin）に匹敵する。またこれに伴い分子のほとんどがエーテル可溶レベル（油状）まで低分子化され，分子特性の規整された活性フェノール系素材として様々な応用が可能になる[48]。さらに，樹皮，葉などに適用すると，レゾルシノール，フロログルシノール，カテコール，ピロガロールのようなケミカルスを取得することも可能となる[53]。

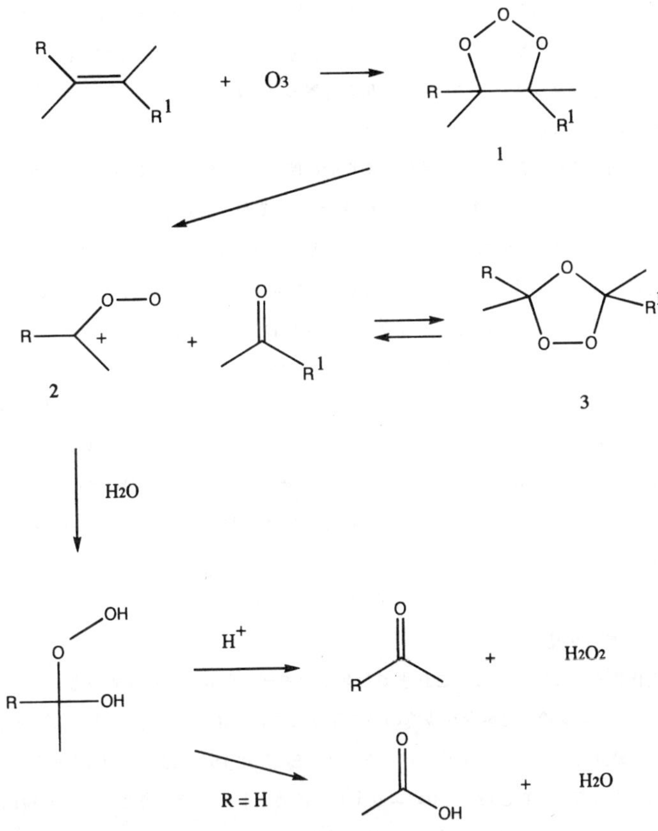

図10 オゾンによる二重結合の反応メカニズム

5.2.4 構造非選択的低分子化

5.2.4.1 オゾン酸化

　オゾンが炭素・炭素二重結合，三重結合を効果的に開裂することは古くから知られており，これまで基礎および応用の両面から様々な分野で応用されてきている。木材に適用した場合，リグニンはその反応性が非常に高く，室温での処理によってそのほとんどが低分子化合物へと分解されるが，一方炭水化物は酸化抵抗性が大きい。他のリグニン低分子化法との根本的な相違は，リグニン芳香核の開裂によりその芳香族性を消失させ，脂肪族化合物へと転換することにある。酸化反応は非常に複雑ではあるが，リグニン芳香核が完全に破壊される反面，側鎖部分は未変化のまま残存し，したがって生成する一塩基酸，二塩基酸の構造から天然リグニンの側鎖構造を評価

し得る[7]。自然界では最終的にリグニンは芳香核の開裂を受け，脂肪族化合物へと代謝されており，したがって，オゾン酸化によるフェノール系高分子リグニンの脂肪族化合物への転換とその利用は，一つの生態系システムに沿った応用と位置づけられる。

(1) 反応メカニズム

オゾンは脂肪族多重結合および芳香核を選択的に開裂し，グリコール酸，シュウ酸，ギ酸などの低分子化合物まで分解する[54]。反応機構は複雑であるが，二重結合との反応によって最初にオゾニドが生成し，さらに分解してアルデヒドあるいはケトンとカルボニル酸化物になる。カルボニル酸化物は他のカルボニル化合物と結合してオゾニドとなるか，あるいは水酸基を有する化合物と不可逆的に反応し，過酸化水素とカルボニル化合物を生じる（図10）。オゾンは親電子的特性を有するため，電子供与性置換基の存在は反応を促進するが，一方ハロゲン，カルボニルなどの電子吸引性基は反応を遅らせる。一般的にはアルケンに比べて芳香核の反応はより緩慢である。フェノールおよびフェノールエーテルはいずれもオゾンと速やかに反応するが，その速度は遊離フェノールの方がより速い。リグニンの構造とオゾン酸化速度を関連させると，スチルベン＞スチレン＞フェノール性芳香核＞ムコン酸型中間体＞非フェノール性芳香核＞α-カルボニル型芳香核となり，さらに芳香核構造では，シリンギル＞グアイアシル＞p-ヒドロキシフェニルとなる[55-58]。芳香核上で最も開裂しやすい位置はC3-C4間である[59]。

(2) オゾン酸化の応用

オゾン酸化生成物に関しては，これまで数多くのモデル実験が行われているが，松本等[7]はオリジナルなリグニン構造と酸化生成物の構造相関について詳細な解析を行い，構造解析手法としての応用を確立した。彼らはエリトロ／トレオ（E/T）比0.9／1.0のβ-O-4型モデル化合物のオゾン酸化によって，E/T比0.8／1.0のエリトロン酸とトレオン酸を得た[60]。このE/T比は反応時間に依存せず，したがって，リグニン分解生成物のE/T比を解析することによって，オリジナルリグニン側鎖のE/T比に関する知見が得られると結論した。E/T比はリグニンの低分子化速度と明確に相関しており，例えば弱酸性条件下ではβ-O-4型結合の異性化は，エリトロ体に有利に進行する[61]。さらに，塩基性パルプ化過程では，エリトロ型非フェノール性β-O-4型構造はトレオ体よりも速やかに加水分解を受ける。したがって，蒸解反応の進行と共に，パルプ中にはトレオ体が蓄積されることになる[60]。

上述したように，オゾン酸化はリグニン芳香核を選択性高く破壊し得る非常に効果的な手法である。リグニンは潜在性フェノール系高分子として樹木中に存在する。したがって，その特性を生かしカスケード的に利用する場合，当然そのフェノール活性を生かす利用システムが先行すべきであるが，最終的にその芳香族性を消失させ，脂肪族化合物として活用することは，リグニン資源の生態系循環システムを構築するためにも重要である。

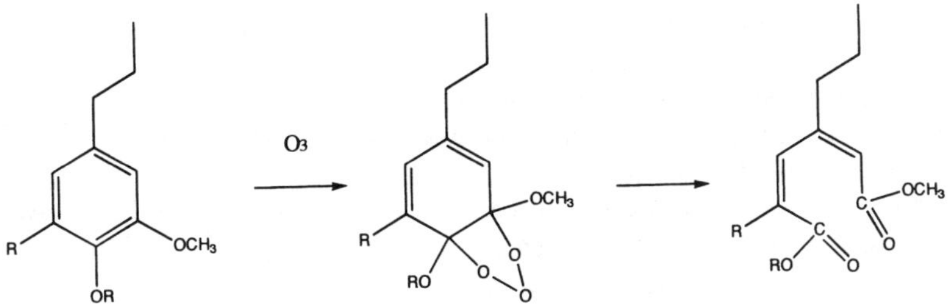

図11 オゾンによるリグニン芳香核の解裂

リグニンの特性変換とその活性発現を期待して，近年リグニンのオゾン酸化による機能変換が活発化している。富村等[62]は，軽度なリグニンのオゾン酸化によって，その芳香核が開裂し，ムコン酸型構造が生成（図11），リグニンの親水性が上昇することを利用し，ファイバーボード原料の改質を検討している。すなわち，アセチル化ファイバーをオゾン酸化し，効果的にその表面のみを親水化，接着剤とのぬれを改善することによって接着性が改善されることを認めている。

文　　献

1) H. Sandermann, Jr., D. Scheel, T.v.d. Trenck, *J. Appl. Polym. Sci., Appl. Polym. Symp.*, **37**, 407 (1983)
2) K. V. Sarkanen, C. H. Ludwig. Eds. : "Lignins : Occurrence, Formation, Structure and Reactions", Wiley-Interscience, New York (1971)
3) M. Funaoka, "Methods in Lignin Chemistry", p.369, Springer Verlag (1992)
4) M. Funaoka, I. Abe, *Tappi Journal*, **72**, 145-149 (1989)
5) G. Meshituka, T. Kondo, J. Nakano, *J. Wood Chem. Technol.*, **7**, 161 (1987)
6) C. Rolando, C. Lapierre, B. Monties, "Methods in Lignin Chemistry", p.334, Springer Verlag (1992)
7) Y. Matsumoto, A, Ishizu, J. Nakano, *Holzforschung*, **40**, Suppl. 81 (1986)
8) E. Adler, *Wood Sci. Technol.*, **11**, 169 (1977)
9) Y. Z. Lai, M. Funaoka, *Holzforschung*, **47**, 333 (1993)
10) Y. Z. Lai, M. Funaoka, *J. Wood Chem. Technol.*, **13**, 43 (1993)
11) Y. Z. Lai, M. Funaoka, "Cellulosics : Chemical, Biochemical and Material Aspects", p.291, Ellis Horwood (1993)
12) H. T. Chen, M. Funaoka, Y. Z. Lai, *Wood Sci. Technol.*, **31**, 433 (1997)

13) M. Funaoka, I. Abe, *Mokuzai Gakkaishi*, **35**, 1058 (1989)
14) M. Funaoka, S. Fukatsu, J. Matsue, K. Hamaguchi, "Cellulosics : Pulp, Fibre and Environmental Aspects", p.69, Ellis Horwood (1993)
15) 舩岡正光・深津俊輔,熱硬化性樹脂, **15**, 77 (1994)
16) M. Funaoka, M. Matsubara, N. Seki, S. Fukatsu, *Biotechnol. Bioeng.*, **46**, 545 (1995)
17) 舩岡正光,熱硬化性樹脂, **16**, 151 (1995)
18) 舩岡正光,井岡浩之,寳勝智貴,田中ゆきこ,ネットワークポリマー, **17**, 121 (1996)
19) M. Funaoka, S. Fukatsu, *Holzforschung*, **50**, 245 (1996)
20) 舩岡正光,高分子加工, **46**, 122 (1997)
21) M. Funaoka, *Polymer International*, **47**, 277 (1998)
22) 舩岡正光,高分子加工, **48**, 66 (1999)
23) M. Funaoka, H. Ioka, N. Seki, *Trans. Material Res. Soc. J.*, **20**, 163 (1996)
24) N. Seki, M. Funaoka, Proc. the Fourth International Conference on Ecomaterials, 655 (1999)
25) 舩岡正光,特願平11-243543 (1999)
26) 舩岡正光,コンバーテック, No.4, 2 (2000)
27) 舩岡正光,阿部勲,木材学会誌, **24**, 256 (1978)
28) M. Funaoka, I. Abe, *Mokuzai Gakkaishi*, **24**, 892 (1978)
29) M. Funaoka, I. Abe, *Mokuzai Gakkaishi*, **26**, 334 (1980)
30) M. Funaoka, I. Abe, *Mokuzai Gakkaishi*, **26**, 342 (1980)
31) 舩岡正光,阿部勲,木材学会誌, **28**, 522 (1982)
32) 舩岡正光,阿部勲,木材学会誌, **28**, 529 (1982)
33) 舩岡正光,阿部勲,木材学会誌, **28**, 627 (1982)
34) 舩岡正光,阿部勲,木材学会誌, **28**, 635 (1982)
35) 舩岡正光,阿部勲,木材学会誌, **28**, 705 (1982)
36) 舩岡正光,阿部勲,木材学会誌, **28**, 718 (1982)
37) 舩岡正光,阿部勲,木材学会誌, **29**, 781 (1983)
38) 舩岡正光,阿部勲,木材学会誌, **30**, 68 (1984)
39) M. Funaoka, I. Abe, *Mokuzai Gakkaishi*, **31**, 671 (1985)
40) M. Funaoka, I. Abe, *Wood Sci. Technol.*, **21**, 261 (1987)
41) M. Funaoka, I. Abe, *Holzforschung*, **39**, 223 (1985)
42) V. L. Chiang, M. Funaoka, *Holzforschung*, **42**, 385 (1988)
43) M. Funaoka, V. L. Chiang, D. D. Stokke, *J. Wood Chem. Technol.*, **9**, 61 (1989)
44) M. Funaoka, "Wood Processing and Utilization", p.43, Ellis Horwood (1989)
45) V. L Chiang, M. Funaoka, *Holzforschung*, **44**, 147 (1990)
46) V. L Chiang, M. Funaoka, *Holzforschung*, **44**, 309 (1990)
47) M. Funaoka, T. Kako, I. Abe, *Wood Sci. Technol.*, **24**, 277 (1990)
48) M. Funaoka, M. Shibata, I Abe, *Holzforschung*, **44**, 357 (1990)
49) H. T. Chen, M. Ghazy, M. Funaoka, Y. Z. Lai, *Cellulose Chem. Technol.*, **28**, 47 (1994)
50) H. T. Chen, M. Funaoka, Y. Z. Lai, *Holzforschung*, **48**, 140 (1994)
51) Y. Z. Lai, M. Funaoka, H. T. Chen, *Holzforschung* **48**, 355 (1994)
52) H. T. Chen, M. Funaoka, Y. Z. Lai, *Holzforschung*, **52**, 635 (1998)

53) 阿部勲, 舩岡正光, 児玉亮, 木材学会誌, **33**, 582 (1987)
54) P.S. Bailey, "Ozonation in organic chemistry", p.272, Academic Press, New York (1978)
55) H. Kaneko, S. Hosoya, K. Iiyama, J. Nakano, *J. Wood Chem. Technol.*, **3**, 399 (1983)
56) T. Eriksson, J. Gierer, *J. Wood Chem Technol.*, **5**, 53 (1985)
57) M. Tanahashi, F. Nakatsubo, T. Higuchi, *Wood Research*, **58**, 1 (1975)
58) J. P. Haluk, M. Metche, *Cellul. Chem. Technol.*, **20**, 31 (1986)
59) K. Kratzl, P. Claus, G. Reichel, *Tappi*, **59**, 86 (1976)
60) H. Taneda, N. Habu, J. Nakano, *Holzforschung*, **43**, 187 (1989)
61) E.Adler, S. Delin, G. E. Miksche, *Acta Chem. Scand.*, **20**, 1035 (1966)
62) 富村洋一, 高田渉太郎, 真柄謙吾, 細谷修治, 松田敏誉, 木材学会誌, **40**, 656 (1994)

5.3 高分子リグニンの機能性化

5.3.1 はじめに
安田征市*

　リグニンは木材などの木質系材料の主要な構成成分であり，フェニルプロパン単位を基本骨格とする芳香族天然高分子物質である。合成高分子と異なり，繰り返し単位をもたない化学構造，分子量の不均一性や基本骨格間の結合様式の多様性の大きい点が特徴的である。リグニン原料としては通常のパルプ化法で得られるクラフトリグニンやサルファイトリグニンに加えて木材加水分解工業で副成する酸加水分解リグニン，オルガノソルブパルプ化法で生じるオルガノソルブリグニンおよび蒸煮・爆砕リグニンなどがあり，それぞれに構造的な特徴を有している。

　硫酸塩法パルプ化の副産物であるクラフトリグニン（チオリグニン）(KL)はアリールグリセロール-β-アリールエーテル構造の側鎖α位をクラフト蒸解液中の活性種であるメルカプト（-SH）基の攻撃を受け，次いでイオウの脱離と縮合反応を受けるためにフェノール性水酸基は増加するが，側鎖に結合酸素が少なくメチレン炭素の多いリグニン[1]である。生産量は少ないが，サルファイト蒸解で得られるサルファイトリグニン（リグノスルホン酸）(SL)は主に側鎖ベンジル位にスルホン酸基を有する水溶性のアニオン性高分子電解質である。良く知られているように，優れた分散性と粘結性を有し，セメント分散剤や造粒剤などに広く利用されている。今後の発展が期待されるオルガノソルブパルプ化では，溶媒（および触媒）としてアルコール類，酢酸エチル，酢酸を主とする低分子有機酸，フェノール類，エタノールアミンなどを用い，これに10〜50％の水と必要に応じて少量の触媒を添加して蒸解することにより生成される。前述のKLやSLに比べると，縮合反応などのようなリグニンを不活性化するような反応を受ける程度が低く，解重合が進行して分子量1000〜6000の反応性の高いリグニンである。

　酸加水分解リグニンは木材の酸触媒による加水分解で残渣として得られる物質であり，酸の種類や反応温度によりリグニンの性質が異なる。触媒酸として硫酸と塩酸が用いられ，濃塩酸では比較的変質は少ないが，濃硫酸では縮合反応[2]が主要な反応となる。希薄・高温下におけるリグニンの反応について詳細な研究報告はないが，縮合反応，加水分解やラジカル反応が重要であろう。したがって，酸リグニンは炭素─炭素結合の多い構造を有していると考えられる。蒸煮・爆砕リグニンは高温（180〜250℃）・高圧の水または水蒸気で処理されているので，ヘミセルロース中のアセチル基由来の酢酸が触媒として作用する加水分解[3]，ホモリシス[4]，縮合反応などを受けており，全体として低分子化が進み溶解性が高い。

　SLを除外すれば，いずれのリグニンも反応性に富む官能基はフェノール性およびアルコー

＊ Seiichi Yasuda 　名古屋大学大学院生命農学研究科　森林化学研究室　教授

性水酸基と芳香核に過ぎない。したがって，種々のリグニンを機能性物質に変換するためにはこれらの官能基を利用することになろう。これまでにリグニンから多くの有用な物質が調製されているが，ここではプラスチック，ポリウレタン，樹脂（エポキシ樹脂など）などの一般的なポリマーは除き，機能性を有するリグニンについての最近の研究を紹介する。

5.3.2 グラフト共重合物

　リグニンにモノマーをグラフト重合することにより改質や機能性を付与する研究が多数報告されている。グラフト化にはラジカル重合とイオン重合の二種類があり，前者はスチレン，メチルメタクリレート，アクリルアミド，アクリロニトリルなどを紫外線などの照射か後述するような化学的な方法でラジカルを生成させて行い，後者は酸やアルカリ触媒のもとにフェノール性あるいはアルコール性水酸基にアルキルオキシドやイソシアネートを反応させることにより行う。ここでは化学的なラジカル反応の一例と新たなグラフト化法としてのプラズマを利用した例をあげるに止める。

　リグニンのフェノール性水酸基のナトリウム塩と塩化アクリロイルを反応させてエステル結合を有するアクリル酸リグニンとし，次いでAIBN（α,α-アゾビスイソブチロニトリル）を開始剤として4-ビニルピリジンをラジカル重合させてリグニン-PVPとする。最後にヨウ化メチルを作用させることにより目的とするイオン型の共重合体を調製[5]している。その反応を図1に示した。この共重合体は溶液中の金およびパラジウムイオンを吸着する性質がある。

　シロキサン結合（Si-O 結合）をもつ物質としてシリコーンゴムやシリコーン油などが知られているが，プラズマ反応を用いてリグニン固体の表面にポリシロキサン構造をグラフト化する方法が報告[6]されている。図2に示したように，クラフトリグニンにトリクロロシランのプラズマガスをラジカル的に作用させてトリクロロシラン基を導入し，次いで部分加水分解により活性化した後，アルカリ触媒のもとにジメチルジクロロシラン（DDS）をグラフト化しポリシロキサン基をもつ物質に変換する。プラズマエネルギーによるラジカル反応とイオン反応を組み合わせた新たなグラフト化である。

$$\text{Lignin-OH} \xrightarrow{a)} \text{Lignin-OCOCH=CH}_2 \xrightarrow{b)}$$

$$\text{Lignin-OCOCH=CH}_2\text{-}[\text{-CH—CHAr-}]_n\text{H} \quad (\text{Lignin-PVP})$$

$$\xrightarrow{c)} \text{共重合物} (|\equiv \text{N}^+\text{CH}_3, \text{I}^-)$$

a) ClCOCH=CH$_2$, b) 4-ビニルピリジン- AIBN, c) ヨウ化メチル
Ar = 4-ピリジル (4-pyridyl)

図1　リグニン共重合物の調製経路

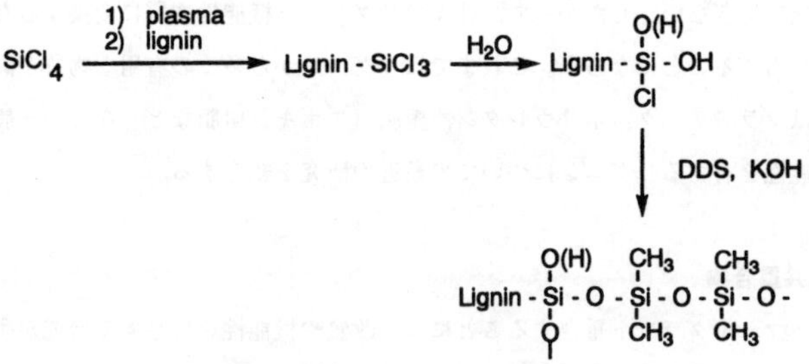

$$SiCl_4 \xrightarrow[\text{2) lignin}]{\text{1) plasma}} \text{Lignin - SiCl}_3 \xrightarrow{H_2O} \text{Lignin - Si - OH}$$

(with Cl and O(H) substituents)

↓ DDS, KOH

Lignin - Si - O - Si - O - Si - O -
(with O(H), CH₃, CH₃ substituents)

図2　リグニンのポリシロキサン単位のグラフト化反応

5.3.3 凝集剤

クラフトリグニンより凝集剤[7]が調製されている。アルカリ溶液中でグリシジルトリメチルアンモニウムクロリド（glycidyltrimethylammoniumchloride）と反応させるとカチオン性凝集剤（Lignin-OCH$_2$CHOHCH$_2$N$^+$(CH$_3$)$_3$Cl$^-$）が得られる。この反応（図3）はリグニン構造のフェノール性水酸基アニオン（リグニン-O$^-$）によるグリシジル単位中のオキシラン環の開環反応である。生成物の回収は限外濾過（Daiflo UM2，排除限界1000MW）か微粉末のエタノールスラリーとして行う。リグニン1g当たり全7.2ミリモル（mmol）水酸基のうち3.0〜4.4mmolの水酸基が反応すると，生成物は完全に水可溶となり，また凝集剤として最も効果的に作用する。窒素含量3.4％の生成物のシリカに対する凝集能は市販の凝集剤（Praestol 411K）に匹敵する性能を有する。

5.3.4 イオン交換樹脂

これまでに酸加水分解リグニンから多くのイオン交換樹脂が調製されている。成書[8,9]を参照願いたい。

そもそもリグニンはフェノール性水酸基を有しているのである程度のイオン交換能[10]がある。また，KLの表面は負に電荷していることも知られている。KL粉末の金属イオン吸着能を測定[10]すると，リグニン1g当たり3価クロム（460〜910 μ g/ml）では82％，亜鉛（207 μ g/ml）では

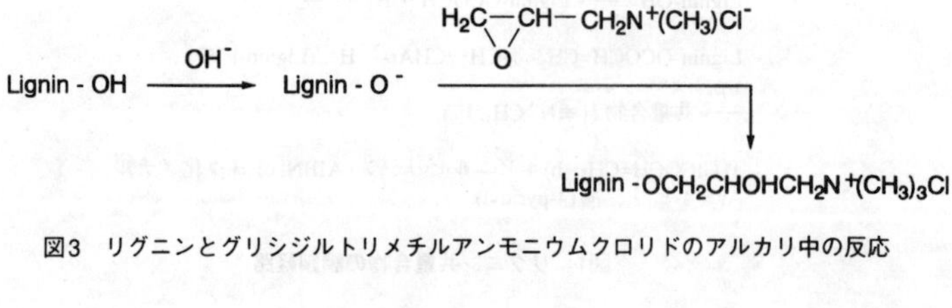

$$\text{Lignin - OH} \xrightarrow{OH^-} \text{Lignin - O}^- \xrightarrow{H_2C-CH-CH_2N^+(CH_3)_3Cl^-} \text{Lignin -OCH}_2\text{CHOHCH}_2{}^+\text{N(CH}_3)_3\text{Cl}^-$$

図3　リグニンとグリシジルトリメチルアンモニウムクロリドのアルカリ中の反応

91％，鉛（163μg/ml）では97％を吸着するこが明らかになった。ただし，6価クロムでは数％に過ぎない。リグニンに吸着された金属イオンは酸により容易に，且つ高濃度で脱離可能である。金属イオンの酸溶液をアルカリ性にすると金属が回収され，またイオン交換体はアルカリ処理により再生される。これらの反応をまとめると以下のようになる。

$$2R\text{-}Na + M^{2+} \rightarrow R_2M + 2Na \quad （吸着）$$
$$R_2M + 2H^+ \rightarrow 2R\text{-}H + M^{2+} \quad （脱離）$$
$$R\text{-}H + NaOH \rightarrow R\text{-}Na + H_2O \quad （再生）$$

なお，ここでR-Naはリグニン-O-Na（フェノール性水酸基）を，Mは金属を表わす。カテコール核をもつリグニンモデル化合物[11]では3価鉄に対する吸着性が高いという特徴をもつ。

マンニッヒ反応は陰イオン交換樹脂の調製にも用いられるが，同反応を利用して弱酸性陽イオン交換樹脂が調製されている。マンニッヒ反応はホルムアルデヒドを用いたアルカリ触媒によるメチロール化で始まるので，フェノール性水酸基のオルト位に官能基が導入される。Breznyら[12]は針葉樹オルガノソルブリグニン（OSL）および市販の針葉樹KL（CKL）のリグニン試料をO-カルボキシメチル化してカルボキシメチル化リグニン（CM-OSLおよびCM-CKL）を調製するとともに，グリシン（Gly）およびイミノ二酢酸（IDA）とのマンニッヒ反応によりそれぞれの誘導体（Gly-OSL,Gly-CKLおよびIDA-OSL,IDA-CKL）を得ている。さらにGlyリグニンのO-カルボメチル化（Gly-CM）も行っている。それぞれの化学構造を図4に示し，樹脂のカルボキシメ

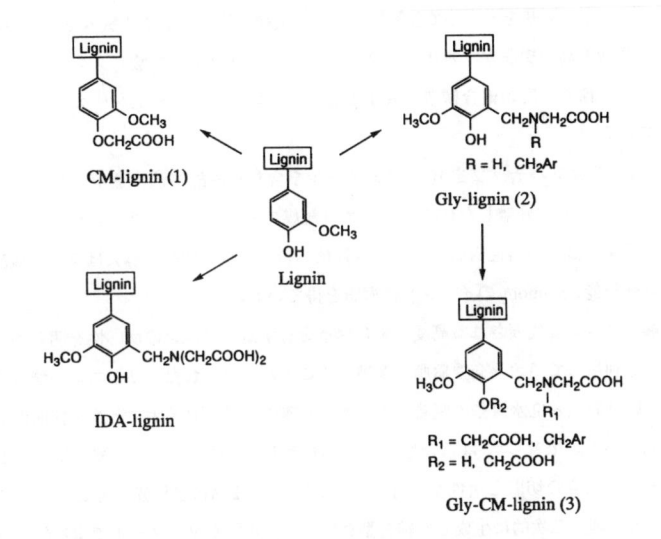

図4 マンニッヒ反応を用いた各種イオン交換樹脂の調製

表1 弱酸性陽イオン交換樹脂の性質と交換能 (mmol/g)

リグニン	CH_2COOH 量 (mmol/g)	Cu^{2+}		Cd^{2+}		Zn^{2+}	
		mmol/g	Me^{2+}/COOH	mmol/g	Me^{2+}/COOH	mmol/g	Me^{2+}/COOH
OSL	-	0	-	0	-	0.026	-
CKL	-	0.03	-	0.043	-	0.048	-
CM-OSL	2.80	0.209	0.075	0.189	0.068	0.215	0.077
CM-CKL	3.00	0.248	0.082	0.203	0.068	0.215	0.072
Gly-OSL	1.24	0.248	0.2	0.096	0.077	0.115	0.093
Gly-CKL	1.27	0.241	0.19	0.093	0.073	0.109	0.086
Gly-CM-OSL	2.44	0.423	0.173	0.262	0.107	0.313	0.128
Gly-CM-CKL	2.63	0.466	0.177	0.258	0.098	0.323	0.123
IDA-OSL	2.02	0.467	0.231	0.254	0.126	0.357	0.177
IDA-CKL	2.16	0.488	0.226	0.265	0.123	0.386	0.179

チル基量とイオン交換能（capacity）を表1にまとめた。リグニン試料それ自体のイオン交換能は低いが，カルボキシル基を導入した樹脂では最大で0.5mmol/gの交換能を有する。交換基のカルボキシル基にはフェノール性水酸基に結合したO-カルボキシメチル基と芳香核に結合したN-カルボキシメチル基があるが，それらのイオンに対する吸着性が異なり，前者のカルボキシル基ではイオンに対する選択性はないが，後者のカルボキシル基ではCu＞Zn＞Cdの順で大きい。

リグニンにスルホン酸基を導入して強酸性陽イオン交換樹脂を調製する試みは古くから行われているが，交換能の高い樹脂がソルボリシスリグニンの一種である酢酸リグニン（AL）と加水分解リグニンの一種で高度の縮合構造を有する硫酸リグニン（クラーソンリグニン）（SAL）から調製されている。

佐野ら[13]はシラカンバチップを10％フェノールを含む常圧酢酸法で蒸解してフェノール化AL（PAL）とし，次いで分離したPALをアルカリ触媒のもとにホルマリンと反応させてメチロール化と樹脂化を行って不溶性樹脂を得た。芳香核へのスルホン酸基の導入はクロロ硫酸により行い，イオン交換能2.3mmol/gのイオン交換樹脂を得ている。

酸加水分解リグニンで代表される高度の縮合構造を有するリグニンの反応性を明らかにするとともに，それを利用してイオン交換樹脂へ変換することが試みられた。リグニンの酸性条件下における縮合反応は側鎖α位水酸基の脱離によって生じるベンジルカチオンと芳香核間の炭素―炭素結合の形成である。筆者ら[14]は縮合型リグニンモデル化合物を用いて，縮合反応により形成された炭素―炭素結合の切断と活性基の付与を目的として72％硫酸触媒のもとにフェノールで処理すると，酸処理で二次的に生成した縮合型グアイアシル核がフェノールで選択的に置換されることを見出した。この反応を応用して，高度の縮合構造を有するリグニンとしてSALを選び，

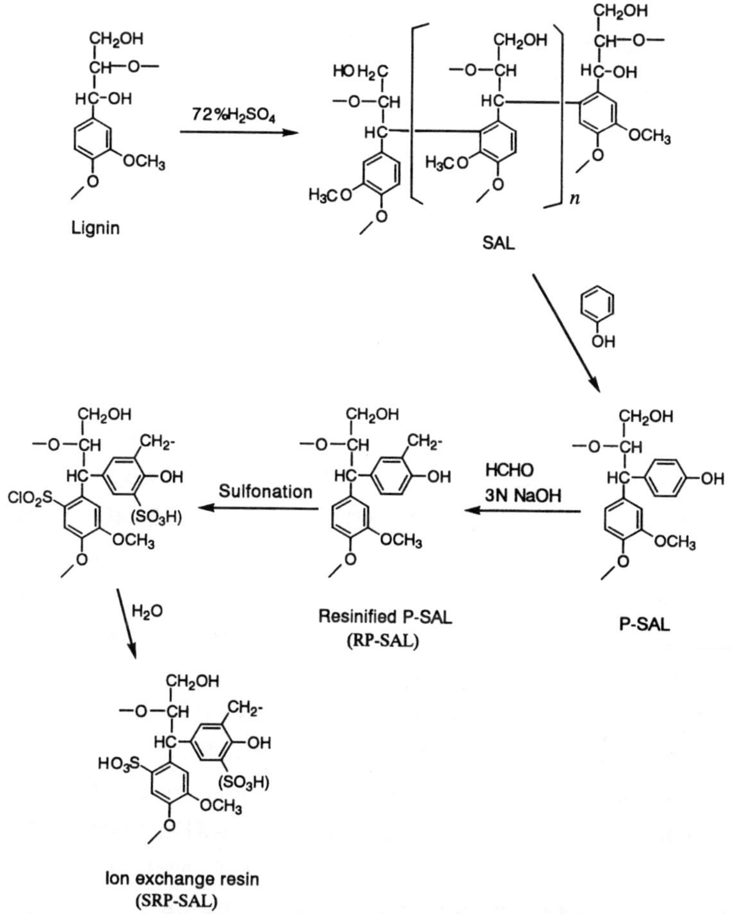

図5 硫酸リグニン(SAL)より強酸性陽イオン交換樹脂の調製

　図5に示したように同触媒によりフェノール化[15)]を行ってフェノール化SAL（P-SAL）を得た。フェノール化で使われる72％硫酸はリグニンの1/3量（重量比）で充分である。縮合反応で生成した縮合型芳香核がフェノールで置換されるので，結果的にはプロトリグニンのフェノール化物と同じ生成物を与えることになる。P-SALはリグニンC_9単位当たりほぼ1個のフェノール単位を有している。次いで，高分子化するためにアルカリ条件下でホルマリンを用いてメチロール化と樹脂（RP-SAL）化を行い，最後にクロロ硫酸によるスルホン化（sulfonation）で目的とするイオン交換樹脂（SRP-SAL）を調製[16,17)]した。架橋構造の形成には主にパラ-ヒドロキシフェニル核

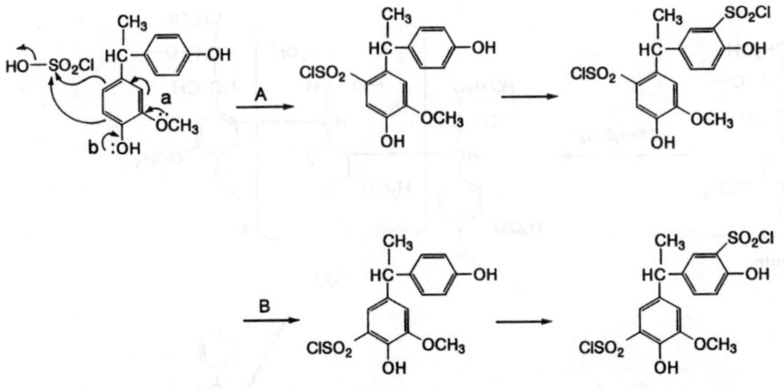

図6 クロロ硫酸によるスルホン化の反応機構

が関与しているものと考えられる。生成物の回収はいずれの反応においても水洗で行われる。導入されたスルホン酸基の芳香核上の位置についての情報を得るために，芳香核を中心にした簡単なリグニンモデル化合物を用いてその反応性を検討[18]し，図6に示した反応機構のように主にメトキシル基のパラ位（グアイアシル核の6位）に入ることを明らかにした（経路A）。その他に，グアイアシル核の5位（経路B）やパラ-ヒドロキシフェニル核にも導入される。調製したSRP-SALは3.2meq/gのイオン交換能を有し，市販のフェノール型樹脂（2～3meq/g）とスチレン型樹脂（4～5meq/g）の中程度のイオン交換能をもっている。SALそのものに架橋構造をほどこすためのホルマリン処理をすることなく調製した樹脂のイオン交換能は2.3meq/gでフェノール型樹脂としての性能を有するが，ごくわずかではあるがアルカリに溶解した。

上記のように，反応性や溶解性に乏しいリグニンのフェノール化により活性を付与する方法はリグニンの機能性物質や有機工業原料への変換に有用であろう。木質材料に濃硫酸水溶液中でフェノール，カテコールやレゾルシノールなどのフェノール類を作用（相分離プロセス）させて得られるリグノフェノール誘導体[19]はすぐれたタンパク質吸着能を有することが明らかにされている。

5.3.5 界面活性剤

界面活性剤については成書[20]も参照願いたい。

良く知られているように，リグニンから製造されている最も代表的な界面活性剤はリグノスルホン酸（SL）であり，多様な機能[21]を有することが知られている。SLはサルファイトパルプ化過程の副産物であるが，近年のサルファイト蒸解法の衰退によりその供給が懸念されている。新たなSL調製法を紹介する。

工業SLは主に側鎖α位にスルホン酸基を有しているが，斎藤ら[22-24]により芳香核に亜硫酸塩・酸化剤系を用いて直接導入するラジカルスルホン化が開発された。クラフトリグニン，クラーソンリグニン，蒸煮・爆砕リグニン，酸加水分解リグニン等のリグニン試料とともに亜硫酸塩，アルカリ水溶液，酸素（3気圧）を反応容器に入れ低温（室温〜70℃）で処理すると，高収率で可溶性スルホン化リグニン（RSL）が得られる。生成物は透析により分離される。図示した反応機構[23]（図7）のように，この反応は活性酸素種（oxidant）によるラジカル反応であり，スルホン酸基はフェノール性水酸基のオルト位に導入されることが特徴的である。クラフトリグニンからのRSL[22]はSLに類似した界面活性作用を有することが明らかにされている。他方，スルホン化剤の関与しないアルカリ性酸素酸化処理リグニン（OL）[25]も調製されている。

土壌中の腐植酸やフミン酸は酸性基をもつ高分子物質であり，無機分の保持やアルミニウムイオン・鉄イオンとの錯体形成に関わると考えられている。他方，土壌の酸性化に伴って生じてくるアルミニウムイオンは植物の生育障害を引き起こすが，土壌中の腐植酸がその毒性を低下[26]することが知られている。斎藤ら[27]はこれらの点に着目してクラフトリグニンから調製したRSLのアルミニウムイオンに対する土壌改良剤としての性能を詳細に検討している。その結果，ゲルパーミエーションクロマトグラフィー測定によりRSLがpH4.0〜pH5.6領域でアルミニウムイオンとの間に何らかの結合を形成し，このことから土壌中のアルミニウムイオンに対し封鎖能力を期待できることを見出した。さらに，ハツカダイコンを使ってRSL根の生長量を中性子ラジオグラフィー法や格子法を用いて測定し，RSLがpH4.0〜pH5.6領域でアルミニウムイオンによる生育障害の削除と生育促進作用もあることを明らかにした。リグニン試料としてのOLや広葉樹SLについても同様に検討[28,29]し，RSLやOLはSLに比べて効果が高いことやOLはpH4.5〜pH4.8でアルミニウムイオンを除去することを明らかにするとともに，作用機構としてフェノー

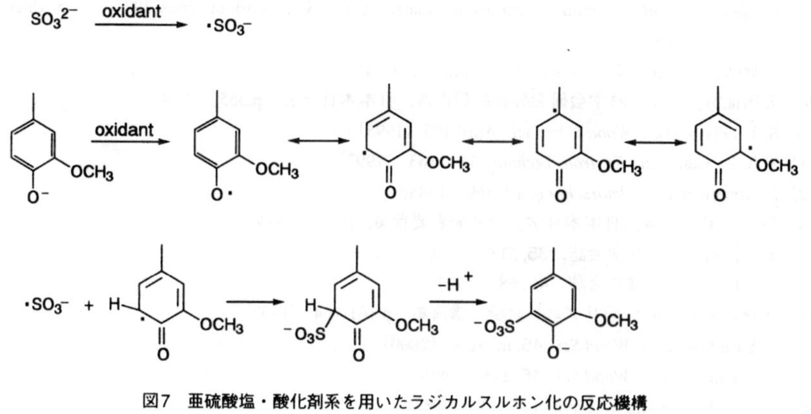

図7 亜硫酸塩・酸化剤系を用いたラジカルスルホン化の反応機構

ル性水酸基に対しスルホン酸基や酸化により生じる酸性基が隣接する構造を有することが重要であると推側している。

　もう一つの筆者ら[15]によるSL調整法は硫酸リグニン（クラーソンリグニン）（SAL）からの誘導である。SALのフェノール化で得られるP-SALにアルカリ中ホルマリンを作用させてフェノール性水酸基のオルト位にヒドロキシメチル基（HP-SAL）を入れる。次いで中性サルファイト蒸煮をすると，定量的にその水酸基がスルホン酸基で置換された可溶性リグノスルホン酸誘導体（SHP-SAL）を与える。SHP-SALのC_9-C_6当たりのスルホン酸基は0.76でSLの0.4の約2倍であるが，SHP-SALの分子量はSLに比べてわずかに増加しているに過ぎない。他方，P-SALをクロロ硫酸を用いて芳香核のスルホン化を行うと，定量的に可溶性のリグノスルホン酸誘導体[18]（SP-SAL）が得られる。スルホン酸基量はC_9-C_6当たり2.0に達する。いずれのスルホン化リグニンもSPに類似した界面活性作用を有するものと期待される。

文　　献

1) G.Gellerstedt et al., *Acta Chem. Scand.*, **B41**, 541 （1987）
2) 安田征市ら，木材学会誌，**29**, 795 （1983）
3) K.Sudo et al., *Holzforschung*, **39**, 281 （1985）
4) 棚橋光彦ら，木材学会誌，**36**, 380 （1990）
5) V. Bojanic et al., *Hem. Ind.*, **52**, 290 （1998）（*Chem.Abst.*, 129:332305g）
6) G.Toriz et al., "Lignin: historical, biological, and materials perspectives （ACS symposium series 742）", Am. Chem. Soc., p.367 （1999）
7) E.Pulkkinen et al., "Lignin. properties and materials （ACS symposium series 397）", Am. Chem. Soc., p.284 （1988）
8) 中野準三，リグニンの科学，ユニ出版，p.394 （1978）
9) 安田征市，日本木材学会研究分科会報告書，日本木材学会，p.355 （1989）
10) S. T. Lebow et al., *Wood Fiber Sci.*, April 105 （1995）
11) S. B. Lalvani et al., *Environ. Technol.*, **18**, 1163 （1997）
12) R. Brezny et al., *Holzforschung*, **42**, 369 （1988）
13) 佐野嘉拓，第44回日本木材学会研究発表要旨集，p.59 （1994）
14) 安田征市ら，木材学会誌，**35**, 513 （1989）
15) 安田征市ら，木材学会誌，**43**, 68 （1997）
16) 浅野教子ら，第43回リグニン討論会講演集，p.161-164 （1998）
17) S. Yasuda et al., *J. Wood Sci.*, **46**, in press （2000）
18) S. Yasuda et al., *J. Wood Sci.*, **45**, 245 （1999）
19) 舩岡正光, *Cellulose Commun.*, **5**, 13 （1998）

20) 飯塚堯介, 木質新素材ハンドブック（木質新素材ハンドブック編集委員会編), 技報堂出版, p.688 (1996)
21) J. D. Gargulak *et al.*, "Lignin: historical, biological, and materials perspectives (ACS symposium series 742)", Am. Chem. Soc., p.304 (1999)
22) 渡辺正介ら, 木材学会誌, **36**, 876 (1990)
23) 渡辺正介ら, 木材学会誌, **38**, 173 (1992)
24) 渡辺正介ら, 木材学会誌, **39**, 1062 (1993)
25) 斎藤京子ら, 日本木材学会40周年記念大会研究発表要旨集, p.601 (1995)
26) 和田信一郎, 最新土壌学, 朝倉書店, p.73 (1997)
27) 斎藤京子ら, 木材学会誌, **43**, 669 (1997)
28) 斎藤京子ら, 第41回リグニン討論会講演集, p.185 (1996)
29) 斎藤京子ら, 第44回リグニン討論会講演集, p.117 (1999)

5.4 リグニンの樹脂化

小野拡邦*

5.4.1 はじめに

リグニンを化学変性し新規な特性を持つ高分子材料を作り出そうとする試みは古くから行われてきたが，(1) 天然物に由来するリグニン原料の組成的バラツキ，(2) 高分子化におけるリグニンの反応性の低さ，(3) クラフトパルプ法でのリグニンの燃料化（燃料コストを代償して余りある性能を発現させなければならない必然性）が大きな足かせになっていた。しかし，蒸煮・爆砕法やソルボリシスパルプ化法の研究などにあいまった新たなリグニンが出現し，未来技術としてそれらの利用法を確立する期待が高まっている。樹脂化はこれらリグニンの特徴的官能基を用いて適切な反応を起こさせることに大きく依存する。

本稿では，従来検討されているリグニンの様々な樹脂化法（高分子化法）についてその反応を中心に概観してみたい。

5.4.2 リグニンのブレンドによる樹脂化（接着剤化）

ポリフェノールであるリグニンは，フェノール樹脂に相溶する。この利点を活かし，比較的高価なフェノール樹脂接着剤にブレンドして接着剤のコストダウンを狙った検討が行われてきた。このブレンド系では，フェノール樹脂中のメチロール基とリグニンのフェノール骨格との反応が起きることもある。高分子量含有物が多く含まれかつ吸湿性を有するリグノスルホン酸をブレンドした場合には架橋性が劣るために，その添加量を低く抑える必要があるが，クラフトリグニンのブレンドでは，40％程度の代替が可能と言われている[1]。

リグニンをフェノール樹脂などへの添加する検討の中で，最も特性的に成功しているものは高分子量物を主成分とするリグニン（商品名：KARATEX）の利用である。KARATEXは，リグニンスルホン酸およびクラフトリグニン中の低分子量成分を限外濾過膜で除去したもので，フェノール樹脂にブレンドして耐候性を有する屋外用合板の製造に適する接着剤が得られている[2]。

5.4.3 リグニン自体の高分子化

リグニン自体が高分子物であるが，さらにこれを高分子化して利用しようとする検討が接着剤を中心に試みられている。一つは，粗リグニンスルホン酸のCa塩を高圧締圧下に高温度で熱硬化させるものである。200℃以上の圧縮温度が必要であるためあまり現実的ではないが，パーティクルボード用接着剤として検討された[3]。

---

* Hirokuni Ono 東京大学大学院農学生命科学研究科 教授

他には，リグノスルホン酸を酸化重合により高分子化するものである。過酸化水素などの酸化剤や白色腐朽菌を使用してリグニンスルホン酸を重合させ，パーティクルボードの接着剤として検討されている[4]。

5.4.4 リグニンの化学変性による高分子化

リグニンスルホン酸やクラフトリグニンは一般に反応活性が低いため，反応して高分子の主鎖中に取り込まれると言うよりは主鎖にぶら下がった形のペンダント型になりやすい。これを克服するために種々の化学変性が行われてきた。化学変性により，リグニン末端に活性な官能基を与え，リグニンが高分子構造中の主鎖として働くように工夫するのである。たとえば，ヒドロキシメチル化，エポキシ化，イソシアネート化などがある[5]。

また，リグニン自体の高分子物は，一般に硬くて脆い。この欠点を補って機能性のある高分子に変換するためには，いわゆるソフトセグメントの導入が不可欠である。そのためにはエーテル化やアルキル鎖を導入することが考えられる。リグニンの化学変性はこのような観点からも重要である。

シリンギル骨格の含有量が多いため反応点の少ない広葉樹リグニンスルホン酸で化学変性が成功した例は少ないが，クラフトリグニンや蒸煮・爆砕リグニンでは種々の試みがなされている。

5.4.4.1 ヒドロキシメチル化

広葉樹クラフトリグニンをホルムアルデヒドと反応させ，リグニンの反応活性を高めて架橋反応を起こさせる検討がなされている[6]。これらの反応では図1に示すようにメチロール基はグアイヤシル骨格の5-位に導入される。また，側鎖 α 位にカルボニル基あるいは $C\alpha$-$C\beta$ 間が二重結合のリグニン構造では，その β 位に導入される[7]。しかし，このような程度のヒドロキシメチル化では，依然としてリグニン誘導体の反応活性点はフェノール樹脂などに比べて少ない[8]。メチロール基を多く導入するために，酸触媒を用いて反応位置をメトキシ基のp-位に変換する方法が提唱されている[9]。

5.4.4.2 フェノール化

(1) 多段フェノール化

図1で示したヒドロキシメチル化をまずリグニンに施し，次いでフェノールホルムアルデヒド樹脂と混合してフレイクボードの接着剤に供し，良好な接着性能を得た例がある[10]。その他に，針葉樹リグニンのグアイヤシル骨格の5-位の反応性を利用してヒドロキシメチル化し，これをさらにフェノールと,次いでホルムアルデヒドと反応させて高分子化する方法が試みられている[11]。

(2) 直接フェノール化

前項の方法でメチロール基を導入しても，グアイヤシル基の少ない広葉樹リグニンには反応活

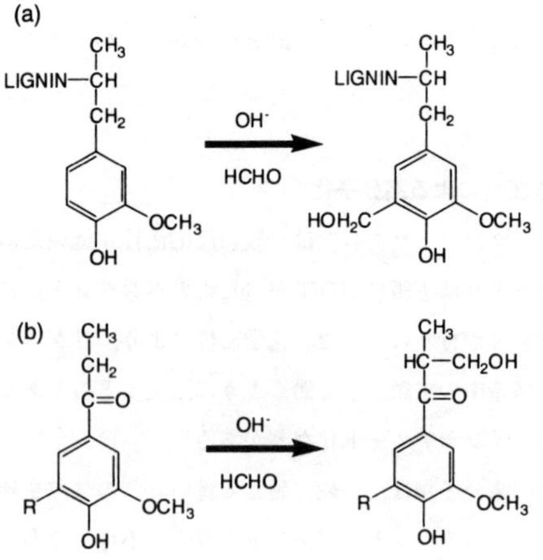

図1 リグニンのヒドロキシメチル化反応
(a) 芳香核への反応　　(b) 側鎖 β 位への反応

性点の面で制限がある。しかし，直接フェノール化法を用いれば広葉樹リグニンも比較的反応活性点の多い誘導体へと変換できる。

その一例として，広葉樹リグノスルホン酸アンモニウム溶液とフェノールを220℃以上で高圧下に処理したフェノール化リグニンは，結合フェノール量はあまり多くないが，合板用接着剤として適しているという報告がある[12]。

他に，広葉樹蒸煮・爆砕リグニンを酸触媒下に150℃程度でフェノール化し，リグニン骨格に対して1モル以上のフェノールが結合したフェノール化リグニンを得た報告がある[13]。これをさらにヒドロキシメチル化して接着剤として検討し，フェノール樹脂に匹敵する接着性能を得ている。この反応では，図2 (a) に示すようにリグニン側鎖の α 位がカルボニル基，水酸基，エーテル基や α β 間に二重結合を持つリグニン種でフェノール化が起きるとされている[14,15]。しかし，図2 (b) で示すように縮合型硫酸リグニンのフェノール化で起きる反応と類似した β-O-4結合の開裂とフェノール置換も起きていると考えられる[16,17]。

5.4.4.3 ヒドロキシアルキル化によるリグニンベースポリエーテルポリオール

リグニンはそれ自体がポリオールであるが，樹脂化にはより多くの水酸基を必要とする場合が多い。水酸基量を増すためにオキシド類の開環反応を利用するヒドロキシアルキル化が検討されている。ヒドロキシアルキル化剤としてはエチレンオキシド，プロピレンオキシド，ブチレンオキシドなどが使用される。

リグニンをエポキシ樹脂やウレタン樹脂に変換するための中間体原料を得る目的で，Glasser

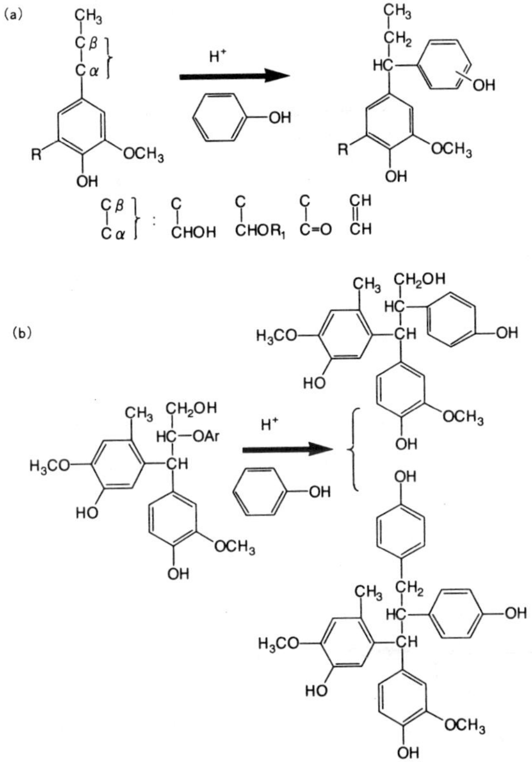

図2 リグニンのフェノール化反応
(a) 側鎖への反応　　(b) β-O-4結合の開裂と置換

らはリグニンをプロピレンオキシドを用いてヒドロキシプロピル化した[18-21]。この反応は、図3に示すようにリグニンのフェノール性水酸基を利用したものである。ここで生成される二級のアルコール性水酸基は、嵩高いリグニンの骨格から距離的に離れて立体的に有利になるため、原料フェノール性水酸基よりも反応活性が高くなる。この反応物には、プロピレンオキシド由来のポリプロピレンオキシドが副生成物として含まれてくる。Glasserらはこの生成物と鎖状ポリマーとのポリマーブレンドを展開し、ポリビニルアルコールとでは相溶性を、酢酸ビニル樹脂とでは配合の範囲によってはせん断強さが向上することを認めている[22,23]。

5.4.4.4　カプロラクトン誘導体化によるリグニンベースポリエステルポリオール

ヒドロキシアルキル化に代わって、リグニンをラクトン類でポリエステルポリオール化するこ

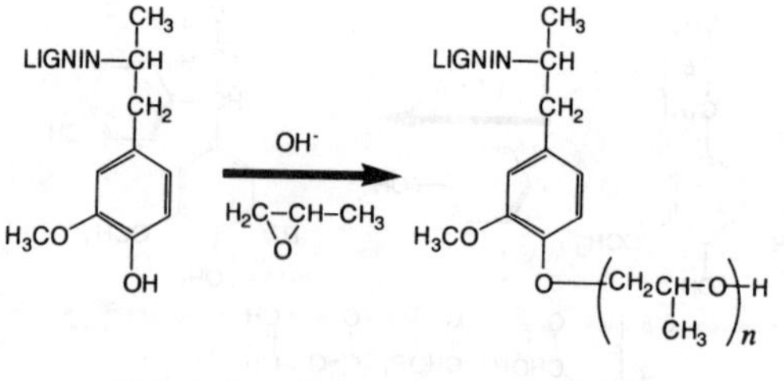

図3 リグニンのヒドロキシプロピル化反応

ともできる。種々のラクトンが反応可能であるが，ε-カプロラクトンが使用された例がある[24]。この反応を図4に示す。反応生成物ではδ-カプロラクトンの自己重合に由来するポリエステルの副生が考えられる。この誘導体の熱分解温度はカプロラクトン添加量が増加するほど上昇するが，分解速度は速くなることが示されている。この誘導体は生分解性樹脂としての可能性を秘めている。

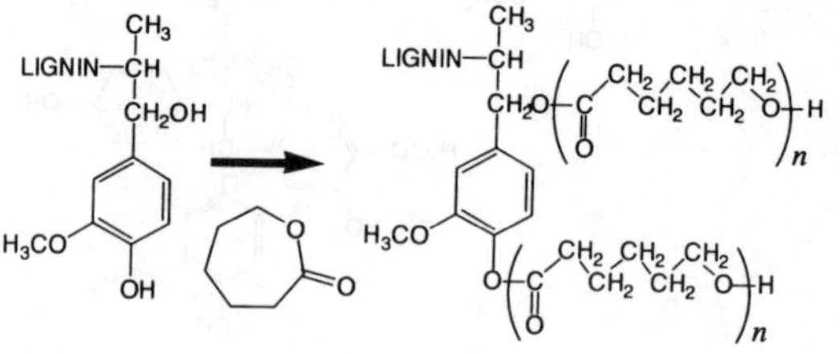

図4 ε-カプロラクトンによるリグニンのポリエステルポリオール化

5.4.4.5 エポキシ化

リグニンのエポキシ化は主にクラフトリグニンやその化学変性物で行われている。リグニンのエポキシ化反応は図5（a）に示すようにフェノール性水酸基で起きるとされている。戴らはチオリグニンおよびリグニンのビスグアイヤシル化物とフェノール化物をエピクロルヒドリンと反応させてエポキシ化リグニンを調製した[25,26]。これに汎用の硬化剤を用いて，木材およびアルミニウムの接着性を検討した結果，フェノール化物を原料としたものがエポキシ化度が最も高く，アルミニウムの接着に優れていた。また，エポキシ化リグニンをフェノール樹脂と混合した接着剤は，フェノール樹脂単独のものより木材の接着性に優れていたことを報告している。しかし，これらエポキシ化リグニンは有機溶媒への溶解性が低く，粘度も高いため接着剤としての問題点

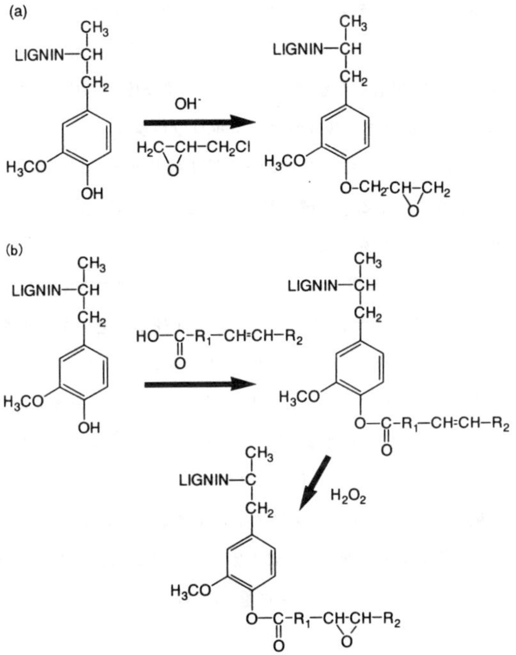

図5 リグニンへのエポキシ化反応
(a) エピクロルヒドリンとの反応　(b) 不飽和酸誘導体の酸化

を残している。

これに対して，伊藤らはフェノールの代わりにビスフェノールを用いてフェノール化したチオリグニンのエポキシ化物はアセトンなどの有機溶媒に良溶で，また良好な接着性を示すと報告している[27]。

他に，図5 (b) に示すように，炭素鎖長20までの不飽和モノカルボン酸でエステル化変性したリグニンを原料として，特性の優れたエポキシ化リグニンが得られるという特許がある[28]。また，Glasserらは前述のヒドロキシプロピル化グアイヤコールとエピクロルヒドリンからエポキシ化リグニン樹脂を合成している[29]。これと関連して，オゾン酸化リグニンにエポキシ樹脂を混合して樹脂化する検討もなされている[30]。

5.4.4.6　リグニン系ポリウレタン樹脂

リグニンとメチレンジイソシアネート（ジフェニルメタンジイソシアネート：MDI），トルエンジイソシアネート（TDI），ヘキサメチレンジイソシアネート（HMDI）などのジイソシアネー

ト類を反応させポリウレタンを合成する検討が精力的に行われている。ウレタン結合は微生物に攻撃されるので，リグニン系ウレタン樹脂は生分解性のものとなる。これらはリグニンそのものをポリオール成分として利用するものと，リグニン誘導体をポリオール成分とするものがある。

(1) リグニン自体をポリオール成分とするポリウレタン

図6に示したようにリグニン中のフェノール性水酸基とアルコール性水酸基はイソシアネートと反応し，ウレタンを生成する。水酸基種に対する反応性は温度により異なり，高分子化の程度は当然NCO/OHの配合比に依存する。

クレゾール-水系溶媒蒸解で得られたオルガノソルブリグニンとMDIを反応させたウレタンフィルムの検討が行われている[31]。このフィルムは伸長率が低いものの高弾性を示し，また，このウレタン樹脂にソフトセグメントとしてポリエチレングリコールを添加し硬化反応をさせて得たフィルムはリグニン含量が増大するにつれてフィルムの架橋密度も増加する。そのため，ハードタイプからソフトタイプまでのウレタンフィルムが調製できると報告されている。

プロピレンオキシドベースのトリオール（ソフトセグメント）とクラフトリグニンを混合し，これにMDIを反応させてポリウレタンフィルムを調製した例もある[32,33]。やはり，リグニン含有量が高くなるほど架橋密度が増大することが示されている。さらに，同様の方法でポリウレタン発泡体も調製されており，リグニン添加量40％程度のものの圧縮強さは市販品より高いことが示されている[33,34]。

また，クラフトリグニンとポリエチレングリコールおよびMDIから常温でゴム弾性を示すエ

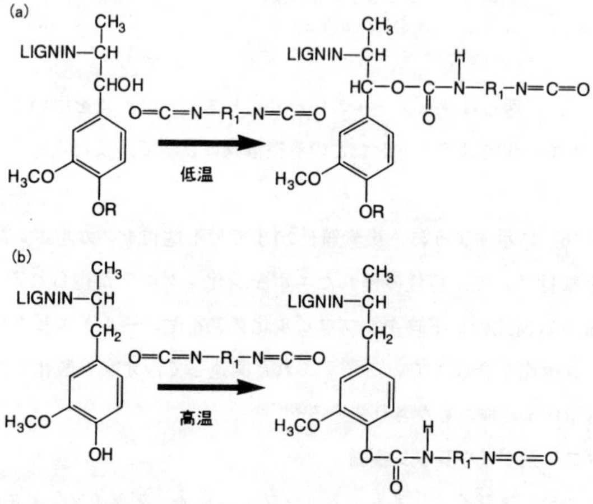

図6 リグニンのイソシアネート化反応
(a) 側鎖水酸基との反応　　(b) フェノール性水酸基との反応

ラストマーが調製され強靭なフィルムが得られている[35]。それは，クラフトリグニン中の低分子量画分がイソシアネートとバランスの良い反応をし，適度に柔軟性のあるウレタン樹脂を与えるという理由による[34,35]。

(2) ヒドロキシアルキル化リグニンからのポリウレタン

ヒドロキシプロピル化を中心としたヒドロキシアルキル化リグニンによるウレタン樹脂化は，Glasserらにより精力的に行われている。クラフトリグニン，オルガノソルブリグニンおよび酸化水分解リグニンをヒドロキシアルキル化すると，そのガラス転移温度は原料リグニンより低下し，多くの溶媒に溶解性を示すようになる。ヒドロキシプロピル化クラフトリグニンと幾分過剰のTDIやHMDIから得られるポリウレタンフィルムのガラス転移温度は原料クラフトリグニンより低く，そのヒドロキシプロピル化物より高かった[36,37]。ガラス転移温度は当然イソシアネート配合比が高くなるにつれて高くなる。クラフトリグニンのウレタン化でイソシアネートの配合比について比較すると，脂肪族であるHMDIの方が芳香族のTDIを使用したものより破断強さにイソシアネート比依存性の高いことが示された。原料リグニンについて比較すれば，蒸煮・爆砕リグニンの水酸基量と分子量が高いためフィルムの破断強さも高いことが示されている。

しかし，ヒドロキシアルキル化リグニンだけをポリオール成分として使用した場合には，一般にフィルムのガラス転移温度が高くなり，柔軟性のあるウレタン樹脂は得られない。この欠点をソフトセグメント成分のポリエチレングリコールを混入することで解決した報告がある[38]。

また，未検討ではあるが，ヒドロキシアルキル化リグニンの代わりに前述したリグニンのε-カプロラクトン誘導体を用いてポリウレタン樹脂を調製することも可能となる。今後の展開に期待したい。

5.4.4.7 リグニンのグラフト化

スチレンあるいはアクリル酸モノマーをリグニンにグラフト化する試みが行われている。グラフト化はパーオキシドや高エネルギー照射によるラジカル反応で進む。水系でリグニンスルホン酸にアクリル酸モノマーをパーオキシド／二価鉄イオン触媒下でグラフト化した例がある[39]。この反応では，リグニンのベンゼン骨格の未置換位置にグラフトが起きると考えられている。

5.4.5 おわりに

現在，リグニンの主用途はコンクリート混和剤や鉛蓄電池の添加剤などに限られている。溶解パルプの需要不況，環境問題などの理由からリグニン製品の伸び悩みでリグニン樹脂の開発研究も低調である。しかし，持続的発展可能な社会を目指す21世紀のためにバイオマス中で賦存量の大きいリグニンの樹脂化の研究は最重要課題の一つであるに違いない。新規リグニンの開発とこれを原料とする樹脂化の未来に向けた研究開発が望まれる。リグニン分解物を原料とするプラ

スチックの展開も検討されているが，筆者の専門から内容が接着剤に関するものに偏りがちになったことをお詫びしたい。

文　献

1) J.W. Adams and M.W. Schoenherr, U.S. Pat., 4303562 （1981）.
2) K.J. Fross and A. Fuhrmann, For, Prod. J., 29 (7), 39-43 （1979）.
3) K.C. Chen, U.S. Pat., 4193550 （1963）.
4) 坂田功, 山口東彦, 薬師寺英文, 樋口光夫, 日本特許公開 昭61-62574 （1986）.
5) H. Nimz,"Wood Addhes. Chem. Technol"., A. Pizzi Ed., Ch.5, p.245, Dekker, New York （1983）.
6) M.R. Clark and J.D. Dolenko, U.S. Pat., 4113675 （1978）.
7) N.G. Lewis, and T.R. Lantzy,"Adhesive from Renewable Resources", R.W. Hemingway and A.H. Conners Eds., Ch.2, pp.13-26, ACS Symp. Ser. 385, ACS, Washington D.C. （1989）.
8) A.J. Dolenko and M.R. Clarke, For, Prod. I., 28 (8), 41, （1978）.
9) G.H. Van der Klashorst and H.F. Strauss; J. Polym. Sci. （Polym. Chem. Ed.）, 24, 2143 （1989）.
10) C.-Y. Hsu and Q.Q. Hong, "Adhesive from Renewable Resources", R.W. Hemingway and A.H. Conners Eds., Ch.8, p.96-109, ACS Symp. Ser. 385, ACS, Washington D.C. （1989）.
11) P.C. Muller, S.S. Kelly and W.G. Glasser, J. Adhes., 17, 185 （1984）
12) G.G. Allan, J.A. Dalan and N.C. Foster, "Adhesive from Renewable Resources", R.W. Hemingway and A.H. Conners Eds., Ch.5, p.55-67, ACS Symp. Ser. 385, ACS, Washington D.C. （1989）.
13) H.-K. Ono and K. Sudo,"LIGNIN Properties and Materials; ACS Symp. Ser. 397; W.G. Glasser and S. Sarkanen Eds.; ACS, Washington D.C., Ch. 25, pp.334-345 （1989）.
14) K.Kratzl, K. Buchtela, J. Gratzl, J. Zauner, and O. Ettingshausen, Tappi, 45, 113 （1962）.
15) 小林, 葉賀, 佐藤, 木材学会誌, 12, 305 （1966）.
16) S. Yasuda,M. Tachi, and Y. Takagi, Mokuzai Gakkaishi, 36, 513 （1989）.
17) 小野拡邦, 未発表データ.
18) W.G.Glassser and S.S. Kelly,"Encyclopedia of Polym. Sci. Eng.", J.I. Kroschwitz Ed., Vol.8, p.795, Wiley, New York （1984）.
19) C.F.L. Wu and W.G. Glasser, J. Appl. Polym Sci., 29, 1111 （1984）.
20) T.G. Rials and W.G. Glasser, Holzforschung, 40, 353 （1986）.
21) W.L.-S. Nieh and W.G. Glasser,"LIGNIN Properties and Materials; ACS Symp. Ser. 397; W.G. Glasser and S. Sarkanen Eds.; ACS, Washington D.C., Ch. 40, p.506-514 （1989）.
22) W.G. Glasser, C.A. Barnett, T.G. Rials and V.P. Saraf, J. Appl. Polym. Sci., 29, 1815 （1986）.
23) S.L. Ciemniecki and W.G. Glasser,"LIGNIN Properties and Materials; ACS Symp. Ser. 397; W.G. Glasser and S. Sarkanen Eds.; ACS, Washington D.C., Ch. 35, p.452- 463 （1989）.
24) 畠山兵衛,吉田考範,伊豆山良信,廣瀬重雄,畠山立子,第44回リグニン討論会講演集,岐阜,1999,pp.125-128.

25) 戴, 長田, 中野, 右田, 木材学会誌, **13**（9）, 102（1967）.
26) 戴, 中野, 右田, 木材学会誌, **13**（9）, 257（1967）.
27) 伊藤,白石,木材学会誌, **33**（5）, 393（1987）.
28) G.F.D'Alelio, U.S. Pat. 3984363（1976）
29) H-H. Hsu and W.G. Glasser, *Wood Sci.*, **9**（2）, 97（1976）.
30) B.Tomita, K. Kurozumi, A.Takemura and S. Hosoya,"LIGNIN Properties and Materials; ACS Symp. Ser. 397; W.G. Glasser and S. Sarkanen Eds.; ACS, Washington D.C., Ch. 39, p.496-505（1989）.
31) 佐野嘉拓, 榊原彰,木材学会誌, **31**,109（1985）.
32) H. Yoshida, R. Morck, K.P. Kringstad and H. Hatakeyama, *J. Appl. Polym Sci.*, **34**,1187（1987）.
33) 中村, 畠山, 紙パ技協誌, **44**, 849（1990）.
34) H. Hatakeyama, S. Hirose, K. Makamura, and T. Hatakeyama, in "Cellulosics: Chemical, Biochemical and Material Aspects", J. F. Kennedy, G.O. Phillips and P.A. Wiliams Eds., Horwood, Chichester, U.K., 1993, p381.
35) R. Morck, A. Reimann, and K.P. Kringstad, in "Lignin; Properties and Materials", W.G. Glasser and S. Sarkanen Eds., 1989, Am. Chem. Soc., Washington, U.S.A., p.382-389.
36) V.P. Saraf and W.G. Glasser, *J. Appl. Polym. Sci.*, **29**, 1831（1984）.
37) T.G. Rials and W.G. Glasser, *Holzforschung*, **38**, 191（1984）.
38) V.P. Saraf, W.G. Glasser, G.L.Wilkes and J. E. McGrath, *Appl. Polym. Sci.*, **30**, 2207（1985）.
39) S.R. Beck and M. Wang, *Ind. Eng. Chem. Process Des. Dev.*, **19**, 312（1980）.

5.5 リグニンの炭素繊維化

浦木康光*

5.5.1 はじめに

リグニンはポリフェノールに分類される天然高分子で,その原料となるモノマーはケイ皮アルコール類である。針葉樹では,モノマーはコニフェリルアルコールのみと単純であるが,その生合成過程で多種のカップリングが生じるために,非常に複雑な構造をリグニンは持っている。この複雑な構造を持つリグニンを炭素材料へ変換することで,構造を単純化して利用することが提案されてきた。この考え方は,複数成分からなる石油・石炭ピッチなどから炭素材料,中でも炭素繊維(CF)を製造する発想に類似している。

CFは(1)軽い,(2)細く長く,しなやか,(3)引張強度および弾性率が高い(即ち,比強度と比弾性率が高い),(4)潤滑性,耐摩耗性に優れている,(5)化学的に安定で,酸・塩基あるいは各種溶媒に侵されない(耐薬品性が高い),(6)熱膨張係数が低く,寸法安定性が高い,(7)極低温での熱伝導性が小さい,(8)耐熱性が高い,(9)導電性が高い,(10)X線の透過性が良好である,等の炭素材料と繊維の両方の性質を兼ね備えた特徴を持っている[1]。

CFは力学特性の他に上記の優れた特性を有するために,実際にはプラスチックやコンクリートの複合補強材料として用いられている。その原料はレーヨン,合成高分子(特に,ポリアクリロニトリル;PAN)および石油・石炭ピッチが挙げられる。日本では,PANを原料とするCFの生産が主流であるが,1990年代初頭まではピッチ系CFを製造するメーカーも多数存在した。だが,最近では生産を中止しているメーカーが増えているのが現状である。

5.5.2 リグニン系CFの歴史

未利用バイオマス成分と見なせるリグニンをCF原料として用いる研究は,1960年代から始まった。CFの基本的製造工程は繊維化と炭素化であり,リグニン系CFの場合,複雑な成分構成といった観点から図1に示すピッチ系CFと同様の製造工程を前提として研究が進められた。

最初に原料とされた単離リグニンは,パルプ工場で排出されるクラフトリグニン(KL)やリグニンスルホン酸(LS)の工業リグニンであった。これらのリグニンは熱軟化性を示すと言うことで,ピッチのように溶融紡糸により繊維化して,その後炭素化によりCFが製造できると成書に記述されている[2]。しかし,著者の追試では,これらのリグニンは明確な溶融状態を示さないために,溶融紡糸は不可能であるという結果に達した。実際には,良好な繊維を得るために,KLやLSをポリビニルアルコール(PVA)と共にアルカリ水溶液に溶解後,乾式紡糸により繊維

---

* Yasumitsu Uraki 北海道大学大学院農学研究科 応用生命科学専攻 助教授

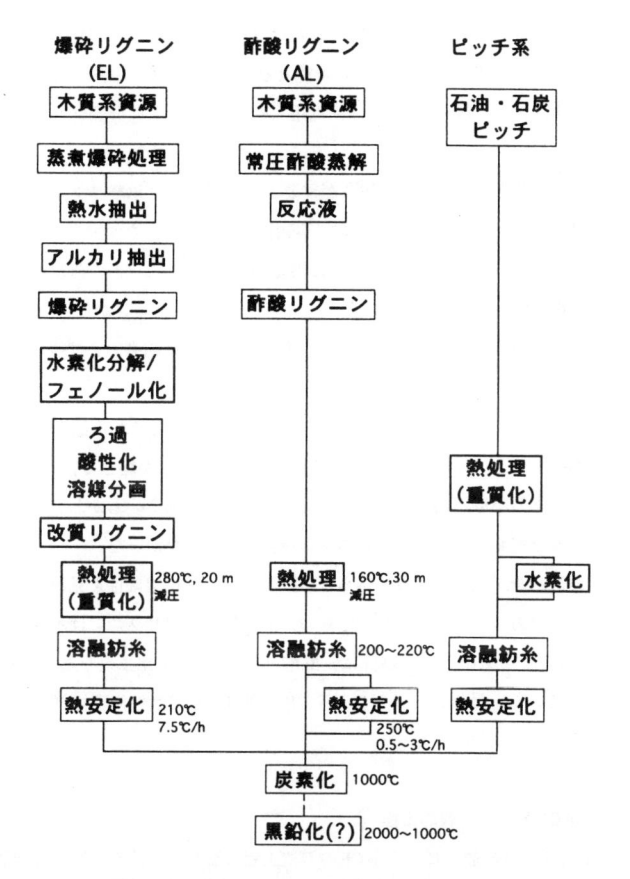

```
爆砕リグニン      酢酸リグニン     ピッチ系
   (EL)           (AL)
  木質系資源      木質系資源     石油・石炭
                                  ピッチ
  蒸煮爆砕処理    常圧酢酸蒸解
   熱水抽出         反応液
  アルカリ抽出
  爆砕リグニン    酢酸リグニン
  水素化分解/
  フェノール化
    ろ過                          熱処理
    酸性化                       (重質化)
    溶媒分画
  改質リグニン                    水素化
   熱処理  280℃, 20 m   熱処理 160℃,30 m
  (重質化)    減圧              減圧
   溶融紡糸    溶融紡糸 200~220℃  溶融紡糸
   熱安定化 210℃  熱安定化         熱安定化
           7.5℃/h      250℃
                       0.5~3℃/h
              炭素化  1000℃
              黒鉛化(?) 2000~1000℃
```

図1 ピッチおよびリグニン系炭素繊維の製造工程

化を行った。この繊維は不融不溶化（後に詳述）をせずに炭素化が行えるという利点を持っていたが，残存するアルカリを除去する過程が必要であった[3]。したがって，工業リグニン単独でのCF製造は不可能であると結論される。また，木材をアセチル化し，フェノールで液化した木材をヘキサメチレンテトラミンで硬化させ紡糸液として，繊維化さらに炭素化してCFを得た例があるが[4]，これもリグニン単独でのCF製造とは異なる。

リグニンのみでCFを製造する方法は，農林水産省森林総合研究所の須藤らによって1980年代後半に示され，その後，日本カーボン（株）において継続研究された。原料となるリグニンは，広葉樹を蒸煮・爆砕してアルカリ抽出により単離された爆砕リグニン（EL）である[5]。このリグ

ニンは溶融性に欠けるために，水素化分解[6]またはフェノール化[7]によって溶融物質へ改質後，さらに重質化を経ることによって溶融紡糸が可能となった。これらの繊維は不融不溶化後，炭素化を経てCFに変換された。得られたCFは，汎用（GP）グレードに分類される力学特性であった。

この後，CFの前駆繊維調製には溶融紡糸が重要との認識から，単離リグニンの溶融性が検索された。その結果，オルガノソルブリグニンに溶融性が見出され，なかでも，クレゾールを用いたソルボリシスパルプ化で得られるリグニンは溶融紡糸が可能で，CFの前駆繊維となることが報告された[8]。著者らもこの実験を追試したが，クレゾールをリグニンから完全に除去しないと，紡糸中にクレゾールの揮発物が著しく生じることが分かり，連続紡糸および操業環境に問題が生じると思われた。

リグニンをCF原料とする1つの利点は，リグニン中に豊富に含まれる酸素が紡糸中あるいは炭素化の過程で酸化剤として働き，分子内で自動的に不融不溶化が起きて，ピッチやPANのCF化では必要不可欠である不融不溶化が省略できるということである。しかし，これまでの研究では，不融不溶化工程を省略できる単離リグニンは報告されていなかった。

浦木らは常圧酢酸パルプ化法によって得られる酢酸リグニンに溶融性を見出し，改質をしなくても溶融紡糸が可能であることを示した。さらに，針葉樹の酢酸リグニンは不融不溶化を省略してCF製造が可能なことを見出した。以降は，酢酸リグニンのCF化工程を基に，リグニンのCF化について詳述していく。最後に，リグニン系CFの利用として活性炭素繊維（ACF）への変換についても述べる。

5.5.3 リグニン系CF製造の一般的工程

リグニンのCF化は前述の通りピッチ系CFの製造工程に準じて行われ，原料の調製→紡糸→不融不溶化→炭素化が一般的である。さらに，より高強度のCFを調製するために黒鉛化処理が提案されているが，リグニンは難黒鉛化材料に分類されるために，その効果については検討課題である。

次に，各工程について解説する。

5.5.3.1 原料の調製と紡糸

CFの大前提は繊維状であることで，原料の繊維化が製造の第1の課題といえる。繊維化，即ち紡糸は大きく3つの方法に分類される。①高分子原料を溶媒に溶かし，ノズルを通して貧溶媒で凝固する湿式紡糸，②原料を溶液とした後，ノズルから高温のガス雰囲気に押し出し溶媒を留去して凝固させる乾式紡糸と，③原料を高温で溶融させ，そのままノズルから低温の空気中に押し出して凝固させる溶融紡糸である。湿式や乾式紡糸では溶媒を使用するので，その回収および再

利用がコストに反映される。熱のみを必要とする溶融紡糸は，少ない設備投資や収率の高さから，最も低コストな紡糸方法とされている。

未利用有機資源であるリグニンのCF化の目的は，安価な原料から少ない製造コストで安いCFを製造することにあるので，リグニンを溶融紡糸することが必要である。ここで，溶融紡糸原料の条件は，まず高分子であり，加熱により溶融することである。一般に高分子は加熱すると，ガラス転移という軟化を起こし，その後，氷が水になるように液体となり流動を始める。この最終状態が溶融状態であり，結晶性高分子が溶融状態になる温度を融点と言うが，リグニンなどの非晶高分子の時は流動開始温度（この節ではT_sと表記）という。

久保らは，各種単離リグニンの溶融性を評価するのに熱機械分析（Thermomechanical Analysis: TMA）を用いた[9]。TMAの原理とリグニンの熱的変化を図2に示す。TMAは試料に荷重を掛けながら加熱して，試料の体積変化を測定する機器であり，厳密には高さ方向の変化を追跡する。試料にフィルムなどの高分子固体を用いたときは，ガラス転移温度（T_g）とT_sは2段階の体積膨張として測定される。しかし，粉末状の高分子では，これらの熱転移現象が2段階の体積減少として観察され，通常粉末で単離されるリグニンも同様な挙動を示す。この理由は，ガラス転移により高分子が軟化すると，粉末の空隙にある空気が押し出され見かけ上の体積が減少する。その後，溶融して液状になると，荷重されているプローブがさらに押し込まれ2段階目の体積減少となる。溶融したフィルム状の物質でも，最終的には，プローブが液体中に押し込まれ，体積膨張後の著しい体積減少として観察される。

図3（A）に，広葉樹酢酸リグニン（LAL）の粉末試料と圧縮成型によりペレット状にした試料のTMAダイアグラムを示す。粉末形態では2段階の体積減少を示し，他方ペレットは2段階の体積増加の後に著しい体積減少を示した。これは，LALが典型的な溶融性物質であることを示

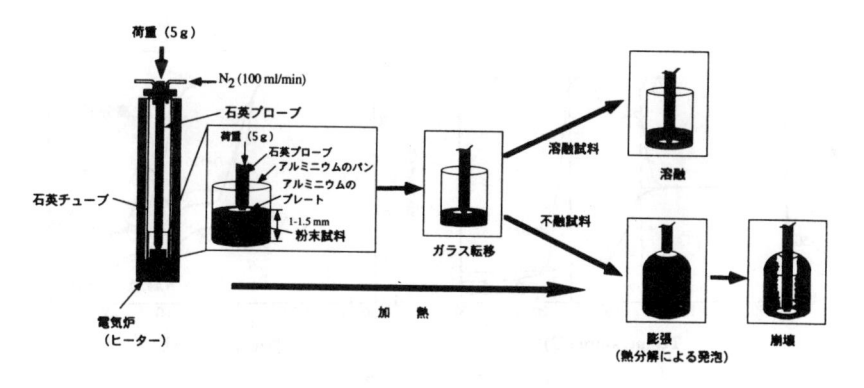

図2　熱機械分析（TMA）の測定原理

唆している。また，この図より，二つの形態の T_g と T_s はほぼ一致するので，粉末状リグニン試料の熱相転移温度を TMA によって測定可能であることが分かる。したがって，LAL の T_g は 128℃，T_s は 177℃ と結論された。LAL の溶融性は，①蒸解中にリグニンの水酸基がアセチル化されたことと，②分子量の多分散性に起因する。アセチル基は内部可塑効果を LAL に付与すると共に，水酸基の脱水による縮合反応を妨げており，鹸化した LAL は溶融性を発現しない。分子量の多分散性では，低分子量リグニン画分が外部可塑効果を与え，溶融性に寄与している。しかし，後述する溶融紡糸という観点からは，低分子画分のみでは成形ができず繊維化が不可能であり，形態維持のためには高分子画分が重要である。

一方，針葉樹酢酸リグニン（NAL）は T_g しか示さず，200℃以上でやや発泡し，溶融しない［図3（B）］。NAL の不融性は，NAL が LAL に比べ縮合構造に富んでいることに起因している。針葉樹リグニンではベンゼン環の C-5 位が，広葉樹リグニンのようにメトキシル基で置換されていないために，フェニルクマラン構造のような β-5 等の縮合構造が多数存在する。その他，蒸解で未切断の β-O-4 構造等も含まれていると予想され，それらの縮合構造が芳香核の熱運動を妨げ，溶融状態への転移を妨害している。したがって，NAL は低運動性の画分である高分子画分を除去するか，縮合構造を切断するかの方法で溶融性物質に変換可能となる。具体的には，70％酢酸水溶液の不溶部となる高分子画分を除去するか，NAL を再度パルプ化溶媒である90％酢酸で還流して縮合構造を切断する方法である[10]。図3（B）から，NAL 高分子画分は Tg のみに対し，低分子画分は2段階の変化を示し，良好に溶融することが分かる。以上より，酢酸リグニンは針葉樹，広葉樹を問わず溶融性物質となり，紡糸原料となることが示唆された。

AL 以外の単離リグニンの TMA 曲線を図4に示す。工業リグニンである KL では，針葉樹（N）および広葉樹（L）の KL とも T_g は示した。T_g より高温の熱挙動として，NKL は体積減少後一定

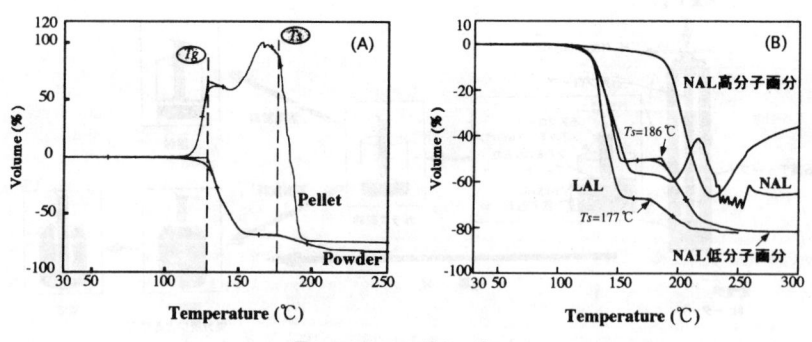

図3　AL の TMA ダイアグラム
（A）LAL ペレットと粉末；（B）NAL および分画 NAL

の体積で安定となるのに対して，LKLは体積減少後著しい膨張を示している。これは，LKLが熱分解して発泡していることを意味し，NKLの方が熱的に安定なリグニンであることを示唆している。結果的には，KLはガラス転移により軟化するが溶融はせず，溶融紡糸が不可能であったことを支持する。LALの溶融原理を基に，KLをアセチル化することで溶融性物質への変換を試みた。T_gが低温側にシフトして内部可塑効果は確認されたが，溶融性は発現せず，単なるアセチル化のみでは変換は不可能であった。NKLにも，溶融性の低分子画分は存在するが，その量比はLALに比べかなり少ない。したがって，NKLの低分子化が可能となれば溶融性物資への変換が可能となるかもしれないが，今後の検討課題である。

GoringらはTMAと同様な原理を持つ熱分析装置を用いて，各種単離リグニンの熱挙動を調べたが[11]，その中で，過ヨウ素酸リグニン（PL）が2段階の相転移を示すことを報告している。TMAの追試から，広葉樹PL（LPL）に二つ目の変曲点が観測されるが，300℃までに明確な溶融状態は確認できなかった。

CFへの変換が可能なELもLKLと類似のTMA曲線を示し，元来不融性であったことがTMAより明らかである。須藤らは，これを改質して溶融性物質に変換するために，二つの方法を提案し

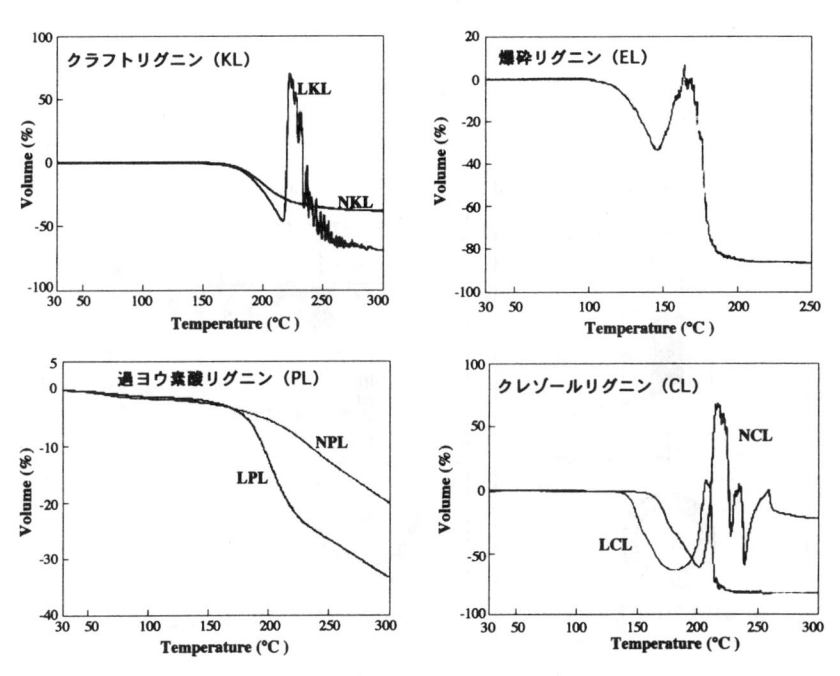

図4　各種単離リグニンのTMAダイアグラム

た[6,7]。一つは水素化分解であり，これはNALの改質同様に縮合構造の切断および低分子化を図り溶融性を付与する方法である。他方はフェノール化で，リグニンの基本骨格であるフェニルプロパン単位のベンジル位にフェノールを導入して，分子の回転運動を向上させることで溶融性を発現させている。

このフェノール化の考え方を押し進めたのが，クレゾールリグニン（CL）である。このリグニンは，木材をクレゾールを用いたソルボリシスパルプ化により得られ，単離段階でクレゾールが既に縮合している。CLは坩堝中で強熱したときに溶融状態は確認されるが，徐々に加熱するTMA測定では，安定な溶融状態を示さないことが図4から分かる。

次の工程として，溶融性物質を繊維化するが，ALおよび改質ELの試験紡糸は基本的には図5（A）の原理を持つ装置が用いられた。この装置は，先端部にノズルが付いた紡糸管に試料を挿入後，紡糸管を加熱して溶融した試料を，ガス圧あるいは自重でノズルから落下させる。そして，空気中で凝固した繊維をワインダーで巻き取るシステムである。

LALは単離された粉末をそのまま紡糸管に入れても，ノズルから繊維が出てきた。このときの，紡糸管温度は200℃で，ノズルは若干高温の220℃にして繊維のノズル離れを促進した。しかし，この紡糸温度ではLALの一部が熱分解を起こし，分解ガスや低分子の揮発成分がノズルから吹き出し，連続紡糸を妨げた。この問題は，160℃の減圧下でLALを加熱前処理することで解決でき，良好な連続紡糸が可能となった。別の解決方法として，溶融紡糸を繰り返す，即ち，

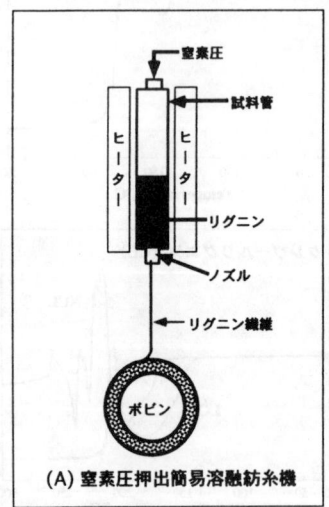

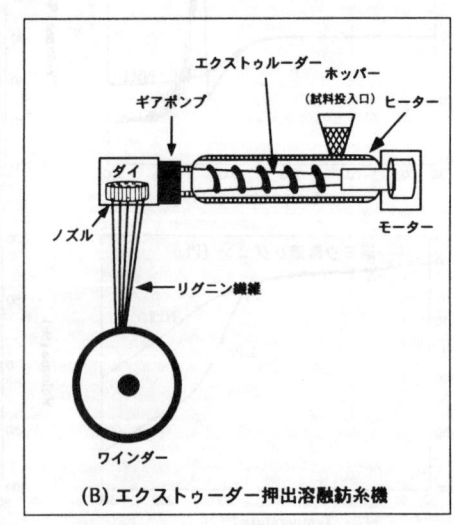

図5 リグニン溶融紡糸機概略図

大径のノズルを用いて，一度細長いペレットを溶融紡糸により作成し，その後，細径のノズルで目的の径の繊維を調製する方法である。工場スケールでの溶融紡糸は，図5（B）に示すエクストゥーダーを用いて，試料を混練しながら高圧で押し出し紡糸を行う。この装置は，試料の導入をスムーズに行うために，粉末試料はペレット状に一度加工された後に，紡糸される。したがって，繰り返し紡糸を行う加熱前処理が工業化には適している。LALの場合は，2度の予備紡糸の後，連続紡糸が可能となり，巻き取り速度は450 m/minに達した[12]。

高分子画分を溶媒で除去したNALは，図5（A）の装置を用いたときは350℃迄加熱しないと繊維が流下しなかった。これは，改質NALがLALに比べ依然熱運動性が低いために，溶融粘度が高かったことに起因している。この高温紡糸は次項の不融不溶化工程の省略に繋がる。TMAから改質NALのT_sは約190℃であるので，押し出し圧を上げることができればLALと同じように約200℃で紡糸可能と思われた。そこで，高圧押し出しが可能である図5（B）の装置を用いると，220℃のノズル温度で連続紡糸が可能となり，巻き取り速度も350 m/minとなった。

一方，ELは2種の改質方法で溶融性物質となったが，紡糸には重質化が必要とされている。これは，ピッチと同様に縮合反応により分子量を増加させる工程で，水素化分解では低分子化が進行するために高分子特性が失われ，溶融しただけでは繊維に変換できないことを意味している。重質化ELの溶融紡糸は，図5（A）の装置で0.1 kg/cm^2·Gという低い窒素圧で達成された[13]。

5.5.3.2 不融不溶化

紡糸された試料は炭素化されてCFに変換されるが，炭素化の条件は不活性ガス雰囲気あるいは減圧下，約1000℃の高温で行われる。溶融紡糸で得られる繊維を直接炭素化すると，T_sで再び溶融して繊維形態を失う。この現象を防ぐのが，不融不溶化である。不融不溶化は酸性ガス雰囲気下で行われ，通常空気が用いられるが効率を良くするために，酸素やオゾンが用いられることもある。PANの不融不溶化は図6に示す酸化過程であり，鎖状高分子のPANがピリジンを多数縮合させた複素多環構造の物質に変換される[2]。ピッチの場合は，酸素が架橋剤としてピッチに取り込まれ，分子間を架橋することで分子の運動性を低減させて，不融性を付与し，さらに，溶媒にも不溶な不融不溶性を発現させている。PANの不融不溶化は約400℃で終了し図示した構造となり，ピッチも150～400℃で行われる。この工程は加熱を徐々に行う必要があり，さらに，工程中に繊維が収縮するなどの形態変化も生じるために，連続的な不融不溶化には高度の技術が要求され，コストも多大なものとなる。リグニンは約30wt.%の酸素を含有するために，含有酸素が炭素化中に酸化剤として機能して，不融不溶化が省略できると期待され，このこともリグニンからCFを製造するときのコスト低減に繋がる。

次に，リグニン繊維の不融不溶化の現状について述べる。

乾式紡糸で得られたリグニン－PVA混合繊維は不融不溶化が必要なく，そのメリットは大き

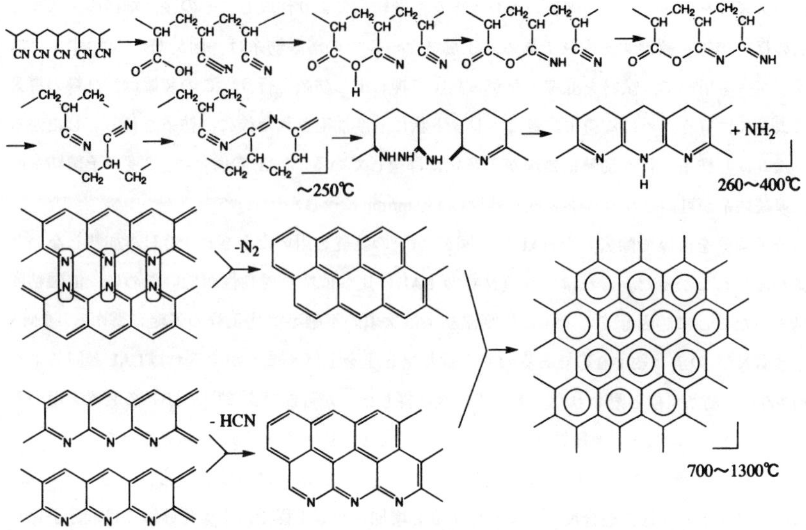

図6 ポリアクリロニトリル（PAN）の不融不溶化と炭素化の反応

いが，溶媒に由来する脱塩処理が必要というデメリットもあった。溶融紡糸のEL繊維においては，直接炭素化が試みられたが，220℃で繊維の融着が生じ，不融不溶化が必要であることが確認された。ELの不融不溶化は，空気雰囲気下60℃から7.5℃/hの昇温速度で加熱して210℃で達成された。

良好な溶融性を持つLALは，繰り返し紡糸が可能であったことが示すように不融不溶化が不可欠である。繊維径50μm以上の太径繊維では，酸素雰囲気下での不融不溶化が必要であった。20μm程度の細径繊維は空気中で十分不融不溶化され，そのときの温度条件は30℃/hの昇温速度で100℃から250℃迄昇温し，250℃で1時間保持するというものであった[14]。ELの不融不溶化は20時間要したが，LALでは6時間で終了した。

NALの場合，高温紡糸で得られた繊維はガラス転移はするが，T_gは示さず不融性であった。このことは，窒素雰囲気下である紡糸中に不融不溶化が生じたことを示唆し，リグニンに期待されていた含有酸素による不融不溶化の進行を意味する。実際，繊維は直接炭素化が可能であり，不融不溶化工程が省略できた[15]。しかし，220℃で紡糸した繊維は明確な溶融性を示さないが，直接炭素化すると繊維の融着が生じるので，不融不溶化が必要であることが分かった。この繊維の不融不溶化はLALより容易で，加熱温度は同一でも昇温速度を120℃/h迄上昇させることができた。180℃/hでも繊維同士の融着は起きないが，繊維の支持体にガラス板を用いると，繊維が

ガラスに付着した。実際の不融不溶化は空中で連続的に行われるために，180℃/hで充分不融不溶化が達成できると考えられる[16]。したがって，溶融しづらいNALを用いることで，不融不溶化が省略でき，もし必要であっても，非常に短時間の処理で済むことが明らかとなった。

5.5.3.3 炭素化

木材から木炭を製造する工程は炭化と呼ばれるが，一般に有機物を熱分解して炭素含有率の高い物質を調製することを炭素化という。炭素化は酸素や水素などの炭素以外の元素を放出して，sp^2混成軌道をもつ炭素を結合させた六角網面構造を生成させる工程である。1000℃前後の炭素化では，網面構造の発達は乏しく乱層構造を呈するが，3000℃近くまで加熱すると網面が成長して積層規則性が現れ黒鉛（グラファイト）構造となる（図6）。故に，高温炭素化は黒鉛化と呼ばれる。砂糖，フラン樹脂，フェノール樹脂などは，高温炭素化でも黒鉛構造が発達しないために，これらの炭素材は難黒鉛化性炭素と総称され，木材も難黒鉛化性材料と見なされている。木材成分のリグニンも同様に難黒鉛化性と考えられている。

不融不溶化されたEL繊維は，200℃/hの昇温速度で500〜2800℃の所定温度まで昇温後，60分保持され炭素化された。2000℃迄は窒素雰囲気，それ以上の温度ではアルゴン雰囲気で行われた。得られたCFの引張強度は，炭素化温度1000℃で極大を示し，その後2000℃まで減少し，2800℃で再度上昇し1000℃の結果をやや上回るが，黒鉛化で見られる顕著な強度増加は得られない。さらに，2800℃では，結晶子サイズも増加するが，その大きさは100Å以下であり，ELは典型的な難黒鉛化性炭素である[13]。1000℃で炭素化されたEL-CFの物性を表1に示すが，参考のために後述するAL-CFの物性も併せて記す。この力学特性から，EL-CFは汎用（general performance：GP）グレードのCFに分類される。

LAL，NAL繊維とも，窒素雰囲気下，180℃/hの昇温速度で1000℃まで加熱後，1時間同温度を保持して炭素化された。得られたCFの炭素含有量は94％以上であり，SEMによる断面観察からガラス状炭素に分類された。ガラス状炭素は高硬度・脆性でガス不透過性という特徴を持つが，高温でも黒鉛構造が発達しないセルロースの炭素化物に代表される難黒鉛化性炭素である。AL-CFの力学強度は繊維径と相関があり，図7に示すように繊維が細くなると引張強度が増加する。よって，表1のLAL-CFの強度はEL-CFより弱いが，より細径化をはかることで，EL-CFと同等

表1 リグニン系CFの物性

リグニン	改質方法	繊維径 (μm)	引張強度 (MPa)	伸度 (％)	弾性率 (GPa)
EL	水素化分解 フェノール化	7.6 ± 2.7 ―	660 ± 23 455	1.63 ± 0.19 1.4	40.7 ± 6.3 ―
LAL		14 ± 1	355 ± 53	0.98 ± 0.25	39.1 ± 13.3
NAL		30 ± 7	147 ± 51	0.75 ± 0.27	19.5 ± 5.5

表2 リグニン系CFの収率

試料	改質	重質化または熱前処理	紡糸	不融不溶化	炭素化	総収率
水素化分解 EL-CF	50.9	77.5	95	100.0	52.5	20.7
フェノール化 EL-CF	100.6	89.0	95	92.8	55.4	43.7
LAL-CF		95.2	96.7	88.0	40.4	32.7
NAL-CF		99.0	55.6	—	42.3	23.3
Tar pitch		40.0	95	110.0	80.0	33.4

LALとNAL-CFの収率は,熱重量分析から求めた値で,操作過程における質量損失は考慮されていない。また,NAL-CFは350℃で紡糸後,不融不溶化をせずに直接炭素化した収率である。EL-CFおよびTar pitchの収率は,文献7)より引用。

の強度を発現すると思われる。NALも細径になるに従い強度が増加したが,LALには及ばない。この違いはCFの形状に起因していると考えられる。LAL-CFは非常な平滑な表面を持ち,繊維内部には空隙がほとんど見られないが,NAL-CFは表面に凹凸があり内部に多数の空隙が存在している。これらの不均一形状が欠点となり,力学強度を低下させている原因と思われる。しかし,NALの形状は後述する活性炭素繊維の機能に寄与する。

以上から,リグニン系CFはいずれも強度的にはGPグレードに分類される。これまで,GPグレードCFは主にピッチから製造されているが,表2に示す収率の比較からは,ピッチ系CFと同等以上の結果を示すものがある。特に,フェノール化EL-CFが収率が高い。NAL-CFの低収率は不融不溶化を省略するために,高温紡糸した結果であり,低温紡糸では収率の向上が図られる。しかし,不融不溶化が必要であり,用途に応じた紡糸条件を選択しなければならない。

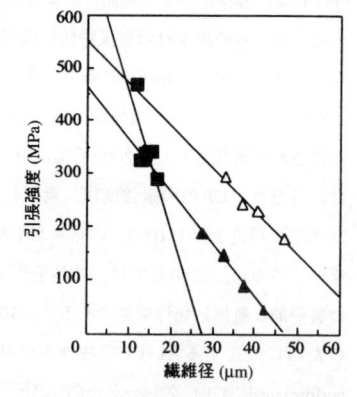

図7 AL-CFの繊維径と引張強度の関係
▲, NAL-CF [図5(A)の装置で紡糸]
△, LAL-CF [図5(A)の装置で紡糸]
■, LAL-CF [図5(B)の装置で紡糸]

5.5.4 リグニン系CFの利用

GPグレードCFの用途は,主に,セメントとの複合化によるコンクリート補強剤および活性炭素繊維である。まず,EL-CFをセメント複合材とした結果が報告されているので紹介する。

5.5.4.1 リグニン系CF強化コンクリート

炭素繊維強化コンクリート（CFRC）製造では，CFのセメントへの分散性が重要な問題となる。EL-CFの場合，用いた前駆体繊維は多孔遠心紡糸法で調製した繊維，言い換えれば綿菓子を製造するような装置で紡糸したものである。CFRCの特性に大きく影響を与える水／セメント比は0.5，骨材／セメント比を0.31とした。CFも骨材であるが，CF量を変えたときは，珪砂等を添加して混合比を調整している。CFは6 mmの長さにチョップしてセメントと混合したが，混合量が9 vol％のときは分散が不十分で，5および7 vol％のとき良好な混合が行えた。強度的には，曲げ強度が約4倍に増加し，最大曲げ強度約100 kg/cm^{2}のCFRCが得られた。テストピースの破断状況では，CF無添加では試験片が2つに分かれたが，CFRCでは2つに分離して飛散することはなかった。CFRCの製造ポイントは養生であり，その工程は2段階に分けられ，1段階は金型に打設して，加圧下室温で養生する。2段階目は，金型からはずして20℃，湿度60％の条件下で6日間養生するのであるが，第1段階の養生が重要な役割を果たしている。

5.5.4.2 リグニン系活性炭素繊維

GPグレードCFの大きな用途は活性炭素繊維（ACF）の原料であり，ACFは繊維状活性炭とも呼ばれる吸着剤である。旧来のJISでは，活性炭の分類は粉末状活性炭と，活性炭の成形物である粒状活性炭の2種であった。1990年代になりCFからACFが大量生産されるようになり，第3世代の活性炭として注目され，ACFの評価方法もJISに加えられた。粉末状活性炭は吸着速度が速いが，微粉末ゆえ飛散しやすく操業環境に問題を与え，再利用に不適という欠点がある。一方，粒状活性炭は吸着速度が遅いが，再利用できる。ACFは両者の利点を兼ね備え，欠点を補完する以下の特徴を持っている。①比表面積が大きい。②吸着，脱着速度が極めて速い。③種々の形状に加工が可能。④軽量で取り扱いが容易。⑤他の機能性材料と複合化が可能。⑥再生・再利用が容易。⑦炭塵の発生が少ない，等が挙げられる[17]。しかし，従来の活性炭に比べ高価であるという欠点があるので，安価なCFから調製することが必要である。

活性炭は炭素質を賦活化（activation）することで調製される。賦活化はガス賦活と薬品賦活に分類でき，ACFはガス賦活で製造され，リグニン系CFは水蒸気賦活が用いられる。簡単に水蒸気の反応を示すと，

$$H_2O + Cx \rightarrow H_2 + CO + Cx_{-1}$$

となり700℃以上で反応が開始する。したがって，この反応は水蒸気が炭素を酸化的にエッチングして，細孔を形成させる[18]。一般に，賦活化の進行は収率を低下させるが，比表面積などの吸着性能は上昇させるので，活性炭は賦活収率と吸着性能を併せて評価しなければならない。

EL-CFはリグニンの抽出および改質過程で苛性ソーダを用いるために，塩の残存が考えられ，脱塩効果と賦活化について検討された。脱塩処理をしない場合，900℃10分間の賦活化で収率は約45％となり，比表面積は1500 m^2/gに達した。しかし，それ以上賦活収率が下がっても比表面

積は増加しなかった。脱塩処理を行うと，10分賦活で約800，30分で1500，そして50分で約2000 m²/gと賦活時間の延長と共に，比表面積が増加した。収率はそれぞれ約80，40と30％であった。強度は比表面積1500m²/gのACFで約15 kg/mm²を示し，900 m²/gの比表面積をもつピッチ系CFの約10 kg/mm²より高く，ハンドリング性に優れている。また，EL-ACFの特徴は，細孔径40Å（細孔半径2 nm）に細孔容積のピークを持つことである。

AL-CFは電気炉内にガスを流入できる専用容器を用い，900℃で水蒸気賦活された。水蒸気は，80℃の温水を通過した窒素で容器に導入した。以下に，AL-ACFの性能等について記すが，賦活化の条件がELと異なるために，賦活化時間での単純な比較はできない。図8に賦活時間に対する収率，図9に比表面積の変化を示す。LAL-CFは40分間の賦活で，比表面積は1250 m²/gとなり，

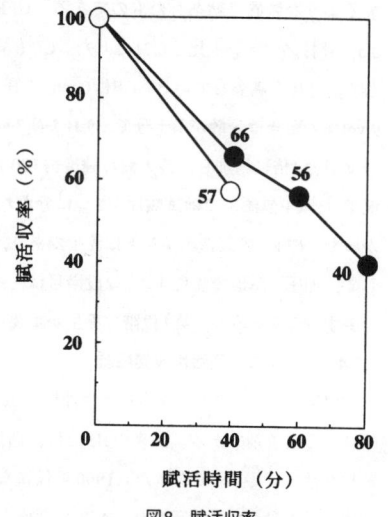

図8 賦活収率
○，LAL-活性炭素繊維
●，NAL-活性炭素繊維

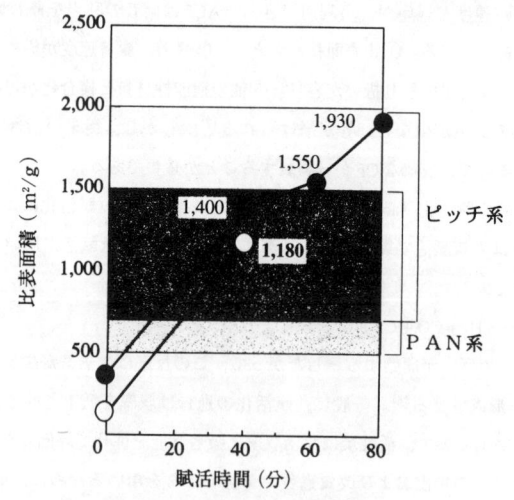

図9 賦活時間とBET法で求めた比表面積の関係
○，LAL-活性炭素繊維
●，NAL-活性炭素繊維

賦活収率は57.4％で，リグニンに対する総収率は17.1％であった[19]。吸着性能では，ほぼ同じ比表面積の市販粉末活性炭と比較して，ヨウ素およびメチレンブルー吸着量とも高い値を示した。吸着速度は，粉末状活性炭のヨウ素吸着が平衡吸着量に達するのに30分以上要するのに対して，LAL-ACFは10分以内で平衡に達した。粉末活性炭との吸着性能の違いは，ACFの方が吸着に関与する内部表面積が広く，さらに，吸着部位となるメソやミクロ孔等が繊維表面に存在することに起因する。

NAL-ACFは40分賦活で1400 m^2/gの比表面積となり，賦活収率は66％であった。これらの値は同処理時間のLALより高く，賦活化が容易に進行することを示している。この理由は，NAL-CF繊維で欠点となった孔が吸着部位として働くことと，賦活化ガスの進入が容易になったためと思われる。80分賦活化したNAL-ACFは賦活収率40％で，1930 m^2/gの比表面積を示し，市販の最大比表面積をもつACFと同等になった。図10に示すように吸着性能も高く，ヨウ素吸着では1830 mg/g，メチレンブルーでは410 mg/gと，市販ピッチ系ACFの最大値と同等かそれ以上の吸着量を示した。図11に賦活時間に対する引張強度と繊維径の変化を示す。賦活時間が長くなると，繊維は細径化していく。強度も低下するが，最初の40分では顕著な低下は起きていない。80分賦活で100 MPa（10.2 kg/mm^2）以上の強度を示し，大きな比表面積をもつAL-ACFでもピッチ系ACFと同等の強度を有している。したがって，NALを原料とするとき，CFとしては強度に問題あるが，ACFとしては実用的に十分な強度である。

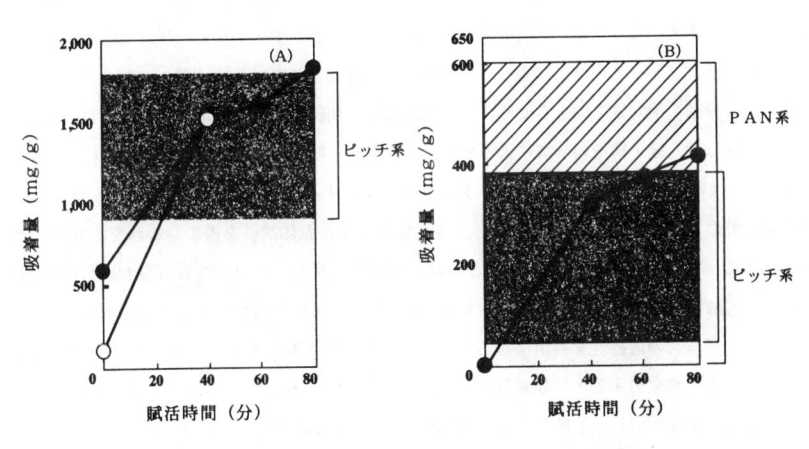

図10　AL-ACFのヨウ素（A）およびメチレンブルー（B）吸着量
　　　○，LAL-活性炭素繊維
　　　●，NAL-活性炭素繊維

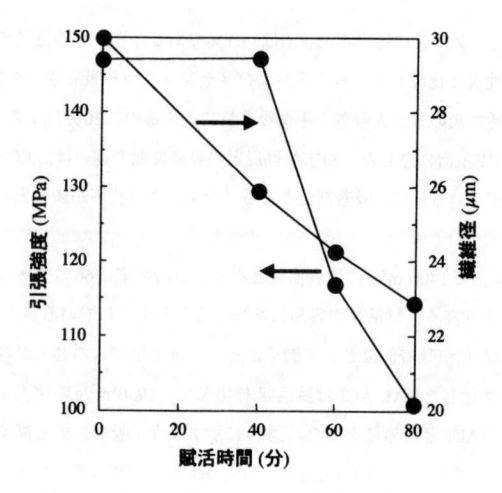

図11　NAL-CFの引張強度，繊維径と賦活時間との関係

5.5.5　リグニン系炭素材料の今後の展開

　スポーツや航空宇宙分野で用いられるCFの主流は高性能（HP）グレードであり，最近の技術革新によりHPグレードのPAN系CFの価格は10年前の1/10〜1/20に低下している。したがって，GPグレードCFは今後より用途が狭くなることが予想される。リグニン系CFはELおよびALともGPグレードであり，広範な用途を見出すにはHPグレードへの変換，すなわち黒鉛化繊維への変換が必要である。ピッチ系CFをHPグレードにする方法としてメソフェーズ（液晶と類似）化が行われ，メソフェーズの紡糸により，高温黒鉛化が達成されている。リグニンも，メソフェーズ化により分子の配向性を向上させることで強度増加が期待できるが，現在の所，非常に困難である。久保らは，分子構造の制御による黒鉛化ではなく，触媒の作用を利用した黒鉛化，触媒黒鉛化について検討して，難黒鉛化性のリグニンを黒鉛化するのに成功した[20]。方法はALとニッケル塩を酢酸に溶解して均一な溶液とし，溶媒留去により固体試料を得て，これを約1000℃で炭素化する。ニッケル含有量が0.3％以上の時，黒鉛化が生じ，ニッケル含有量1％までの固体試料が熱溶融性を持つ。この試料を紡糸できれば，黒鉛化繊維が調製できると期待される。

　また，リグニンの溶融性を利用することで，熱成形物の調製も可能である。ALを解繊した新聞古紙と混合し熱成形すると，繊維板のようなシートが得られる。このシートは中性能のMDFと同等な曲げ強度を示し，溶融したALが接着剤としても機能することが分かる。このシートを炭素化さらに賦活化すると，シート状の活性炭となり，市販の粒状活性炭と同等以上の吸着性能を示す。特に，ガス吸着能に富み，メタン吸着量は粉末活性炭の約3倍を示した[21]。

このように，リグニン系CFは強度的に用途の制約があるが，熱成形性を利用することでACFばかりでなく，種々の形態を持つ活性炭の原料になりうる。環境問題の深刻化と，環境浄化に対する意識の高揚から，今後，活性炭の要求は増加し，その使用条件も多様化することが予想されるので，ACFを含めた成形活性炭はより重要視されるに違いない。

また，プラズマ処理による木材の黒鉛化に代表されるように，難黒鉛化性材料の黒鉛化の方法と現在注目されている。触媒黒鉛化を初めとするリグニンの黒鉛化が確立されると，HPグレードのリグニン系CFが製造可能になるばかりか，各種の人造黒鉛もリグニンから調整できるようになり，リグニンの用途がさらに拡大すると考える。

文　献

1) 炭素材料工学，稲垣道夫著，日刊工業新聞社，p. 60, 1985年.
2) 炭素繊維，大谷杉郎，木村真共著，近代編集社，1972年.
3) 特公昭41-15729.
4) 辻本直彦，紙パ技協誌，43 (2), 167-172 (1989).
5) 木質バイオマスの利用技術，志水一允　他共著，文永堂出版，p. 23-31, 1991年.
6) K. Sudo and K. Shimizu, *J. Appl. Polym. Sci.*, **44**, 127 (1992).
7) K. Sudo, K. Shimizu, N. Nakamura and A. Yokoyama, *J. Appl. Polym. Sci.*, **48**, 1485 (1993).
8) 特公平1-239114.
9) S. Kubo, Y. Uraki and Y. Sano, *Holzforschung*, **50**, 144-150 (1996).
10) S. Kubo, M. Ishikawa, Y. Uraki and Y. Sano, *Mokuzai Gakkaishi*, **43**, 655-662 (1997).
11) D. A. I. Goring, *Pulp Paper Mag. Can.*, **64**, T-514 - T-527 (1963).
12) Y. Uraki, S. Kubo, Y. Sano, T. Sasaya and M. Ogawa, Proceedings of Seventh International Symposium on Wood and Pulping Chemistry, vol. 3, 572-576 (1993).
13) 横山昭，中嶋信之，徳勝也，木材成分総合利用研究成果集，木材成分総合利用技術研究組合編，p. 177-197 (1990).
14) Y. Uraki, S. Kubo, N. Nigo, Y. Sano and T. Sasaya, *Holzforschung*, **49**, 343-350 (1995).
15) S. Kubo, Y. Uraki and Y. Sano, *Carbon*, **36**, 1119-1124 (1998).
16) Y. Uraki, A. Nakatani, S. Kubo and Y. Sano, *J. Wood Sci.*, in submission.
17) 田井和夫，進戸規文，繊維学会誌, **49** (5), p.177-182 (1993).
18) 島崎賢司，小野毅，高分子, **49** (3), 125-128 (2000).
19) Y. Uraki, S. Kubo, T. Kurakami and Y. Sano, *Holzforschung*, **51**, 188-192 (1997).
20) 久保智史，浦木康光，佐野嘉拓，第50回日本木材学会大会研究発表要旨集, 525 (2000).
21) Y. Uraki, R. Taniwatashi, S. Kubo and Y. Sano, *J. Wood Sci.*, **46**, 52-58 (2000).

第6章　抽出成分の利用技術

6.1　テルペン類の利用

谷田貝光克*

6.1.1　はじめに

　炭水化物，アミノ酸，タンパク質などのように生物に共通に含まれ，生命を維持するために不可欠な一次代謝産物に比べ一般的でなく，特定の植物，あるいは動物にのみ見いだされ，その植物，動物を特徴づける成分は二次代謝産物と呼ばれる。テルペン類はアルカロイド，フェノール，脂肪酸などと共に代表的な二次代謝産物の一つであり，樹木などの植物にあっては，におい，色，耐朽性などの原因となりその植物を特徴づけている。また，二次代謝産物の多くは溶媒によって抽出されるために抽出成分というグループに分類されることもあるが，抽出成分の中でもテルペン類は他の成分に比べ多様な構造を持ち，それぞれが他の生き物に対して種々の作用を及ぼすので，すなわち，多種多様な生物活性を持つのでその利用範囲が広い。

　テルペン類は生体内ではメバロン酸を出発物質とするメバロン酸経路で生合成される。メバロン酸はさらに数段階を経て炭素原子5個からなるイソペンテニルピロリン酸に変換され，これがテルペン類を構成する基本単位となる。イソペンテニルピロリン酸がイソプレン構造を持つことからテルペン類はイソプレノイドとも呼ばれ，テルペン類はイソプレンが数個縮合した形を基本骨格としている。したがってテルペン類は縮合したイソプレンの数によって分類され，イソプレン単位が2個，すなわち炭素数が10個のものがモノテルペン，イソプレン単位が3個のものがセスキテルペン，4個がジテルペン，5個がセスタテルペン，6個がトリテルペンと呼ばれる。表1に示すようにテルペン類の揮発性などの物理的特性はイソプレンの数に依存し，モノ，セスキテルペン，ジテルペン炭化水素くらいまでの分子量では揮発性を示し，液体として存在するものも多く，精油成分として知られているが，酸素分子を含むジテルペンやトリテルペン類は分子量も大きくなるので不揮発性で，常温では固体で樹脂様物質として存在する。

　テルペン類はほとんどの植物に多かれ，少なかれ含まれている成分で，古くから生活の上で利用されてきたものも存在するが，未だそれらの成分の特性や作用は未知のものが多く，未利用のまま残されているものが多い。

＊ Mitsuyoshi Yatagai　東京大学大学院農学生命科学研究科　教授

表1 テルペンの分類とその性状

種類	イソプレン数	炭素数	性状, 成分の例, その他
モノテルペン	2	10	精油, 芳香性, 香料原料 テレビンの成分, α-pinene, camphor（局所刺激-クスノキ）
セスキテルペン	3	15	精油, 多様な炭素骨格 thujopsene, cedrol, santonin（駆虫-ミブヨモギ）
ジテルペン	4	20	樹脂, 多くは環状構造 マツヤニのロジン成分, plaunotol（胃炎, 胃潰瘍治療薬-プラウノイ）
セスタテルペン	5	25	樹脂, 菌類, 昆虫に見いだされる ceroplastol-I（昆虫 *Ceroplastes albolineatus* 成分）
トリテルペン	6	30	樹脂, 薬理活性を持ち, 生薬, 漢方薬として用いられるものが多い。 ursolic acid（強壮-ネズミモチ）

6.1.2 精油

精油は植物の花, 果実, 枝葉, 幹, 樹皮など, あるいは動物の分泌物などから得られる揮発性の液体で, 芳香を有し, 水より重いものもまれにあるが, 一般に水より軽く, 水と混合させれば水層と分離し, 水層の上部に浮く。

動物性の精油ではじゃ香（ムスク）, 霊猫香（シベット）, 竜ぜん香（アンバーグリス）などがあるが, このうちでテルペン類を成分とするものは抹香鯨の分泌物である樹脂状の竜ぜん香が知られている程度であり, 天然精油のほとんどが植物性である。

植物精油の構成成分としては炭化水素類, エステル類, フェノール類, テルペン類などがあるが, 多くの精油の主成分はテルペン類で, 中でも比較的低分子で揮発性のモノテルペン, セスキテルペン, およびジテルペン炭化水素が主成分であることが多い。

6.1.2.1 主な樹木精油

芳香を有する植物から精油を採り出し, 香料や食品添加物として利用することは古来, 身近な植物を使用して広く行われてきており, そういう点では数多くの植物が精油を採るための原料として使われてきた。安価な合成品が大量に出回る中で, 姿を消していく天然精油も少なくないが, 現在でも植物精油の採取は世界各地で行われている。現在香料原料として商業ベースで利用されている植物は世界に約250種存在するといわれている。そのなかの約20種が樹木の葉を原料とし, 約15種が材, あるいは根, 樹皮を原料としている。

表2に世界的に採取されている主な樹木精油とその年間生産量を示した[1]。樹木の葉から得られる主な精油には, アビエス油, カシア油, シダーリーフ油, シナモンリーフ油（桂葉油）, ク

表2　主な樹木精油の年間生産量

精油名	学名	部位	主成分	主産地	生産量(t)
ユーカリ油					
（シネオールタイプ）	Eucalyptus globulus	葉	1,8-シネオール	中国、南アフリカ、インド等	1850
（シトロネラールタイプ）	E.citriodora	葉	シトロネラール、ゲラニルセテート	ブラジル、中国、インド	400
（シトラールタイプ）	E.staigeriana	葉		ブラジル	70
シダーウッドオイル					
（テキサスタイプ）	Juniperus mexicanus	材	セドレン、セドロール	米国	1400
（バージニアタイプ）	J.virginiana		ツヨプセン	米国	240
（ヒマラヤタイプ）	Cedrus deodara			インド	100
クローブリーフオイル	Eugenia caryophyllata	葉	オイゲノール、カリオフィレン	インドネシア、タンザニア	1055
サッサフラスオイル	Ocotea pretiosa	材	サフロール	ブラジル	450
カンファーオイル	Cinnamomum camphora	全体	カンファー	中国、タイワン	500
肉桂油	Cinnamomum cassia	葉	シンナムアルデヒド	中国	160
シナモンリーフオイル	Cinnamomum zeylanicum	葉	オイゲノール	スリランカ、インド	100
白檀油	Santalum alba	材	α-サンタロール、β-サンタロール	インド、インドネシア	100
パインニードルオイル	Abies sibirica	葉	α-ピネン、β-ピネン	ロシア	80
シダーリーフオイル	Thuja occidentalis	葉	ツヨン、フェンコン	カナダ、中国	55
パイン油	Pinus nigra, P. silvestris, P. pumilo	葉	α-ピネン、β-ピネン	オーストラリア、ユーゴスラビア、ブルガリア、アルバニア	53
芳樟油	Cinnamomum camphora var. linaloolifera	葉	リナロール	タイワン、中国、日本	
シプレス油	Cupressus sempervirens	葉	α-ピネン、δ-3-カレン	ブラジル、ユーゴスラビア	20

1990年度(by W.B. Lawrence)

表3 わが国の香料輸入量（1998年）

	輸入量	輸入額
輸入香料合計	46,645,617 kg	68,058,168千円
合成香料	30,272,245	29,554,874
天然香料	10,972,052	12,961,026
天然香料中		
植物性精油	10,504,293	12,163,670

	輸入量 (kg)	輸入額（千円）	kg当たりの価格
輸入樹木精油			
ベチバー油	3,057(0.04%)[*1]	31,457(0.3%)[*2]	10,290円/kg
ケイヒ油	64,761(0.6%)	272,380(2.2%)	4,206
シダー油	60,496(0.5%)	86,317(0.07%)	1,427
丁子油	68,095(0.6%)	44,843(0.4%)	659
白檀油	566(0.005%)	18,856(0.2%)	33,314
ユーカリ，ローズウッド等			
	130,865(1.2%)	324,965(2.7%)	2,483
パチュリ油	10,566(0.1%)	125,583(1.0%)	11,886
芳油	2,515(0.02%)	4,694(0.04%)	1,866
合計	340,921(3.2%)	909,095(7.5%)	

*1：輸入植物精油量に対する割合　　　　　　　（大蔵省貿易統計による）
*2：輸入植物精油額に対する割合

ローブ油，ユーカリ油，芳樟油などがあり，材，根から得られるものに白檀油，テレビン油，オコチア油，材から得られる精油にシダーウッド油，ローズウッド油，樟脳油，サッサフラス油，樹皮から得られる精油にシナモン油（桂皮油）がある。

わが国は大量の香料を輸入に頼っているが，最近の香料輸入量を見ると，表3に示すように香料輸入額681億円，輸入量4万6000トンのうちの約19％に当たる約130億円，約23％に当たる1

表4　樹木精油以外の主な輸入植物精油（1998年）

精油の種類	輸入量 (kg)	輸入額（千円）	kg当たりの価格
ベルガモット油	14,448(0.1%)[*1]	84,181(0.7%)[*2]	5,826円/kg
オレンジ油	5,822,735(55.4%)	1,181,286(9.7%)	203
レモン油	359,608(3.4%)	1,529,274(12.6%)	4,253
ライム油	74,114(0.7%)	313,628(2.6%)	4,232
ラベンダー油	52,685(0.5%)	213,472(1.8%)	4,052
ペパーミント油	269,166(2.6%)	1,273,892(10.5%)	4,733
和種ハッカ油	421,467(4.0%)	613,096(5.0%)	1,455

*1：輸入植物精油量に対する割合　　　　　　　（大蔵省貿易統計による）
*2：輸入植物精油額に対する割合

万トン強が天然香料である。さらに天然香料のうち,輸入量で約96％,輸入額で約94％が植物性香料である。すなわち,輸入天然香料のほとんどが植物性香料ということになる。表3にはわが国に輸入される主な樹木精油も併記した。ベチバー油,ケイヒ油,シダー油,ユーカリ油など代表的な樹木輸入香料が示されているが,これら樹木精油の輸入量は,合計でも340トンで,これは植物性精油輸入量の3％程度であり,金額から見ても10％に満たない。表4に参考までに樹木精油以外の主な輸入植物精油を示した。オレンジ油の輸入量が最大で,輸入合計の55％を占めている。その他,ハッカ,ラベンダー,ペパーミントなど草本の精油の輸入量が多く,食品香料としての需要が大きいことがわかる。単価には精油の種類によって大きな差があり,オレンジ油のようにｋｇ当たり200円程度の低価格のものから白檀油のように,3万円を越えるものもある。

6.1.2.2　国産樹種精油生産の実状

わが国で消費される天然香料のうち,国内で生産されているものは,輸入香料に比べると大変少なく高々40～50トン前後である。芳樟,シソなどのほかに青森ヒバ,ヒノキ,スギなどの国産針葉樹の精油生産が行われているのが近年の精油産業で特記すべきものであろう。ヒバ精油の採取は,昭和30年代まで青森県でヒバ製材のオガ粉を原料として行われていたが中断していた。それが,14～15年前から木質系廃材の有効利用を目的として,再び,青森地方でオガ粉を原料として始められた。津軽半島,青森市を中心に5～10社前後の企業が主に製材オガ粉を原料に精油採取を行っている。最大操業時には月5トンの生産能力を有しているといわれていたが,現在の生産量はそれを下回っている。

ヒノキ精油は青森ヒバ精油のように産地が限定されておらず,オガ粉,端材などのほかにヒノキ産地に密接して土場で排出される末木や根株なども利用され採取されている。正確な統計は無いが採取者数は青森ヒバの場合よりも多い。ヒノキの場合も材油生産がほとんどで,葉油生産はほとんど行われていない。

スギ精油の場合もオガ粉からの材油生産がほとんどであり,生産者数は青森ヒバ,ヒノキよりも少ない。

国産樹種の精油の価格はシダー油,ユーカリ油などの輸入品がkg当たり1000～3000円であるのに比べ,より高価である。10年ほど前まではヒノキ,スギ材油,葉油が2万円/kgしていたが,その後,原料収集,精油採取法の改善等により1万円/kgにまで値下げされたものもある。特にヒノキ材の除湿乾燥時に凝縮される水分と共に回収される精油は7000円前後に値付けされている。ヒバ油は7000～8000円/kgで販売されている。

表5,6にそれぞれ主な国産樹種の葉油含量,材油含量を示した。ヒノキ,スギ,ヒノキアスナロ(ヒバ)などを見ればわかるように通常,葉の方が材よりも精油含量が高い。今後は林地残

表5　主な国産樹種の葉油含量*

樹種	精油含量(ml)	樹種	精油含量(ml)
ヒノキ	4.0	クスノキ	2.4
サワラ	1.4	ヤブニッケイ	2.0
ハイビャクシン	1.7	タブノキ	2.2
ネズコ	4.2	シロダモ	0.4
ヒバ	1.4	シキミ	4.4
スギ	3.1	アセビ	0.1
コウヤマキ	0.7	ノリウツギ	0.1
モミ	0.9	サンショウ	0.6
トドマツ	8.0	ミヤマシキミ	2.4
シラベ	2.1	クヌギ	~0
アカエゾマツ	1.4	シラカシ	~0
エゾマツ	2.1	スダジイ	~0
トウヒ	1.1	シロモジ	0.4
カラマツ	0.3	ハイマツ	2.0
アカマツ	0.2	ツガ	0.8
イチイ	0.1	カヤ	0.7

＊　8月に採取した樹葉で測定。樹葉100g当たりに含まれる精油含量

表6　主な国産樹種の材油含量と成分*

樹種	精油含量（ml）	主な成分
ヒノキ	1.0～2.5	α-ピネン, α-カジノール
サワラ	1.0～2.0	α-カジネン, δ-カジノール
ネズコ	0.7～1.0	カンフェン, ヒノキチオール
ヒバ	1.0～1.5	ツヨプセン, ヒノキチオール
スギ	0.5～1.0	4-テルピネオール, サビネン
ツガ	~2.0	酢酸ボルニル, ボルネオール
トドマツ	~0.5	酢酸ボルニル, リモネン
ヒマラヤスギ	~2.5	α-ピネン, α-テルピネオール
コノテガシワ	~0.2	ヒノキチオール, セドロール
コウヤマキ	~2.0	セドレン, セドロール
クスノキ	2.0～2.3	カンファー, リモネン

＊　樹葉100g当たりに含まれる精油含量

材として廃棄される末木枝葉を活用するためにも，精油含量のより高い葉からの精油採取が，積極的に行われるべきであろう。これらの精油成分のほとんどはテルペン類であるが[2-5]，針葉樹の場合，一般に葉油では揮発性のモノテルペン含量が高く，材油ではモノテルペンよりもセスキテルペン含量が高い。そのために，葉油では軽くさわやかなにおいがし，材油ではどっしりとして落ち着きのあるにおいがする。葉油では頭をすっきりさせる覚醒作用，材油では気分を落ち着かせる鎮静作用があることがいくつかの針葉樹精油で明らかにされている。このように葉油と材

油は含有成分の違いからその働きも異なるので，材油には無い葉油の新しい作用を活用した利用法を見いだすためにも葉油生産が望まれる。

6.1.2.3 精油生産技術の開発

植物精油の採取法にはいくつかの方法があり，原料，採り出す精油成分の種類などに適した採取法がとられる。中でも最もよく使用されるのが植物原料に水蒸気をあてて，水蒸気と共に揮散してくる精油成分を冷却，凝縮して精油を得る水蒸気蒸留法である。熱水蒸留法はHydro-disitillationと呼ばれるもので，容器中に入れた植物原料を熱水で煮沸し，出てくる水蒸気と揮発性物質を冷却・凝縮して精油を得る方法である。前記の水蒸気蒸留法よりも収率がよいが，水蒸気蒸留の場合よりも多くの物質を含み，熱しすぎると蒸したにおいが精油に混じってくることがある。熱水蒸留法では容器中に残存する熱水可溶物も同時に得ることが可能である。

植物原料をアルコールやヘキサンなどの有機溶媒と共に加熱して抽出するのが有機溶媒抽出法であるが，この場合には精油以外の不揮発性成分も混合物として抽出されてくる。原料が少量の時には有効な抽出法である。

ほかに，柑橘類の果皮を圧搾して精油を得る圧搾法，一定の厚さに塗った脂肪の上に花びらなどを敷きつめ，脂肪に吸収された香り成分を採り出す不揮発性溶剤抽出法などがある。最近では多くの物質に対して優れた抽出能力を持つ超臨界状態の流体を用いた超臨界流体抽出も行われている。超臨界流体は気体と液体の両方の性質を持ち，植物組織中に浸透しやすく，成分を溶かしやすい。圧力，温度の微妙な調整によって通常は多数の成分の混合物として得られる抽出物中の特定成分を選択的に抽出することも可能である。図1は超臨界流体抽出によってベイスギ材から抗菌性成分ヒノキチオールを選択的に高含有で採りだした例である[6]。超臨界流体として用いられるものには，炭酸ガス，アンモニアなどがある。コーヒーの脱カフェイン，ホップの抽出，天然香料の抽出，動植物油の抽出などで用いられている。常温に近い温度で抽出可能なので高温には比較的不安定な成分を含む植物成分の抽出には適しているが，装置が大型で高価なのが短所である。

水蒸気蒸留法の中でも大気圧のもとで蒸留する常圧水蒸気蒸留は，加圧蒸留に比べ，操作が容易なので最もよく使われているが，従来の装置にさらに手を加え，原料を破砕するシュレッダーとブロワーの組み合わせを抽出槽に接続し，粉砕された原料を自動的に抽出槽に充填して，抽出後はブロワー内の空気を逆方向に流し，抽出残さを排出するといった方法など，原料投入口を改良し，原料入れ替えの作業性の改善，精油と水を分離する油水分離器の改良，多連式抽出装置の開発など，収率と作業性の両面からの改善が図られている[7]。

水蒸気蒸留や熱水蒸留では油水分離器の上層に精油が溜まるが，下層の留出水には精油の一部が懸濁する。この留出水中の精油を吸着樹脂に吸着させ精油を回収する技術も開発されている。

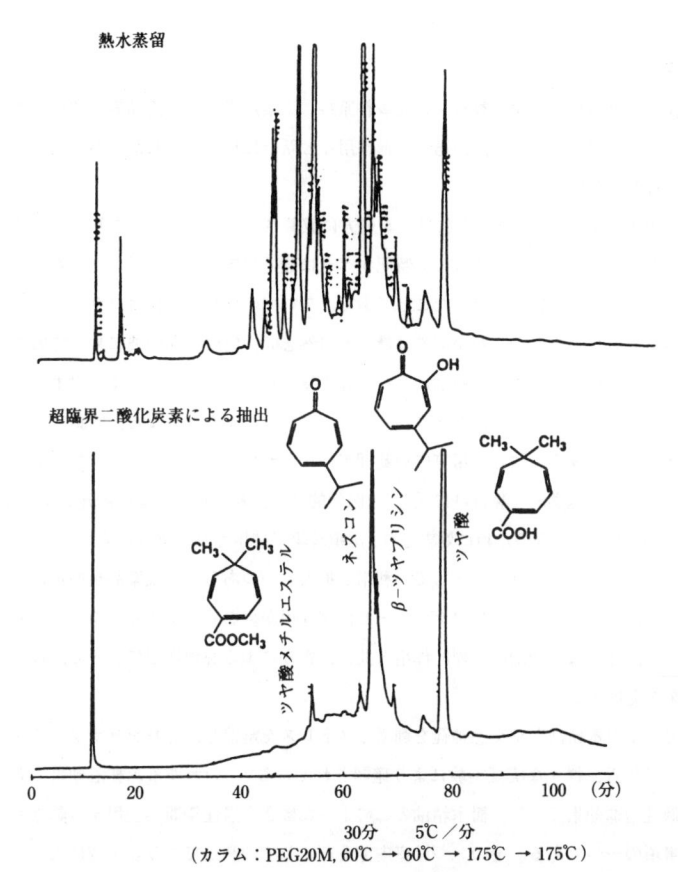

図1 ベイスギ材の熱水蒸留と超臨界流体抽出による精油成分の
　　 ガスクロマトグラム
　　 超臨界流体抽出では7員環化合物の選択抽出が行われている。

回収された精油からはヒバ材油に含まれているとほぼ同程度のヒノキチオールが回収される。
　抽出槽に蒸気を満たし抽出槽内の圧力が3kgf/cm²程度になった後，入り口を閉じ，ついで出口を開いて抽出槽内の蒸気を排出し，大気圧まで戻す操作を繰り返すスウィングプレッシャー法（SPE法）なる抽出法も開発されている。SPE法では常圧蒸留法に比べ全抽出量が多く，特に初期の抽出量が多いので抽出時間の短縮が可能である。また，SPE法では圧力が揺動するので，一定圧力で連続的に抽出する場合に比べ原料にかかる平均温度が低い。そのために，不安定成分の分解も少なくすることができ，また，蒸し臭もつきにくく，より天然に近い精油を得ることがで

きる[7]。

6.1.2.4 精油の利用

　テルペン類を主体とした植物精油は，香料，合成香料原料，工業用原料，医薬品等に利用されてきた。近年はテルペン類の殺ダニ作用，快適性増進作用など新たに見いだされた生物活性を利用した製品の開発が行われている。

　揮発性テルペン類の中には表7に示すように日本薬局方に収載されているものがあり，身近に使用されてきたものもある。健康に関するもので特記すべきは最近のアロマテラピーブームでテルペンを含む植物精油がさらに注目されだしたことである。アロマテラピー自体はフランスを中心としたヨーロッパで行われてきたが，わが国では最近の自然志向，健康志向の波に乗って広まりつつある。アロマテラピーに使用される精油はハーブ等の草本類からのものが多く，樹木精油はそれほど多くはないが，シダーウッド，ジュニパー，イトスギ，ビャクダンなど，内臓機能増進，鎮静，去痰，血圧降下，強心，強壮作用等広い範囲で使用されている。アロマテラピーは伝承と経験に基づく自然療法で医学的な裏付けに乏しく，医学的には認知されていない部分が多い。しかし，最近では医師によって治療のために処方され，医療現場で使用される例も増えつつあり，医療分野でのメディカル・アロマテラピーとしての利用が拡大しつつある。合成薬品を多量に投与する現代医療に比べ，メディカル・アロマテラピーでは副作用が少なく，生体のもつ自然治癒力を高める働きも持ち，さらに，精油の生理的作用と共に，香りによる心理作用によって，幅広い症状に対して効果を発揮する[8]。

　大気中に揮散している樹木精油が副交感神経を刺激しストレスを解消し，心身をリラックスさせる働きがあることは最近，様々な実証実験により確認されている[9]。いわゆる森林浴効果であり，樹木精油の快適性増進効果である。樹木精油のこのような働きを居住空間へ利用する動きも近年の特記すべき事項の一つである。その一つは室内芳香剤としての利用である。小袋に入るポケットタイプに始まり，小瓶タイプのもの，スプレー式のもの，家庭用加湿器を利用したもの，さらには会議室やホテルロビー，病院待合室などの広い空間を大型装置で流すものまで様々なものに利用されている。

　樹木精油の建材への利用も最近の新しい利用法の一つである。この場合には合板の表層の突き板，あるいはプリントと基材を接着する際に接着剤に精油を混合し，快適性増進と共に，殺ダニ，抗菌・抗カビをねらったものが多い。接着剤層に精油を混合するエマルジョン化技術も進歩し，精油含有二重構造エマルジョンが徐放性に優れていることなどが明らかにされている。さらに精油がアンモニヤや二酸化イオウ，酸化窒素などの消臭[10]のみならずホルムアルデヒドの吸着[11]にも有効であることが明らかにされ，精油を用いたVOC対策が検討されている。

　殺ダニ作用に関してはヒバ材油，タイワンヒノキ材油，ヤクスギ材油，ヒノキ材油に室内塵中

表7 日本薬局方に収載されている植物性テルペン類

名称	学名	部位	含まれるテルペン成分	適用
オレンジ油	Citrus 属	果皮	d-リモネン	賦香料（製剤用）
サンショウ	Zanthoxylum piperitumu	果皮	シトロネラール、リモネン	芳香辛味健胃薬
カンフル（樟脳）	Cinnamomum camphora	全木	カンファー	筋肉痛、挫傷、打撲 局所刺激、消炎、鎮痛
丁子（ちょうじ）	Syzygium aromaticum	つぼみ	精油15〜20%、（主成分はオイゲノール） α-、β-カリオフィレン、フムレン	芳香健胃薬
陳皮（ちんぴ）	Citrus unshiu（温州みかん）	果皮	d-リモネン	健胃消化薬、鎮咳去痰薬
テレビン油	Pinus 属	樹幹からの分泌物	α-ピネン	皮膚刺激薬として神経痛などに外用
橙皮（とうひ）	Citrus 属	果皮	リモネン	健胃薬
苦木（にがき）	Picrasma quassioides	木部	クワッシン、ニガラクトン	苦味健胃薬
ハッカ	Mentha arvensis var. piperascens またはその種間雑種	地上部	メントール	精神神経用薬、消炎排膿
ビャクジツ	Atractylodes japonica（オケラ） A. ovata（オオバナオケラ）	根茎	精油（アトラクチロン、セリナン類）	健胃、利尿、強壮、鎮痛
ブクリョウ	Poria cocos	菌核	四環性トリテルペン酸	利尿、鎮咳、健胃消化薬
茅根（ぼうこん）	Imperata cylindrica	根茎	トリテルペノイド（シリンドリン、アルンドイン）	むくみ
木通（もくつう）	Akebia quinala（アケビ）	茎	ヘデラゲニン、オレアノール酸のサポニン	尿路疾患薬
木香（もっこう）	Saussurea lappa	根	精油（主成分コスチュノライド）	食欲不振、消化不良
益智（やくち）	Alpinia oxyphylla	果実	精油（主成分ヌートカトン）	芳香健胃薬
ユーカリ油	Eucalyptus globulus または近縁種	葉	1,8-シネオール	
レンギョウ	Forsythia suspensa	果実	トリテルペノイド（オレアノール酸）	消炎排膿薬、皮膚疾患薬

に生息するヤケヒョウヒダニに対して強い殺ダニ活性が認められている[12]。ヤクスギではその土埋木成分のセスキテルペン，クリプトメリオンが活性成分として，ヒノキ精油の活性成分としてはやはりセスキテルペンであるカジノール類が有効成分として働いていることが明らかにされている。カジノール類は殺虫剤としてよく知られているピレスロイドよりも殺ダニ活性が高く，化学的にも比較的安定で長期間の使用に耐えることができる。これを応用してカジノール類とヒノキ精油を混合した防ダニ畳シートが開発されている。

外国産樹種ではユーカリの他に，やはり同じフトモモ科のメラルーカ類（*Melaleuca* species）に強い殺ダニ活性があることが明らかにされている[13]。

精油類には抗菌・抗カビ作用を示すものがあることが知られているが，ヒノキ材および葉の精油には，院内感染の原因の一つであるメチシリン耐性ブドウ球菌（MRSA）に対して抗菌性があることが明らかにされた。また，ヒバ材精油成分，ヒノキチオールもMRSAに抗菌活性を示すことがわかり，院内感染を防ぐ目的でヒノキチオール混合の精油で病院の床を清掃するなどの試みがなされ，MRSAの繁殖を抑制する効果があることが報告されている[14]。ヒノキチオールは食中毒の原因となる大腸菌，O157や胃潰瘍の原因と考えられているピロリ菌に対しても抗菌性があることがわかっている。

6.1.3 樹脂

主な天然樹脂を表8に示す。表中にはテルペン以外の樹脂類も参考までに記したが，エレミ，バルサム類，生マツヤニ，コーパル類，ダンマルなどがジテルペンを主体とした天然樹脂である。その用途は塗料，サイズ剤などが主である。ここでは紙面の都合でそれぞれの天然樹脂についての説明は避け，マツヤニについて述べる。生マツヤニは揮発性のテレビンと不揮発性のロジンから成っている。テレビン（turpentine）は α-pinene を60％以上含むモノテルペンを主とした精油であり，その用途はペイント溶剤，樹脂合成原料，合成香料原料，殺虫剤，パインオイル製造などである。ロジンはアビエチン酸，レボピマル酸，ピマリン酸などを主とするジテルペン類の混合物である。日本におけるロジンの用途で最も大きいのは紙サイズ剤で，合成ゴム乳化剤，印刷インキ，接着剤原料などがこれに続く。古くは矢尻や槍の穂先の接着，軍船など木造船の防腐，防水剤としての必需品であった。マツヤニ類を軍艦や海軍を意味するNavalを冠してNaval Storesと呼ぶのはこのような経緯があるからである。石油からの樹脂，石油レジンは分子量に幅があるが，ロジンはジテルペンであり，その分子量の幅は302±2であり，均一な分子量を持っている。それが溶液，乳化物の安定性にもつながっている。ロジンエステル類はゴム，合成高分子に配合され，粘着付与材として使用される。感圧接着剤，ホットメルト接着剤，ラテックス系接着剤がそうである。興味あるものではロジンを入れたワインや10〜20％のエステルガムを添加したチ

表8 主な天然樹脂

種　類	起　源	主な成分	主産地	用　途
アカロイド	Xanthorrhoea australis	安息香酸, ケイ皮酸	オーストラリア	塗料, サイズ剤
安息香	Styrax benzoin	安息香酸	東南アジア	医薬, 歯磨き
エレミ	Canarium luzonium	セスキテルペン, トリテルペン	フィリピン	香料, 塗料
コパイババルサム	Copaifera langsdorfti	カリオフィレン, コパエン, コパイバ酸	南米, アフリカ	医薬, 塗料
トルーバルサム	Myroxylon balsamum	シンナメイン, バニリン	中南米	医薬, 香粧品
ペルーバルサム	Myroxylon balsamum var. pereirae	シンナメイン約60% 樹脂30%,	中米	医薬, 香粧品
カナダバルサム	Abies balsamea MILL.	α-, β-ピネン, 1-β フェランドレン, 酢酸ボルニル, 樹脂酸	米国, カナダ	光学器械, 医薬
蘇合香	Liquidambar 属	桂皮酸類	トルコ, 中米	香料原料
グアヤク脂	Guaiacum offtcinale	α-, β-グアイアコン酸	南米, 西インド諸島	医薬
生マツヤニ	マツ科	α-, β-ピネン, 樹脂酸	米国, 中国, ロシア	テレビン油, 松ヤニ原料
マニラコーパル	Agathis alba	アガチン酸,	フィリピン, インドネシア	塗料
カウリコーパル	Agathis australis	ダンマル酸, アガチン酸	ニュージーランド	塗料
コンゴコーパル	Copaifera demeusii	α-, β-ピネン, リモネン, コンゴレン	コンゴ	塗料
コハク	Pinus succinifera	サクシノレゼン, サクシノアビエチノール, 樹脂酸重合物	バルト海沿岸	装飾品
ダンマル	Dipterocarpaceae	ダンマロリック酸, ジプテロカルポール	東南アジア	塗料
サンダラック	Callitris quadrivalvis	サンダラコピマリン酸	アフリカ, オーストラリア	塗料
シェラック	原虫：ラック虫 (Kerrialacca)	アロイリチン酸	インド, タイ	電気絶縁体, レコード, 塗料
乳香	Boswellia	セスキテルペン, トリテルペン	ソマリランド, 東南アラビア	香料
没薬（ミルラ）	Commiphora	フラノセスキテルペン, クマリノリグナン類, トリテルペン	アフリカ東北部, アラビア南部	香料

ューインガムへの利用である。

　テレビン，ロジンはその採取法によって呼び名が違ってくる。マツの幹を切りつけて滲出する樹液を採る方法で得られたテレビン，ロジンはそれぞれガムテレビン，ガムロジンという。材や切り株の水蒸気蒸留，あるいは溶剤抽出によって得られるのがウッドテレビン，ウッドロジンである。マツ材のパルプ製造の際にアルカリで煮沸するときに得られるのがサルフェートテレビンとトールロジンである。通常の生マツヤニの構成はテレビンが15％，ロジン75〜85％，脂肪酸

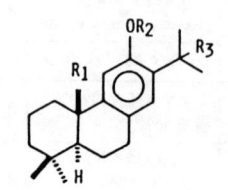

(1) R_1=COOH,　　R_2=H,　　R_3=H　　ピシフェリン酸
(2) R_1=CHO,　　　R_2=H,　　R_3=H　　ピシフェラール
(3) R_1=CH$_2$OH,　R_2=H,　　R_3=H　　ピシフェロール
(4) R_1=CH$_3$,　　　R_2=H,　　R_3=H　　フェルギノール
(5) R_1=COOCH$_3$,　R_2=H,　　R_3=H　　ピシフェリン酸メチル
(6) R_1=COOH,　　R_2=CH$_3$, R_3=H　　O-メチル　ピシフェリン酸
(7) R_1=COOCH$_3$,　R_2=CH$_3$, R_3=H　　O-メチル　ピシフェリン酸メチル
(8) R_1=CH$_3$,　　　R_2=H,　　R_3=OH　 15-ヒドロキシフェルギノール

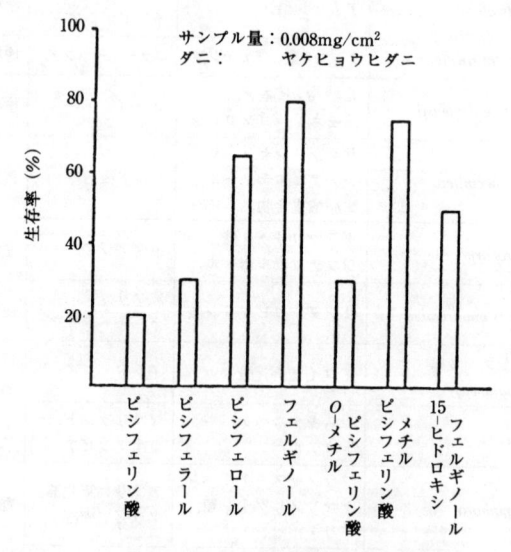

サンプル量：0.008mg/cm^2
ダニ：ヤケヒョウヒダニ

図2　ピシフェリン酸類とその殺ダニ活性

〜数％であり，採取法が異なっても生マツヤニの成分組成はほぼ同じである。

現在，世界で年間約110万トンのロジン生産があるが，その約80％がガムロジンである。世界のロジン生産量で最も多いのが中国で，30万トン強のロジンを生産している。次いで多いのが米国の25〜30万トンでソ連，ポルトガルなどがこれに続く。中国はロジン生産のほとんどがガムロジンで，米国ではトールロジンが最も多い。世界的に見るとその生産量はトールロジンが増加，ガムロジン，ウッドロジンが減少の傾向にある。日本のロジン消費量は年間約8〜9万トンであり，その75％を主に中国から輸入している。

ロジンの代表的ジテルペン，アビエチン酸類には生物活性も持つものも見いだされている。ヒノキ属サワラの葉から得られたアビエチン酸骨格を持つピシフェリン酸はヤケヒョウヒダニ，コナヒョウヒダニに対して強い殺ダニ活性を示す[15]。サワラには数種のピシフェリン酸類似体が含まれるが，これらも殺ダニ活性を示し，興味あることにはその殺ダニ活性は化合物の酸化の度合いが進んだ構造を持つものの方が高い（図2）。ピシフェリン酸類は抗酸化作用も示す[16]。

アカマツ当年枝のメタノール抽出物からは，ダイズ，エンドウ，インゲン等のマメ科植物の害虫であるホソヘリカメムシ幼虫の羽化を阻害するアビエチン酸骨格を持つジテルペン酸エステルが見いだされている[17]。

ロジンは中国で「松香」の名で古くから皮膚疾患や滋養強壮用生薬として用いられてきた。この松香が抗潰瘍成分も含んでいることに着目して，ロジン成分の合成誘導体での薬理活性が調べられた結果，化合物Ⅰに粘膜保護・組織修復型胃潰瘍治療作用があることが見いだされ，医薬品としての承認を受けている。この化合物は胃粘膜局所に直接作用することによって効果を発揮することが明らかにされている[18]。

6.1.4 テルペン類の生物活性

多種多様な構造を持つテルペン類は現在でも新規成分が単離され，あるいは新しい生物活性等の作用が見いだされている。以下に最近の報文等に見られるテルペン類の生物活性について紹介する。

スギ葉油，ユーカリ油，テレビン油のモルモットを用いた鎮咳効果の吸入試験ではいずれも吸入適用範囲（2.5〜15％）で咳を有意に抑制した。また，腹腔内投与（25〜100mg/kg）でも鎮咳効果を示すことが報告されている[19]。

スギ葉油は，4種のラット潰瘍モデルに対して抗潰瘍作用を示し，抗潰瘍物質としてテルピネン-4-オール，エレモールが同定された。前記2化合物は塩酸エタノール潰瘍，塩酸アスピリン潰瘍のいずれにも抗潰瘍作用を示すが，特にテルピネン-4-オールの作用が強くテルピネン-4-オールは，胃分泌の抑制作用，ヘリコバクターピロリに対する抗菌作用も示した[20]。

モミ属アオモリトドマツ (Abies mariesii), モミ (A. firma), シラビソ (A.veitchii) の樹皮から abieslactone, hopan-3 β,22-diol とともに10種の abieslactone 類縁体が単離, 構造決定されている。上記3種のモミ属樹種は abieslactone 類を豊富に含むので, この化合物類を利用する際の資源として注目できる[21]。

真菌 (Verticillium dahliae) を接種したケナフ (Hibiscus cannabinus) の茎からトリノルカダレンタイプの2種のファイトアレキシン, hibiscanal (1), o-hibiscanone (2) が単離, 同定されている。(1), (2) のV.dahliae に対する ED_{50} はそれぞれ, 25.83, 1.18 μg/ml であった。(2) はV.dahliae, Fusarium oxysporum f. sp. vasinfectum に対して 8 μg/ml, 12 μg/ml であり, V.dahliae に対してはワタの最も強いファイトアレキシンとして知られている desoxyhemigossypol よりも強い毒性を持っている[22]。

肺結核は Mycobacterium tuberculosis, M.bovis によって引き起こされるが, 医薬品に耐性を持った結核菌の出現により増大しつつある。そこで, 細胞毒性, 抗腫瘍性, 抗菌性等の活性をもつことで知られているセスキテルペンラクトン, parthenolide (3) および類似体の上記病原菌に対する抗菌活性が調べられ, (3) および costunolide (4) に強い活性が認められた ((3) および (4) のM.tuberculosis およびM.avium に対する最小生育阻害濃度, それぞれ, (3) :16 μg ml-1, 64; (4) :32, 128)[23]。

ブラジルで強壮薬として用いられているイイギリ科の薬用植物, Casearia sylvestris の葉からは抗腫瘍性を示すセスキテルペンアルコールのCasearin A とその類縁体が見いだされている。マレーシアで近年トンカアリ (Tonkat Ali) の名で強壮用生薬としてブームを引き起こしているニガキ科Eurycoma longifolia の根には細胞毒性を有するジテルペン類が含まれていることが知られている[24]。

ニシキギ科植物は中国で殺虫剤として伝統的に使われてきたものが多く, ツルウメモドキ属 (Celastrus) からは β-dihydroagarofuran ポリオールエステル型のセスキテルペン類が含まれていることが知られている[25]。

殺虫剤, 虫下しに用いていた香りのよい小低木であるワタスギギク (Santolina chamecyparissus subsp. squarrosa) の地上部からは4種の新規セスキテルペンが単離, 構造決定されている[26]。

腫瘍プロモーターの 12-O-tetradecanoylphorbol-13-acetate (TPA) による Hela 細胞の活性化を指標とした発ガン抑制物質の検索では, abieslactone 自体には抑制作用はほとんどないものの, ラクトン環の開裂した形のγ ケト酸メチルエステルが 25 μg/ml 濃度で強い抑制作用を示すことが明らかにされた[21]。

高等植物から抗腫瘍活性成分の探索が行われ, 数多くの報文が現在までに発表されている。多くの細胞毒性成分, あるいは抗腫瘍活性成分が見いだされてきた中で, 制ガン作用のある物質,

すなわち人間のガンの抑制に効果があり，実用化されている成分は成分検索が行われた植物の数から見れば極めて少ない。そのような中で，北米原産のタイヘイヨウイチイの樹皮から見いだされたpaclitaxelは医薬として認められた数少ない天然の抗ガン物質の一つである。イチイ属樹木は成長が遅く，その樹皮からの成分の採取には限りがある，そこでタイヘイヨウイチイ以外のイチイ属樹種が調べられた。その結果，paclitaxelは，日本のイチイやヨーロッパイチイなどにも含まれ，それも樹皮以外の生物資源として収集しやすい葉などの部位にも含まれていることが明らかにされている。また，その効率的抽出法，栽培法なども検討されている[27]。

樹木由来のモノテルペン類の細胞毒性が調べられている。その結果では，市販の制ガン剤のIC_{50}にははるかに及ばないものの（ビンブラスチンIC_{50} 0.0006 μ g/ml, 5-フロオルウラシル 0.04 μ g/ml），アロオシメンがIC_{50} 12 μ g/mlで，供試したモノテルペンのなかではやや強い毒性が見いだされている[28]。

腐朽したカナダトウヒの材から単離した真菌，*Oidiodendron* cf. *truncatum*の培養液からは，4種の新規，3種の既知テトラノルジテルペン，oidiodendrolide類が単離され，その構造が決定された[29]。これらのうち化合物1は病原性酵母の*Candida albicans*に対して最も強い抗菌性を示した。そのMICは8 μ g/mlである。

トウダイグサ科セイシンボク属シマシラキ（*Excoecaria agallocha*）はシラキ属に近縁の樹種で，熱帯アフリカ，アジア，北オーストラリア海岸べりに生育し，材に沈香のような香りをもつので，沖縄地方では沖縄沈香と呼ばれ沈香代用として用いられてきた。セイシンボク属樹種は皮膚障害を起こすので知られているが，タイ地方では鼓腸の民間薬として用いられ，シマシラキの枝，樹皮からはダフネタイプのジテルペンエステルとその近縁化合物が得られている。また，シマシラキの葉，幹からは抗HIV活性のフォルボールエステルが単離されている[30]が，最近，塩素を含むジテルペンExcoecarin Fが単離された[31]。含塩素化合物は海草や海に生息する小動物からは見いだされているが，海岸の植物から単離されたのは初めての例である。

おでき治療の民間薬としてパプアニューギニアで使用されているナンヨウハゼノキ（*Rhus taitensis*）の葉から新規トリテルペン，3 β,20,25-trihydroxy-lupaneが単離，構造決定された[32]。

亜熱帯林に生育するミカン科の*Esenbeckia yaxhoob*は，ユカタン地方で地上部の煎じ汁が胃腸病の民間薬として使われてきた。地上部の$CHCl_3$-MeOH抽出物からアレロパシーをもつクマリン，imperatorinおよび新規トリテルペン，(24*S*)-24-Methyl-dammara-20,25-diene-3 β-yl-acetateが得られ，前者はATP合成阻害等の作用を持つことが明らかにされた[33]。

西洋トチノキ（*Aesculus hippocastanum*）の種子に含まれる薬用サポニン混合物，Escinから12種のサポニンが分離され，そのうちの数種が血糖値上昇抑制活性，アルコール吸収抑制活性を有することがわかった[34]。さらに，escin類の血糖値上昇抑制作用は胃排出能抑制および小腸での

209

ブドウ糖吸収抑制活性によることが明らかにされた[35]。

パプアニューギニアで皮膚病の民間薬として使われている *Harpullia ramiflora* の茎皮から新規トリテルペンサポニン，harupuloside（1）が単離され構造が明らかにされた[36]。

スリランカ，インドネシアで紅茶用に広く栽培されている茶の変種，アッサミカ（*Camellia sinensis* L.var.*assamica*）の種子からは胃粘膜障害を防ぐ働きのある9種類の新規サポニンがラットを用いた実験で見いだされ，その構造が明らかにされた。それらはアッサムサポニン類と呼ばれるポリヒドロキシオレアナン型トリテルペン配糖体である[37]。

6.1.5 おわりに

植物の抽出成分は，より強い効果と速効性をねらって研究・合成される合成品に比べ効用が低く効き目が遅い，原料と工場立地条件があれば，いつでもどこでも生産可能で大量生産可能な合成品に比べ，生産が原料採集の時期，採集場所に左右され，含有量が小さく比較的高価であるなどのいくつかの不利な点を持ち合わせている。しかしながら，天然物ゆえに残留毒性や副作用が少ない，合成品ではまねのできない手触り，色合いなどの品質の良さを持っているなど，優れた点も持ち合わせている。環境汚染，自然破壊が進む中で天然物のこのような長所が再び見直され，利用されだしている。それと共に分離，測定，生物検定技術等のめざましい進歩により今までは分離できなかったものが単離され，構造が明らかにされて，新しい生物活性が見いだされるようになってきた。テルペン類をはじめとした天然物の利用は今後もその幅を広げて行くことであろう。

文　　献

1) 岡野健ら，木材居住環境ハンドブック（朝倉書店），266-322（1995）．
2) M.Yatagai, T.Sato and T.Takahashi, *Biochem.Sys.Ecol.*,13（4），377（1985）．
3) M.Yatagai and T.Sato, *ibid.*,14（5），469（1986）．
4) 奥田治，香料化学総覧（広川書店），1, pp127．
5) 林七雄，古前恒，香料，No.121,31（1978）．
6) T.Ohira, F.Terauchi and M.Yatagai, *Holzforschung*, 48（4），308-312（1994）．
7) 樹木抽出成分利用技術研究成果集（樹木抽出成分利用技術研究組合編），（1995）．
8) ダニエル・ペノイル他，アロマトピア（フレグランスジャーナル社），6（2），2-62（1997）．
9) 谷田貝光克，材料，46（10），1222-1227（1997）．

10) 谷田貝光克, 日本木材学会研究分科会報告書, 樹木成分の利用, p.13（1991）.
11) 大平辰朗,谷田貝光克, ホルムアルデヒド類の捕集方法とホルムアルデヒド類捕集剤, 特許出願, 10-112896（1998）.
12) M.Yatagai, *Current Topics in Phytochemistry*, 1,85-97（1997）.
13) M.Yatagai, T.Ohira, K. Nakashima, *Biochem. Sys. Ecol.*, **26**（7）, 713-722（1998）.
14) 福井徹, 菊地謙, 96' 日本MRSシンポジウムD講演要旨集, p.217（1996）.
15) 谷田貝光克, 中谷延二, *Mokuzai Gakkaishi*, **40**（12）, 1355-1362（1994）.
16) 谷田貝光克, 天然抗酸化剤, 特許1995949（1995）.
17) 福嶋純一, 谷田貝光克, 田畑勝洋, ホソヘリカメムシの防除剤, 特許2545747（1996）.
18) 坪下明夫, ファルマシア, 30（4）, 394（1994）.
19) 三澤美和, 木沢元之, 応用薬理, **39**（1）, 81-87（1990）.
20) 長谷川千佳, 松永孝之ほか, 第42回香料・テルペンおよび精油化学に関する討論会, 講演要旨集, 24（1998）.
21) 田中麗子, 松永春洋, 薬学雑誌, 119（5）, 319-339（1999）.
22) A.A.Bell *et al.*, *Phytochemistry*, **49**（2）, 431-440（1998）.
23) N.H.Fischer *et al.*, *ibid.*, **49**（2）, 559-564（1998）.
24) H. Itokawa *et al.*, *Tetrahedron Letters*, **32**, 1803-1804（1991）.
25) Kun Zhang *et al.*, *Phytochemistry*, **48**（6）, 1067-1069（1998）.
26) A.F.Barrero *et al.*, *Phytochemistry*, **48**（5）, 807-813（1998）.
27) 菊地與志也, 河村文郎, 大平辰朗, 谷田貝光克, 生薬学雑誌, **54**（1）, 14-17（2000）.
28) 岡村邦恵, 岩上敏, 松永孝之, 富山薬研年報, No.20,96-101（1993）.
29) T.Hosoe *et al.*, *Chem. Pharm. Bull.*, **47**（11）, 1591-1597（1999）.
30) K.L.Erickson,J.A.Beytler,J.H.Cardellina,J.B.McMahon,D.J.Newman,M.R.Boyd, *J.Nat.Prod.*, **58**,769-772（1995）.
31) T.Konishi *et al.*,*Chem.Pharm. Bull.*,**47**（3）, 456-458（1999）.
32) A. Yuruker *et al.*, *Phytochemistry*, **48**（5）, 863-866（1998）.
33) R.Mata *et al.*, *Phytochemistry*,**49**（2）, 441-449（1998）.
34) M.Yoshikawa *et al.*, *Chem Phram.Bull.*,**44**,1454-1464（1996）.
35) H.Matsuda *et al.*, *Med. Chem.*, **6**,1019-1023（1998）.
36) C.Dizes *et al.*, *Phytochemistry*, **48**（79）, 1229-1232（1998）.
37) T.Murakami *et al.*, *Chem. Pharm. Bull.*, **47**（12）, 1759-1764（1999）.

6.2 タンニン類の利用

大原誠資*

6.2.1 はじめに

現在,日本の製材工場から約349万m³の樹皮が排出されている[1,2]。国産材および外材から発生する樹皮の量はほぼ同量であり,国産材では95%以上がスギ,ヒノキ等の針葉樹,外材では主に米材および北洋材から排出されている。排出される樹皮の一部は家畜敷料,堆肥・土壌改良材等として再利用されているが,他の主な残廃材(背板,のこ屑等)と比べて未利用率がかなり高く,発生樹皮の27%が焼却または棄却されているのが現状である。元来樹皮は,害虫や腐朽菌等から樹体を守る役割を果たしていると言われており,木部に比べて多種多様な二次代謝成分を含んでいる。中でもタンニン類は多くの高等植物の樹皮に多量に含まれている天然ポリフェノール化合物であり,皮なめし剤,染料,生薬の成分等として古くから利用されてきた。Bata Smithらによれば,タンニンは「温水によって抽出されるポリフェノール成分で,塩化第二鉄によって青色を呈し,アルカロイドおよびタンパク質と結合する化合物」と定義されている[3]。最近の研究により,この範疇に入らないタンニン類の存在も示唆されてきてはいるが,現在でもB. Smithの定義が大部分のタンニン類の特性を明示していると考えられる。

本節では,植物タンニンの分類について記した後,タンニンの分布,含有量,化学特性,有用機能および最近の利用開発研究について紹介する。

6.2.2 タンニンの分類

タンニンとは,上述のB. Smithの定義に示されている性質を有する物質群の総称である。このような性質を有する化合物は,化学構造の観点から大きく二つのグループ(縮合型タンニンと加水分解型タンニン)に分けられる。縮合型タンニンは,図1に示すようにフラバノールのポリマーであり,フラバノール構成単位のA環およびB環のフェノール性水酸基の置換型によってプログイバチニジン,プロフィセチニジン,プロロビネチニジン,プロペラゴニジン,

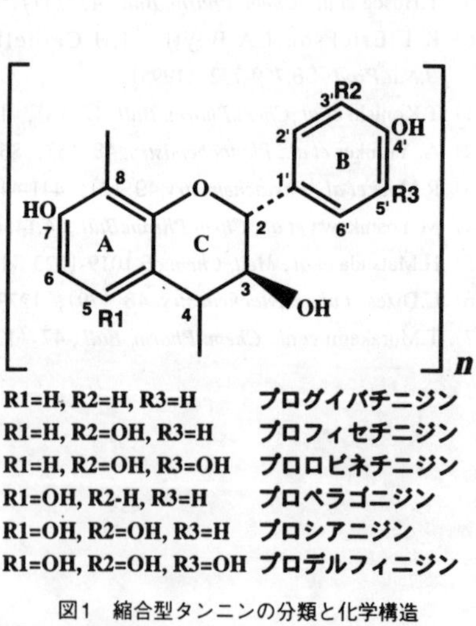

R1=H, R2=H, R3=H　プログイバチニジン
R1=H, R2=OH, R3=H　プロフィセチニジン
R1=H, R2=OH, R3=OH　プロロビネチニジン
R1=OH, R2-H, R3=H　プロペラゴニジン
R1=OH, R2=OH, R3=H　プロシアニジン
R1=OH, R2=OH, R3=OH　プロデルフィニジン

図1　縮合型タンニンの分類と化学構造

* Seiji Ohara　森林総合研究所　木材化工部　成分利用研究室長

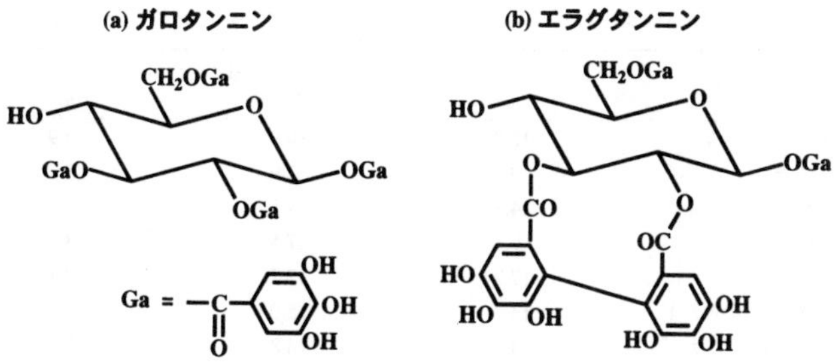

図2　加水分解型タンニン［ガロタンニン（a）およびエラグタンニン（b）］の化学構造

プロシアニジンおよびプロデルフィニジンに分類される[4]。これらを総称してプロアントシアニジンと呼ぶこともある。最も広く植物界に分布しているのはプロシアニジンであり，プロデルフィニジン，プロフィセチニジン，プロロビネチニジンも広い分布を有している。

加水分解型タンニンは，ガロタンニンとエラグタンニンに分類される。前者はポリアルコール（主にグルコース）と没食子酸のポリエステル，後者はポリアルコール（主にグルコース）とヘキサヒドロキシジフェノン酸とのポリエステルである（図2）。後者は前者の没食子酸部分がさらに酸化，重合等の変性をうけたものである。

6.2.3　分布，含有量

縮合型タンニンは針葉樹，広葉樹どちらにも分布している。加水分解型タンニンに比べて分子量の幅が広く，大きいものでは約20,000に達する。代表的な縮合型タンニンはワットル，ケブラコ，マングローブタンニン，柿渋，ヤナギ属樹木および針葉樹樹皮タンニンである。ワットルはアカシア属樹木の樹皮から抽出されるタンニンで，皮なめし剤として世界で最も多く使用されている。九州の天草諸島に生育しているモリシマアカシア（*Acacia mearnsii*）や東南アジアに生育しているアカシアマンギウム（*A. mangium*）の樹皮のポリフェノール含有量は20〜30％に上り，アカシア属樹木は最もタンニン含有量の高い樹種の一つと言える[5]。最近，オーストラリアでさらに高いポリフェノール含有量（45％）を示すアカシア属樹木（*A. storyi*）が見出された。本樹種は抽出物中のタンニン純度も高く，新たなタンニン生産資源として有望である[6]。ケブラコ（*Schinopsis* spp.）は南米に多く生育する樹木で，他の樹木と異なりタンニンは心材部に多く，樹皮には少ない。熱帯・亜熱帯の海岸線に生育するマングローブの樹皮は多量のタンニンを含有している。この樹皮タンニンの濃縮物は"カッチ"と呼ばれ，染料や皮なめしに使用されていた。樹種間でタンニン含有量に差がみられるが，平均で約18％と非常に高い値を示す[7]。柿渋は粉砕した渋柿の搾汁をろ過し，殺菌，冷却した後に柿酵母を添加して発酵させて調製するタンニン含

表1 樹木樹皮中のポリフェノール,フラバノールおよびタンニン含有量

樹種名	ポリフェノール量[a] (%)	フラバノール量[b] (%)	タンニン量[c] (%)
スギ	12.7	10.9	4.9
ヒノキ	9.0	7.9	3.7
カラマツ	14.7	14.1	6.7
ヒバ	9.0	7.5	3.5
エゾヤナギ	17.2	17.7	9.7
エゾノキヌヤナギ	13.7	15.0	7.7
エゾノカワヤナギ	13.2	16.8	9.0
ナガバヤナギ	12.9	11.8	5.6
モリシマアカシア	30.7		10.2
アカシアマンギウム	19.8	2.9	11.7
マングローブ	15.9	4.2	4.9

a) Folin-Ciocalteu法,b) バニリン—塩酸法,c) 酸化法によって定量した。
含有量はベンゼン脱脂絶乾樹皮に対する重量%

有液である[8]。日本では古くから漆器の下塗り,漁網の補強などに使用されてきた。ヤナギ属樹木やスギ,ヒノキ等の主な針葉樹の樹皮には,比較的多くの縮合型タンニンが含まれている。主な縮合型タンニン含有樹木の樹皮中のポリフェノール,フラバノールおよびタンニン含有量を表1に示す[5,9-11]。表中,フラバノール量は縮合型タンニン量に相当するものであり,タンニン量はタンパク質沈殿能を有する物質の総量である。

加水分解型タンニンは多くの植物中に存在するが,その分布は双子葉植物に限られている。分子量は500〜3,000とそれほど大きくなく,縮合型タンニンと異なりほとんどが水溶性である。市販されているタンニン酸は五倍子から抽出された加水分解型タンニンで,代表的なガロタンニンである。五倍子とは,ウルシ科の落葉小喬木であるヌルデまたは同属植物の虫嬰のことで,アブラムシ科の昆虫の攻撃に応答して植物が代謝・生産したタンニン酸を蓄積している。水性インキや塩基性染料の媒染剤として使用されている。エラグタンニンの代表的なものはミロバランおよびクリ材エキスである[12]。ミロバランはインド産*Terminalia chebula*の果実を乾燥させたもので,なめし剤やインクの原料に使われている。クリ材エキスはヨーロッパ産*Catanea sativa*や北アメリカ産*C. dentata*等の材から抽出されるタンニンで,心材部に多く,辺材部,樹皮には少ない。寒い地域で生育した木はタンニン含有量が少なく,一般に樹齢が50〜70年までタンニン含有量は増加する。

6.2.4 化学特性

タンニンを植物組織から抽出する一般的な方法は溶剤による抽出である。よく用いられる溶剤としては,温水,熱水,アルカリ水溶液,メタノール,70%アセトン水等が挙げられる。樹皮

から最も効率的にタンニンポリマーを抽出するには,70％アセトン水抽出が有効である。アルカリ水溶液による抽出は抽出量は高くなるが,縮合型タンニンのA環部分が変性するため,用途によっては注意を要する[13,14]。最近,高圧下（10気圧）での1％NaOH含有熱水抽出により,樹皮からの縮合型タンニンの抽出量が著しく増大することが示されている[15]。

抽出された粗タンニン物質を精製するには,粗抽出物を水に充分に分散させた後,n-ヘキサンおよび酢酸エチルを用いて順次溶剤分画する。酢酸エチル可溶画分をセファデックスLH-20カラムクロマトグラフィーで分離・精製することにより,加水分解型タンニンやプロアントシアニジンの1～3量体を単離できる。縮合型タンニンポリマーは,水可溶画分をセファデックスLH-20樹脂を充填したカラムに通して50％メタノール水で充分に着色成分を溶出させた後,残留部分を50％アセトン水で溶出させることによって得られる。ポリフェノールの分子量による分画法として,樹皮の70％アセトン水抽出物をセファデックスLH-20樹脂カラムに通し,エタノール,メタノール,70％アセトン水で順次溶出させる方法も行われている[16]。

最近の目覚ましい機器分析技術の発展により,現在までに多数のプロアントシアニジン2～3量体が天然から単離同定されている[5,17,18]。

縮合型タンニンポリマーの化学的性状は^{13}C-NMR法,トルエン-α-チオール法,核交換法,熱分解法等によって解析されている。NMR法では,フラバノール構成単位の組成の他,フラバノール構成単位およびフラバノール間結合の立体配置に関する豊富な情報が得られるが,正確な定量性に欠けるのが欠点である[19]。他の三つの方法は,分解反応生成物を定量することにより,縮合型タンニンを構成するフラバノール構成単位の組成を明らかにする方法である。トルエン-α-チオール法は,フラバノール構成単位の立体配置に関する情報も得られる優れた方法であるが,実験操作が複雑なこと,分解物の収量が低いこと等の欠点がある[20]。光永らによって最近開発された核交換法は分解物の収量がかなり高く,縮合型タンニンのA環およびB環構成フェニ

表2 国産針葉樹樹皮タンニンポリマーの構成フラバノール単位組成比

樹種	PC : Pd[a]	立体異性比(2,3-トランス : 2,3-シス)	
		伸長単位	末端単位
ヒノキ	100 : 0	60 : 40	59 : 41
サワラ	100 : 0	54 : 46	64 : 36
スギ	100 : 0	78 : 22	69 : 31
トドマツ	71 : 29	73 : 27	84 : 16
カラマツ	100 : 0	11 : 89	80 : 20
エゾマツ	95 : 5	11 : 89	100 : 0
アカマツ	100 : 0	7 : 93	97 : 3
ツガ	100 : 0	11 : 89	44 : 56
トガサワラ	100 : 0	16 : 64	23 : 77

a) PC : プロシアニジン, PD : プロデルフィニジン

ル核の組成決定に極めて有力な方法と言える[21]。熱分解法は現在のところ収量には問題があるが，極少量の試料を用いた短時間の測定でB環構成フェニル核の組成定量が可能である[22]。表2に，トルエン-α-チオール法による国産針葉樹樹皮タンニンポリマーの構造解析の結果を示す[23]。ヒノキ，サワラ，スギ，カラマツ，アカマツ，ツガ，トガサワラの樹皮タンニンは，プロシアニジン型のフラバノールのみを構成単位とする縮合型タンニンである。一方，トドマツの樹皮タンニンには，プロデルフィニジン型のフラバノール構成単位が約3割ほど含まれている。また，C環の立体異性比（2,3-シス体と2,3-トランス体の存在比）は伸長単位，末端単位とも樹種によって様々である。

6.2.5 タンニンの機能
6.2.5.1 タンパク質吸着能

植物タンニンは，飼料として用いる際の栄養価，外敵に対する植物の防御，各種酵素阻害活性等に関与していると言われているが，それらはタンニンの有するタンパク質吸着能に基づいている。タンニンとタンパク質の相互作用には，水素結合およびファンデルワールス力と水の排除に基づく疎水的相互作用が関与している。タンニンとタンパク質との結合は可逆的であり，ドデシル硫酸ナトリウム，ポリエチレングリコール，アセトン等で処理することにより，結合体は再溶解する。

一般に，タンニンのタンパク質吸着能には，タンニンの分子量および分子のフレクシビリティが関係する。ガロイル化度の異なるガロタンニンのヘモグロビンに対する沈殿能を比較すると，ガロイル化度が増加して分子量が大きくなると，タンニンのヘモグロビン沈殿能は増大する[24]。一方，分子内にヘキサヒドロキシジフェノイル基を有するエラグタンニンは分子のフレクシビリティが小さく，ガロイル基数が等しいガロタンニンと比べてヘモグロビン沈殿能は小さい。アカシアタンニン2～4量体およびポリマーのBSA（牛血漿アルブミン）沈殿能を図3に示す[5]。2量体はほとんどBSAを沈殿させないが，3量体には弱い沈殿能が認められる。4量体になると沈殿能はかなり増

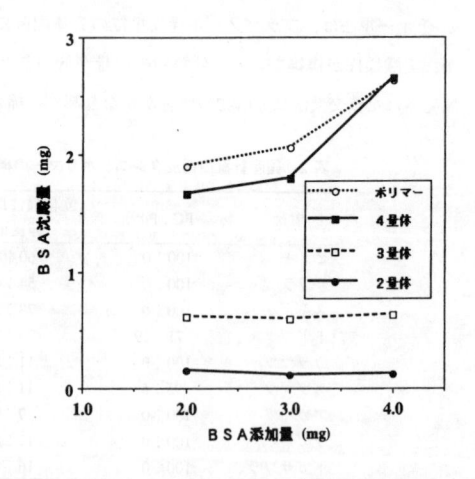

図3 モリシマアカシア樹皮タンニンのBSA沈殿能

大し，ポリマーとほぼ同等の沈殿能を示す。

　タンニンとタンパク質との相互作用に関する研究は，純粋な化合物を単離しやすいという理由で，主に加水分解型タンニンを用いて行われてきた。最近は，化学合成による合成縮合型タンニンの調製が可能になってきているので，縮合型タンニンとタンパク質との相互作用についての研究も行われるようになった。河本らは，合成タンニンを用いたBSA沈殿能の測定結果から，B環のパラ位のフェノール性水酸基がタンパク質吸着能に最も重要な役割を果たしていることを示した[25]。タンニンとタンパク質との相互作用は，タンパク質の種類によっても異なる。種々のタンニン溶液のタンパク質沈殿能をBSAとRuBPC（リブロース二リン酸カルボキシラーゼ/オキシゲナーゼ）を用いて比較すると，沈殿能の大きさの順番は同じであるが，沈殿の絶対量は大きく異なる[26]。したがって，タンニンのタンパク質吸着能は，各々の生物現象に関与しているタンパク質を用いて検討する必要がある。

6.2.5.2 抗酸化作用

　フランス海岸松の樹皮から抽出された天然植物抽出物（ピクノジェノール）はプロアントシアニジンを主成分とし，ビタミンEの50倍の抗酸化能を有する。現在では，人間の老化に活性酸素（フリーラジカル）が関与していることが認められており，抗酸化食品として注目されている。緑茶，紅茶，松（*Pinus parviflora*）毬果の熱水抽出物や各種ワインもアスコルビン酸ラジカルの捕捉能を示す[27]。低分子量のタンニンやフェニルプロパノイド単量体は大きなラジカル捕捉能を有するが，フェニルプロパノイドの脱水素重合物は活性を示さない。木材から単離したリグニンは，逆にアスコルビン酸ラジカルの量を増加させる。

6.2.5.3 抗ウィルス作用

　紅茶でうがいをするとインフルエンザに感染しにくくなったり，家畜の飼育場にカテキンを噴霧すると豚の血液中のインフルエンザウイルスが減少すること等が報告されている[28]。抗HIV活性については，ヘキサヒドロキシジフェノイル基やバロネオイル基を有する加水分解型タンニン（エラグタンニン）に抗HIV活性や抗ヘルペスウィルス作用が認められている[28]。一方，ガロタンニンや縮合型タンニンは抗HIV活性を示さない。ポリフェノール成分は正常な細胞に対する毒性もかなり強く，*in vivo*での研究を進めるには多くの問題点が残されている。

6.2.5.4 シロアリに対する抗蟻性

　シロアリは消化管内に共生している原生動物のセルラーゼの助けを借りて木材を消化している。したがって，タンニンがセルラーゼを変性させることによる抗蟻性が期待されるが，現在までにタンニン自体の抗蟻性に関する研究報告は非常に少ない。タンニン含有量の高い北米産樹木の樹皮抽出物の抗蟻性試験では，ホワイトパイン，ヒッコリー，レッドオークに殺蟻活性，ホワイトパインおよびヒッコリーに摂食阻害活性が認められている[29]。

タンニンは重金属と錯体を形成することが知られている。タンニンやカテキンと各種金属混合物のイエシロアリに対する抗蟻性について，最近精力的な研究が行われている[30]。カテキンを塩化第二銅，塩化ニッケルおよび塩化亜鉛とメタノール中で反応させて調製した金属混合溶液をセルロース粉末に含浸させて強制摂食試験を行うと，ニッケルとの複合体を供試した試験区が最も高い死虫率を示した[31]。また，同様に処理した金属混合溶液を含浸させたペーパーディスクをイエシロアリに強制摂食させると，銅塩で処理した場合が最も摂食量が少なかった[32]。メタノール中でのカテキンと金属間の相互作用については，UVおよび^{13}C-NMRスペクトルによって検討されている。カテキン・銅混合物のUVスペクトルでは，混合物調製後の時間の経過とともに280nm付近の吸収が低下し，300～500nmの吸収が増大する[31]。^{13}C-NMRスペクトルでは，混合物調製直後にカテキンのA環6,8位に由来するピークの強度低下が認められ，時間の経過とともにスペクトル全体のシグナルがブロード化する。これらのスペクトルの結果から，銅塩がカテキンのA環にキレートすること，時間の経過とともにカテキンが酸化重合して高分子化していくことが示唆される。

6.2.5.5 抗菌性

タンニン等の樹皮ポリフェノール類は天然の防腐剤であり，樹皮の耐朽成分であると従前から言われてきた。タンニン含有量の高い北米産樹木の樹皮抽出物の抗菌性試験では，レッドパイン，ホワイトパイン，ヒッコリー，レッドオークおよびレッドメープルに褐色腐朽菌（*Lenzites trabea*）に対する菌糸生育阻害活性が認められている[29]。一方では，縮合型タンニンの木材腐朽菌に対する抗菌性を否定するデータが，最近続々と見出されている。アカシアタンニンはカワラタケやオオウズラタケに対する抗菌性を示さないばかりでなく[5]，シイタケ，ヒラタケ等の菌糸生長を促進する[33]。また，ワットルタンニンから調製されたポリウレタンフォームは，木材腐朽菌によって生分解される[34]。最近では，木材腐朽菌や腐朽菌から調製した粗酵素を用いて縮合型タンニンを有用物質へ変換する試みもなされている[35,36]。

細菌に対する抗菌性に関しては，タンニンのアルキルスルフィド誘導体の抗菌性が報告されている。アルキル鎖長の異なる各種エピカテキンアルキルスルフィド誘導体のグラム陽性菌に対する抗菌性を表3に示す[37]。本抗菌性試験に用いられている各種誘導体は，ロブロリーパインの樹皮タンニンを原料にして容易に化学合成できる。炭素数10個のデシルスルフィド誘導体は，比較のために用いたStreptomycinを上回る抗菌性を示し，アルキル鎖の長さが増えても減っても活性は減少する。分子内の疎水性と親水性の適度なバランスが抗菌性の発現に関与すると考えられる。

最近繊維の分野では，天然物を応用した抗菌・防臭等の機能を有する繊維の創製が注目されている[38]。例えば，ヒバ油の主成分であるヒノキチオールはグラム陽性・陰性菌や担子菌に対す

表3 エピカテキンアルキルスルフィド誘導体のグラム陽性菌に対する最小生育阻害濃度

細菌	アルキルスルフィド誘導体(PPM)					Streptomycin
	1	2	3	4	5	
Streptococcus faciens	200	60	30	75	100	50
Bacillus cereus	80	20	5	50	75	20
Micrococcus luteus	50	40	5	50	75	8
Staphylococcus aureus	80	50	40	50	250	80

1. R = S(CH$_3$)$_5$CH$_3$ (ヘキシル)
2. R = S(CH$_3$)$_7$CH$_3$ (オクチル)
3. R = S(CH$_3$)$_9$CH$_3$ (デシル)
4. R = S(CH$_3$)$_{11}$CH$_3$ (ドデシル)
5. R = S(CH$_3$)$_{15}$CH$_3$ (ヘキサデシル)

表4 モリシマアカシア樹皮抽出物を染着加工したナイロン布の大腸菌に対する抗菌性

繊維試料	大腸菌数(%対コントロール)[a]
未処理ナイロン	>100
B. E. [b] 染着加工ナイロン	>100
銅イオン処理ナイロン	76
銅イオン処理した B. E. [b] 染着加工ナイロン	3.0
銅イオン処理した S. B. E. [c] 染着加工ナイロン	7.6

a) 25時間後のコントロール(菌と緩衝液のみを用いた空試験)の生菌数に対する割合(%)
b) モリシマアカシア樹皮の70%アセトン水抽出物
c) 蒸煮モリシマアカシア樹皮の70%アセトン水抽出物

る抗菌作用を有し,ふとんやタオル等の抗菌防臭剤として使用されている。タンニンについても,各種繊維素材へのタンニンの染着加工や加工繊維の大腸菌に対する抗菌性が検討されている。モリシマアカシア樹皮抽出物を溶かした水に各種繊維素材を浸漬して加熱処理すると,ナイロン,絹,羊毛等のタンパク繊維には樹皮中のタンニン成分が効率的に吸着する。タンニン吸着ナイロンを酢酸銅水溶液で処理して銅イオンを吸着させると,大腸菌に対する抗菌性が発現する[39]。一方,タンニンまたは銅イオンのみを吸着処理したナイロンでは,顕著な抗菌性は認められない(表4)。セルロース繊維に関しては,繊維の表面にアミノ基を導入した後にタンニン酸を結合させると,大腸菌の生育が完全に抑えられる[40]。

6.2.5.6 抗う蝕作用

虫歯は,ミュータンス連鎖球菌(*Streptococcus mutans, S. sobrinus*)の生産するグルコシルトランスフェラーゼ(GTase)が,口腔内で砂糖を基質として不溶性のグルカンを生成し,それが歯

の表面に付着して歯垢を形成することによって発生する。したがって，GTaseの作用を阻害できれば，虫歯の発生を抑制できると考えられる。緑茶およびウーロン茶のポリフェノール成分がGTase阻害活性を有することが既に明らかにされているが，モリシマアカシアおよびカラマツの樹皮タンニンはともにこれらを上回る阻害率を示す（図4）[41]。両者の比較では，カラマツタンニンの方が阻害活性が強い。アカシアタンニンおよびカラマツタンニンのB環は，各々主にピロガロール核およびカテコール核から構成されている。合成タンニンを用いた検討から，GTase阻害活性にはタンニンのB環構造が関与しており，カテコール核＞p-ヒドロキシフェニル核＞ピロガロール核であることが示されている。また，阻害活性はタンニンの分子量が増加するに従って上昇し，分子量約1500を境に急激に上昇する[41]。

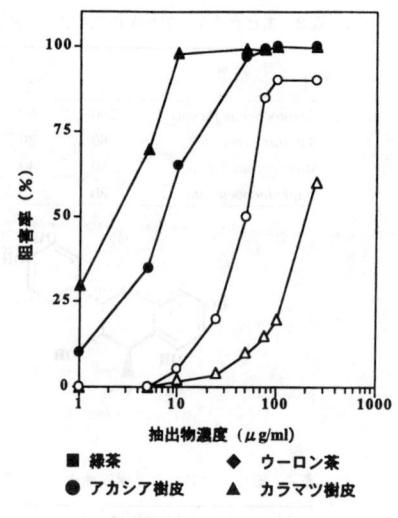

図4 各抽出物のGTase阻害活性

6.2.5.7 化粧品の美白作用

人間の皮膚にできるシミ，ソバカス，日焼けによる色素沈着は，皮膚表皮にあるメラノサイトにおいて，チロシナーゼの作用でチロシンからメラニンポリマーが生成されることによって生じる。したがって，チロシナーゼ阻害活性を有する物質は，色素沈着，シミ，ソバカスなどの防止に有効であると考えられる。ブラジル産薬用植物であるジャトバ（*Hymenaea courbaril*）の果皮に含まれるプロシアニジンは，チロシナーゼ阻害活性を示すとともに，B-16マウスメラノーマ細胞のメラニン生成を抑制する[42]。樹皮タンニンの中では，主にプロロビネチニジンから成るアカシアタンニンが高いチロシナーゼ阻害率を示す[43]。樹皮タンニンの活性と分子量との関係については，GTaseと異なり，分子量依存性は認められていない。合成タンニンでは，チロシンと類似の部分構造を有するプロペラゴニジンが最も強い活性を示す[43]。

6.2.5.8 VOC吸着能

デシケータ中に試料とアンモニア発生源を入れ，所定時間後に検知管で気中濃度を測定する方法により，樹皮タンニンのアンモニアガス消臭効果が測定されている。樹皮タンニンの中では，アカシアタンニンが最も大きなアンモニア吸着能を示す[44]。一方，モノマーであるカテキンはほとんど効果を示さない。また，スギおよびヒノキ樹皮粉は，樹皮タンニンと同等あるいはそれ

以上のアンモニア消臭効果を示す[45]。

　タンニンのホルムアルデヒド吸着能については,種々の濃度および測定方法で検討されている。デシケータ中の気中濃度を検知管で測定する方法では,40ppm程度の高濃度のホルムアルデヒド発生源を用いた場合でも,カテキンが優れた吸着能を示す。A環がレゾルシノール核から成るアカシアやケブラコタンニンには効果が認められない。また,アンモニアと気相反応させたアカシアタンニンやアルカリ変性したカテキンは,カテキンよりもさらに高いホルムアルデヒド吸着能を示す。これらのタンニン試料へのホルムアルデヒドの吸着はかなり安定で,一度吸着したホルムアルデヒドは常温ではほとんど再放散されない[46]。最近,茶カテキン類をホルムアルデヒド放散抑制剤として応用する研究が行われている。茶カテキン類の水溶液中におけるホルムアルデヒドとの反応性を表5に示す。ガロイル基を有するエピカテキンガレートおよびエピガロカテキンガレートは,ホルムアルデヒドと特に高い反応性を示す[47]。市販のＦ２合板の表面および木口に茶抽出物水溶液を塗布した後,デシケータ法によってホルムアルデヒドの放出量を測定すると,茶抽出物の塗布によってホルムアルデヒドの放散が低減すること,その効果が1週間後も持続していることが確かめられている[48]。また,スギ樹皮ボードのホルムアルデヒド吸着性能の検討も行われており,樹皮ボードがスギ材よりホルムアルデヒド吸着性能が高いこと,低比重のボードにおいて吸着性能が高い傾向を示すこと等が報告されている[49]。

　樹皮タンニンおよびメチルメルカプタン発生源を入れたデシケータ中の気中濃度を検知管で測定すると,樹皮タンニンの消臭効果はほとんど認められない。しかし,ホルムアルデヒドまたはアセトアルデヒドで樹皮タンニンを架橋させると,消臭効果が大きく向上する[50]。したがって,メルカプタン分子はタンニンとアルデヒド類の架橋サイトで捕捉されていると考えられる。また,茶カテキン類とCH_3ONaの混合水溶液を調製し,所定時間後にヘッドスペースガスをガスクロマトグラフィーで測定すると,エピガロカテキンガレート(EGCG)が最も大きな消臭効果を示す。安田らは,EGCGとCH_3ONaの混合物中から,2′,6′-dimethylthio EGCGを単離している[51]。これらの結果は,ピロガロール基がメチルメルカプタンの吸着に関与していることを示す。

表5　茶カテキン類のホルムアルデヒドとの反応性

緑茶カテキン類	ホルムアルデヒド減少率(%)	
	F：C＝1：1	F：C＝1：2
カテキン	16.8	30.5
エピカテキン	15.2	43.1
エピカテキンガレート	59.6	86.4
エピガロカテキン	19.9	38.7
エピガロカテキンガレート	54.8	81.5

F：C(ホルムアルデヒドと茶カテキン類のモル比)

6.2.6 タンニンの利用開発
6.2.6.1 接着剤

ワットルタンニンを原料とした接着剤の製造は，1960年代に初めてオーストラリアで実用化された。それ以来，日本，米国，オーストラリア，南アフリカ等を中心に高品質の接着剤を調製する研究が進められている。最近では，樹皮タンニン抽出のためのパイロットプラントの建設も行われており，木材接着剤として一部では実用化されている。

日本では富山県林業技術センターにおいて，北洋産カラマツ樹皮のメタノール抽出物を原料とした接着剤の開発が行われた。抽出物50部，レゾルシノール樹脂50部，パラホルムアルデヒド15部の混合物をpH9に調製することにより，市販のフェノール・レゾルシノール樹脂接着剤の接着量を上回る接着剤が製造できる[52]。

米国では，サザンパイン樹皮の亜硫酸ナトリウム・炭酸ナトリウム混液による抽出物を用いたフィンガージョイント用接着剤が開発されている[53]。接着する部材の一方に抽出物と水酸化ナトリウム溶液，他方にフェノール・レゾルシノール樹脂とパラホルムアルデヒドを加えて接着する。

ラジアータパイン (*Pinus radiata*) 樹皮を原料とする接着剤の開発がオーストラリアのCSIROで精力的に行われてきた。矢崎らは，抽出される樹皮タンニンの性質を均一にするために熱水およびアルカリによる4段抽出を行い，さらにアルカリ抽出物をスルホン化して低分子化したタンニン抽出物を調製した。接着剤は合成接着剤を全く用いず，樹皮抽出物のみをパラホルムアルデヒドおよび水と反応させて調製できる[54,55]。

6.2.6.2 重金属吸着材

タンニン酸およびワットルタンニンを原料とした重金属吸着材が調製されている。タンニン酸をエピクロロヒドリンまたはシアヌル酸クロリドを用いてアガロースと結合させることにより，タンニン酸をアガロースに固定化する。得られた固定化タンニンは種々の重金属を吸着するが，特にウランに対する吸着能が高い[56]。ウランの最大吸着量は固定化タンニン1g当たり1850μgである。吸着したウランを塩酸処理して脱着させることにより，吸着材の繰り返し使用が可能である。ワットルタンニンからの重金属吸着材は，タンニン水溶液を等モルのホルムアルデヒドと60℃で200分反応させて調製した[57]。得られた球状タンニン樹脂はCr^{6+}，Cd^{2+}，Cu^{2+}，Fe^{2+}を吸着し，特にCr^{6+}の平衡吸着量が大きい。原料のワットルタンニンを亜硫酸ナトリウムまたはトリクロロ酢酸水溶液中で加熱前処理すると，タンニンのピラン環が開裂して重金属吸着能がさらに増大する。

縮合型タンニンの金属とのキレート形成能に及ぼすB環構造や分子量の影響については，合成タンニンを用いた詳細な研究が行われている。平均分子量の等しいタンニンオリゴマー間では，

表6 針葉樹樹皮の重金属吸着率（％）[a]

樹種名	Cd^{2+}	Cu^{2+}	Zn^{2+}
トドマツ	28.1	31.5	26.0
エゾマツ	51.0	50.3	50.2
アカエゾマツ	50.2	54.5	49.9
ヨーロッパトウヒ	63.1	68.9	56.8
カラマツ	38.4	35.8	33.3
グイマツ	40.4	45.9	35.5
アカマツ	40.5	33.3	32.7
クロマツ	29.7	44.8	35.2
ストローブマツ	38.3	41.6	26.9
イチイ	59.4	55.3	55.0
スギ	49.8	46.7	46.9
コウヤマキ	44.0	53.9	44.1
ヒノキ	47.8	34.4	41.1
サワラ	47.3	36.3	43.5
ヒノキアスナロ	57.5	40.7	42.6
活性炭	30.2	45.5	18.9

a）樹皮粉末を脱塩水で洗浄，風乾後，吸着試験に供試。樹皮粉末 0.5g を 1mM の金属塩水溶液（pH5）に懸濁させ，30℃，24 時間撹拌して金属を吸着させた。

B環にピロガロール核を有するものが最も大きな Al^{3+} とのキレート形成能を示す[58]。分子量に関しては，プロシアニジンの分子量が大きくなるに従ってキレート形成能が増大する。

樹皮を直接重金属吸着材として利用する研究もなされている。針葉樹樹皮を粉末化，洗浄，風乾後，各種重金属水溶液に懸濁させて吸着能を調べた結果を表6に示す[59]。樹皮の重金属吸着能は樹種によって異なり，ヨーロッパトウヒ，イチイは三つの金属すべてに高い値を示した。重金属吸着現象は主に樹皮中のポリフェノール成分のキレート形成能と細孔構造に関連していると考えられるが，詳細は不明である。

6.2.6.3 木材防腐剤

柿渋またはワットルタンニンの銅錯体を木片中に減圧注入，風乾し，10回の耐候操作後，防腐効力試験を行うと，木片の重量減少率が顕著に減少する。ワットルタンニンを前処理して得られるレゾルシノール化ワットルタンニンを用いると，さらに防腐性能が向上する。銅錯体処理することにより，木片中に注入されるタンニン量も増大する。一方，タンニンまたは銅イオンを単独で木片中に減圧注入しても，防腐性能は発現しない[60]。

6.2.6.4 ポリウレタン

ワットルタンニンをポリエステル/ポリオールに溶解させ，トリエチレンジアミン触媒，シリコン界面活性剤およびトリメチロールプロパン存在下でジイソシアネートと反応させることによ

り，ポリウレタンフォーム（PUf）が調製できる[34]。タンニン含有量が増えるに従って，密度および圧縮強度は増大する。ワットルタンニンを25％含有するPUfは，カワラタケおよびオオウズラタケによって緩やかに生分解される。カテキンを用いたモデル実験の結果から，ワットルタンニンのウレタン化はB環のカテコール核のフェノール性水酸基で起こると推定される[61]。縮合型タンニンのウレタン化反応は用いる触媒によって制御できる。アミン系触媒を用いると主にB環のフェノール性水酸基がウレタン化され，有機錫系触媒を用いると主にアルコール性水酸基がウレタン化される[62]。

モリシマアカシア樹皮をセバシン酸とPEG1000から合成した液状ポリマーに溶解させ，これにジイソシアネートを反応させることにより，PUfが調製できる[63]。得られた発泡体は木材腐朽菌や土壌細菌によって生分解される（図5）。また，市販の発泡スチロール並みの熱伝導度を有し，断熱材としての利用が可能である。

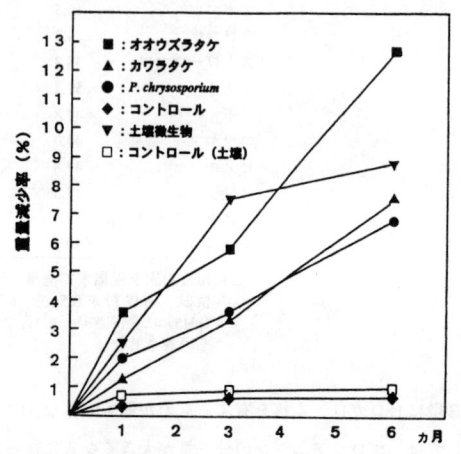

図5 30％樹皮含有ポリウレタンフォームの微生物による重量減少

6.2.6.5 液状炭化物

最近，木炭等の木質系炭化物の有する人間の健康に有用な機能が注目され始め，住宅の環境改善等への利用が模索されている。一方で木質系炭は形状が不定な固形であるため，その利用方法が限定されているのが現状である。アカシア，ユーカリ，その他の樹皮から抽出したタンニンの水溶液を木質系炭化物微粉と混合して激しく撹拌することにより，液状炭化物が製造できる[64]。本液状炭化物はいったん乾燥した後は，水に対する再溶解性を有さない等，木質系炭本来の諸機能を広く活用できる新規な素材である。

6.2.6.6 プラスチック様成型物

ラジアータパインの樹皮タンニンと木粉の混合物を全乾状態でホルムアルデヒドを加えずに高温・高圧下で成型することにより，フェノールホルムアルデヒド樹脂に相当する強度を有する樹脂成型物が製造できる[65]。本成型物は，植物由来の原料のみから製造され，生分解性も示すことから，低環境負荷材料としての特性を有する。

文　献

1) 日本木材総合情報センターほか，木質系残廃材を原料とするチップ製造業，p.31（1998）
2) 高野勉ほか，第48回日本木材学会大会研究発表要旨集，静岡，p.588（1998）
3) E.C.Bata-Smith et al., "Comparative Biochemistry", p.764, Academic Press, New York（1962）
4) L.J.Porter, "Flavans and proanthocyanidins", p.21, Chapman and Hall, London（1988）
5) S.Ohara et al.,Mokuzai Gakkaishi, 40（12），1363（1994）
6) Y.Yazaki, Proceedings of International Conference on *Acacia* species, Penang, p.1（1998）
7) 檜垣宮都ほか，木材学会誌，36（8），738（1990）
8) 松尾友明ほか，化学と生物，15（11），732（1977）
9) 鮫島正浩ほか，木材学会誌，27（6），491（1981）
10) S.Ohara et al., Mokuzai Gakkaishi, 41（4），406（1995）
11) 荻陽子ほか，第43回リグニン討論会講演集，府中，p.143（1998）
12) 菅野英二郎，皮革技術，21（2），10（1980）
13) S.Ohara et al., J. Wood Chem. Tech., 11（2），195（1991）
14) Y.Yazaki et al., Holzforshung, 43,281（1989）
15) S.Inoue et al., Proceedings of the Japanese/Australian Workshop on Environmental management, Tsukuba, p.215（1997）
16) 光永徹，三重大学生物資源学部演習林報告，20，140（1996）
17) S.Ohara et al., Holzforschung, 43，149（1989）
18) F.Hsu et al., Phytochemistry, 24，2089（1985）
19) R.H.Newman et al., Magnetic Resonance in Chemistry, 25,118（1987）
20) S.Morimoto et al., Phytochemistry, 27（3），907（1988）
21) T.Mitsunaga et al., Mokuzai Gakkaishi, 41（2），193（1995）
22) S.Ohara et al., Proceedings of 10th ISWPC, Yokohama, p.2（1999）
23) M.Samejima et al., Mokuzai Gakkaishi, 28（1），67（1982）
24) E.Haslam et al., Ann.Proc.Eur.Phytochem.Soc.,25，237（1985）
25) H.Kawamoto et al., J. Wood Chem. Technol., 10, 401（1990）
26) J.S.Martin et al., J. Chemical Ecology, 9（2），285（1983）
27) H.Sakagami et al., Anticancer Research, 17, 3513（1997）
28) H.Sakagami et al., Polyphenols Actualites, 12, 30（1995）
29) J.Harun et al., Wood and Fiber Science, 17（3），327（1985）
30) 大原誠資，木材保存，23（4），2（1997）
31) W.Ohmura et al., Holzforschung（in press）
32) 大村和香子ほか，第46回日本木材学会大会研究発表要旨集，熊本，p.415（1996）
33) 光永徹ほか，日菌報，40,91（1999）
34) J.J.Ge et al., Mokuzai Gakkaishi, 39（7），801（1993）
35) 西田容子ほか，第42回リグニン討論会講演集，札幌，p.157（1997）
36) 橋田光ほか，第49回日本木材学会大会研究発表要旨集，東京，p.389（1999）
37) P.E.Lak, Phytochemistry, 26（6），1617（1987）

38) 山本和秀, 抗菌のすべて, 繊維社, p.151 (1997)
39) 伊東繁則ほか, 木材学会誌, 45 (2), 157 (1999)
40) 福田史恵ほか, 第49回日本木材学会大会研究発表要旨集, 東京, p.395 (1999)
41) T.Mitsunaga et al., J. Wood Chem. Technol., 17 (3), 327 (1997)
42) 高木啓二ほか, 生薬学会誌, 53 (1), 15 (1999)
43) 高木啓二ほか, 第49回日本木材学会大会研究発表要旨集, 東京, p.393 (1999)
44) S.Ohara et al., Proceedings of International Conference on Acacia species, Penang, p.36 (1998)
45) 大坪信弘ほか, 第47回日本木材学会研究発表要旨集, 高知, p.410 (1997)
46) 大原誠資, 第49回日本木材学会大会研究発表要旨集, 東京, p.397 (1999)
47) A.Takagaki et al., J. Wood Science, 46 (4), 334 (2000)
48) 高垣晶子ほか, 木材学会誌, 46 (3), 231 (2000)
49) 菊池輿志也ほか, 第49回日本木材学会大会研究発表要旨集, 東京, p.619 (1999)
50) 光永徹ほか, 第48回日本木材学会大会研究発表要旨集, 静岡, p.428 (1998)
51) H.Yasuda et al., Biosci. Biotech. Biochem., 59 (7), 1232 (1995)
52) 高野了一, バイオマス変換計画研究報告, 29, 67 (1991)
53) R.E.Kreibich et al., "Adhesives from Renewable Resources", p.20., The American Chemical Society (1989)
54) Y.Yazaki et al., Holz als Roh und Werkstoff, 52, 307 (1994)
55) Y.Yazaki et al., Holzforschung, 48, 241 (1994)
56) A.Nakajima et al., J. Chem. Tech. Biotechnol., 40, 223 (1987)
57) H.Yamaguchi et al., Mokuzai Gakkaishi, 37 (10), 942 (1991)
58) S.Yoneda et al., J. Wood Chem. Technol., 18 (2), 193 (1998)
59) 関一人ほか, 林産試験場報, 6 (5), 10 (1992)
60) 吉野京子ほか, 第48回日本木材学会大会研究発表要旨集, 静岡, p.448 (1998)
61) J.Ge et al., Mokuzai Gakkaishi, 42 (4), 417 (1996)
62) 親泊政二三ほか, 第50回日本木材学会大会研究発表要旨集, 京都, p.441 (2000)
63) J.Ge et al., Mokuzai Gakkaishi, 42 (1), 87 (1996)
64) 大原誠資ほか, 特願平11-317607 (1999)
65) 矢野浩之ほか, 第28回木材の化学加工研究会シンポジウム講演集, 熊本, p.27 (1998)

第7章　木材のプラスチック化

白石信夫*

7.1　はじめに

　バイオテクノロジーの浸透で生産性が著しく改善された農業が，食用用途だけでは生産過剰に陥る危険性を回避し，再生可能な農産物資源に基づく新しい化成品などを開発するのを目的として，さらには，石油依存からの大幅な脱却も意図して，バイオマスを原料とする材料およびエネルギーを開発しようとする試み，その規模および範疇を拡大しようとする試みが，近年，欧米を中心に起こってきている。

　その目立った例をあげると，まず，1998年2月，米国では，農務省など政府機関と，イリノイ州立大学，ワシントン大学といった大学，モンサント社，ダウケミカル社，ジェネンコン社など民間企業，および米国ダイズ協会，米国コムギ生産者協会，米国トウモロコシ生産者協会といった農業生産者が，農産物の非食用用途開発を目指した長期研究プログラム契約「Plant/Crop-Based Renewable Resources 2020」の締結を行っている。そこでは，プラスチック，塗料，接着剤などが当面の開発目標となるという。

　さらに，1999年8月には，米国の大統領から農務省長官，エネルギー省長官，財務省長官に宛てられた「Biobased Products and Bioenergy」の開発研究を促進する書類も出されている。そこでは米国の現状を踏まえて，かなり詳細な項目にわたって促進すべき対象があげられているとともに，原料源を石油からバイオマスに移すことの環境保全上の必要性が明確に述べられている。

　このように日本側からみると驚くべきペースで，エネルギーおよび有機材料の両面でバイオマスを基本にした技術開発が米国で進められているといえる。

　欧米のこれらの動きには，わが国には見られないそれなりの具体的積み上げがある。たとえば，米国の著名化学会社であるモンサント，デュポンおよびダウケミカル社の，遺伝子組み換え農産物を中心とした農産物バイオ事業への進出，ライフサイエンス指向が，このところ，目立ってきていたし，また，穀物加工会社の活動にも注目すべきものがある。世界第1位の穀物加工会社であるカーギル社は化学会社との共同展開で穀物からの発酵化学品の開発を進めている。たとえば，ピューラック社とは乳酸を，その上でダウケミカル社とポリ乳酸を，デカッサ社とはリジンを，

＊ Nobuo Shiraishi　京都大学名誉教授

三菱化学社とはエリスリトールを,といった具合である。そのポリ乳酸の開発経過および計画は現在,世界に大きな波紋を巻き起こしている。また,世界第2位の穀物会社であるADM社(アーチャー・ダニエルス・ミッドランド社)は世界最大の穀物を原料とする発酵化学品メーカーでもあり,エタノール,ソルビトールといったアルコール類,リジン,トリプトファンといったアミノ酸,およびクエン酸,乳酸といった有機酸を製造し,食品添加物,飼料添加物,工業原料などとして用途展開している。デュポン社も,最近澱粉から発酵法で1,3-プロパンジオールの開発に成功し,それを原料の一つとしたポリエステルを開発しているという。

以上のようなバイオマス起源材料およびエネルギーの開発が理想的に進めば,循環系の有機材料,エネルギー体系が生まれることになる。これは環境の保全を考える中から生まれた,最近の,グリーンケミストリー[1]の考え方とも対応する。そこでは有機合成化学の原料として,還元の進んだ石油よりも酸化の進んだバイオマスの方が格段に優れていることが示されている。すなわち,石油化学原料の多くは酸化反応で目標分子を作るが,酸化反応は環境を汚しやすいのに対し,農産物を含むバイオマスの多くは酸化が進んでいるので酸化反応を省くことができ,また,合成反応の危険性も石油系の原料を使うときよりずっと小さいという。

しかしここで明らかなことは,このような動きがトウモロコシ澱粉など穀物澱粉などを中心に進められ,木材の主成分であり地球上で植物から最も多く合成されるセルロースを原料としていないこと,およびその利用が発酵法によっていることである。

前者に関しては,木材やセルロースの爆砕処理や超臨界水処理との関連での発展が望まれる。また,後者に関しては,発酵化成品経由以外の手法による独自のバイオマス利用化学を発展させることも今後必要になると考えられる。本章の木材のプラスチック化の検討も現時点でそのようなものの一つといえよう。

7.2 プラスチック化木材

7.2.1 木材の持つ本来の熱可塑性

熱可塑性という観点で木材を見ると,まずそれは三大主要材料である金属,プラスチック,ガラスのように,加熱により軟らかくなって流動することがなく,熱に対して鈍感な材料といえる。熱流動性がない分,加工法が狭くなり利用範囲が限定される。とくに,工場から出てくる廃材や未利用材の有効利用を考えるとき,その感が強くなる。もし木材に熱流動性,プラスチック性を付与することができたら,加工法が広がり,端材や廃材の利用面で新しい展開も見込めるはずである。

そこで,熱可塑性という観点からセルロース,ヘミセルロース,リグニンといった木材の各主

成分を見てみよう。まずセルロースであるが，分子鎖が束になって規則正しく並んで結晶を作っており，その割合はセルロース全体の70％にも達している。これはセルロースが規則性の立体配置をもつ線状ポリマーで，水酸基を数多くもっているため，隣接する分子鎖間で水酸基同士の規則正しい水素結合を生じやすいためである。したがって，セルロースの結晶に流動を起こさせるためには，たくさんある分子鎖間の水素結合のほとんど全てを加熱によって一度に切断することが前提となる。それにはかなり大きなエネルギーが必要になるが，特にセルロースの場合にはそれが大きい。このため，結晶の溶融温度が高くなり，熱流動する前に熱分解を起こしてセルロースが分解するという結果となり，結局セルロースは熱流動を示さないということになる。つまり，木材が熱流動しないのはセルロースの結晶性に1つの原因があるということになる。

しかし，この原因だけであれば，木材にアセチル化やニトロ化，あるいはベンジル化などの反応を行えば解決できることであり，木材をプラスチック化材料に変えられると早くから考えられたはずである。実際，セルロースの誘導体は60年以上前から工業化されており，一部ではあるがセルロース・プラスチックとして使われてきている。

次に，セルロースと対極にあると考えられてきた成分であるリグニンを取り上げてみると，それは木材化学を取り扱った従来の専門書では，分子内での架橋の度合の大きい超巨大分子と書かれている。さらに，木材中での役割は別にして，リグニンの約10％がヘミセルロースと化学結合してLCCと呼ばれる物質となっていると明記されてきている。そうであるとすると，リグニンは見かけの熱可塑性がセルロースよりも明らかに大きいにもかかわらず，熱流動性をもたない高分子材料であると考えざるを得ないことになる。したがって，リグニンがセルロースの束を取り巻くマトリックス樹脂として20～30％も含まれる木材は，本質的に熱可塑性の低い材料と考えられることとなり，その成分の高分子性を保ったまま，木材をプラスチック材料に変換させようといった発想は生じないということになる。

7.2.2 木材をプラスチック材料に変える

セルロースは一般に固体状のままで，いわゆる固／液反応でエステル化やエーテル化の反応が行われる。反応が進むにつれて反応液に溶解し，順次均一相反応になっていくという逐次溶解反応であるが，このような反応が行われた背景に，セルロースを溶解させた上で反応することが困難であったということがある。これに対し，1970年代前半からセルロースを溶解する有機溶媒が幾つか見いだされてきた。そこで筆者らの研究室ではそれらの有機溶媒にセルロースを溶解した上で，均一相でのセルロースのエステル化やエーテル化の反応（この種の研究は当時世界中で行われ，随分と競争があった）を行うとともに，並行して木材についても同様の研究を行った。ほとんどの有機セルロース溶剤はセルロースを溶解してもリグニンを溶解することがないので，

関連の木材へのエステル化反応，エーテル化反応は固／液反応で推移した。ただし，その際木材中でセルロースの結晶構造部分が完全に消失し，結晶であった部分を含め一様に強膨潤していることが知られた。セルロース有機溶剤を媒体としてエステル化およびエーテル化を行うと，本来の結晶部，非晶部にかかわらず，容易かつ迅速に大きな置換基を導入しうることが証明されたからである。たとえば，炭素が12個も含まれるラウロイル基などのかさ高い置換基と木材中の水酸基の水素の置換反応を簡単に行うことができた。木材について特殊な反応を行ったという意識を当時強く持ったということもあり，得られたラウロイル化木材などについて熱的性質を含む物性の測定を広く行った。その結果，それら反応生成物が熱流動する材料に変わっていることが見いだされ，これがいわゆる木材のプラスチック化の研究の発端となった[2]。

続いて，同じ高級脂肪族エステル化を従来から行われていた手法（従来法）で行い，ラウロイル化木材といった生成物の熱可塑性を調べたところ，それらの方法でも木材を熱流動しうるプラスチック材料に変えることが可能であることを知った。ラウロイル化木粉をたとえば140℃で熱圧すると，淡黄色の均質で透明なフィルムが得られた。ベンジル化によっても同様の結果が得られた。それら化学修飾木材全体が熱流動しうるものであることが，走査電子顕微鏡での観察によって確かめられている。

さらに，このような高級脂肪酸エステル化に限らず，実験室的に一般的であるピリジンを助触媒としてアセチル化を行った場合でも，得られるアセチル化木材は通常の外部可塑剤により可塑化されると，プラスチックとして挙動するようになることが知られた。また，そのアセチル化の前処理として，リグニン中のベンジルエーテル結合（α-O-4結合）のみを切断する処理を行ったところ，アセチル化リグニンがセルロースアセテートの可塑剤として働き，約300℃で見かけの流動が起こることも知られた[3]。α-O-4結合はリグニンのフェニルプロパン単位を結びつける結合として，8％程度存在することが知られているが，リグニン中の結合をその程度開裂しただけで，約300℃に見かけの融点をもつセルローストリアセテートの熱流動温度が200℃まで低下し，その際アセチル化リグニン区分は可塑剤として働いていることが知られた。この事実も含めて，リグニンの3次元網目構造は定説で言われているほど発達しているものではなく，極限分岐度を少し超えた程度のものであるのではないかと考えられた。

7.2.3 プラスチック化木材の熱流動性について

化学修飾木材が熱流動するという現象は，エーテル化やエステル化によって木材の主成分の分子鎖へ置換基が導入され，木材にいわゆる内部可塑化が起こり熱流動性，つまりプラスチック性が与えられた結果である。内部可塑化であるので，ラウロイル基（$CH_3(CH_2)_{10}CO-$）やベンジル基（$C_6H_5CH_2-$）といった大きな置換基の導入が効果的であった。

上記を含め，化学修飾による木材への熱流動性付与の度合いには規則性がある。置換基がアセチル基やニトロ基などのように小さい場合や，電荷の片寄りを持つ官能基であって極性が高い場合は，十分には内部可塑化されず，はっきりとした熱流動を示さない。しかし，そのような場合でも，さらに適当な外部可塑剤を選び，それらとブレンド（混合）すれば，熱流動が起こるようになる。化学修飾段階である程度の熱可塑性が付与されていることがわかる。つまり，化学修飾による内部可塑化が不十分であっても，可塑剤をさらに加え，混合するという外部可塑化で補うことによって，熱流動性材料への転換が実現されるといえる。

　この場合，かりに高分子化合物を外部可塑剤として用いようとすると，目的に合うものを選ぶのは簡単ではない。なぜなら化学修飾木材の主成分も高分子化合物であり，高分子同士の混合になるからである。一般に高分子化合物同士を均質に混合させても，エントロピーの増加は高分子に低分子化合物を混合させる場合より1桁小さく，分子オーダーでの混合が起こりにくいために，可塑化の作用を引き出すのは難しい。その対策としては，単独での凝集状態で分子間相互作用に水素結合以上の分子間力が働かない高分子化合物で，化学修飾木材と混合して初めて分子間に水素結合などが発現するものを高分子可塑剤として選ぶ，あるいは単量体やオリゴマーの段階で化学修飾木材と混合し，その状態で重合させ高分子化するという方法があげられる。さらに，高分子化合物同士の分子オーダーでの混合状態をより良くするために，相溶化剤を用いるという方法もある。相溶化剤とは，異なった高分子相の間に介在して，相互の混合状態をより均一にするとともに，それぞれの高分子相間の凝集作用，すなわち接着性を高め，複合化された材料全体としての凝集状態を向上させ，強度など物性を高める働きをする化合物である。一般に，相溶化剤は数％という少量の添加で効果を発揮する。事実，ベンジル化木材とポリスチレンの等量混合系などで，全量に対し5％程度スチレン―無水マレイン酸共重合体（無水マレイン酸含量4～16％）を加えることにより，ベンジル化木材あるいはポリスチレンの単独成形物のいずれよりも高い強度の成形物を熱圧成形により得ることができている。この場合，少量加えるスチレン―無水マレイン酸共重合体が相溶化剤として働いている。なお，このようなプラスチック化は広葉樹剤，針葉樹剤，外材を問わず一般に行いうる。

7.2.4　化学修飾木材の熱流動性を高める

　これまで紹介してきたように，化学修飾によってプラスチック化した木材と低分子量可塑剤や合成高分子を複合化し，熱流動性や物性を高めるという試みが種々行われているが，それらとともに化学修飾木材そのものの熱流動性をさらに高める（加工性を向上させる）という方策も検討されている。これは当然化学修飾の種類や度合いを変えることによっても行いうるが，化学修飾の前処理としてリグニンの分子内結合の選抜的な部分的開裂[3]によったり，あるいは化学修飾

木材を得た後，後処理として温和な酸化反応[4]によるという形でも行われてきている。

前者[3]に関してはすでに2.2項の最後のところで取り上げ解説している。

後者について，九州大学のグループは，化学修飾木材をさらに塩素化などハロゲン処理したり，オゾン処理したり，あるいは塩化第二鉄など金属塩で処理することにより，その熱流動開始温度を100〜150℃も低下させることを示している。そして，これらの処理による熱可塑性の向上の要因として，リグニンの3次元網目構造を部分的に開裂し，その運動性の拘束を部分的にでも解き，木材全体の熱可塑性の発現を促すこと，および構造の緩んだリグニン成分がセルロース誘導体の可塑剤として作用するようになることをあげている。たとえば，塩素化処理の場合については，リグニン芳香核のC1位の側鎖の切断を伴う塩素置換反応（求電子的置換反応）によるリグニンの3次元構造の弛緩が寄与しているとしている[4]。これらの議論は先の2.2項のそれとほとんど同じであり，2例ともリグニン分子を化学的に変性させて熱流動性を高め，同時に他の化学修飾木材成分の可塑剤としての役割を引き出している点で共通している。

7.2.5 プラスチック化木材の利用

熱流動性を与えられた木材は，どのような面で従来の木材の加工の範囲を超える利用法を見いだされるのであろうか。

まず考えられるのはフィルムやトレイなど種々の形の熱圧成形物である（図1）。前述したように，プラスチック化した木材を適切な合成高分子とブレンドすると，熱流動性や加工性が向上することが多く，相溶化剤の助けを借りると，強度や寸法安定性などの物性がさらに優れた成形物が得られるようになる。また，エンジニアリングプラスチックを化学修飾木材にブレンドした例もあり，成形物として優れた複合材料が得られている。ベンジル化木材とポリカーボネートとのブレンド物がそれであり，相溶化剤を加えずに調製したものでも，もとの素材シートより大きな引張強度を持つものすら得られている。この現象について，ポリカーボネートの凝集体では分子間に水素結合が原則として働かないのに対し，ベンジル化木材と混合すると，未反応のまま残留しているベンジル化木材中の水酸基とポリカーボネートの過酸エステル結合の酸素原子との間に水素結合が多量に生成されることによるものと考察された。また，変性ポリフェニレンオキシドとベンジル化木材に，相溶化剤として少量のスチレン—無水マレイン酸共重合体や無水マレイン酸変性ポリフェニレンオキシドを加え，混練して得た成形物な

図1 ベンジル化木材（BzW）とポリカプロラクトン（PCL）ブレンド物のシートより真空成形したトレイ

ども，強度的にエンジニアリングプラスチックの部類に入るものであることが示されている。

一方，化学修飾木材を含むブレンド成形物で3次元硬化の進んだ熱硬化性のものも様々に作られている。その例として，大倉工業（株）研究所で検討された3次元硬化型のプラスチック様木材ボードがある。なお，化学修飾度を低くして，熱流動に到らない程度の熱可塑性を木材に与えると，板金加工的曲面成形機能を備えた硬質繊維板を調製することができる。他方では，木材の表面だけをプラスチック化して，材表面の高密度化，強度増大，凹凸加工を図ることも検討されている。

7.2.6 プラスチック化木材の生分解性

このように，木材の化学修飾により熱可塑性素材が調製されるわけであるが，これらの材料について生分解性および光崩壊性プラスチックとしての評価も行われるようになってきた。すなわち，化学修飾木材のうち，ベンジル化木材と高級脂肪酸エステル化木材のフィルム状試片について，それらの特性に関しポリプロピレン（PP）など合成高分子と比較し検討した例がある。ベンジル化木材および高級脂肪酸エステル化木材のフィルムの生分解性，劣化性が明らかになった。

なお，ここでの検討との関連で，ベンジル化木材の熱流動性を射出成形用PPのそれと，キャピラリーレオメーターを用いる測定により比較したところ，前者の溶融粘度および溶融物の示すトルクの値が1桁大きいことが知られた。その分ベンジル化木材はプラスチックとしての加工性に難があるということになる。そこでその対応策として，生分解性があり，著しく熱可塑性が高いことが知られているポリカプロラクトン（プラクセルH-4）とのブレンドを試みた。その結果，ベンジル化木材にポリカプロラクトンを20～30％ブレンドすることにより，成形用PPと同等の熱流動性を示す材料となることが知られた。そのシートからトレイを真空成形することが試みられ，通常用いられる条件の範囲内で容易に目的を達しうることも知られた。その成形物の1例が先の図1に示されている。これらのベンジル化木材とカプロラクトンとのブレンド物については，土中埋没試験によりそれぞれの単独成形フィルムよりも生分解性の高いことが知られた。

いずれにしても，これらの結果はベンジル化木材にポリカプロラクトンをブレンドすることにより，プラスチックとしての加工性と生分解性の両者を高めることができることを示している[5]。このように，ベンジル化木材が十分な成形性と一定の生分解性を備えたプラスチック成形可能な材料であることが知られ，興味が持たれるようになったが，その工業化の可能性に関しては楽観できない。ベンジル化木材にせよ，ベンジルセルロースにせよ，その実際化のためには，まず工業的製造法の検討から始めなくてはならない。加えてベンジル化剤である塩化ベンジルの取り扱いにくさ，危険性も問題になる。そのような状況下では，すでに工業製品であるセルロース誘導体の中から対象を選び，生分解性プラスチック材料として用いうるものに変換するというやり方

から始める方が実際性が高いという考え方が出て来る。

現在，多くのセルロース誘導体が工業的に製造されているが，その中で最も大量に生産され，価格も相対的に低廉で，耐水性を含め実用的な物性を有するものはセルロースアセテート（CA）である。最近（1993年）その生分解性が証明されてきており，それを損なわない方法，あるいは強める方法でのプラスチック材料化が望まれるようになってきている。そこで，それに関する研究が盛んになりつつあるので，次節で述べる。

7.3 セルロースを利用した生分解性プラスチック

セルロースを利用した生分解性プラスチック材料で最初に発表され，注目されたものは，キトサンの酢酸水溶液に微細化セルロース（MFC）を懸濁して得られた成形物である。すなわち，両者を混合して脱泡後，流延，乾燥または熱処理により生分解性シートなどを得るというもので，工業技術院四国工業研究所で研究されている。この複合化シートの引張強度は，ポリエチレン，ポリプロピレンより数倍大きく，場合によってはナイロンより大きな値を示すものとなっている[6]。ただこの場合，溶剤を用いる湿式加工によるという点で熱可塑成形（乾式成形）に比べ製造能率が低いという欠点がある。

その点では，熱可塑性の十分なセルロース誘導体を作るか，あるいはその熱可塑性が不十分な場合はさらに可塑化して生分解性も備えた材料に導くことができれば，その方が望ましいということになる。

ところで，生分解されやすい化学結合は，天然高分子に多く存在するグリコシド結合，ペプチド結合，脂肪族エステル結合などである[7]。したがって，天然高分子であるセルロースを利用するというところまでは生分解性高分子の開発の有効な手段ということになる。しかし，セルロースを誘導体とすると，その分解性は変化し，その度合いはセルロース鎖上での置換基の種類，その量，およびその分布の仕方に依存するようになる。1960年代末までは，酵素分解による検討のみが行われており，とくにセルラーゼによる分解の研究結果が発表され，よく引用されてきた。たとえば，置換度0.76のCAは比較的容易に分解するが，置換度が1になると生分解しにくくなり，高置換度のセルロースジないしトリアセテートは分解されないということが論文で報じられ[8]，一般的概念となっていた。

CA以外のセルロース誘導体についても，上記とほとんど同様の実験結果が知られている。特にセルロースエーテルの生分解性が広く調べられており，やはり置換度1以下のセルロースエーテルが容易にセルラーゼで分解されることが知られている[9,10]。そしてその際，セルロース誘導体の酵素分解は隣接する無置換無水グルコースの間で起こるとされ，2つの無置換無水グルコー

ス基が並ぶとき酵素の攻撃を受けやすいといったことが論文で報じられている[11]。したがって，セルロース骨格へのエーテル結合は見かけ上微生物の攻撃に抵抗性をもっていることになるが，これらはあくまでも酵素分解実験での結果であることに注意する必要がある。

このように，セルロース誘導体のセルラーゼ分解に関する検討がされている時期に，置換度2.5までのセルロースジアセテート（CDA）が微生物の攻撃により分解されるという報告がCantorとMehalas[12]により例外的になされている。彼らの研究はCDA（置換度2.5）逆浸透膜の半透膜性の減少，喪失と微生物劣化とを関連づけるという目的で行われた。彼らは逆浸透膜に用いられたCDAの耐久性について議論しており，したがって彼らには生分解性高分子についての研究という意識はなかったといえる。したがってこの十数年前に生分解性高分子材料の開発の機運が起こり，CAの生分解性が検討され始まった際に，Cantorらの論文は必ずしも存在が意識されなかった。すなわち，置換度1以上のCAは酵素分解（セルラーゼによる）されず，耐朽性の高い材料であるといった考えが定説的な固定観念として存在していたところに，生分解性プラスチック材料の開発の動きが十数年前に起こったということである。その原料の一つとして，天然高分子の利用が取り上げられ，存在量の多いセルロースおよび澱粉に目が向けられた。両者ともそのままではプラスチック性を欠いており，充填剤的な利用に限定されるので，どうしてもエステル化やエーテル化によってある程度プラスチック性を付与した上での利用ということになる。

そこでCAの生分解性が改めて検討され始めた。その結果，土中などで種々の条件が適合した場合にはCAの生分解が進むことが見いだされ，まず環境分解という考えが導入された。これはセルロース誘導体の置換度が大きく生分解しにくいものでも，環境下での化学的加水分解により置換度が小さくなり，無置換の無水グルコース基近くまで加水分解すると，セルラーゼにより生分解するというものである。

次いで，1993年という近年になって，置換度が1をはるかに超え，2.5程度になっても活性汚泥中など様々な微生物が混在する系中ではCAが生分解されるということが，米国のイーストマン化学（株）の研究所から報告された[13,14]。その際，置換度が小さいものほど，より容易に生分解される。ダイセル化学工業（株）でもCAの生分解性をクーロメータで検討した結果，置換度2.1までは少なくとも同社の工場排水処理施設の汚泥で分解させうることを認めている[15,16]。また生分解性の大きい低置換度物を10重量％以上混合すると，高置換度物の生分解性を飛躍的に高めうること（馴化）も見いだしている[15,17]。

他方,マサチューセッツ大学ロウェル校およびイーストマン化学㈱の研究からは,コンポストおよびバイオリアクター環境下で置換度2.5のCAの生分解が進むことが明らかになっている[18-20]。^{14}Cで標識されたCAなどの in vitro での増菌培養法による生分解試験も行われた[13,14]。生分解に伴って，定量的に$^{14}CO_2$への転換が認められたことから，CAが十分速い速度で生分解されること

が確認されるとともに,その分解初期から中期にエステラーゼが働いてアセチル基の脱離を生じ,置換度を十分低下 (DS≒1まで) させたのち,セルラーゼにより重合度の低下が起こることも知られた[13,14,18]。

一方,大阪市工研と帝人㈱の研究グループは置換度2.3までのCAの分解菌の検索を行い,分解活性の高い菌株を *Neisseria sicca* と同定した[21]。

このような事実が明らかになるにつれ当然のことながらCAの熱可塑性を向上させ,優れた生分解性プラスチックに変換しようという検討が始まった。微生物産生ポリエステルや合成系の脂肪族ポリエステルと,CAやセルロースアセテートプロピオネートなどをブレンドすることにより,後者を可塑化しようとする研究論文が数多く発表されてきている。

また,関連の企業からのCAの上市の発表や特許の出願も盛んになってきている。その場合,CAの可塑化のために低分子量の可塑剤の使用が目立っている。たとえば,トリアセチン(米国のプラネット・ポリマーテクノロジー社の「ルナーレ」,帝人㈱特許),分子量300～500のポリカプロラクトン・オリゴマー(ダイセル化学工業㈱の「セルグリーンP-CA」),PEG 400,フタル酸ジメチル,フタル酸オクチル,グリセリンといった従来型の低分子量可塑剤(帝人㈱特許[22])などがある。

一般に低分子量可塑剤の添加による可塑化の場合,作業現場での可塑剤ミストの発生とそれによる成形物表面のくもりや汚染,さらには成形後,成形物表面へのブリードアウトといった問題を生じがちである。その意味では,CAのグラフト重合などによる内部可塑化が望ましいはずであるが,処理がブレンドの場合よりも複雑になりがちであり,敬遠されてきた。そういった状況を前提にして筆者らは低分子可塑剤のブレンド程度の処理で目的を達しうるCAへのグラフト法の開発を行っている。

その初期の検討では,CAを二塩基酸無水物と多価アルコール,またはモノエポキシドとともに100～180℃で数分から数十分混練するCA存在下でのオリゴエステル化を試みた[23]。これにより,CAにオリゴエステルをグラフトさせると同時に,ホモオリゴマーを系中に生成させ,効果的に熱可塑性,成形加工性を高めうることが明らかになった。この際,反応条件を選んでグラフト量を多くすることにより,成形物表面へのホモオリゴマーのブリードアウトのない生成物を得ることができること,また,均質,無色透明で,例えば,60MPaの引張強度と40％の破壊伸長率を示すなど魅力ある特性を備えた成形物が得られることも知られた。さらに,土中埋没処理あるいは活性汚泥を用いた閉鎖系酸素消費量の測定などから,これらの成形材料が対応するCAを超える生分解性を有しているという結果が得られた[24]。

引き続いて,CAへのε-カプロラクトンやラクチドのグラフト共重合も検討し,適切な触媒を用いることによりグラフト効率と反応速度をともに著しく大きくしうることを見いだした[25]。

その結果，二軸エクストルーダーを用いたリアクティブプロセッシングによって反応を行うことも可能となり，低分子可塑剤のブレンドによる可塑化処理とほとんど変わらない工程でCAの可塑化を実現しうることが知られた。反応生成物は成形加工性に優れ，成形物の物性もエラストマー状からガラス状まで広範囲のものが得られること，さらに生分解性を備えたものであることなども知られて来ている。

7.4 液化木材

7.4.1 はじめに

化学修飾木材がプラスチックとして振舞うということを前述した。当然溶剤に溶かすこともできるはずだと考えられた。

そこで，化学修飾した木材を直接溶剤に溶解しようとする試みが行われるようになった。その延長線上で無処理の木材，すなわち化学修飾していない普通の木材でもフェノール類やアルコール類，その他の数種の有機化合物の存在下で加熱することにより，液状にすることができるようになってきている。後者のプロセスを特に木材の液化と呼んでいる。現在，液化反応とその機構，および液化木材の活用に関する検討が継続して進められているとともに，液化木材の活用の検討から出てきた最終製品としての成形物，発泡体，接着剤硬化物の安全性およびそれらの生分解中間体の安全性の検討が行われている。

7.4.2 化学修飾木材の溶液化

熱流動性のベンジル化木材はジメチルスルホキシドなど多くの溶剤に，たとえば80℃という温度条件下で攪拌するだけで溶解し，高粘度の溶液を与えることが知られた。溶解の操作だけで溶液が得られるわけで，化学修飾木材の各種成分，すなわちセルロース，ヘミセルロースおよびリグニンの誘導体は高分子量のまま溶解している。

九州大学でも化学修飾木材の溶解に関する研究が行われた[26)]。化学修飾木材を塩素化などのハロゲン化，オゾン処理，過マンガン酸カリウム処理その他で酸化し，リグニンの分子内結合を，たとえばリグニン芳香環C1位での側鎖の開裂などにより，部分的，選択的に開裂し，緩めた。これにより，クレゾールなどの有機化合物への化学修飾木材の室温での溶解性を大幅に向上させ，完溶すらさせうるということを見いだしている。

7.4.3 無処理木材の液化

化学修飾木材が溶剤溶解性を示すことが知られたわけであるが，その当然の推移として，化学

修飾木材の置換度と液化しやすさの関係が調べられ，置換度を小さくする方向で実験が進められた．それに伴って，対象物を液状にするために反応温度を高くしたり，あるいは時間を長くする必要が生じたものの，最終的には化学修飾を全く受けていない無処理の木粉でも液化しうるということが見いだされた．この場合，木材をフェノール類，多価アルコール類を中心とした有機化合物のいずれかと，液比をたとえば0.5などとして240～280℃で，あるいはさらに硫酸，フェノールスルホン酸，リン酸，塩酸など強酸触媒を加え液比をたとえば2として150℃程度で約30～180分処理すると液化がそれぞれ容易に進むことが知られた．酢酸など弱酸を触媒とする場合には液化速度が遅くなるので，反応温度を高めることで液化度を同等にした．他方，触媒としてアルカリ，たとえば苛性ソーダを用いても木材液化を進めることができる．

また，それらの触媒を用いる場合，共存する媒体によってはその高分子化を図ることができる．ε-カプロラクトンやポリカプロラクトン（PCL 303など）をそれぞれ媒体として用いる場合がその例としてあげられる．

他方で，この液化の場合，木材構成主成分であるセルロース，ヘミセルロースおよびリグニンは後で詳述するように低分子化され，同時にフェノールや多価アルコールといった共存媒体の付加が起こるので，液化物はそれらに基づく反応性を持つようになる．

また，この液化反応の時間経過とともに，特に酸触媒存在下で，液化生成物間の再縮合が見られるようになる．木材を澱粉に変えるとこの再縮合は起こらなくなることから，リグニン液化物の反応性に起因するものと考えられる．

同様の低分子化木材成分間での再縮合反応が木材の爆砕およびオートハイドロリシス処理の場合にも認められている．木材液化の場合，この再縮合のために，大きな木材濃度を持つ液化物が得難くなる．これはバイオマスの利用という観点から見て好ましくないことである．一方，上述より予想できるように，澱粉の液化の場合，液比を小さくしてもそれを進めることができ，高濃度の液化物を得ることができる．その際，触媒濃度を低くすることも可能である．そこで木粉と澱粉を組み合わせて液化し，液化物中のバイオマス含量を大きくすることが試みられた．まず木粉のみを比較的大きな液比で液化させ，次いで澱粉を加えるという形で反応を行ったところ，高いバイオマス含量の液化物を得ることができている．

このようにして得られた木材液化物はペースト状ないし濃厚溶液状のものである．したがって未液化残渣の定量の際には，希釈した上で濾別などを行う必要がある．そのとき，いったん液化したものが多量の希釈液の添加により再び沈殿析出するようなことがあってはならない．そこで，液化バイオマスの溶剤溶解性が詳細に調べられた．液化物成分の希釈溶剤への溶解挙動はある種の分別でもあり，ほとんどの場合，純溶媒のみを用いたのでは完全な溶解は実現できない．いくつかの混合溶媒，特に関連の2成分系混合溶媒の各成分の活量が理想溶液挙動から正に逸脱して

いるような混合溶媒が液化バイオマスの良い希釈剤となることが知られた。多くの合目的な2成分系溶媒の中で，特にジオキサン／水系について詳しく検討された。これは広範な液化条件で調製されたバイオマス液化物に対して用いることができ，また適切なジオキサン／水混合比の範囲は十分に広いことが知られた。

以上述べてきた無処理木材の液化においては100L容バッチ式液化装置や連続液化装置が開発されるようにもなってきている。特に後者の装置が開発されたということは木材液化の能率を格段に高める結果となっている。

本項の最後に，ここでの木材液化と現象として対比しうる木材の油化との違いについて2, 3触れておく。木材の油化はかなり以前からバイオマスの化学変換法の1つとして研究されてきているものである。木材などリグノセルロースの炭化水素化，すなわち石油化を図るもので反応温度も高く，多くの場合触媒を用いており，反応の内容は石炭の油化を意識したものとなっている。1例をあげると，オートクレーブ中において，木粉を水および触媒（$NiCO_3$など）の存在下，水素および窒素ガスを用いて20気圧に加圧し，350℃まで急速に加熱するという方法により，55wt％の収率で油状物を得ている。この場合，木材成分中の酸素をできるだけ除去し，炭化水素化することが目的であるため，収率は60wt％以下の低いものとなる。

それに対して，微量抽出成分などの除去をあらかじめ行わずに木粉をそのまま高温高圧法で液化した場合でも，液化収率は90wt％以上であり，また硫酸触媒存在下，150℃で0.5〜3時間木粉を液化した場合の収率は約97wt％と，先の油化に比べて随分高い値となることが知られている。これらの結果は液化が油化と全く異なるものであり，炭酸ガスや一酸化炭素などを生成するような木材成分の極端な低分子化を伴う反応でないことを示唆している。

7.4.4 木材の液化機構[26,27]

木材の液化という場合，木材を構成している多糖成分（セルロースとヘミセルロース）およびリグニンの液化を考えなければならない。また，すでに述べたように，木材の液化法は，250℃近辺の高温，高圧条件の下で触媒を用いずに行う方法（無触媒法）と120〜150℃の中温域で酸を触媒に用いて行う方法（酸触媒法）の2つに大きく分けられる。どちらの方法においても，まずリグニンの液化が進み，ほとんど同時にヘミセルロースからのアセチル基の脱離などその変性が進み，次いでヘミセルロースを含む多糖の非晶部の液化が進行し，最終的には木材成分のほぼ全ての液化が完了することが知られている。同時に，液化時間の進行とともにいったん低分子化したリグニンは互いに，あるいは多糖成分低分子化物と再縮合し，不溶物を生成することも知られている。

液化物の化学構造は液化法や液化条件に大きく依存し，液化物の熱可塑性さらには熱流動性と

いった加工性に反映される。その加工性などを高めるという目的でも，液化物構成成分の分子構造や液化反応機構を理解することは重要である。また，それらの理解は液化物の安全性を検討するためにも意味がある。

一方，このような木材の液化過程で木材成分の低分子化が起こることはすでに述べた。その際木材成分の化学的特性から考えて，共有結合の切断が各様に起こっているはずである。各様に起こると言っても，有機化学の教科書にあるように，共有結合の切断の仕方は，基本的には次の3通りになる（図2）[28]。

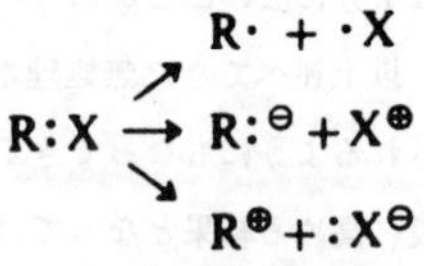

$$R:X \longrightarrow \begin{array}{l} R\cdot + \cdot X \\ R:^{\ominus} + X^{\oplus} \\ R^{\oplus} + :X^{\ominus} \end{array}$$

図2　共有結合の切断の種類

最初のものは，おのおのの原子がそれぞれ1個ずつの電子をもって分離するもので，非常に反応性に富む2つの切断片が生成する。この切断片をラジカルと呼び，この形式の切断はラジカル開裂（homolytic fission）と呼ばれている。次に2番目と3番目の場合，1つの原子が2個の電子を持ち，他の原子は電子を持たないような切断の仕方であって，結果として陰イオンと陽イオンが生成する。図2で示したように，RとXが同じでない場合には，当然RかXかのどちらかが電子対を持ったままでいる。この2つの場合の切断の仕方はイオン開裂（heterolytic fission）と呼ばれ，生成するのはイオン対である。もちろん，図2のどの反応も逆の経過をとれば共有結合が作られ，また，最初に生成したラジカルまたはイオンが他の種を攻撃することによっても共有結合ができる。

これらのことを踏まえて，木材の液化機構解明のための実験的な検討をこの数年来行ってきた。その中からまず，リグニンの無触媒高温条件下での液化機構について調べた結果を，以下に少し詳しく述べる。これにより，方法論を含めて理解を得た上で，引き続き多糖類も含め他の条件下での液化について概説することとする。

7.4.4.1　リグニンの液化機構

前述のように，リグニンの液化機構について検討した結果を，まず取り上げることとする。実験ではリグニンのモデル化合物として，これまでもよく使われてきたように，グアイアシルグリセロール-β-グアイアシルエーテル（GG）を用いている。

（1）フェノール存在下での高温無触媒法によるリグニンの液化機構[26]

GGに対するフェノールの重量比（液比）を3として，両者をステンレス製耐圧反応管に秤り取り，フェノールと同重量の水を加え，250℃の油浴中で1〜150分間反応させた。反応生成物をクロロホルム可溶物とその水抽出物といった形で大別したのち，TLCによって決定した展開剤系を用い，まずゲル濾過を行い，生成物を大きく分画した。最終的にHPLC分別により単離し，GC-MS，^{1}H-NMR，^{13}C-NMRなどのデータから化学構造を決定するという手法，および液化物全体や単離できなかった化合物群などに関しては，GPCによる分子量分布に関する情報等を得る

といった手法を主として用いて，液化の機構が調べられた。その結果，おおよそ以下の知見が得られた。

　液化反応の初期（反応時間5分）には，液化生成物の70％は分子量450以下の低分子量物質から成っていたが，GGの50％は未反応のまま残っていた。反応時間の増加とともに，分子量分布は高分子量側にシフトし，反応時間が10分になるとGGの98％以上が変性され，分子量450以上の高分子量区分は，GGの全液化生成物の56％に達した。これらの結果より，まず低分子量物質が生成し，そしてそれらはその後，高分子量の化合物に変換されていくということがわかる。

　一方，250℃で30分，液比3という代表的条件下で得られる液化生成物を単離し，化学構造を決定した上で，グループ分けした（図3）。グループⅠおよびⅡは，それぞれ，グアイアシルプロパニルまたはその類縁物のフェノール化物，およびグアイアシル化物から成り，グループⅢはグアイアコールとフェノールあるいはグアイアコール同士のカップリング二量体，またグループⅣはGGからの分解物バニリンのフェノール化物，グループⅤはGGのメチロール基由来のホルムアルデヒドとフェノールよりの生成物，そしてグループⅥはフェノキシラジカル同士のカップリング生成物と言える。このように分類することにより液化反応のありようの一端が垣間見られるが，さらに情報を得るために，反応中間体の経時変化を追跡した（図4）。

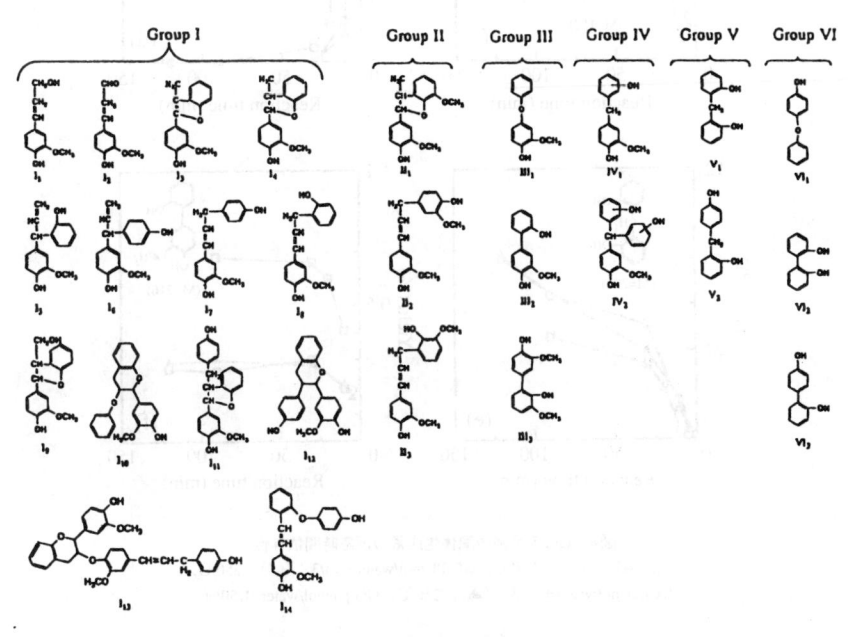

図3　GGの反応中間体の化学構造と分類

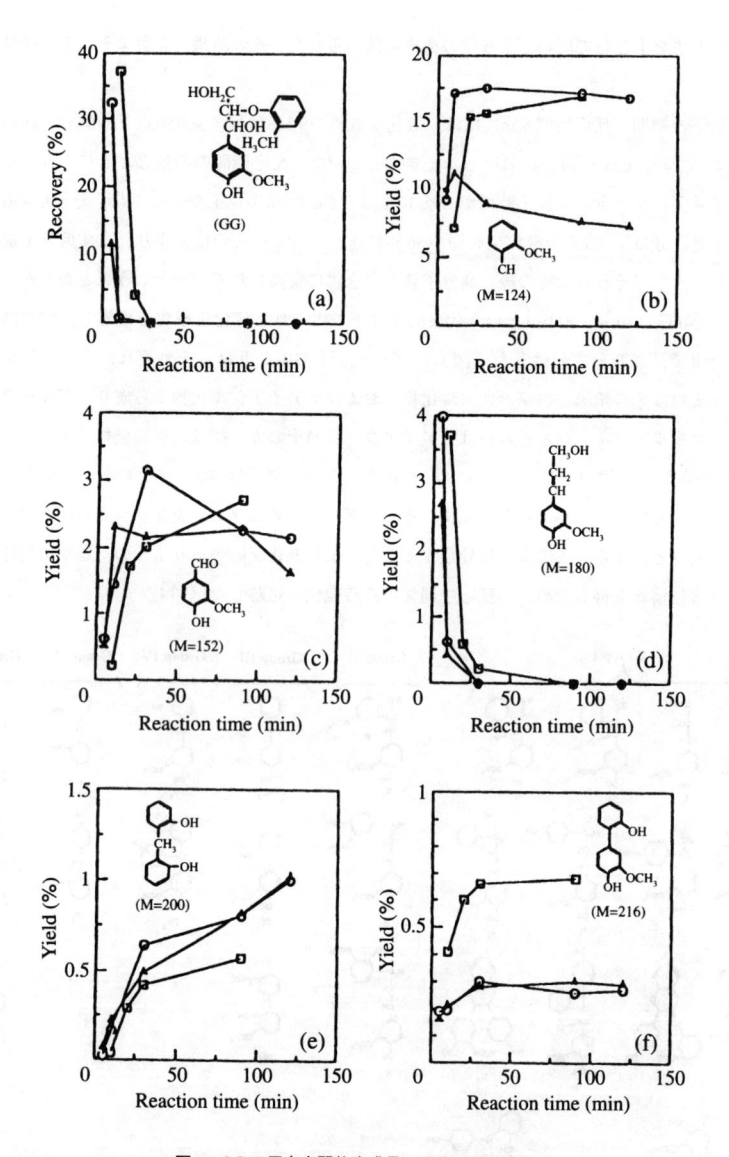

図4 GGの反応中間体生成量の反応時間依存性
反応条件：(□), 200℃, GG/Phenol/water=1/3/3 ；(○), 250℃, GG/phenol/water=1/3/3 ；(▲), 250℃, GG/phenol/water=1/50/50.

まず，GGが10〜30分以内に完全に消失すること，液化初期にグアイアコールが急速に著しく生成され，その後減少傾向はあるものの，かなり長時間初期の高い濃度を維持すること，グアイアコールの生成はGGの消費とよく対応していること，すなわち，前者は後者のβ-O-4結合の開裂からコニフェリルアルコールとともに直接的に得られること，グアイアコールのさらなる反応は低度であるが，これは大量にフェノールが存在するためであるといったことが知られた。事実，コニフェリルアルコールの収率は，GGの著しい消費とグアイアコールの著しい生成と対応して急激に増加する。ただし，最大となったのち，再び急激に減少して，30分以内にごく微量になるという現象が認められたが，これはコニフェリルアルコールが他の化合物に変換される大きな反応性を有しているということを示している。他方，グループⅣのバニリンとフェノールの反応生成物に関してであるが，バニリンはこの場合，GGまたはコニフェリルアルコールのプロパン側鎖C_α-C_β結合の開裂によって生成され，その収率は30分以内に最大値に達し，そしてその後僅かに減少する。反応温度を増加させるか，またはフェノール／GG比を増加させても，バニリンの収率は少々増加するにすぎない。さらにその収率は，グアイアコールの収率と比べて低いと言える。したがって，このC_α-C_β結合の開裂は限られており，しかも開裂生成物であるバニリンは，無触媒液化反応条件下で反応性が無視しうる程度である。事実，検討した条件下でグループⅣのバニリンから得られる生成物は，非常に少なく痕跡量である。

グループⅤの代表的化合物であるフェノールとホルムアルデヒドの縮合物，ジ（2-ヒドロキシフェニル）メタンの収率の経時変化は，反応時間とともに徐々に増加し，120分の反応で約1.0％に達するといったものである。ここでホルムアルデヒドは，GGまたはコニフェリルアルコール末端ヒドロキシメチル単位から生成され得る。フェノールとホルムアルデヒドのモデル反応をここで用いた液化反応条件で行うと，それら2つの化合物間の縮合反応は著しく起こることから，せいぜい1％程度であるというこの収率は，この液化条件下でのホルムアルデヒドの生成が限られているということを示している。グアイアコールとフェノールからの代表的な二分子カップリング反応生成物である，2-メトキシ-4-（2-ヒドロキシフェニル）-フェノールの生成の経時変化についてみると，その収率は最初増加して30分以内に最大に達し，そしてその後一定となっている。グアイアコールとフェノールの両者が液化混合物中で最も多量に存在しているにも拘わらず，その最大の収率は，0.8％以下と非常に少ないものになっている。さらに，この液化条件下では，これがさらにカップリングした反応物は検出されなかった。これらの結果は，この反応条件下でのグアイアコールとフェノールのカップリングとデカップリングの平衡が，この化合物の生成量を極度に小さいものとしているということを示唆している。その他の中間反応生成物についても同様な検討が広く行われた。

以上より次のことが言える。すなわち，GGの液化をここでの条件下で行うと，非常に多種類

の化合物が生成されるが，それらは生成の様態および他種化合物への変換の特徴によって分類することができる。すなわち，アリル側鎖を含む中間体は反応性が高く，変換される挙動も類似している。この場合，その生成が急速に起こり，消費される速度も速い。反対に，グアイアコールやそのカップリング生成物など脂肪族の側鎖を持たない中間体は，本検討で用いた反応条件下ではかなり安定である。これらのことから，液化の動的な過程および液化生成物の種類が多様なものとなるといったことに，脂肪族側鎖を有する中間体の寄与が大きいということが浮かび上がってくる。

それらの主な中間体の反応性，およびそれらの生成経路をさらに検証するために，対応する種々のモデル反応が行われた。すなわち，グループⅠ〜Ⅵに対してそれぞれコニフェリルアルコールとフェノール（モデル反応Ⅰ），コニフェリルアルコールとグアイアコール（モデル反応Ⅱ），グアイアコールとフェノール（モデル反応Ⅲ），バニリンとフェノール（モデル反応Ⅳ），フェノールとホルムアルデヒド（モデル反応Ⅴ），およびフェノールのみ（モデル反応Ⅵ）を用い，ここでの液化条件下で反応させた。各々のモデル反応から得られた生成物について分析し，各グループに属している全ての化合物が，対応するモデル反応より合成され得ることが知られた。モデル反応ⅠまたはⅡにおいて，コニフェリルアルコールは12分以内に完全に消費され，グループⅠまたはⅡに属しているものすべてに対応する生成物が合成され，そしてそれら生成物の相対的収率は，GGの液化中に得られたものと類似のものとなった。これらの結果は，コニフェリルアルコールがGGのβ-O-4結合の開裂によって生ずる主要中間体として生成し，その後，広範な反応が起こり，対応する種々の物質を与えるということを示している。

モデル反応Ⅲ，ⅣおよびⅥの場合，その反応を60分間も行ったにもかかわらず，90％以上の出発物質が未反応のまま残った。これらの結果も，前述のGGの液化の際に得られた事象とよく一致している。

モデル反応Ⅴから，フェノールとホルムアルデヒドの反応はかなり著しく，そしてその生成物の組成は，ホルムアルデヒド／フェノール比に主として依存することが知られた。すなわち，低いホルムアルデヒド／フェノール比（1.2／100, w／w）を用いると，2核縮合体が主生成物となり，12分以内の反応では3核縮合生成物（M_n=306）は非常に少量しか生じないこと，しかもこれがGGの液化の結果と一致したものとなることが知られた。しかし，ホルムアルデヒド／フェノール比が3.6／100のときには，フェノールのホルムアルデヒドとの反応はずっと広範に起こり，その結果多量の3核縮合生成物（M_n=306）が12分以内に生成した。したがって，GGの液化の際に2核縮合生成物ですら無視しうる収率であったということは，GGの液化の間のホルムアルデヒドの生成が，用いた反応条件下ではごく少量であるということを示唆している。

前に述べた結果，およびリグニンのオルガノソルボリシスや爆砕処理に関する既往の文献も参

照することにより，図5に示すようなGGの反応経路が提案された。

すなわち，GG (i) は，水1分子を失いキノンメチド (a) を作る。キノンメチドはそれからホモリティックな開裂を行い，コニフェリルアルコールラジカル (b) とグアイアシルラジカル (c) を生成する。コニフェリルアルコールラジカル (b) は，さらに3種の経路で反応していく。主経路では，コニフェリルアルコールラジカル (b) は，まず異性化で対応するラジカル (b') に移行する。そしてそれからラジカル (b') は，フェノールのフェノール性水酸基から水素ラジカルを引き抜き，コニフェリルアルコール (I_1) とフェノキシラジカル (d) を形成する。コニフェリルアルコール (I_1) はさらに脱水され，キノンメチド構造物 (e) に変換される。このキノンメチド (e) は親核的にフェノールにより攻撃され，対応するフェノール化生成物，たとえば I_4〜I_8 などを形成する。これらの中間体はなお非常に活性であり，さらに反応に参画する。たとえば，I_7 および I_8 はそれらのフェノール性水酸基から水素ラジカルを失って，対応するラジカル (f) および (g) となる。ラジカル (f) および (g) は，個々にフェノキシラジカルとカップリングし，引き続いて内部環化することにより I_{10}〜I_{12} をそれぞれに形成する。他方，ラジカル (f)

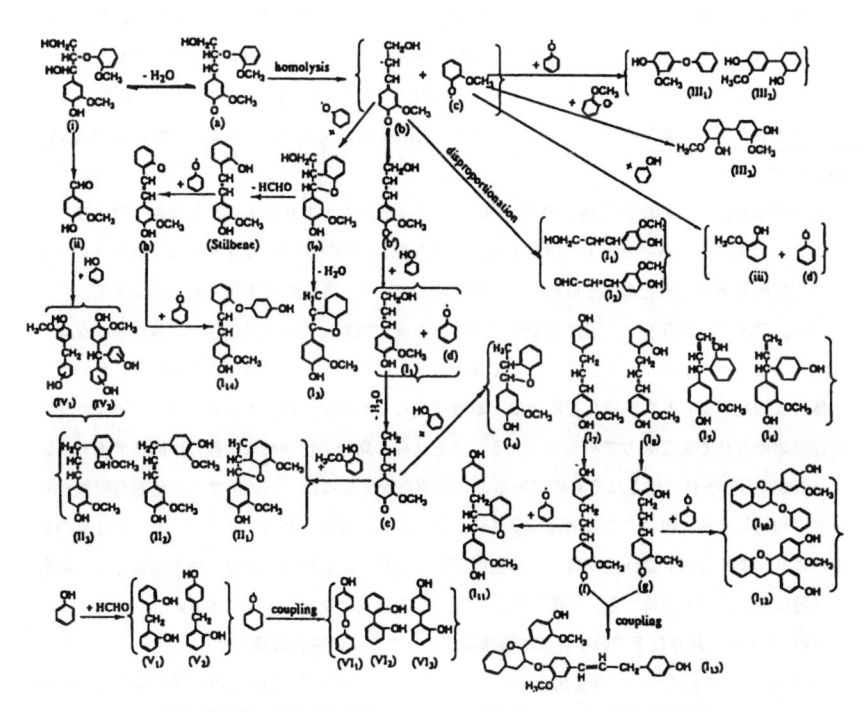

図5 無触媒，高温（250℃），フェノール存在下でのGGの液化の経路図

および（g）の間のカップリングによって化合物I_{13}を与える。同様に，キノンメチド（e）はグアイアコールとも反応し，化合物II_1〜II_3などを生成するが，無視しうる量である。

コニフェリルアルコールラジカル（b）の第2の反応経路は，フェノキシラジカルとカップリングし，フェニルクマラン（I_9）を与えるものである。フェニルクマラン（I_9）は，水を脱離することによりフェニルクマロン（I_3）に変換されたり，または，ホルムアルデヒドを脱離することによりスチルベンになる。スチルベンは対応するラジカル（h）に変換され，引き続きフェノキシラジカルとカップリングして化合物（I_{14}）を与える。さらに，脱離されたホルムアルデヒドはフェノールと反応し，V_1およびV_2などの化合物を生成する。

第3の反応経路はマイナーである。すなわち，コニフェリルアルコールラジカルは不斉化して，コニフェリルアルコールとコニフェリルアルデヒドを形成する。β-O-4結合の開裂に加えて，α-β結合位でもマイナーな開裂が観察され，それによってバニリン（ii）が形成される。バニリンはフェノールと反応でき，無視しうる程度の量ではあるが，対応するジアリールメタンIV_1とトリアリールメタンIV_2を与える。グアイアシルラジカルに関しては，フェノールのフェノール性水酸基から水素ラジカルを引き抜くことにより，主としてグアイアコール（iii）に変換される。ある限られた量ではあるが，グアイアシルラジカルは，フェノキシラジカルまたは他のグアイアシルラジカルとカップリングでき，生成物III_1〜III_3などを生成することができる。他方，2つのフェノキシラジカル間でのカップリングにより，対応するカップリング二量体，例えばVI_1, VI_2, VI_3などができる。

まとめると，全ての反応経路の中で，GGのβ-O-4結合のホモリティックな開裂，およびコニフェリルアルコールを中心とする開裂生成物の引き続いてのフェノール化が液化プロセスの全局面で支配的であり，液化の主生成物として対応するフェノール化物質が得られると言える。

以上，フェノール存在下，無触媒でのリグニンの液化機構について見てきた。液化がリグニン成分のホモリティックな開裂を中心として進むことがはっきりと示され，液化の経路についての具体的な知見が得られた。液化生成物は，単離同定したもの全てが，オルガノソルブパルプ化の過程で認められて来たものであること，そしてそれらは高分子化される過程の中間体であり，いずれ100％高分子材料化されるものであることが明らかになった。バイオマス液化物が樹脂材料として利用しうる根拠がここに明確に示されたといえる。特にこれらの分子オーダーの知見の集積により，より合理的な液化プロセスの発展を図ったり，反応性の高い液化物を得るという検討が格段に進むことも期待でき，今後さらに研究すべき課題となったともいえる。

（2）フェノール存在下での中温酸触媒法によるリグニンの液化機構

GGに対するフェノールの重量比を4として，フェノールに対して1〜3重量％の酸とともにナスフラスコに秤り取り，撹拌，還流下で45秒〜120分間反応させた。酸触媒としては硫酸を基本

に用い，リン酸およびシュウ酸を触媒とする場合についても検討した。反応終了後生成物をシリカゲルカラムクロマトグラフィーとHPLCを用いて単離したのち，化学構造の同定を行った。約30種の単離化合物が得られた。その全量は出発物質（GG）の重量の98％に達した。それらの化学構造の同定をGC-MSとNMRを用いて行った。得られた化合物の構造的特徴より，グアイアコール以外のものは大きく4種類に分類された（図6）これらの化合物の生成機構を以下に簡単に述べる。

Group I (Guaiacylglycerol-α-phenyl-β-guaiacyl ethers)

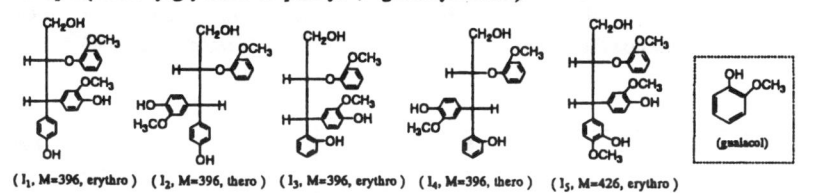

(I_1, M=396, erythro) (I_2, M=396, thero) (I_3, M=396, erythro) (I_4, M=396, thero) (I_5, M=426, erythro) (guaiacol)

Group II (Phenylcoumaranes or benzocyclobutanes)

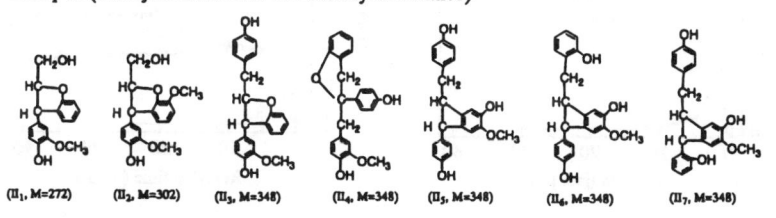

(II_1, M=272) (II_2, M=302) (II_3, M=348) (II_4, M=348) (II_5, M=348) (II_6, M=348) (II_7, M=348)

Group III (Triphenylethanes)

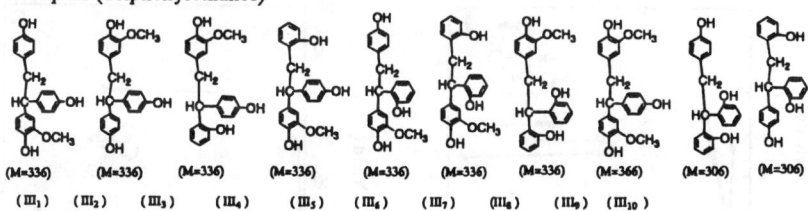

(M=336) (M=336) (M=336) (M=336) (M=336) (M=336) (M=336) (M=366) (M=306) (M=306)
(III_1) (III_2) (III_3) (III_4) (III_5) (III_6) (III_7) (III_8) (III_9) (III_{10})

Group IV (Diphenylmathanes)

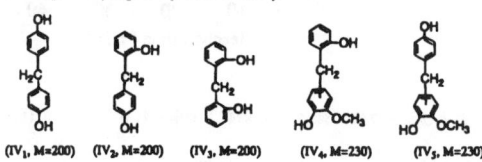

(IV_1, M=200) (IV_2, M=200) (IV_3, M=200) (IV_4, M=230) (IV_5, M=230)

図6　酸触媒条件下で得られるGGからの主要な液化反応生成物の化学構造

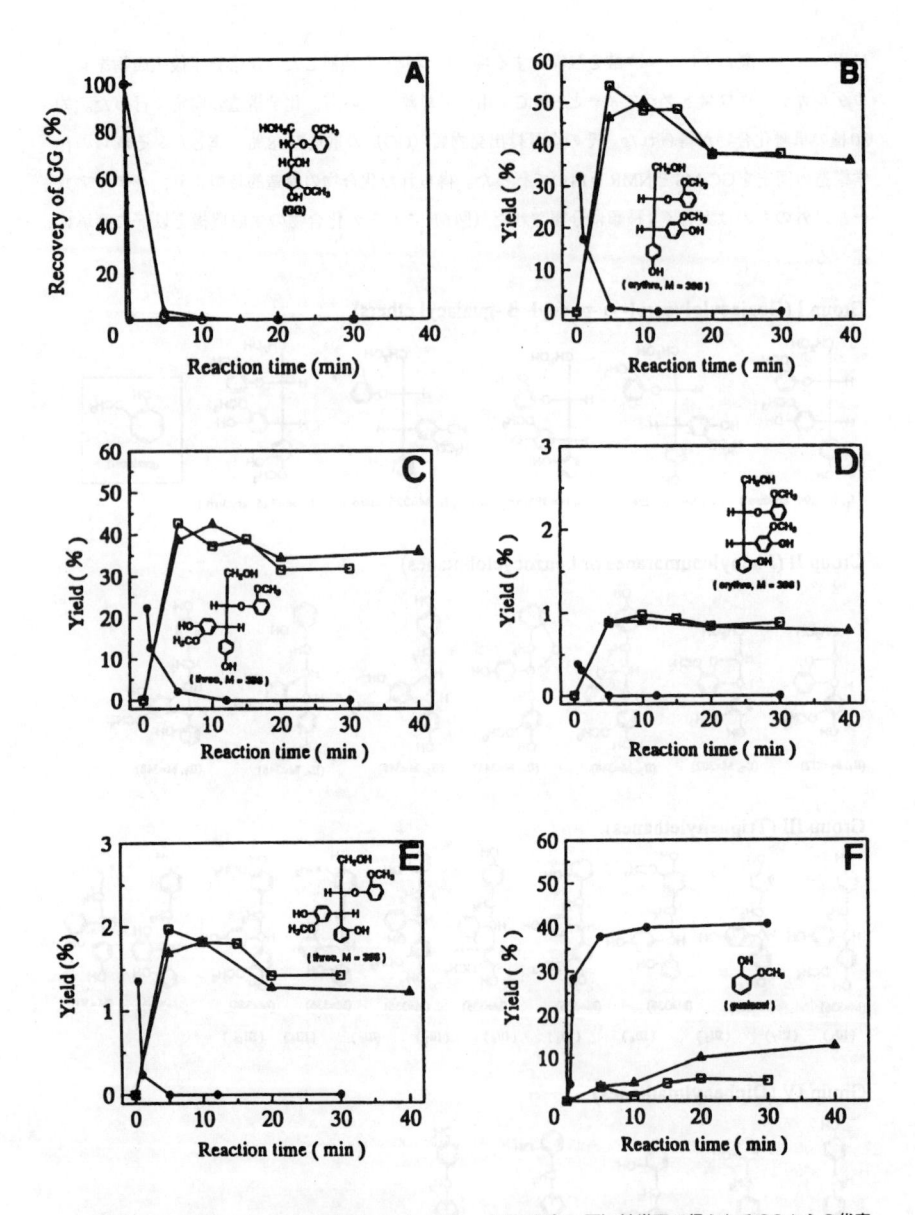

図7 硫酸（1％，●），リン酸（2.5％，△）およびシュウ酸（3％，□）触媒下で得られるGGからの代表的液化反応生成物生成量の経時変化
(注)：GG／フェノール＝1/4（w/w）；反応時間＝150℃

まず，図6のグループⅠの化合物の生成量の経時変化をGGおよびグアイアコールのそれらとともに図7に示す。まずGGは液化時間5分以内にほとんど消滅することが知られ，この条件で迅速に反応するといえる。

グループⅠの4種の化合物（異性体）の生成および消費量の経時変化（図7；B〜E）は類似しており，それらは10分以内に迅速に生成し，その後減少することが知られる。その際，強酸である硫酸を触媒に用いる場合は，リン酸およびシュウ酸を用いる場合に比べ生成および減少速度がはるかに大きいことが明示されている。またそれらの生成がGGの減少と密接に関連していることも読み取れる。

以上の結果より，グループⅠの化合物はGGの側鎖α位の炭素（α炭素）へのフェノールの縮合によって生成され，生成量が反応時間10分でグループⅠの化合物総計で仕込みGG量に対し90％以上に達するということから，この反応が最も主たる反応であることが呈示された。

グアイアコールも主生成物の1つであり，GGのβ-O-4結合の開裂によって生成される。グアイアコール生成の経時変化が図7のFに示されている。リン酸およびシュウ酸を触媒として用いた場合には，その生成量は反応時間を長くしてもそれほど増加しないが，硫酸を触媒として用いると反応初期より生成量が際立って大きくなり，反応時間5分でレベルオフし，収率40％に達している。この収率の値をもとにして計算してみると，GGのβ-O-4結合を100％開裂していることとなる。事実，図7のB〜Eの全てにおいて，反応時間5分で硫酸を触媒とした場合，フェノール化GGの残存量はほとんどゼロに近くなっている。この結果はグアイアコールが直接グループⅠの化合物のβ-O-4結合の開裂によって生成していることを示す。

以上のような結果から図8に示すようなヘテロリシスにより液化が進む反応機構が提案された。

酸触媒からのプロトンがGGのα-位の水酸基を攻撃してベンジルカチオン（a）が生成し，次いでそれがフェノール化され（S_N2反応），グループⅠの化合物，I_1〜I_4が生成することとなる。オルソ位での立体障害が厳しいために，パラ置換体が優勢になる。このフェノール化化合物（グループⅠ）はプロトンの攻撃によってβ-O-4結合を開裂されることにより，グアイアコール・アニオンと対応するβ-カルボカチオンを生成する。β-カルボカチオンは強い酸性の条件下では不安定であり，直ちに安定なフェノニウムイオン（b_1）〜（b_4）に変換される。グアイアコールアニオンは酸化されて，その全部がグアイアコールになる。グアイアコールはフェノールに比べて反応性は低いが，フェノールと同様にベンジルカチオン（a）と反応しうる。その関連生成物が図6のI_5である。フェノニウムイオン（b_1）〜（b_4）はさらに再配列してβ-カルボカチオン（C_1），（C_4）と4個のベンジルカチオン（C_2），（C_3），（C_5），（C_6）になる。それらは2つの経路を進みフェノールと迅速に反応する。1つはフェノールと直接縮合反応することにより，対応するトリ

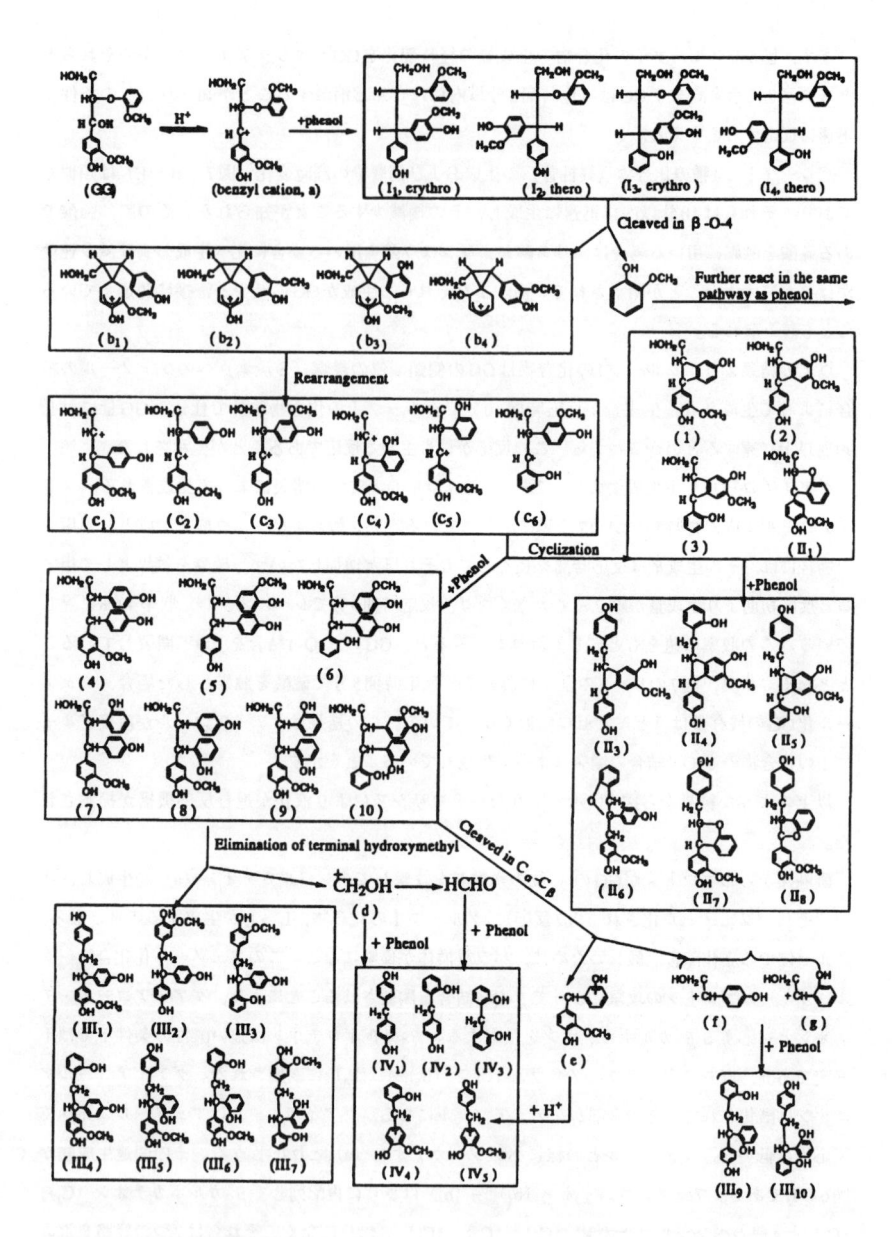

図8 酸触媒*とフェノール存在下，150℃でのGGの液化機構（反応経路図）
　　*酸触媒として，硫酸，リン酸およびシュウ酸を用いうる

フェニルプロパノール (4) 〜 (10) を生成し，また他の1つは分子内環化することによりベンゾシクロブタン (1)，(2) およびフェニルクマラン (II_1) を生じる。前者の生成物 (4) 〜 (10) は非常に不安定であり，したがって末端ヒドロキシメチルの脱離反応により7種の対応するトリフェニルエタン類 (III_1) 〜 (III_7) およびカルボカチオン (d) またはホルムアルデヒドに迅速に変換される。カルボカチオン (d) またはホルムアルデヒドはフェノールまたはグアイアコールのいずれかと縮合してジフェニルメタン類 (IV_1) 〜 (IV_5) を生成する。

一方，反応中間体 (4) 〜 (10) は，ある割合でそれらの α-β 結合が開裂され，イオン類 (e), (f), (g) も生じることとなる。(e), (f) は酸化されてジフェニルメタン類 (IV_4) および (IV_5) となるか，あるいはフェノールと縮合してトリフェニルエタン類 (III_9) および (III_{10}) を生成する。

以上より少なくとも次のことがいえる。まず，酸触媒の条件下で，GGはフェノールとヘテロリシス（イオン反応）の機構で反応するといえる。GGの反応経路は硫酸，リン酸およびシュウ酸を触媒として用いるかぎり，酸の種類にかかわらずイオン反応に基づいた非常に特殊なものとなっており，ラジカル開裂反応，すなわちホモリシス機構により進む既出の無触媒液化の場合に起こるそれらとは完全に異なっている。GGのCα-OH結合，β-O-4結合およびβ-γ結合はヘテロリティックな反応によって高度に開裂される。それらの対応するイオン性中間体はフェノールと求核縮合反応を起こし，一連のフェノール化化合物を生成し，GGおよび関連の中間体の反応速度は触媒の酸性度に大いに依存することが見いだされた。

7.4.4.2　セルロースの液化機構
(1) 高温無触媒条件下におけるフェノール存在下でのセルロースの液化機構

これまでの記述で，リグニンの液化機構についてその全体像がほぼ解説された。一口で言うと，リグニンを高温無触媒の条件下で液化すると，その際の反応は高分子化合物であるリグニンがラジカル開裂により低分子化され，ラジカル反応により安定化されるという形で進むこと，つまりホモリシスにより進むということが知られた。一方，酸触媒条件では液化の際フェノールが共存するか，アルコール（ジオール）が共存するかにより違ってくるが，フェノリシス，あるいはアルコリシスといった加溶媒分解，すなわちヘテロリシスによりリグニンが低分子化するということが明らかになった。

これらの研究の延長線上で，フェノールあるいはポリオール存在下でセルロース，ヘミセルロースといった多糖類の液化がどのように進むかという研究も，リグニンでの研究の場合と同様な手法で行われて来ている。

その結果，セルロースのフェノール存在下高温無触媒条件下での液化反応の場合もランダム的にホモリティックに進行し，中温酸触媒条件下での反応に比べ経路がずっと複雑となり，多数の化

合物が生成されることが知られた。後述の多糖の中温酸触媒条件下での液化の場合に，特徴的に生成し，かつイオン反応によってそれが生ずることが明らかなフェノールグルコシドを全く生成しない。そのかわりに，ラジカル開裂したセロビオース由来ラジカルと水が反応してグルコースを生成し，液化反応初期の主反応生成物となっていることが明らかにされた。これはその後フェノール化や転移を受けて反応が進むことが経路図上で明らかにされた。この場合，反応系中の水は液化反応を促進する重要な役割をするといえる。

なお，セルロースの高温無触媒液化に関して報告された小野らの木材学会誌の論文において，セルロースの高温での液化の際には，溶媒のフェノールが酸として働くために反応系が酸性になり，イオン反応的な加水分解が起こってグルコースを生成し，さらに脱水によって5-ヒドロキシメチルフルフラールを中間体として生成するということが報告された。

セルロースの高温無触媒液化がイオン反応のみで起こるのであれば，中温で酸触媒を用いた液化の際に生成したようなフェノールグルコシドが同じように生じてもおかしくないが，実際のところ，上に述べた結論から知られるように，中温酸触媒による液化の際に生成したような化合物は全く生じていない。したがって，高温無触媒条件下では，ヘテロリシス反応は優勢ではないと考えるのが妥当であろう。

(2) 中温酸触媒条件におけるポリオール存在下でのセルロースの液化機構

バイオマスの液化はフェノール以外ポリオール存在下でもよく行われている。そのこともあり，ポリオール存在下でのセルロースの中温酸触媒液化について，液化機構の解明も行われている。その結果について，前述のフェノール存在下でのリグニンの酸触媒液化機構と比べると，共存媒体がポリオールとフェノールと異なるにもかかわらず同じヘテロリティックなイオン反応機構で進むことが明らかとなっている。

得られた結果の大きな特徴としては，さらに，セルロースもこの条件で迅速にアルコールと反応してまずグルコシドを生成すること，引き続いて擬一次反応で，そのグルコシドがより極性の低い化合物に変換されることが知られた。反応時間が十分に長い120分経過後も，ここで明らかになったグルコシドは有意量存在することも明らかになり，最終樹脂化成形物中に含まれることになる。このことは成形物中にピラノース環構造が存在することを意味し，その生分解性の起こり方を検討する上でも興味深い結果といえよう。

7.4.5 液化木材の利用[26]

前々項で述べたように，木材を溶液状にできるということは，その利用に対して多様な可能性をもたらすことになる。他方，前項で木材の液化が分子オーダーでどのように進むかということについて述べた。現時点で液化の機構が分子のレベルではっきりと理解できるようになってきて

いる。ここで得られた知見は，木材液化というものの素性を明らかにし，得体の知れないものにするという意味をもつが，さらに液化木材を利用するにあたり分子オーダーで考える余地を与えるものである。液化の機構が明らかになり，液化木材の樹脂材料化等，利用する上での基盤が整備されたといえる。

　具体的にはおがくずなど木材をフェノールやポリエチレングリコールを媒体として液化する場合，前述のように，低分子化された木材成分にそれらの媒体が化学的に結合し，このことが液化物の反応性の発現につながっている。媒体が木材成分に結合する度合は，液化条件に依存すると同時に液化物の反応性の大きさと関係する。液化物はそれぞれの反応性に対応した形で，フェノール樹脂やエポキシ樹脂，ウレタン樹脂にすることができる。これを利用して，接着剤，成形物，発泡体，さらには炭素繊維などへと発展させる試みがある。

　たとえば，無処理木材のフェノール液化物から遊離のフェノールを減圧留去して粉末状物を得，木粉など充填剤，ヘキサミン，硬化促進剤，およびその他の添加物を加えた後，170～190℃で熱圧することによって，現在一般に使われているノボラック樹脂成形物と同等の物性をもつ成形物を得ることができる。これがホルムアルデヒドとの反応なしに調製されたことは意味がある。しかも，コンパウンド中に，木材由来の成分を75％以上含むという特徴もあり，最終製品（成形品）に木質感を与えている。また，同様の液化の後，未反応のフェノールを留去せずに，ホルマリンを加えてそのままノボラック樹脂化した場合，熱流動性と反応性が著しく向上した液化木材樹脂となることが知られた。

　また，多価アルコールやポリエーテルポリオールさらにはポリエステルポリオールの存在下で木材を液化したものからはポリウレタンタイプの発泡体が調製されている。組成や反応条件を変えることにより，軟質および硬質発泡体をそれぞれ得ることができる。これらは見かけの密度を0.02g/cm^{3}程度まで小さくすることができ，しかも十分な強度と変形に対する復元性をもっている。これらの発泡体の中で，木材成分は単に混じっているだけでなく，構成成分間で化学結合することによって，形態保持に積極的役割を果たしていることが証明されている。一方で，ポリカプロラクトン（PCL303）を酸触媒存在下で用いる場合には，液化中に媒体であるポリカプロラクトンを重縮合させることができ，軟質のポリウレタン発泡体を調製しうることが知られた。また，澱粉をポリエチレングリコールであるPEG-400と少量のグリセリンおよび硫酸触媒の存在下で液化して得られた生成物を連続セル調製用の整泡剤を用いて合目的に発泡することにより，吸水性ポリウレタン発泡体が得られている。

　これらの無処理木材の液化とその応用の手法は，様々な物理的・化学的特徴を有する植物資源に応用できる。たとえば，澱粉に加えてとうもろこし子実の表皮からの発泡体や，スギの樹皮やコーヒー豆の抽出残渣，さらにOA紙からの成形物も作られている[26]。

一方，フェノール存在下で得られた木材液化物から誘導されたノボラック樹脂様成形物が予想以上に顕著な生分解性をもつようである。JIS規格寸法のダンベル型試片が3ヵ月の土中埋没処理で，その8割を消失したという結果が得られている。

　他方，多価アルコールやポリエステル存在下で調製した木材液化物からの発泡体の生分解性と光分解性についての検討からも次のようなことが知られている。まず，発泡体サンプルについて，26～27℃，95％RHで6ヵ月間の土中埋没試験を行い，この試験期間内にサンプルが土中微生物により著しく分解されるという結果を得ている。同様な実験を自然環境下で7月から翌年1月にかけて6ヵ月間行い，類似の結果を得ている。また，6ヵ月間屋外曝露することにより，試片の外観上の劣化，すなわち光分解も顕著に生起することが知られた[26]。

　引き続いてバイオサーモアナライザーによる試験も，多種の微生物が共存する活性汚泥を用いて行っている。この装置は生物細胞の放出する代謝熱を計測することにより細胞の増殖活性を評価するというものである。汎用ポリオールからのポリウレタン発泡体（粉末状）では全く微生物増殖曲線を画かなかったのに対し，液化木材発泡体（粉末状）ではそれを明確に画き，しかもスギ粉末と比較してもより多くの微生物が増殖することが知られた。これらの結果は，土壌中と同じように多種の生菌が共存する系で，木材液化物からの発泡体が生分解することを示すとともに，この装置による評価方法が定量的データを与える可能性があることも示唆している。

7.5　バイオプラスチック関連製品の安全性

　これまでの節のいくつかで，セルロースおよび木材をエステル化やエーテル化，あるいはグラフト反応により熱可塑性高分子材料として利用したり，木材を液化したのち三次元硬化成形物や発泡体として利用するといったことを述べてきた。

　当然それらの材料としての安全性，特に人間の生活の中で使われた場合，健康へ悪い影響を及ぼさないかという点が問題にされる。たとえば，木材のフェノール液化物から食器が成形でき，強度的性質などがそれぞれの基準を満たすものとなっていることが明らかとなったが，同時に食品衛生法上も適格なものであることの証明が必要とされた。検査機関に依頼することとなる。

　最近になってさらに数多くの種類のバイオマスから様々な形の成形物，発泡体の調製が行われるようになってきた。そこで3年半余り前より，筆者の所属していた大学内で応用微生物学を専門とする研究室との安全性，さらには試料の生分解の特性と生分解中間体の安全性について共同研究が始められ，問題点の発掘と解決の努力を続けている。そこでは，乳酸，ラクチド，グリコール酸，ε-カプロラクトン等を種々組み合わせて反応して得られたヒドロキシ酸グラフトセルロースアセテート等の生分解性セルロース誘導体，食品廃材（ビールかす，米ぬか，ふすま等）

や木材片といった廃棄物からのポリウレタン発泡体（フォーム）を作成し，それらの加熱水溶出液を調製し，安全性を検討した。内分泌撹乱作用はウサギ子宮を用いたエストロゲン結合阻害活性により確認した。また変異原性試験として細菌のSOS調節機構に基づくumuテストを行った。その結果，いずれのセルロースグラフト誘導体，発泡体についても，これらのアッセイ系から内分泌撹乱作用や変異原性は検出されなかった。

また，これらの試料の生分解性は本章の各所に述べられているように，それぞれにすでに検討され，各様の生分解性が認められてきている。生分解する際，その過程で有害な化合物が土壌ないし培地中に蓄積しないかが問題になる。そこで筆者らのグループではこの点も解明すべきであると考え，具体的に検討を行っている。セルロースグラフト誘導体およびポリウレタン系発泡体に絞って検討が進められている。特に培地中にジアミン系の化合物が蓄積するかしないかについて注目しているが，現時点までではそのような化合物は分取されていない。

関連の生成物の安全性の確認についての検討はこれまでのところ，以上のように進められているが，筆者らの用いている方法論をさらに有意なものにブラッシュアップすることを心掛けながら，関連の研究をさらに続けつつある。

文　献

1) （社）日本化学会,（財）化学技術戦略機構訳編:「グリーンケミストリー」丸善，東京（1999）
2) 白石信夫：木材およびバイオマスからの生分解性を意識したプラスチック材料，ポリマーダイジェスト，1994 (8), p.17-30
3) N. Shiraishi, M. Yoshioka : *Sen-i Gakkaishi*, 42, 346 （1986）
4) 坂田功：酸化処理による熱可塑性の改善,「木質新素材ハンドブック」, 木質新素材ハンドブック編集委員会編，技報堂出版，東京，p.49-53 （1996）
5) M. Yoshioka, Y. Uehori, H. Toyosaki, T. Hashimoto, N. Shiraishi : Thermoplasticization of Wood and Its Application, *New Zealand FRI Bulletin*, No. 176, p.155-162 （1992）
6) 土肥義治編:「生分解性プラスチックのおはなし」, 日本規格協会，東京，p.87, 88 （1991）
7) 澤田秀雄：セルロース・ポリカプロラクトンを利用した生分解性プラスチック,「実用生分解性プラスチック」, テクニカルリサーチレポート No.8, シーエムシー，東京，p.36-40 （1992）
8) E. T. Reese : *Ind. Eng. Chem.*, 49 (1), 89 （1957）
9) A. S. Perlim, S. S. Bhattacharjee : *J. Polym. Sci., Part C*, 36, 509 （1971）
10) U. Kasulke, H. Dautyzenberg, E. Polter, B. Philipp : *Cellulose Chem. Technol.*, 17, 423 （1983）
11) M. G. Wirick : *J. Polym. Sci. A-1*, 6 （1965）; *ibid*, 6, 1705 （1968）

12) P. A. Cantor, B. J. Mechalas : *J. Polym. Sci., Part C*, **28**, 225-241 (1969)
13) C. M. Buchanan, R. M. Gardner, R. J. Komarek : *J. Appl. Polym. Sci.*, **47**, 1709-1719 (1993)
14) R. J. Komarek, R. M. Gardner, C. M. Buchanan, S. C. Gedon : *J. Appl. Polym, Sci.*, **50**, 1739-1746 (1993)
15) M. Ito : "Abst. of Environmental Conference and Exhibition on the Role of Biodegradable Materials in Waste Management" , p.45-46, Tokyo (1995)
16) 伊藤正則 : *Cellulose Commun.*, 3 (2) , 84-89 (1996)
17) 伊藤正則, 清瀬篤信, 平尾勝美 : 特開平7-76632
18) Ji-Dong Gu, D. T. Eberil, S. P. McCarthy, R. A. Gross : *J. Environmental Polym. Degradation*, 1 (4) , 281-291 (1993)
19) R. M. Gardner, C. M. Buchanan, R. J. Komarek, D. Dorschel, C. Boggs, A. W. White : *J. Appl. Polym. Sci.*, **52**, 1477-1488 (1994)
20) Ji-Dong Gu, D. T. Eberil, S. P. McCarthy, R. A. Gross : *J. Environmental Polym. Degradation*, 1 (2) , 143-153 (1993)
21) 酒井清文, 山内達夫, 中栖ふみ子, 大江達彦 : 日本農芸化学会1994年度大会講演要旨集, p.511, 3FP5 (1994)
22) 山内達夫 : 特開平7-102114
23) M. Yoshioka, T. Miyazaki, N. Shiraishi : *Mokuzai Gakkaishi*, **42** (4) , 406-416 (1996)
24) M. Yoshioka, K. Okajima, T. Miyazaki, N. Shiraishi : *J. Wood Sci.*, **46**, 22-31 (2000)
25) M. Yoshioka, N. Hagiwara, N. Shiraishi : *Cellulose*, **6**, 193-212 (1999)
26) 白石信夫 : 木材の液化, 応用および液化機構について, *Cellulose Commun.*, 5 (1) , 2-12 (1998)
27) 白石信夫 : 「実用化進む生分解性プラスチック」, 白石, 谷, 工藤, 福田編著, ㈱工業調査会, 東京, p.144-176 (2000)
28) P. Sykes著, 久保田尚志訳 : 「有機反応機構」第5版, 東京化学同人, 東京, p.23-24 (1994)

第8章　ウッドセラミックス

岡部敏弘[*1], 廣瀬　孝[*2]

8.1　はじめに

　産業廃棄物・二酸化炭素の抑制，資源の効率的活用，リサイクルなど地球環境保護の要求が高まる中，従来の金属，プラスチック，ファインセラミックス等に代わる新しい材料の開発が急務の課題となっている。この要求に応える材料として，炭素材料が注目されている。炭素材料は，黒鉛，無定型，ダイヤモンドに大別できるが，出発原料・製法に応じてこれらの中間的構造を有する多くの材料がある。しかし，従来の炭素材料は，製造工程が複雑で，高価であり，また複雑形状の加工が難しいため，利用範囲はごく限られているのが現状である。そのため，容易に製造・加工が可能で，優れた機能性を有する炭素材料の開発が望まれている。

　一方，我が国は，紙製品，家具から家屋に至るまで多くの木質系資源を利用している。しかし，大量に生ずる紙や廃材の有効な処理方法・再利用方法が確立されていないため，多くは焼却あるいは廃棄処分されているのが現状である。

　ウッドセラミックスの開発は森林資源の確保と効率的活用，リサイクル，二酸化炭素の抑制などいずれの面からも，木質系廃材の付加価値の高い機能を有する炭素材料の開発を行うことを目的としたもので，社会的波及効果は極めて大きいものである。

8.2　ウッドセラミックスとは

　炭素材料は，非酸化性雰囲気下での高温耐熱性，熱伝導性，電気伝導性，潤滑性，および耐薬品性を有する材料であり，これらの機能を生かした各種の製品が製造されてきた。図1に示すように，炭素材料は，金属，高分子，セラミックスの性質を合わせ持つ特異な材料である[1]。これまで高密度炭素材料が主流であったが，炭素繊維の出現によって新しい強化複合材が開発されるようになったことから，炭素の特性を生かしながら性能の向上や多機能化を求めるとともに，取

[*1]　Toshihiro Okabe　青森県工業試験場　漆工部長
[*2]　Takashi Hirose　青森県工業試験場　漆工部

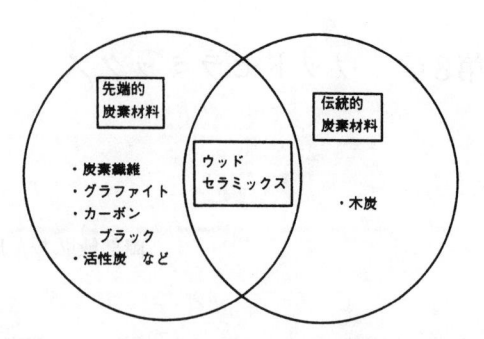

図1 ウッドセラミックスの位置づけ

表1 多孔質炭素材料の主用途および特性

炉の種類	用途	使用条件（一般例）
焼結体	超硬金属，セラミックス，カーボンなど焼結	1000～3000℃（真空，不活性ガス）
焼入炉	SDK材など油焼入れ	1200～1400℃（真空，不活性ガス）
ろう付き炉	銀，銅，アルミなどろう付け	1100～1250℃（真空）
炭化炉	焼結用パウダー炭化	2000℃（真空）
熱処理炉	金属クロム高純度化	1400～1500℃（真空）
蒸着炉	アルミなど各種蒸着金属	1500～1600℃（真空）
結晶成長炉	シリコン，ガリウム，ホタル石単結晶引き上げ	1500～1600℃（アルゴン）
HIP炉	超硬金属，セラミックス，カーボンなど焼結	1000～2300℃（加圧）

表2 炭素繊維製断熱材の用途

特性	製品名	カーボセル H	カーボセル S	ポアスター	クレカFR R200	クレカ NFR	ポーラスグラファイト参考
主原料	コークス＋ピッチ						○
	炭素繊維				○	○	
	樹脂	○	○	○			
主用途	フィルター			○			
	断熱材	○		○			
	構造材	△	○			○	○
見掛け比重		0.1	0.3	0.04～0.06	0.16	0.7	1.20
空隙率		94	80	96～97	—	—	48
圧縮強さ		12	80	1～2		49	120
曲げ強さ		6	40	—		75	53

り扱いの容易な成型体として，各種形状の多孔質炭素材料が製品化されるようになった。一般的炭素材料の特性を表1に，また，現在製品化されている多孔質炭素材料の主な用途および特性を表2に示す[2]。

現在製品化されている多孔質炭素材料は以下のように製造されている。
(1) 炭素繊維を熱硬化性樹脂で成型し，炭化する。
(2) ポリウレタンなどの多孔体中に熱硬化樹脂を含浸，硬化，炭化してガラス状炭素の骨格だけを残す。
(3) 熱硬化樹脂中に，気孔成型材としてポリエチレングリコールなどを添加し，硬化後，過熱除去して気孔を残存させて炭素化する。
(4) ガラス状炭素の微粒子をホットプレスで成型する。

図2にウッドセラミックスの製造工程を示す。ウッドセラミックスは，木材および木質材料と熱硬化性樹脂との複合材料を高温無酸素雰囲気中で，炭素化して得られる多孔質炭素材料，すなわち，木材の多孔質構造を，機械的にも化学的にも優れた耐久性を有するガラス状炭素により補

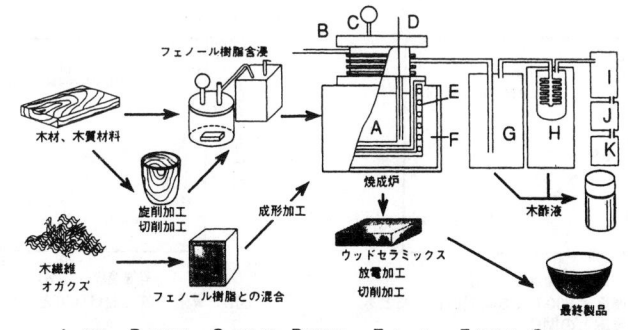

図2 ウッドセラミックスの製造工程

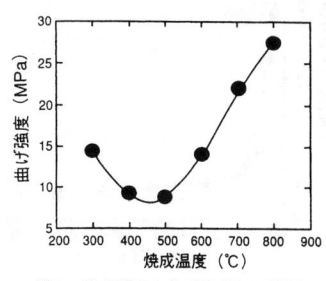

図3 焼成温度と曲げ強度との関係

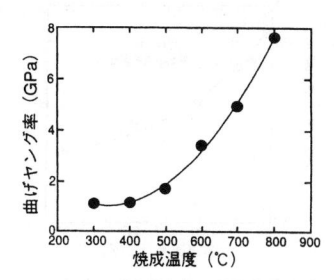

図4 焼成温度と曲げヤング率との関係

強した材料である[3,4]。

　また焼成温度と曲げ強度との関係を図3に示す[5]。300〜500℃の温度領域での強度の低下，それ以上の温度領域での強度の向上が見られた。焼成温度と曲げヤング率との関係を図4に示す。曲げヤング率については，単純に焼成温度に伴って向上する傾向を示した。最高焼成温度を800℃に設定し，3時間保持した時の昇温速度と収炭率の関係を図5に示す[6]。昇温速度10℃/分以上になると明確なクラックが発生した。曲げ強度の場合には，図6に示すようにように昇温速度10℃/分までリニアな低下傾向をそれ以上の昇温速度は，ほぼ一定の値を示し，ブリネル硬さの場合にも図7に示すように，昇温速度が速くなるに従って低下する傾向を示した[7]。

　ウッドセラミックスの電気抵抗値は，図8に示すように，焼成温度によって絶縁体から導体に至る値を示す[8]。シールド特性は，電気抵抗値に依存し，電界シールドについては，図9に示すように焼成温度600℃以上でまた，磁界シールドについては，図10に示すように焼成温度700℃以上で効果を示し，焼成温度の上昇，つまり，電気抵抗値の低下に従って性能が向上する[9]。

　図11は，波長4.0μm〜22.0μmにおけるウッドセラミックスの放射率を黒体の放射率を100

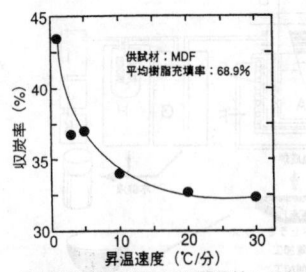

図5　昇温速度と800℃で3時間保持したときの収炭率との関係

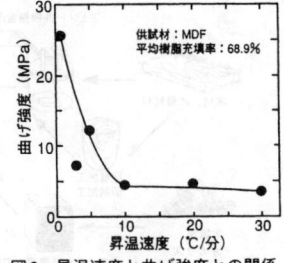

図6　昇温速度と曲げ強度との関係

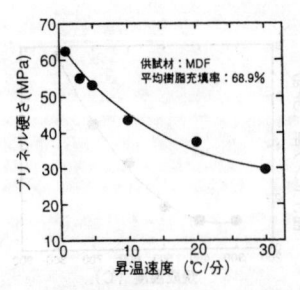

図7　昇温速度とブリネル硬さとの関係

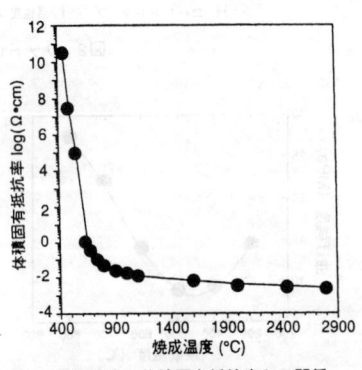

図8　昇温速度と体積固有抵抗率との関係

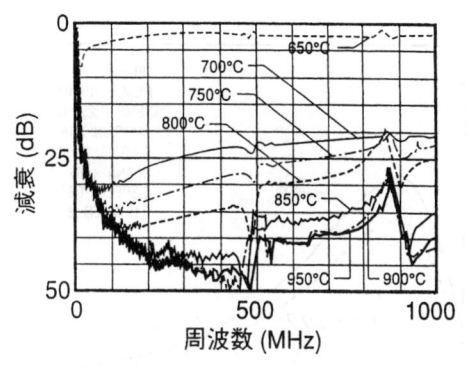

図9 ウッドセラミックスの電界シールド効果

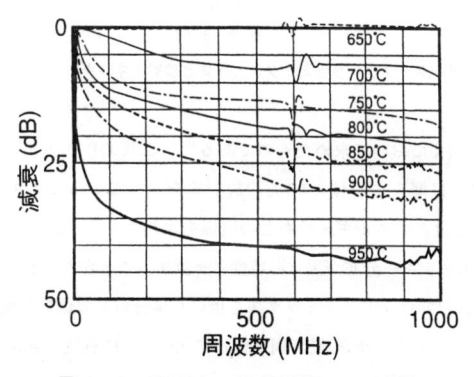

図10 ウッドセラミックスの磁界シールド効果

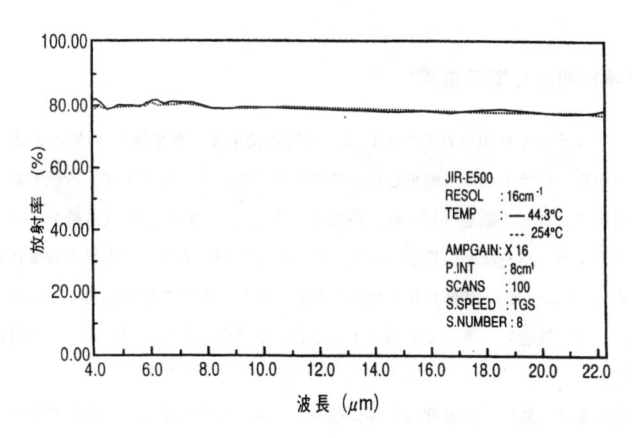

図11 ウッドセラミックスの遠赤外線放射特性

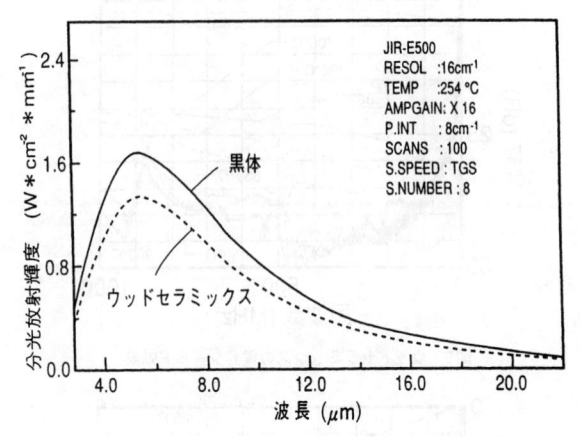

```
                    JIR-E500
                    RESOL   :16cm⁻¹
       2.4          TEMP    :254 ℃
                    AMPGAIN : X 16
                    P.INT   : 8cm⁻¹
       1.6   黒体    SCANS   : 100
                    S.SPEED : TGS
                    S.NUMBER : 8
       0.8
          ウッドセラミックス
       0.0
          4.0  8.0  12.0  16.0  20.0
             波長 (μm)
```

図12 ウッドセラミックスと黒体と放射エネルギー分布

として，317.5Kと527.2Kにおいて求めたものである[10]。これよりウッドセラミックスは，測定波長領域において波長に関らず黒体の80％の放射率を示していることが，わかる。図12は，527.2Kにおける波長と放射エネルギー分布との関係を示したものである[11]。これより，ウッドセラミックスの放射エネルギー分布が黒体の特性と一致することがわかる。

また，摩擦摩耗性としてウッドセラミックスを用いた場合の摩擦係数が他の組み合わせ（アルミナ球/アルミナ平板，アルミナ球/炭素鋼平板）に比べ，0.15程度の非常に低く且つ安定した値を示すという特徴もある。

8.3 環境材料としての位置づけ

エコマテリアルとして利用されるためには，材料の使用後（廃棄後）の処理方法が環境と調和する必要があり，リサイクル（廃棄しないで再利用すること，たとえば，古紙で言えば新聞紙を再び新聞用紙に，コピー紙をコピー紙に再生すること），リプロセス（古紙をトイレットペーパー，ティッシュペーパーなどの異なる用紙の原料として用いること，古紙から単体炭素材料へも同様である），リユース（廃棄される製品の部品を新しい製品の部品として使い続けることであり，部品としての性能のつきるまで利用すること）を考慮したものであることが最低限必要と考えられる[12]。

地球温暖化現象は二酸化炭素濃度の上昇に起因し，エネルギー源として化石燃料を使うことが原因と言われている。この二酸化炭素濃度上昇の他の要因として森林資源の破壊を挙げることが

できる。この傾向は発展途上国において特に顕著であり，生活維持のための行為で大きな問題であると言える。図13にウッドセラミックスの製造から使用，廃棄までの工程をエコマテリアルの位置づけとして示す。ウッドセラミックスの原料は，植物系材料の木材，木質材料あるいは古紙などの天然資源を使用しており，生産廃棄物として得られる木酢液は土壌改良材や有機農法における防虫剤や防菌材として利用できる。さらには，使用後のウッドセラミックスは再処理することにより活性炭，また燃料材としての再利用が可能である。

また，表3に製造時の消費エネルギーと炭素放出量の関係をウッドセラミックスと他の材料との比較を示す。これは，1984年の一年間に化石燃料の燃焼によって26万MJのエネルギーが消費され，これにより52億トンの炭素が放出されたというデータに基づき，50MJのエネルギー当たり1kgの炭素が放出されるとして，エネルギー効率については，化石燃料の燃焼による場合には

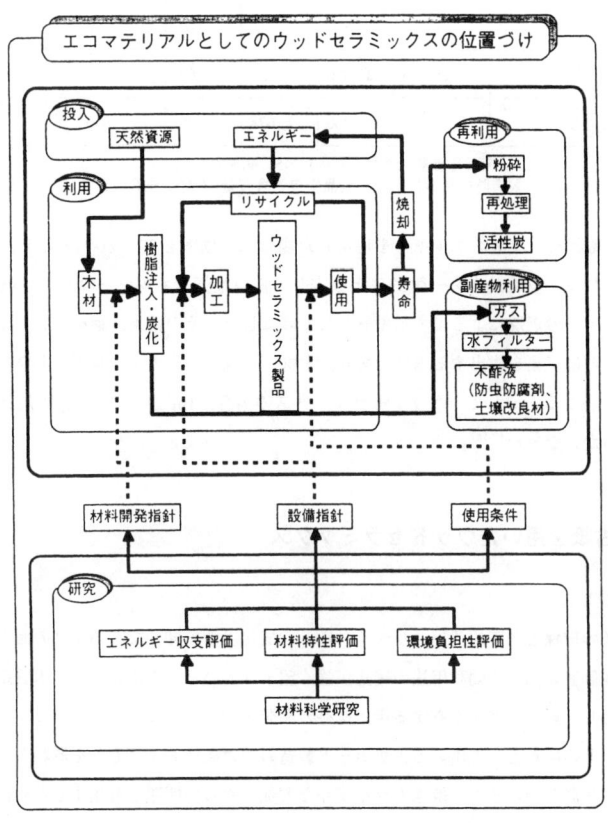

図13　エコマテリアルとしてのウッドセラミックスの位置づけ

表3 製造時の消費エネルギーと炭素放出量の関係—ウッドセラミックスと他の材料との比較

材料	化石燃料エネルギー		製造時炭素放出量		製品中の炭素貯蔵量	炭素量の収支
	MJ/kg	MJ/m³	kg/t	kg/m³	kg/m³	kg/m³
天然乾燥製材（比重：0.50）	1.5	750	30	15	250*1	－235
人工乾燥製材（比重：0.50）	2.8	1,390	56	28	250*1	－222
合板（比重：0.55）	12	6,000	218	120	248*2	－128
パーティクルボード（比重：0.65）	20	10,000	308	200	260*3	－60
鋼材	35	266,000	700	5,320	0	5,320
アルミニウム	435	1,100,000	8,700	22,000	0	22,000
コンクリート	2.0	4,800	50	120	0	120
紙	26	18,000	—	360	—	—
ウッドセラミックス（800℃ 焼成品）	33.9	33,900	678	678	850	－172

＊1，＊2，＊3 は炭素含有量をそれぞれ 50，45，40％とした。
炭素量の収支＝製造時炭素放出量－製品中炭素含有量(木材が成育時に吸収して固定した炭素量)

効率を100％とし，蒸気エネルギーを使用した場合には効率を50～80％として，また電力を使用した場合には，発電効率を一律33％と仮定し，使用電気エネルギーの3倍（1kWh=3.6MJ）を化石エネルギーの燃焼によるエネルギーとして計算した。その結果，鋼材，アルミニウム，コンクリートなどは炭素を放出する素材であり，木材，合板，パーティクルボードなどは炭素を保存することがわかる。そして，ウッドセラミックスの場合，1m³当たり172kgの炭素を保存することが，明らかになった[13-16]。

8.4 古紙を用いたウッドセラミックス

8.4.1 はじめに

森林資源の確保と効率的活用，リサイクル，二酸化炭素の抑制などいずれの面からも，木質系廃材の付加価値の高い有効利用法の確立が強く望まれている。本研究では，木質系廃材，特に古紙を原料とした新しい機能を有する炭素材料の開発を行うためにウッドセラミックスの製造技術を用いて，その原料として用いる古紙ボード製造の最適条件およびそれを原料として用いたボードの特性を検討した。また，焼きムラや反りなど従来からの問題を解決するために回転して温度ムラをなくし，圧縮して反り，波打ち等を改善しながら焼成できる圧縮型ウッドセラミックス製

炭装置を開発し，従来のもので製造したものと比較検討した．

8.4.2 実験方法
8.4.2.1 供試材料
供試材料として，原料となる古紙はコピー紙，広告紙，雑誌，竹パルプ，新聞の計5つを用いた．解繊時のこれらの水分含有率は，10％前後であった．また，バインダーとして，粒状フェノール樹脂（昭和高分子製 BRP-5933）を用いた．

8.4.2.2 実験装置
材料の解繊や樹脂と混合，ボードの製造は，東洋油圧工業製リサイクルボード成型品開発プラントを用いた．このプラントは，古紙を解繊するためのシュレッダー，解繊した古紙を回収するファイバー集合機，古紙ファイバーと粒状フェノールを混合するリファイニングジェットミキサー，熱圧成型するためのホットプレスで構成されている．シュレッダーは，解繊時の回転数をコントロールすることができ，ホットプレスは，油圧式のもので圧締圧力，温度を変えて，自由にボードを作製することができる．

8.4.2.3 解繊条件
解繊は，シュレッダーを用いて，その回収にはファイバー集合機を用いて行った．解繊機の出口は網状になっており，交換を行うことができる．今回，網はメッシュサイズの大きさの異なる3種類を用意した．大網は490cm^{2}に直径9.93mmの円が342個，中網は490cm^{2}に6.75mmの円が540個，小網は490cm^{2}に486mmの円が961個である．解繊条件は，表4のように網や回転数を変えたA～Fの6条件で行った．

表4　解繊条件

	大　網	中　網	小　網
回転数 1250r.p.m	A	C	E
回転数 2250r.p.m	B	D	F

8.4.2.4 繊維長と未解繊率の測定
繊維長の測定は，ニコン製光学顕微鏡にて行い，その画像をコンピュータに取り込んで手動にて25本の繊維をトレースし，平均して繊維長を求めた．また，ファイバー解繊機の特性の確認と各古紙で条件によって解繊の状態が異なるのかを確認するために，解繊後のものの解繊されていない量（以後未解繊率という）を測定した．この算出は，水を張ったシャーレに各条件で解繊した繊維を投入し，絡みをほぐした後，解繊されていない古紙をピンセットで摘出，乾燥させて，重量比で行った．

表5 圧縮条件

条　件	
圧縮圧力（MPa）	5
圧縮温度（℃）	250
圧縮時間（Min.）	15

8.4.2.5 混合条件

解繊した材料とバインダーである粒状フェノールの混合は，リファイニングジェットミキサーにて行った。粒状フェノール樹脂の含有量はボードに成型可能な原料：粒状フェノールが10：1の割合でボード作製を行った。

8.4.2.6 成型条件

フォーミングは，まず，型枠に粒状フェノールと混合した古紙を均一に詰め込み，これを一次成型品として，ホットプレスにて表5のような条件で行った。

8.4.2.7 曲げ試験

曲げ試験は，島津製作所製サーボパルサーを使用し，恒温恒湿室中（温度20℃，相対湿度65％）にて，スパン200mm（ℓ/h=16），クロスヘッドスピード5.0mm/minとし，荷重は試験片の厚さ方向に加えて3点曲げ試験を行った。なお，はりのたわみはダイヤルゲージで測定した。

8.4.2.8 含浸条件

フェノール樹脂の含浸は，ホーネンコーポレーション製PX-1600を2時間，減圧含浸して行った。また乾燥は，60℃で8時間，その後135℃に昇温して行った。

8.4.2.9 焼成試験

ウッドセラミックス焼成は，図14のような圧縮型ウッドセラミックス製炭装置を用いた。これは，カーボン製のテーブルによって上下から圧縮しながら，回転して焼成を行うものである。

図14　圧縮型ウッドセラミックス製炭装置

また，煙などの分解物は活性炭フィルターで消臭しながら冷却し，回収を行うシステムである。

8.4.2.10　体積抵抗率の測定

　従来の焼成炉で焼成したウッドセラミックスと比較して，本焼成炉で焼成したもののほうが，「焼成ムラ」という問題点を解決しているかどうか確認するために，ウッドセラミックスの体積固有抵抗率を測定した。サンプルの測定は，絶乾にした後，デシケータで保管し，室温20℃中で行った。また，三菱化学製ロレスターにQPPプローブを接続し，印可電圧90Vで行った。

8.4.3　結果および考察

8.4.3.1　繊維長と未解繊率

　図15に表4の6条件で解繊した5種類の古紙の繊維長を示す。繊維長はおおよそ2グループに分かれ，1グループはコピー紙，広告紙で2.5mm程度，2グループは雑誌，竹パルプ，新聞で4mm程度であった。これは，1グループでは紙の上にコーティング処理が施されており，解繊というよりは，ぶつ切れの状態になったため，2グループより短くなったと考えられる。また，解繊条件の影響は，あまりみられなかった。

　図16に表4の6条件で解繊した5種類の古紙の未解繊率を示す。未解繊率は上述の1グループでは条件A，B，C，D，E，Fの順で網の大きさが小さく，しかも回転数が早いほど低くなる傾向を示したが，それでも50％程度で半分は解繊されていない状態であった。同じく2グループでは1グループ同様の順に徐々に低くなる傾向を示したが，条件Fは20％前後まで低くなり，ほぼ解繊された状態となった。これによって今回選択した条件の中で，解繊の度合いからFがもっともよいものであることが確認された。1グループの未解繊率をどこまで下げられるか，また，条件

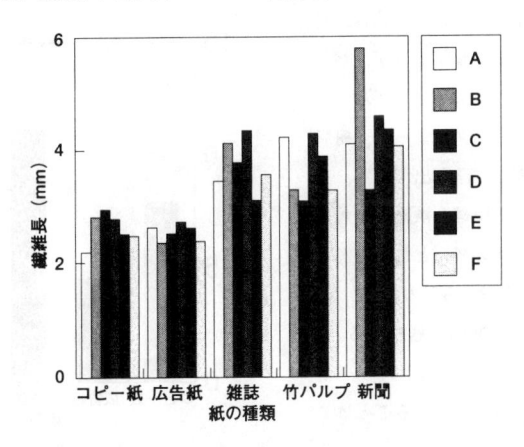

図15　5種類の古紙の繊維長

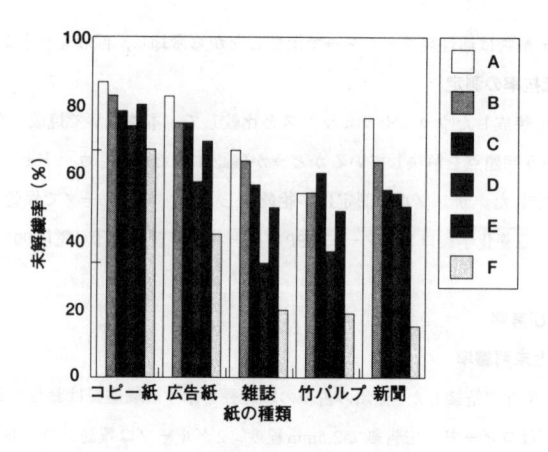

図16　5種類の古紙の未解繊率
未解繊率＝（解繊されていない重量/解繊前の重量）×100

Fの値をどこまで下げられるかが今後の課題である。しかし，古紙を解繊し，ボード原料である綿状のものを製造する目的はおおよそ達することができた。

8.4.3.2　古紙ボードの強度試験

　解繊されていないものができるだけ混ざっていないボードを製造するため，条件Fで行ったものを用いた。図17に各古紙で成型したボードの曲げ強度を示す。2グループの方が1グループよりも大きい値であった。これは，一つは1グループの方が繊維の長さが2グループに比べて短いため，繊維が絡み合っていないためと考えられる。もう一つの理由は，2グループのものはバインダーが溶融して，繊維に染み込み，樹脂らしきものはあまり確認できず，バインダーの役割を果たしたが，1グループのものではコーティングによって，樹脂が染み込まず，表面に浮き出ており，その結果，樹脂による繊維と繊維の接着がうまくいかず，バインダーとしての働きが弱くなったためと考えられる。しかし，製造されたボードの断面を観察すると，ほとんどのボードで樹脂とファイバーが混ざっていない箇所は確認することはできなかった。これによって，均一に粒状

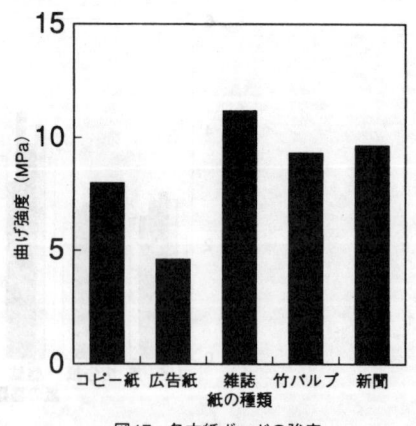

図17　各古紙ボードの強度

フェノールをミキシングするという目的は，おおよそ達することができた。
　また，強度の高い2グループのものでも，同密度のMDFに比べて60％程度の値しか示さなかった[17]。これは，紙は植物の骨格成分であるリグニンを取り除くことよって製造しており，木材ファイバーよりも弱くなったと考えられる。

8.4.3.3　体積固有抵抗率の比較

　図18，図19に従来のウッドセラミックス製炭装置で焼成したウッドセラミックスと新しく導

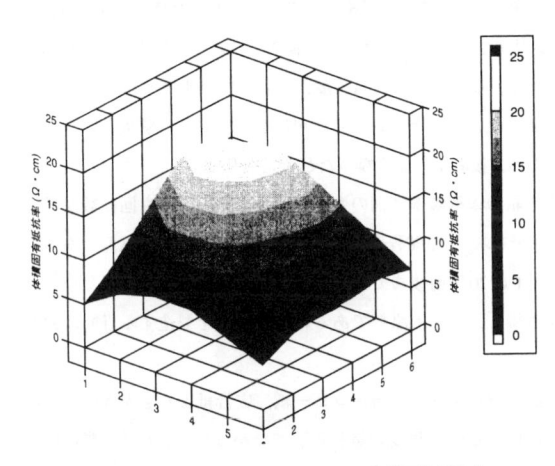

図18　従来のウッドセラミックスの体積固有抵抗率

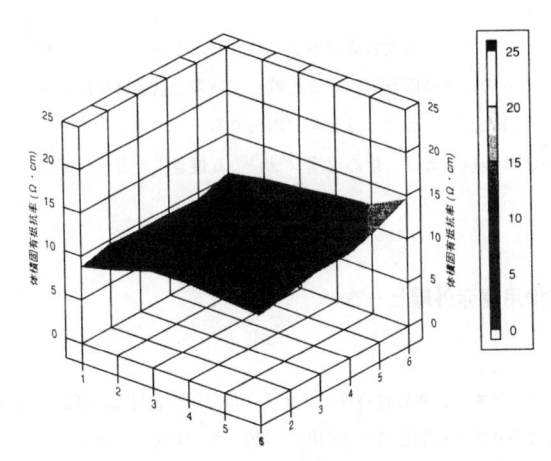

図19　圧縮型ウッドセラミックス製炭炉で焼成したウッドセラミックス

入した製炭装置で焼成したものの体積固有抵抗率を示す。図18では場所によって体積固有抵抗率に違いが見られたが，図19ではほとんど均一であった。これによって，今回導入したウッドセラミックス製炭装置は，炉の温度ムラによる焼きムラという問題を克服できたと考えられる。

8.4.4 結論

ウッドセラミックス技術を用いて古紙からのウッドセラミックスを製造するために，解繊の条件やボードの強度を検討した。また，従来からの懸案であった焼きムラを解決するために導入した製炭炉で問題をクリアすることができたかを検討した。その結果，以下のような知見を得た。

(1) 繊維長はコピー紙，広告紙で2.5mm程度，雑誌，竹パルプ，新聞で4mm程度であった。これは，前者は紙の上にコーティング処理が施されており，解繊というよりは，ぶつ切れの状態になったため，後者より短くなったと考えられる。

(2) コピー紙，広告紙の未解繊率は網の大きさが小さく，しかも回転数が早いほど低くなる傾向を示したが，それでも50％程度で半分は解繊されていない状態であった。雑誌，竹パルプ，新聞の条件Fは20％前後まで低くなり，ほぼ解繊された状態となった。これによりおおむね古紙を解繊し，ボード原料である綿状のものを製造する目的はおおよそ達することができた。

(3) 曲げ強度は雑誌，竹パルプ，新聞がコピー紙，広告紙よりも大きい値であった。しかし同密度のＭＤＦに比べて60％程度の値しか示さなかった。これは，紙は植物の骨格成分であるリグニンを取り除くことによって製造しており，木材ファイバーよりも弱くなったと考えられる。

(4) 従来のウッドセラミックス製炭装置で焼成したウッドセラミックスと新しく導入した製炭装置で焼成したものの体積固有抵抗率を比較した結果，前者は場所によって体積固有抵抗率に違いが見られたが，後者ではほとんど均一であった。これによって，今回導入したウッドセラミックス製炭装置は，炉の温度ムラによる焼きムラという問題を克服できたと考えられる。

8.5 食品乾燥用遠赤外線ヒーター

8.5.1 はじめに

ウッドセラミックスは木材，木質材料等にフェノール樹脂を含浸し，高温で焼成して得ることができる。当材料は多孔質で電気伝導性や摩擦摩耗性にすぐれているという特徴をもっているため，遠赤外線ヒーター，電極材，温度センサー，軸受材としての利用が期待されている。しかし

これまでのウッドセラミックスを焼成していた製炭炉では，炉中の温度ムラによる焼きムラが生じ，例えば遠赤外線ヒーター等の面状発熱体を制作する場合，面全体で均一に発熱できない，反りや波うちによって歩止まりが下がる等の問題があった。これらの処問題を解決するために回転して温度ムラをなくし，圧締して反り，波打ち等を改善しながら焼成できる圧締型ウッドセラミックス製炭装置を開発した。これによってかねてからの懸案であったものが解消されたため，今回，ウッドセラミックスの実用化としてウッドセラミックスヒーターの開発，検討を行ったので報告する。

8.5.2 実験方法

8.5.2.1 供試材料

食品乾燥用遠赤外線ヒーターに用いたウッドセラミックスは，650℃で焼成した寸法20×40×300（mm）のものを27本（1本12Ω前後）用い，図20のような位置に配した。また，絶縁コーティングとしてシリコーン樹脂を，電極は，銅を溶射（メタリコン）したものを用い，図21のような接続法で配線を行った。

8.5.2.2 動作，乾燥試験

乾燥機は，表面温度をPID制御で100℃に設定して最大電圧は35V，排気ダンパー90度にてファンを駆動させて庫内温度55℃で40×40×100（mm）ブナ材の飽水状態からの乾燥試験を行った。また，同乾燥器はウッドセラミックスを熱源として使用しないニクロム線乾燥方式に切り替えることができ，同室内温度に設定して，乾燥度合いを

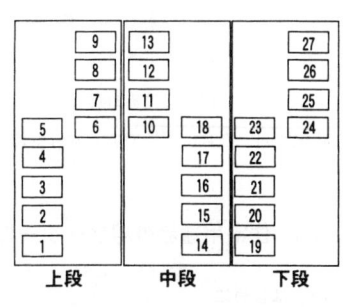

図20 ウッドセラミックス遠赤外線乾燥機内の配置図

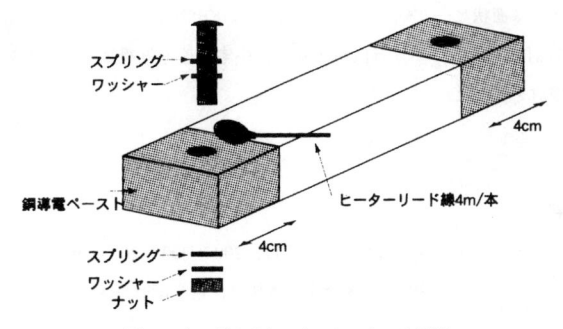

図21 ウッドセラミックスヒーターの外観

図22 ウッドセラミックス遠赤外線乾燥機

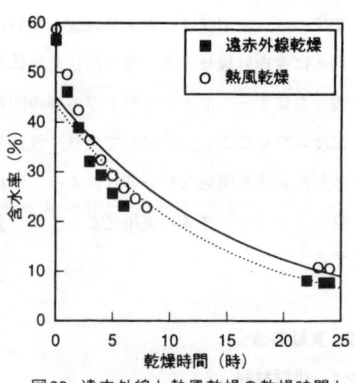

図23 遠赤外線と熱風乾燥の乾燥時間と含水率との関係

比較，検討した。

8.5.3 結果および考察

ウッドセラミックス乾燥器内部のウッドセラミックス配置は図22の通りである。動作状況は安定的であり，ウッドセラミックス表面温度は最高で200℃を示した。図23に熱風乾燥とウッドセラミックスを用いた遠赤外線乾燥との乾燥時間と含水率の関係を示す。両乾燥方法とも含水率の減少傾向，割合は同様であり水分乾燥という面では差が見られなかった。

8.6 住宅用遠赤外線ヒーターの検討

8.6.1 はじめに

床暖房システムの種類は相当にあり，大きく分けると電気式，温水式に大別できる。電気式床暖房システムの多くは面状ヒーターを用いている。ウッドセラミックスヒーターも面状発熱体であり，遠赤外線放射率が高いという特徴がある[18]。住宅用遠赤外線ヒーターの製造条件および電気特性などの検討を行った。

8.6.2 実験方法

8.6.2.1 供試材料

住宅用遠赤外線ヒーター用ウッドセラミックスは，200×200×20（mm）寸法のものを3個用い，絶縁コーティングとしてシリコーン樹脂を，電極は，銅を溶射（メタリコン）したものを用いた。

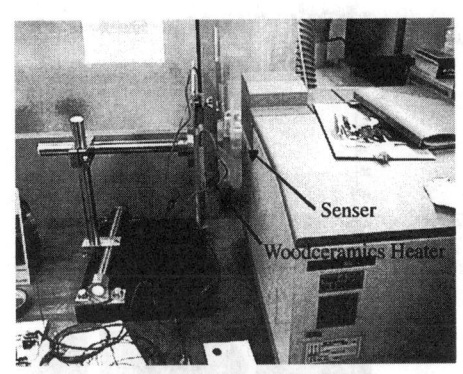

図24 遠赤外線放射率の測定

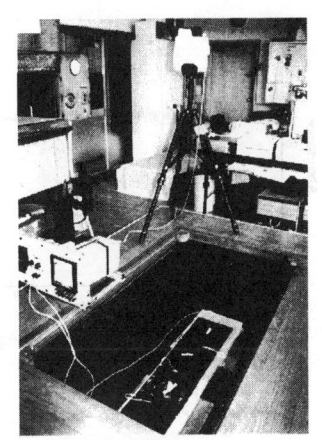

図25 ヒーターの配列およびサーモビューアーでの表面温度測定

8.6.2.2 遠赤外線放射率の測定

遠赤外線放射量測定装置の測定部分の前に図24のような治具を設置し、測定器との距離を10cm、またウッドセラミックスヒーターの中心部が測定部分に当たるように設置した。次にサンプルに20Vの電圧を加え、温度調節器を用いて表面温度を40, 60, 80℃に設定し、各温度に達してから5分後に遠赤外線量を測定した。また基準として黒色のスプレーを塗布し、同条件で測定を行った。最後に取得したデータを解析し、遠赤外線放射率を求めた。

8.6.2.3 表面温度分布の観測

表面温度分布の観測は、ヒーターを4個並列に温度調節器に接続し、図25のように設置した。また、サーモビューアーで表面温度を測定した。

8.6.3 結果および考察

図26～28に各温度における遠赤外線放射率を示す。放射率はおおよそ40℃で80％、60℃で90％、80℃で95％という値を示し、温度が高くなる、つまりエネルギー状態が高くなるにしたがって放射率が高くなることがウッドセラミックスの場合でも確認された。また、温度が高くなるほど、安定的な放射率を示した。

図29にウッドセラミックス表面温度を60℃に設定したときの表面温度分布を示す。ほぼ均一に発熱していることが確認できた。

図26 表面温度40℃の遠赤外線放射率

図27 表面温度60℃の遠赤外線放射率

図28 表面温度80℃の遠赤外線放射率

図29 表面温度60℃に設定したときの表面温度分布

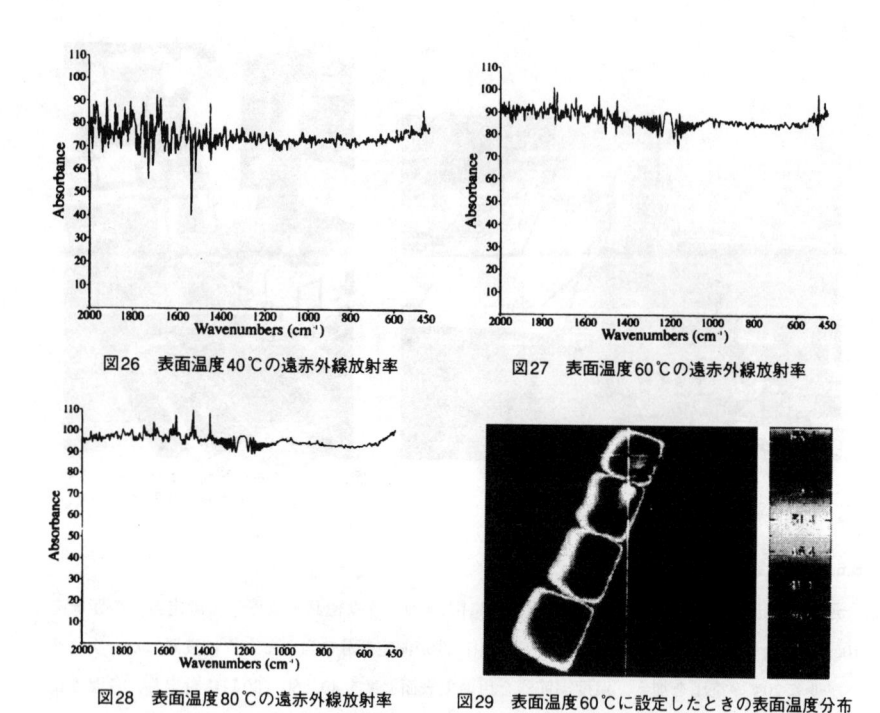

8.6.4 まとめ

　焼成温度650℃で製作したウッドセラミックスに通電加熱した場合，遠赤外線放射率は，85～90％と非常に高い値を示し，この特徴を活かして，遠赤外線ウッドセラミックスヒーターを試作した。概要として，40×20×300（mm）の棒状に加工したものに，銅溶射（メタリコン）を施し，リードを取り付け，シリコーン樹脂で絶縁コーティングを行ったものを乾燥機庫内の1段に9本，3段で計27本設置した。また，200×200×20（mm）のウッドセラミックスを同様の方法で処理を施し，コタツも試作した。実験は，乾燥機は，表面温度をPID制御で100℃に設定して最大電圧は35V，排気ダンパー90度にてファンを駆動させて庫内温度55℃で乾燥試験を行った。コタツは，PID制御で60℃に設定して温度特性試験を行った。その結果，以下のような知見を得た。

(1) ウッドセラミックスを用いた遠赤外線乾燥機を試作することができた。
(2) 熱風乾燥とウッドセラミックスを用いた遠赤外線乾燥との乾燥時間と含水率の関係を確認したが，両乾燥方法とも含水率の減少傾向，割合は同様であり水分乾燥という面では差は見られなかった。

(3) 各温度における遠赤外線放射率を確認したが、放射率は40℃で80％，60℃で90％，80℃で95％という値を示し，温度が高くなる，つまりエネルギー状態が高くなるにしたがって放射率が高くなることがウッドセラミックスの場合でも確認された。

(4) ウッドセラミックス表面温度を50℃に設定したときの表面温度分布を確認したが、ほぼ均一に発熱していることが確認できた。

8.7 新しいウッドセラミックスの開発

8.7.1 はじめに

　木材，特に木炭化は昨今の二酸化炭素問題におけるそれの削減に貢献できるという理由で注目を集めている。これに関連して，木材，木質材料にフェノール樹脂を含浸して無酸素雰囲気中で焼成したウッドセラミックスは，『ハイテク炭』として多くの分野への応用が目前となってきている[19]。

　一方，木粉とフェノール化合物を混合加熱することによって木材を液化物とする技術が近年確立され，プラスチックや繊維，接着剤の原料として用いることが期待されている[20]。その製造方法を図30に示す。この液化物を炭化し，多くの用途に用いることによって二酸化炭素の固定効果に大いに貢献し，新たな用途開発を行うことが考えられる。

　そこで本研究では、ウッドセラミックスの技術を用いて木材，木質材料に木材液化物を含浸し，その寸法変化，強度性能，電気的特性を調べる用途開発を行うため本材料の基本的特性を確認することを目的とする。

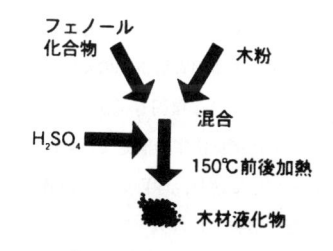

図30　木材液化物の製造方法

8.7.2 実験

8.7.2.1 供試材料

　供試材料には、広葉樹を原料とした中質繊維板（厚さ14.7mm，密度0.58）を使用した。また含浸用木材液化物は日阪製作所製液化物を用いた。これは木粉と石炭酸を1：3の割合で混合したものに98％硫酸を4％加え、250℃で加熱して製造したものである。

8.7.2.2 含浸用液化物の調整

　含浸用液化物は熱可塑性であり、冷却によって硬化するため、ホットプレートで熱を加えて溶融後エタノールによって希釈することによって液体状態を保持した。条件は液化物を粉体状態で

ビーカーに入れ，ホットプレートにて250℃で加熱した。また希釈割合は木材液化物とエタノールを重量比で5：1，2：1，1：1の3条件とした。

8.7.2.3 含浸および製炭

MDF（20.0×20.0×14.7mm）への液化物の含浸は，真空デシケーター中で7.2.2の3種類をそれぞれ10分減圧後，真空状態で20時間放置して行った。また，製炭には，東海高熱工業製圧縮締型ウッドセラミックス製炭装置にて真空雰囲気，昇温速度1℃/min，最高温度での保持時間2時間の条件で2：1，1：1，含浸なしの3条件のものを400，500，650，800℃の4種類の焼成温度を設定して，サンプルを作製した。

8.7.2.4 寸法，重量変化の測定

資料の寸法，重量の測定は，液化物含浸前，含浸後，焼成後の3段階を絶乾状態で測定した。寸法は，デジタルノギスを用いて測定し，重量は上皿電子天秤（研精，ER120-A）により計量した。

8.7.2.5 圧縮試験

圧縮試験は，島津製作所製オートグラフを使用し，室温にて，クロスヘッドスピード1mm/minとし，荷重は試験片の厚さ方向に加えて行った。

8.7.2.6 体積固有抵抗率の測定

サンプルの体積固有抵抗率の測定は，絶乾にした後，デシケータで保管し，室温20℃中で行った。体積抵抗率の測定で，400℃，500℃焼成サンプルは，三菱化学製ハイレスターにURSSプローブを接続し，印可電圧を前者は250V，後者は10Vで行った。また，650℃，800℃のものは，三菱化学製ロレスターにQPPプローブを接続し，印可電圧10Vで行った。

8.7.2.7 表面観察

木材液化物をMDFに含浸したときの含浸状態を確認するために，レーザー顕微鏡観察を行った。

8.7.3 結果および考察

8.7.3.1 含浸法

3種類の濃度の木材液化物をMDFに含浸した結果，木材液化物とエタノールを重量比5：1で混合したものは，含浸中液物が硬化してしまったため，含浸を行うことができなかった。その他の条件は，含浸することができた。エタノールとの割合によって木材液化物の溶融の度合いは異なり，

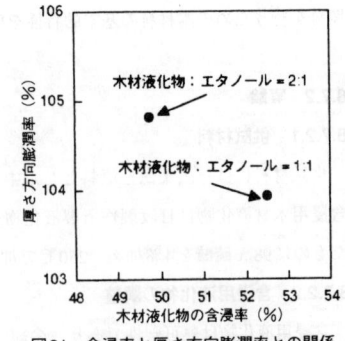

図31 含浸率と厚さ方向膨潤率との関係

図32-1 1：1木材液化物含浸MDFの表面 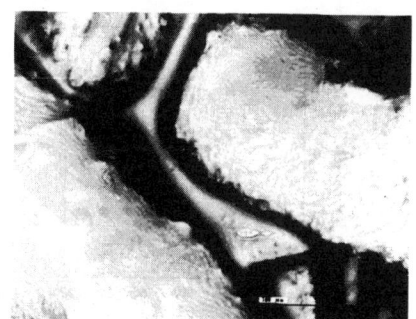　　　図32-2 2：1木材液化物含浸MDFの表面

1：1以上のエタノール割合の増加はコストの問題等により，限界値であると予想される。

図31に各木材液化物を含浸したMDFの含浸率と厚さ方向膨潤率を示す。1：1の方が含浸率が若干低いにも関わらず，膨潤率は大きい傾向を示した。これは，粘度の相違によって図32-1，32-2に示すレーザー顕微鏡写真より，1：1の方が中心部まで染み込んでいたのに対して，2：1の方は表面付近に付着した量が多かったためと考えられる。また，含浸後の膨潤率は，MDFの繊維平行方向への変化はほとんど見受けられず，フェノール樹脂を含浸したものと同様の結果を得た[21]。

8.7.3.2 炭化後の収縮率，残炭率

まず2：1のものは焼成後，発泡跡が確認されたため，寸法，圧縮強度等測定することができなかった。これは図32-1，32-2より2：1のものは表面に多く付着し，焼成中MDF内部の分解ガスがスムーズに抜けきらなかったためと考えられる。以下は1：1含浸と含浸なしMDF炭化物との比較を行う。図33〜35に焼成温度と長さ，幅，厚さ方向収縮率との関係を示す。焼成温度が

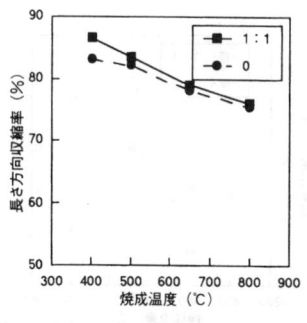

図33　焼成温度と長さ方向の収縮率との関係 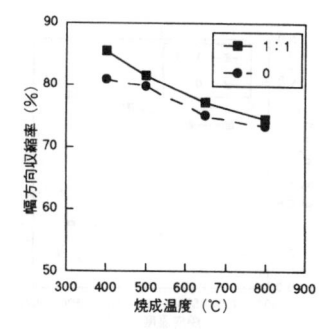　　　図34　焼成温度と幅方向収縮率との関係

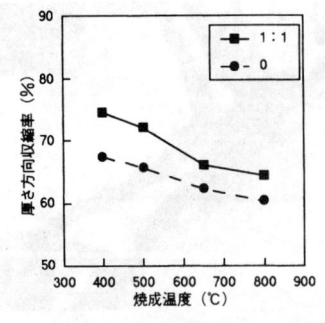

図35　焼成温度と厚さ方向収縮率との関係

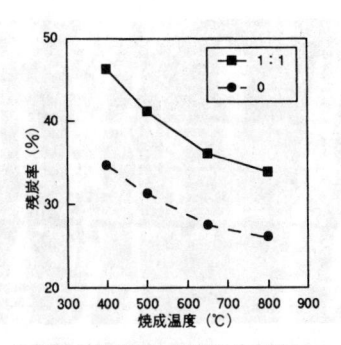

図36　焼成温度と残炭率との関係

高くなるにしたがって，変化率は大きくなり，三方向とも同様の傾向を示したが，厚さ方向の変化が他の方向と比較して10％程度大きかった。これは長さ，幅方向収縮は繊維の収縮が主な収縮要因となっているのに対して，厚さ方向は空間の減少が主な要因となっているためと考えられる。また，含浸なしとの比較では長さ，幅方向は大きな差は確認することができなかったが，厚さ方向は5％程度の差が確認された。これも空間の多少に起因するものと考えられ，木材液化物は収縮する空間を塞ぐ作用をしたためと考えられる。

図36に焼成温度と残炭率との関係を示す。焼成温度が高くなるにしたがって，残炭率は小さくなる傾向を示し，800℃焼成後では焼成前の34％程度の値を示した。また含浸なしのものと比較して，各焼成温度において10％程度の差が確認された。

図37に焼成温度と密度との関係を示す。密度は焼成温度が高くなるにしたがって大きくなる傾向を示し，800℃では0.8mg/m^{3}程度を示した。これは長さ，幅，厚さ方向収縮率の減少度合いの方が残炭率の減少度合いよりも小さいためと考えられる。また，含浸なしのものとの比較では，

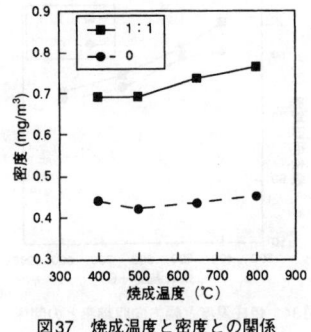

図37　焼成温度と密度との関係

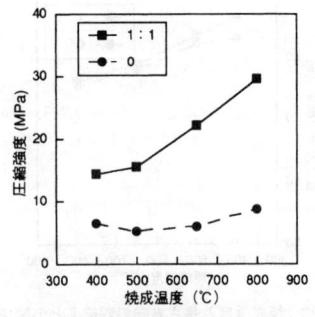

図38　焼成温度と圧縮強度との関係

値に大きな差が確認された。これは含浸したものと比較して，大きな残炭率の減少があったためと考えられる。

8.7.3.3 圧縮強度

図38に焼成温度と圧縮強度との関係を示す。圧縮強度は焼成温度が高くなるにしたがって，大きくなる傾向を示し，800℃で約30MPa程度を示し，この値は平均的なウッドセラミックスの圧縮強度と同等かそれ以上であった[22]。また，含浸なしと比較すると，焼成温度が高くなるにしたがって，その差が大きく広がることが確認された。

8.7.3.4 体積固有抵抗率

図39に焼成温度と体積固有抵抗率との関係を示す。焼成温度が高くなるにしたがって，指数関数的に小さくなり，ウッドセラミックスと同様の傾向を示した[23]。特に500〜650℃にかけての抵抗率の現象度合いは大きく，この温度域で大幅な炭化組成の変化が起きていることが予想される。また含浸なしと比較して，低い温度では含浸有りの方が高い値つまりより導電性が低いが温度が高くなるにしたがって650℃前後を軸としてその値が逆転する傾向を示した。含浸なしは端的に言えば，木材のみの無定形炭素の集合体であり，含浸有りは，フェノール由来のガラス状炭素と無定形炭素の複合体である。これより同様の炭素でも炭化のメカニズムが異なるものと考えられる。

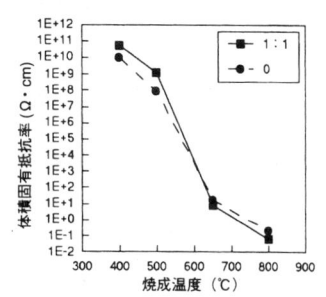

図39 焼成温度と体積固有抵抗率との関係

8.8　ウッドセラミックスの今後の展開

以上の通りウッドセラミックスは，含浸条件や焼成温度等製造条件を検討することによって多くの特徴を有する材料を得ることができる。図40に今後のアプリケーションとして考えられる例として，面状発熱体，クラッチディスク，温湿度センサー，スタッドレスタイヤ，電磁波吸収体，活性炭等であり，このような応用面での市場は，大まかな試算で3000億円をはるかに越えており，将来的にも発展が望まれる市場である[24]。

以上，簡単であるがウッドセラミックスの開発の現状と今後の展望を述べた。地球温暖化やゴミ問題など，便利さや簡単さを求めた結果が引き起こした結果である。材料開発を行うに当たってあらかじめ機能の一つとして「リサイクルできるもの」を作る[25] というリサイクルデザイン

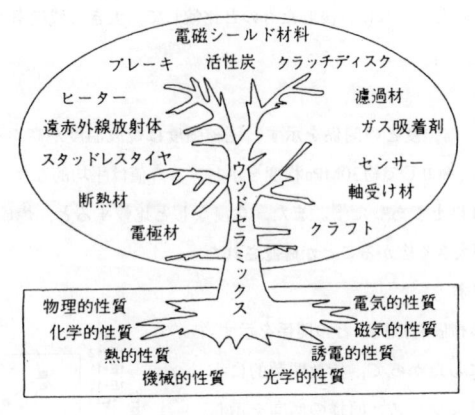

図40 ウッドセラミックスの用途

思想を念頭におき，今後，さらに研究を進めていく決意である。

謝辞

本研究の推進にあたり，東京大学生産技術研究所山本良一先生，東京農工大学農学部伏谷賢美先生，東京工業大学応用セラミックス研究所吉村昌弘先生，職業能力総合開発大学校須田敏和先生，芝浦工業大学工学部大塚正久先生に御指導を賜り，心より感謝申し上げます。また，新エネルギー・産業技術総合開発機構「地域コンソシアーム研究開発事業」の管理法人株式会社八戸インテリジェントプラザ並びに関係者に御協力を賜ったことに対して心より感謝申し上げます。

文　献

1) 山田恵彦：カーボン材料応用技術，日刊工業新聞，70～71（1992）．
2) 化学工業協会：化学装置便覧，丸善，78（1970）．
3) 白石稔：改訂炭素材料入門，炭素材料学会，29（1984）．
4) G.M.Jenkins&K.Kawamura：*Nature*, 231,175（1971）．
5) T.Okabe, K.Saito, M.Fushitani, and M.Otuka：*Jounal Porous Materials*, 2, 225（1996）．
6) 岡部敏弘監修：木質系多孔質炭素材料ウッドセラミックス，内田老鶴圃，101（1996）．
7) 岡部敏弘監修：木質系多孔質炭素材料ウッドセラミックス，内田老鶴圃，102（1996）．
8) 岡部敏弘，斉藤幸司，戸川斉，熊谷八百三：材料，Vol.44，290（1996）．
9) T.Okabe , K.Saito , J.Tsuji , H.Togawa, M.Sato, Y.Kumagai, K.Shibata and R.Yamamoto：

Proceeding of 96MRS-J Symposium D, 37 (1996).
10) 岡部敏弘監修:木質系多孔質炭素材料ウッドセラミックス,内田老鶴圃, 167 (1996).
11) 岡部敏弘監修:木質系多孔質炭素材料ウッドセラミックス,内田老鶴圃, 166 (1996).
12) 木原諄二:第10回日本MRS学術シンポジウム資料, 6 (1998).
13) 北野康,松野武雄:地球と環境の化学,岩波書店, 261 (1980).
14) A.H.Buchan:Timber engineering and the greenhouse effect, Proceeding of 1990 International Timber Engineering Conference, 931〜937 (1990).
15) 岡部敏弘:多孔質炭素材料・ウッドセラミックス関する研究,東京大学学位論文, 17 (1996).
16) 廣瀬 孝,岡部敏弘:化学, Vol.54, 17〜19 (1999).
17) 土井恭次:木材工業ハンドブック,丸善(株), 614 (1982).
18) 岡部敏弘監修:木質系多孔質炭素材料ウッドセラミックス,内田老鶴圃, 167 (1996).
19) 岡部敏弘監修:多孔質炭素材料ウッドセラミックス,内田老鶴圃, (1996).
20) 原口隆英他:木質新素材ハンドブック,技報堂出版,133-222 (1996).
21) T.Okabe and K.Saito, *J. of Porous Materials*, 2,215-221 (1996).
22) T.Okabe and K.Saito, *Journal of Porous Materials*, 2,223-228 (1996).
23) K.Shibata, K.Kasai, T.Okabe and K.Saito, *J. of the society of Material Science*, 44, 284-287 (1995).
24) 岡部敏弘,廣瀬 孝:山林, No1377, 27〜36 (1999).
25) 岡部敏弘,廣瀬 孝:山林, No1377, 27〜36 (1999).

第9章　エネルギー資源としての木材

鈴木　勉[*1]，美濃輪智朗[*2]

9.1　はじめに

近年石油資源の枯渇（1995年末時点で41年後[1]）に伴うエネルギー問題と温暖化ガスの排出等による地球環境問題が深刻化し，その対応策として太陽光・熱，水力，風力等の自然エネルギーの積極的活用が推進されている。自然エネルギーの中でバイオマスは唯一の有機資源であり，環境調和型の石油代替エネルギー資源としての利用が検討されている[2]。即ち，エネルギー資源としてのバイオマスは，木質系（木材）に代表されるように，4つの優れた特徴[2,3]があり（表1），その役割の重要性はIPCC（気候変動に関する政府間パネル）報告[4]やCOP（気候変動枠組み条約締結国会議）[5]でも強調されている。木材は石油，石炭等の化石資源に比べて発熱量が小さいが，この欠点の原因である酸素含有量の高さは木材が本来化学的作用を受け易いことを意味する。化学的反応性が高いという潜在的な利点を生かし，木材を効率よく液体や気体にエネルギー変換できるプロセス技術の開発，確立が待望される。

木材（バイオマス）のエネルギー変換法には，大別して生物化学的と熱化学的の二つの方法がある。両法共に多くの技術があり，得られるエネルギーの形態も多様である（図1）[6-8]。両法は適用する原料の性状（含水率）や操作条件等に違いがあり，それぞれに特長を有するが，一般に

表1　木材（バイオマス）の特徴

特　徴	説　明
・再生可能	水とCO_2から自己再生（光合成）する。
・莫大な賦存量	森林樹木の年間純生産量は世界のエネルギー消費量の7～8倍に相当する。
・貯蔵性・代替性	原料（固体），生成物（液体，気体燃料）として貯蔵が可能。生成物は必要に応じて既存の石油，ガスに直接代替できる。
・カーボン・ニュートラル	直接燃焼して放出されるCO_2量は育成時に吸収・固定されるCO_2量と相殺するので，燃やしても地球規模でのCO_2量バランスを崩さない。

＊1　Tsutomu Suzuki　　北見工業大学　工学部　化学システム工学科　教授
＊2　Tomoaki Minowa　　資源環境技術総合研究所　主任研究官

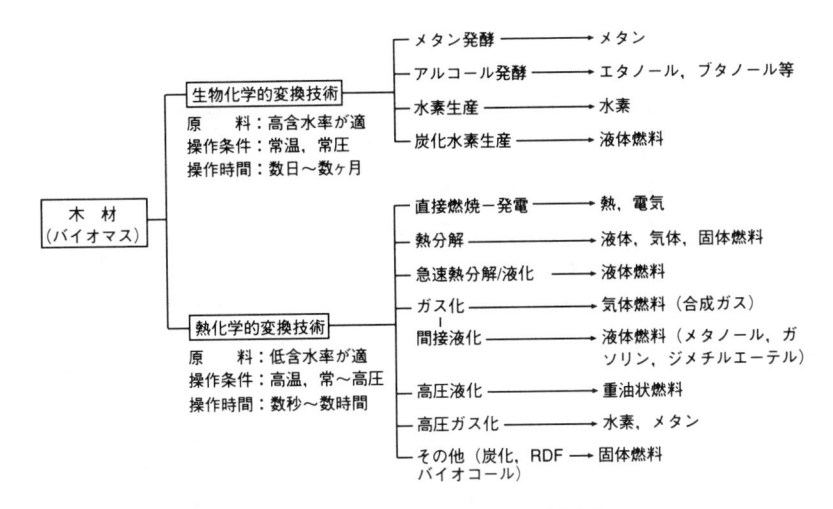

```
                    ┌─ メタン発酵 ──────→ メタン
        ┌ 生物化学的変換技術 ┼─ アルコール発酵 ───→ エタノール，ブタノール等
        │  原  料：高含水率が適  ├─ 水素生産 ──────→ 水素
        │  操作条件：常温，常圧    └─ 炭化水素生産 ────→ 液体燃料
        │  操作時間：数日～数ヶ月
木 材 ───┤
(バイオマス)│              ┌─ 直接燃焼─発電 ───→ 熱，電気
        │              ├─ 熱分解 ──────→ 液体，気体，固体燃料
        │              ├─ 急速熱分解/液化 ───→ 液体燃料
        │              ├─ ガス化 ────┐
        └ 熱化学的変換技術 ┤         間接液化 ──→ 気体燃料（合成ガス）
           原  料：低含水率が適  │                 液体燃料（メタノール，ガ
           操作条件：高温，常～高圧│                 ソリン，ジメチルエーテル）
           操作時間：数秒～数時間  ├─ 高圧液化 ─────→ 重油状燃料
                       ├─ 高圧ガス化 ────→ 水素，メタン
                       └─ その他（炭化，RDF ──→ 固体燃料
                          バイオコール）
```

図1 木材（バイオマス）のエネルギー変換技術

熱化学的方法の方が対象原料の範囲が広く，大規模操業に適するのでエネルギー生産の点でより大きなウエイトを占める。本章では，生物化学的変換技術は成書[9-12]や解説[8,13]に譲り，在来型と革新型を含めた熱化学的変換技術の現状と開発動向について述べる。

9.2 直接燃焼─発電

木材を直接燃焼してその熱を利用することは有史以前から行われており，発展途上国では今日でも大量の薪炭を家庭の暖房や調理に使用している[14]。しかし，家庭用の小規模燃焼設備はつくりが単純で，エネルギー利用効率は極めて低い（15％程度[2]）。工業先進国においても木材（残廃材）の燃焼は重要なエネルギー回収手段である[15]が，規模の大小にかかわらず熱効率の改善が追及され，燃焼ガスの利用や大気汚染防止対策も進んでいる[16,17]。現在稼働中の商業用大規模燃焼炉では燃焼技術，排熱回収利用技術がさらに改良され，原料対象は農産廃棄物，草本類，都市ゴミなどバイオマス全般へと拡がっている[18]。

9.2.1 燃焼過程[16,17]

木材の燃焼に際しては，まず200℃以下で水分が蒸発し，続いて300℃以上で可燃成分の揮発/ガス化と木炭（固定炭素）の生成が起こり，500℃では木材乾燥重量のおよそ85％がガスに転換される[18]。ガス化した揮発分は空気中の酸素と混合して急激に燃焼し（炎燃焼），固定炭素は比

較的ゆっくりと表面燃焼(おき燃焼)する。炉内温度が高いほど,また木材原料の含水率が低くサイズが小さいほど燃焼速度は大きく,効率的な燃焼が行われる。さらに燃焼が持続する状態では,酸素の供給量によって燃焼速度が決まる場合が多い。このような燃焼過程は,他のバイオマス原料でもほとんど同様である[18]。

　木材が完全燃焼するためには,含有可燃成分の量に応じた酸素(空気)量が必要である。供給した空気がすべて燃焼に利用されるとした時が理論空気量で,この量は原料の炭素,水素,酸素含有量によって計算される。実際の燃焼では,理論量以上の空気を供給する必要があり,その比(空気比)は一般に1.5～2.0である。燃焼によって発生するガス(燃焼ガス)量は木材の元素組成と空気比から計算される。

9.2.2 燃焼の課題

　燃焼の基本的な技術課題は,原料の性状に応じて空気比を調節し,燃焼反応を促進させると共に燃焼ガスの持つエネルギーを効果的に利用することにある。しかし,燃焼ガスの排出による大気汚染や灰(アルカリ成分,シリカ等)溶融による燃焼器の損傷等は回避しなければならない。具体的な技術の主眼とそれぞれの対策[18]をまとめると表2となる。

　炭素質の完全燃焼は,燃焼効率の増大だけでなく大気汚染物質である未燃成分(CO,炭化水素,縮合多環芳香族,煤等)の生成防止という点からも重要である。NO_xの生成には木材中の窒素よりむしろ空気中の窒素が大きく関与し,燃焼温度が高いほど生成量は増加する傾向にある[16,17]。なお,塩素やイオウ,重金属(鉛,亜鉛,カドミウム,銅,クロム等)を含む原料(例えばCCA,CCB処理木材)については,塩化水素やダイオキシン,イオウ酸化物,金属蒸気の生成や大気中への拡散を防ぐための対策[19]が必要となる。

表2 木材燃焼の問題点と対策

問題点	対策
・炭素質の完全燃焼	適切な燃焼室の設計,空気と可燃ガス成分の均一混合,最適空気比における炉の安定運転,高精度の燃焼コントロール
・灰とガスの分離	可動火格子による灰の除去,排出ガス温度の低下
・エネルギー回収	煙道ガスの凝縮熱の利用,新発電システムの開発
・窒素酸化物の排出量低減	段階燃焼(ガス化室と燃焼室の分離等,一次対策)と脱NO_x技術の適用(二次対策)

9.2.3 燃焼炉と排熱回収技術

木材工業で用いられる燃焼装置の主体はボイラーである[16,17]。原料の廃材は火格子（ストーカー）型，浮遊（サイクロン）型，流動床型等の炉で燃焼され，燃焼ガスはボイラー缶内で水と熱交換し，発生した水蒸気は主として木屑の乾燥やプロセスの熱源として利用される。最近ではボイラー蒸気によるタービン発電[18,20-22]が盛んであり，この場合の燃焼炉には安定な燃焼が実現できる逆送移床ストーカー型（図2[23]）や流動床型が使用される。これらの炉は都市ゴミ（低質バイオマス）発電用[23-25]としても稼働中であるが，特に流動床型は流動媒体（砂）が膨大な蓄熱を保有し，燃焼制御が容易であることから以下の利点を備え，今後さらに普及することが予想される。

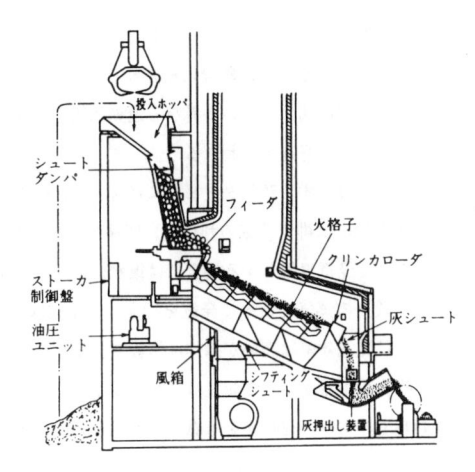

図2 ストーカー型燃焼炉（逆送移床方式）

・炉の起動停止が容易である。
・高含水率から低含水率までの多種多様な原料を同時処理できる。
・燃焼効率，ボイラー効率（発電効率）が高い。
・NO_xの排出量を低減できる。
・灰溶融（クリンカー）トラブルが少ない。

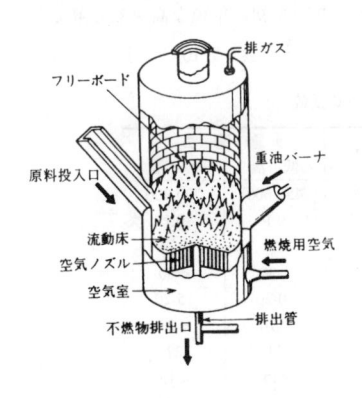

図3 非循環型流動床燃焼炉

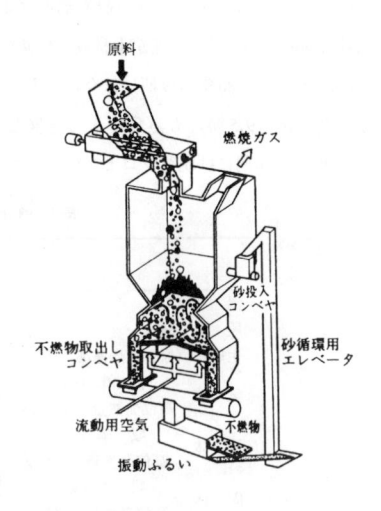

図4 循環型流動床燃焼炉（旋回流型）

なお，流動床燃焼炉には砂が炉内に留まる非循環型（図3[23]）と炉内外を移動する循環型がある。両型ともに通常原料は破砕供給されるが，旋回流式循環型（図4[23]）では砂に移動層（中央部）と流動層（両端部）という異なる運動状態を形成させる結果破砕前処理を不要とし，異種混合物原料の燃焼に好適といわれる[25]。

ボイラーに接続する蒸気タービンには背圧式，復水式，抽気復水式等がある[24,26]。タービンの選択は基本的には排気蒸気の利用法に関係し，プロセス熱源として利用する場合には背圧式が，利用しないで発電専用とする場合には復水式が採用される。抽気復水型では蒸気の一部を熱源に利用し，残りの蒸気を使って発電を行う。背圧式は運転操作は容易であるが発電効率は小さく，復水型では発電効率は高いが操作は煩雑である。抽気復水型では発電と熱利用が効率よく行われるが，操作の煩雑が増して装置は高額となる。蒸気タービンの選定では，さらに蒸気や電力の負荷変動時や非常時の運転等を考慮することも必要である。

9.3 常法熱分解

木材の熱分解は古くから木炭製造（炭化）法として実用されている。しかし，多量に副生する液体，気体の利用を主目的とすることもあり，その代表例として乾留[27]がある。木材乾留は19世紀末から商業運転を行ったが，1950年代後半には石炭，石油に押されて操業を停止し，以後工業先進国では熱分解が急速に衰退した。熱分解が再び注目されたのは石油危機に遭遇した'70年代で，米国でピーナッツ殻や都市ゴミ対象のTech-Air法[28,29]やOccidental Flash Pyrolysis（旧称Garettシステム）[30]等が木材液化に適用された。液化油収率の向上を目指して技術改良が進められた結果，'80年代後期には今日の主流となる急速熱分解法（9.4節参照）が誕生した[31]。一方，ガス化（9.5節）も熱分解から発展した技術であり，当初は単純な高温熱分解であったが，'80年代初期には現行プロセスの基本概念が確立された[32]。数～数10℃／分の低速加熱によ

表3 熱分解プロセスの比較

		常法	急速法 低温	急速法 高温
温度（℃）		400-600	450-600	700-900
圧力（MPa）		0.01-0.1	0.1	0.1
生成物（原料乾燥基準で表示）				
気体	収率（wt%）	< 60	< 30	< 80
	高位発熱量（MJ/Nm³）	5-10	10-20	15-20
液体	収率（wt%）	< 30	< 70	< 20
	高位発熱量（MJ/kg）	20	24	22
固体	収率（wt%）	< 30	<15	< 15
	高位発熱量（MJ/kg）	30	30	30

る常法熱分解は用いる温度域にも関係して気体，油（タール*），炭を併産する（表3[31]）が，この特徴は生成物選択性が低いという欠点でもあり，流体エネルギー転換法としては優位性がないと判断されている。常法熱分解は後述する炭化法の改良（9.7節）を除けば特に技術の進展はないが，装置が安価で運転操作が容易という利点は，現在でも低質バイオマス（下水スラッジ，都市ゴミ，農産廃棄物，樹皮等）の燃料化に生かされている。

9.3.1 熱分解過程

空気（酸素）の流入を制限した状態あるいは窒素気流中で木材を加熱すると，およそ250から450～500℃で木ガス，水（木酢液），木タール，木炭が生成し，この温度域で主要な熱分解反応が終了する[27]。500℃以上では残渣（木炭）の重量減少は僅かであるが，炭素の割合は増加して結晶化が進む[27]。700℃を越えると炭素のガス化反応が進行する[6]。

熱分解は一般に常圧400～600℃で行われ，生成する気体，液体（タール），固体（木炭）の割合は，木材構成成分の解重合で生じる溶融物（メルト）の気体，液体，固体への分解（一次分解）と液体の二次分解の速度，および一次分解と二次分解の速度比によって決まると考えてよい（図5[33]）。生成物分布は原料木材の種類，水分，大きさ，加熱速度，分解温度等の影響を受けるが，特に後3者の影響は重大で，木材サイズが小さく，加熱速度が大きければタール収量は増加する[31]。分解温度が高いと木炭収量は減少し，500℃まではタール量が増加する。なお，操作圧力も重要な因子であり，低圧ではタール生成が有利となる。

9.3.2 熱分解プロセス

急速法が普及してきた'90年代初期にパイロットプラント運転を行っていた常法熱分解プロセスとしてAlten（イタリア）とBio-Alternative（スイス）が知られる[31]。この時点でTech-Airプロセスは反応方式が固定床（常法）から回転式を経て浮遊床（一種の急速法）へと進み，タール収

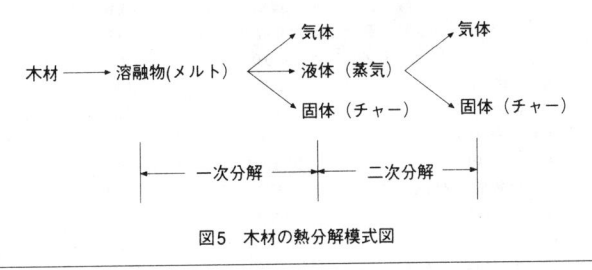

```
                                気体            気体
                              ↗               ↗
木材 ──→ 溶融物(メルト) ──→ 液体（蒸気）    固体（チャー）
                              ↘
                                固体（チャー）

            ├──── 一次分解 ────┤├──── 二次分解 ────┤
```

図5　木材の熱分解模式図

---

*9.4節で述べる急速法を含めて熱分解法で得られる燃料油をタール，9.6節で述べる高圧液化法の燃料油をオイルと呼ぶことが多い。本稿ではこれにならい，両法で生成する油を区別して表現した。

率はその都度向上している（代表的条件で17→28→58 wt%）[31,34]。図6は固定床50t/dのTech-Air実証プラントのフロー図を示している[29]。浮遊床（反応器温度約500℃，処理量15kg/h，原料木材の反応器滞留時間1～2秒，キャリヤガス温度745℃）[31]と比較すると，この固定床方式では反応温度が高い（600±100℃），処理量が大きく反応器の滞留時間が長い，キャリヤガス温度（乾燥器出口温度）が低い（約60℃）という違いがある。なお，浮遊床でキャリヤガスが高温となるのは，原料木材の供給法，乾燥法を変更したためである。浮遊床のタール収率が反応器温度が低いにもかかわらず固定床の3倍以上にも達する理由は，図5に従えば，木材と接触するキャリヤガス温度が高いので一次分解が速く，生成した液体の滞留時間が短いので二次分解が抑制されるためと説明される。即ち，低速加熱ではメルトの生成が遅く，生成蒸気の滞留時間も長いのでタールを高収率で得ることは難しい。

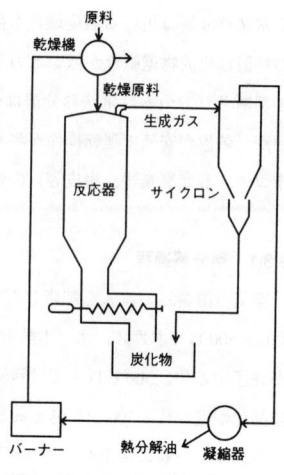

図6 Tech-Airプロセス（50t/d）のフロー図

表4 常法熱分解油の収率と性状

		モミ熱分解油[a]	カバ熱分解油[a]
タール収率（wt%[b]）		15.0	15.7
元素組成（wt%）	炭素	58.12	55.10
	水素	6.55	7.20
	酸素	34.81	35.10
	窒素	0.52	2.00
	イオウ	<0.0	0.6
H/C比		1.35	1.56
O/C比		0.45	0.47
水含有率（wt%）		4.5	14.0
粘度（cP）		250（60℃）	10（70℃）
正味発熱量（MJ/kg）		22.2	20.9
灰分（wt%）		<0.05	<0.0
pH		—	2.7
密度（15℃, g/cm³）		—	1.216

a）Bio-Alternative法で生産　　b）木材湿量基準で表示

9.3.3 生成物の性状と用途[31]

Bio-Alternative法（固定床，ダウンフロー型）で得られたモミとカバの熱分解油の収率と性状を表4に与えた。両熱分解油とも，他法で得られるタール同様に黒く粘稠で酸性を呈し，水，酸素の含有量が高く，発熱量は重油（40MJ/kg）の半分程度である。ボイラー燃料としての利用には問題がないと言われるが，脱酸素や粘度低下等の品質改善[35]も検討された。併産される木炭の収量はモミが29.0，カバが30.4 wt％，発熱量は29.3～30.0MJ/kgであり，粉砕，成形後バーベキュー用として市場に出荷される。生成ガスはプロセス熱源として利用され，発熱量は無水無タール基準で3.8～5.5MJ/kgである。

9.4 急速熱分解

9.3節で述べた熱分解の中で，反応型式と加熱方法を工夫して木質原料の昇温速度を数千℃以上／分とするような高速の加熱環境をつくり出し，タールの収量増加を図る方法が急速熱分解（Flash, Fast, あるいはRapid Pyrolysis）である。およそ10年前のIEAワーキンググループの技術経済評価[34,36]によれば，大量の熱を投入する急速加熱は特に不利ではなく急速熱分解は燃料油の生産に最も適した技術である。この見解は今日でも変わらず，欧米を中心に実用化に向けた活発な研究開発が展開されており，活動のネットワーク[37]も組織されている。

9.4.1 急速加熱による熱分解過程

木材を上記のような高速度でおよそ500℃に急熱するとメルトの生成が加速され，メルトが軽

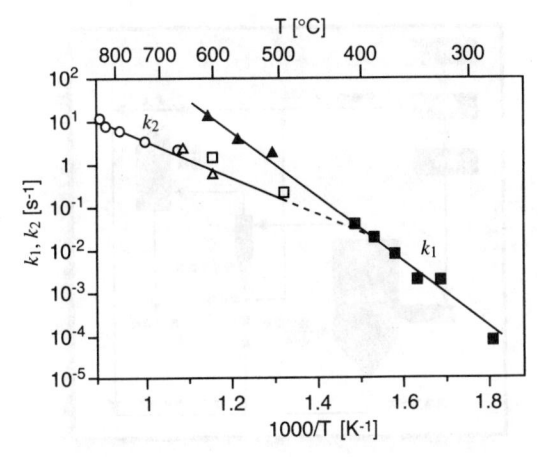

図7 木材の一次分解速度（k_1）と液体（タール蒸気）の二次分解速度（k_2）

質化（粘度低下）して液体蒸気の発生も促進される（図5）。この急速加熱は，加熱キャリヤガスの導入，高温の反応器壁や固体熱媒体との接触，およびそれらの組み合わせによって行われる[38]。生成した液体蒸気を反応器から素早く運び去ると，二次分解の進行が抑えられ，タールへの高転換率が実現される。二次分解の抑制はタール高収率化の鍵の一つであるが，図7に示したように，400℃以下では一次分解速度＜二次分解速度であるため，一次分解速度＞二次分解速度となるように400℃以上に急速に加熱することが基本要件となる[39]。

9.4.2 急速熱分解プロセス

反応器の型式として，流動床（Dynamotive カナダ，ENEL イタリア，Ensyn カナダ，英，米，Union Fenosa スペイン，VTT フィンランド），遠心力型（米国NRELのボルテックス反応器，オランダBTGの回転逆円錐反応器），真空（減圧）移動床（Pyrovac カナダ）等がある[37]。流動床では，細かく粉砕した木材を流動状態の高温の砂（加熱砂）にキャリヤガス（窒素）と共に投入して急速加熱し，生成した液体（蒸気）を気流と共に反応器外に運び，冷却してタールを得る。図8はプラント操作の一例である[40]。流動床は熱効率が高く，装置の大型化が容易等の利点から最も普及している方式である。遠心力型のボルテックス反応器[41]では，アブレーティブ（摩擦）旋回と呼ばれる方式で木材チップをキャリヤガスに載せて高温の反応壁を滑走，移動させる。この加熱方式は，原理的には木材をホットプレート上を滑らせた時に起こる熱伝達と同様である。木材チップでは木材自体の熱伝導率が小さいために内部への熱伝達は遅いが，図9のように高温壁を滑走させて生成したメルトをチップ表面から取り除き，常に新しい表面が露出することでメ

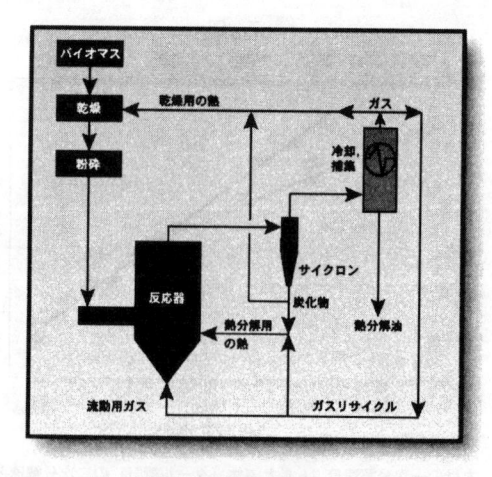

図8 流動床式の急速熱分解プロセス

図9 アブレーティブ加熱の原理

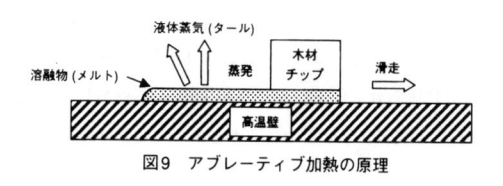

ルトの生成，液体の蒸発はスムーズに進行する。BTGの反応器[42]は，熱媒体の砂が流動するという点で流動床型に属するが，キャリヤガスは使用しない。遠心力を利用する結果木粉供給量が多いほど反応器内の滞留時間が短くなり，タール生成量が増加するという特徴があり，タール収率は最高90wt％近くにも達する[7]。減圧移動床[43]では破砕木材が移動する熱板上に供給，撹拌混合され，生成蒸気は直ちに系外へ抜き出されるのでタールの二次分解が抑制される。

9.4.3 熱分解油の性状と用途

通常含水率5～15wt％の木材原料が使用され，得られる生成物の分布は乾燥基準でタール40～65，ガス10～30，炭化物10～20wt％である。タールの組成は非常に複雑で，炭水化物成分の分解物である無水糖（レボグルコサン），ヒドロキシメチルフラン，リグニンの分解物であるフェノール類やその他アルデヒド，有機酸等が含まれる。表5[44]はタールの性状を重油と比較して示している。この急速法タールの性状は前出の常法タール（表4）とほぼ類似であるが，粘度は急速法の方が概して低い。しかし，急速法タールの分子量は蒸気の状態で200，凝縮時は500，熟成後はおよそ900となる[45,46]。この分子量の大きな変化は化学的不安定さを意味し，貯蔵，放置

表5 重油と比較した急速熱分解油の性状

	急速熱分解油[a]	重油
含水率（wt％）	15-25	0.1
微粒炭素（< 1.6mm, wt％）	0.5-0.8	0.01
元素組成（dry wt％）炭　素	44.14-46.37	85.2
水　素	6.60-7.10	11.1
酸　素	47.03-48.93	1.0
窒　素	0	0.3
イオウ	< 0.05	2.3
高位発熱量（MJ/kg）	16.5-17.5	40
密　度（kg/dm^3）	1.23	0.94
粘　度　20℃, cP	400-1200	—
50℃, cP	55-150	180
pH	2.4	—
灰　分（dry wt％）	0.01-0.14	—

a) Union fenosa, Meirama 工場で生産

すると水と有機相に分離して有機相の粘度が増加する。

急速熱分解油のエネルギー用途としては，今のところ高温炉での直接燃焼と発電用（低速回転）ディーゼルエンジンの燃料に限られている。ケミカルス的な用途には，遅効肥料，フェノール系接着剤原料，香料・薬味料等があり，ファインケミカルスである無水糖の抽出も行われている[40]。

9.4.4 熱分解油の改質処理[44]

タールの用途拡大のために，性状を改善，改質するための物理的，化学的処理法が検討，開発されている。タールの物理的化学的性状に起因する問題点と考えられる対策を表6にまとめた。

物理的処理法には，粘度の低下，安定性の増大を図るための水やアルコールの添加，中和と共に燃焼時のNO_x低減に有効な石灰の添加（バイオライム）[39]，固体微粒子と灰分の除去を目的とするセラミックフィルターを使用する高温濾過（反応器出口の気流を凝縮前に濾過）等がある。ただし，水の添加は発熱量の低下を招くという欠点があり，高温濾過は適温以下では濾材の閉塞，適温以上では蒸気の過度の分解等の問題があるので，慎重な温度制御が必要である。物理的改質は簡便で実用性が高いが，性状の一部が改善されるだけである。これに対して化学的／触媒的処理は自動車用の炭化水素油生産を目指す本格的な改質であり，接触クラッキングと接触水素化の二つの方法が採用されている。接触クラッキングでは，凝縮前の蒸気を酸性ゼオライト触媒（ZSM-5）上で常圧，約450℃で脱水／脱カルボシル化（脱酸素反応）を行い，ガソリン成分を

表6 急速熱分解油の望ましくない特性とその対応策

特 性	問 題	対 応 策
・低 pH	腐食	適当な材質の選定，中和，接触改質
・高粘度	取り扱いにくさ，ポンプ輸送が困難	水の添加，溶媒の添加
・チャーと固体の含有	燃焼トラブル，装置の閉塞，浸食	液体の濾過，高温濾過
・アルカリ金属の含有	ボイラー，エンジン，タービン中の沈積	原料の前処理，高温濾過，接触改質
・水の含有	発熱量，粘度，pH，均一性等に対する複雑な影響	利用に応じて含有量を最適化または調整
・不安定性，高温で鋭敏な変化	貯蔵の困難さ，粘度増加，相分離，高温に触れて分解，ガム質を形成	高温表面との接触回避，水や溶媒の添加，接触改質による安定化，精製エマルジョン化，接触改質・精製
・化石燃料と非混和		

得る。しかし，コークス析出やアルカリ金属による触媒の失活が激しく，触媒再生技術や高耐久性触媒の開発が必要となる。接触水素化処理は水素化脱硫触媒（NiMo／Al_2O_3, CoMo／Al_2O_3）を用いて水素約200気圧下，400℃前後で行われる。脱酸素を徹底するとタールの品質は目的のレベルに達するが，改質油（炭化水素油）の収率が低く水素消費量が過大となるので操業が成り立たない。今後は改質油の品質を重油並みとし，発電や燃焼用とする部分脱酸素に重点が移る可能性が高い。

9.5 ガス化

木材のガス化は，通常700℃以上の高温で空気，酸素，水蒸気をガス化剤として作用させ，H_2とCOを主体とする気体（合成ガス）へ変換するものである。水素を作用させて高発熱量ガス（メタン）の製造を目指す水素ガス化は，最近実用レベルでは行われていない。ガス化には多くの反応型式があり，ガス化剤の有無や種類によって熱分解，部分酸化，水蒸気ガス化，ガス炉への熱供給法によって直接，間接，操作圧力によって常圧，加圧などに分類される。液体燃料合成用として生成ガス中のH_2/CO比を調節する場合には，特に間接液化と呼ばれる。木材のガス化法は石炭や石油のガス化技術を応用したものがあるが，木材の発熱量は石炭や石油より低いので，反応器の高温を維持するために大量の空気，酸素を吹き込んで木材の一部を燃焼するのが普通である。その結果目的成分の収率やエネルギー効率が低下するので，これらの欠点を改善するための技術が検討されている。また，生成ガス利用の立場から，タール分，灰分，炭素微粒子の除去技術の開発も進められている。

9.5.1 ガス化過程

木材（バイオマス）からのガス生成は，一般に熱分解，熱分解蒸気（タール）の二次分解，チャー（炭素）のガス化反応（表7）の組み合わせで起こると考えられる[32,47]。表の反応中，炭素

表7 チャー（炭素）の主要なガス化反応

反応	反応熱 (kJ/mol)	
	298K	1000K
(1) $C + 2H_2 = CH_4$	-74.9	-90.0
(2) $C + H_2O (g) = CO + H_2$	131.5	136.1
(3) $C + 0.5O_2 = CO$	-111.0	-111.2
(4) $C + O_2 = CO_2$	-394.4	-395.7
(5) $C + CO_2 = 2CO$	172.9	170.8
(6) $CO + H_2O (g) = CO_2 + H_2$	-41.5	-34.8

と酸素の反応（3）と（4）は発熱であり，これらの熱によって熱分解や炭素のガス化が進行することになる。ガス化剤として空気を用いると，生成ガス中に窒素が残るので低カロリー（$2.9 \sim 7.5 MJ/Nm^3$），酸素を用いると中カロリー（$10 \sim 19 MJ/Nm^3$）となる。酸素を使用すると容易に高温が得られ生成ガスの容量が小さくなるが，高温のために灰が溶融して炉の閉塞が起こる可能性がある。水蒸気の導入は主反応の（2）と水性ガスシフト反応（6）を促進させ，H_2濃度を増加させる。また，タール分の減少にもつながる。しかし，（2）が吸熱反応のためにガス化温度が低下するので，外部から熱を補給する，空気か酸素を随伴させてその燃焼熱でバランスさせる等の必要がある。図10は木材の主要構成成分であるセルロース（C/H/O原子比が1/2/1）を例として，炭素と各ガス成分の温度と化学平衡組成の関係を表わしている。実際にはこれにガス化剤が加わるが，全体の傾向は変わらない。この図から，チャーの生成を抑えてH_2とCOに転換するガス化は高温ほど有利となることがわかる。高温は反応速度の点でも望ましいが，高温を得るために木材の燃焼量を増やすとCO_2が増加してH_2とCOが減少する。灰溶融によるトラブルを避けるためにも適正な操作温度の設定が必要となる。

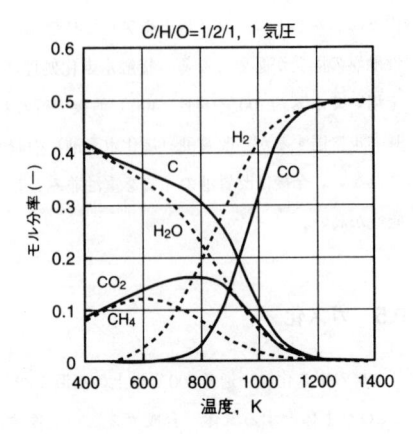

図10 炭素とガス成分の温度と平衡組成の関係（C/H/O=1/2/1，1気圧）

9.5.2 ガス化プロセス[7,32,47-49]

加熱方法によって直接加熱と間接加熱に分け，直接加熱型をガス化炉の型式によって固定床，流動床，浮遊床の3つに大別して説明する。

直接加熱に属する各種ガス化炉の概念を図11に示す。操作はそれぞれで異なるが，炉の高温を維持するために外部加熱と原料の燃焼を行い，反応温度は最高1000℃以上，炉内圧が数十気圧に達する点は共通である。固定床には原料とガス化剤が逆に流れる向流型（アップドラフト）と同一方向に流れる並流型（ダウンドラフト）があり，前者は後者より熱効率は高いが，生成ガスがタール分や炭素微粒子を同伴するためにそのままボイラーなどで燃焼することが多い。これに対してタール分がほとんど含まれない並流型の生成ガスは，タービンの駆動などに用いられる。固定床炉は構造が簡単で操作が容易なために長い運転実績があり，向流型のDavy-Mckee社炉（米国，200t/d）や並流型のEntropie社炉（フランス，100t/d）は商業規模に達している。都市ゴ

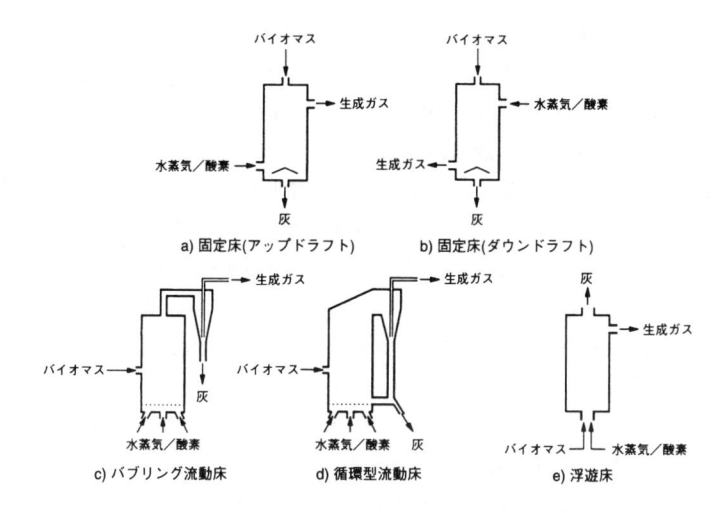

図11 各種ガス炉の概念（直接加熱型）

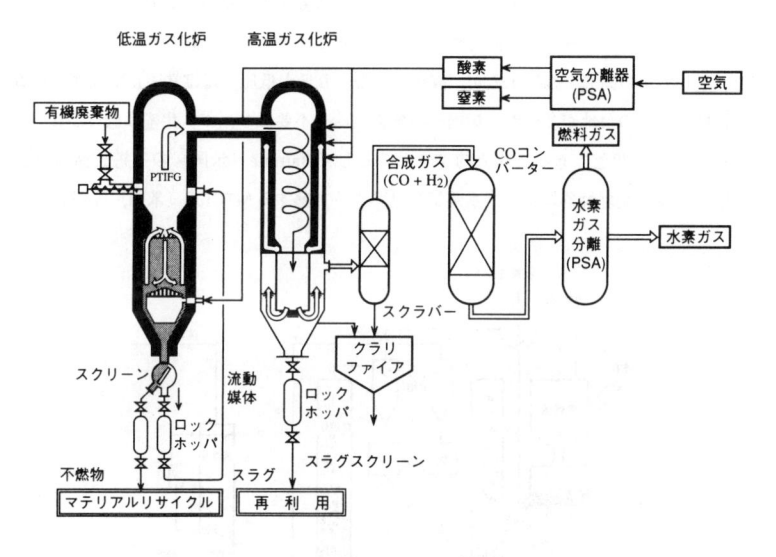

a) 固定床(アップドラフト)
b) 固定床(ダウンドラフト)
c) バブリング流動床
d) 循環型流動床
e) 浮遊床

図12 加圧二段ガス化溶融炉

ミ用として知られる溶融塩ガス化（米国のPurox法，Andco-Torrax法）やBattelle PNL（米国）の触媒（$Ni/SiO_2 \cdot Al_2O_3$）ガス化も固定床向流型である。流動床では炉の下部から送入したガス化剤によって流動する固体熱媒体（砂やドロマイト）に粉砕木材を投入する。木材と熱媒体の接触が良好で，熱効率やガス化率は一般に固定床より高く，炉内温度が一定となるので平衡に近い均一な組成のガスが得られる。装置の大型化が可能で，大量生産に適することも利点である。熱媒体が炉内外を出入りする循環型はバブリング（非循環）型に比べて木材のサイズや含水率の制限が緩く，ガス化率は高いが装置が大きく高額となる。循環型は都市ゴミやRDF（固形ゴミ燃料，9.7節参照）のガス化発電用として主にヨーロッパで普及しており，我が国では最近開発された加圧二段ガス化溶融炉（図12[50]）が前段の低温炉（650～850℃，空気酸化）に循環流動床を採用している。この溶融炉では，後段の高温炉（1300～1400℃）で水蒸気添加によるタールとチャーの完全ガス化を行い，生成ガスの精製が不要となる。バブリング型にはカナダOGS社のプロセス，米国IGT開発のRENUGASプロセス等がある。浮遊床では微粉原料とガス化剤を急速に炉内に吹き込み，非常な高温（1300～1800℃）で迅速ガスを行う。生成ガス中のタール分が少なく，装置の大型化は可能であるが，木材微粉化の必要性，炉内滞留時間の制御が困難等が欠点となる。Shell社のプロセス等が知られるが，固定床や流動床型に比べて実施例は少ない。

　間接加熱ガス化では，熱媒体の流動砂が保有する熱とガス化剤水蒸気の熱（チャーの燃焼で加熱）を利用して炉の高温を維持するが，直接加熱型より低温低圧（ほぼ常圧）で操作される。現時点では技術改良の余地が多いが，炉内への酸素供給を不要とし，ガス化率は低いがH_2とCOの収率が高いことが特色である。代表的プロセスとしてBattelle（米国）の二塔式循環流動床炉（BCL式），パルス型燃焼器によって水蒸気を効率よく加熱するMTCI式（米国）等がある。図13

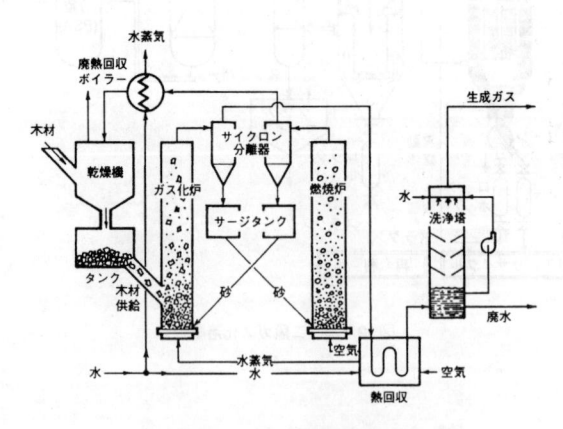

図13　Battelle CLの二塔循環流動床ガス化炉

はBCL式プロセスを示している。供給された木粉は流動床ガス化炉で水蒸気ガス化され，生成したチャーは流動床燃焼炉に運ばれて燃焼される。この燃焼熱で加熱された砂が炉内外を循環し，燃焼炉の熱は一部水蒸気の加熱に使用される。反応器出口のガス温度が863℃，圧力0.1MPaの条件で，炭素基準のガス化率は70％以下であるが熱効率は90％と高く，生成ガスの発熱量は約15MJ/Nm^3，H_2とCOの体積割合はそれぞれ16.7，37.1％であり，CH_4が多い（12.6％）ことが大きな特徴である。

9.5.3 生成ガスの利用と用途

オンサイトでボイラー燃料として使用する場合には特に問題はないが，最近注目されているガスタービン発電[51,52]では生成ガス中のタール分や灰分の除去が不可欠である。このガス精製は，合成ガスとして液体燃料製造に用いる場合にはより徹底して行う必要がある。タール，灰分と未燃炭素の除去はそれぞれニッケル系触媒によるクラッキング[48,53,54]，既述の高温濾過等で行われる。しかし，一般にガス中のNO_x，SO_x量は少ないので，脱硝，脱硫処理は不要である。

精製後の生成ガスを燃焼してガスタービンの駆動に用い，その後ボイラーで排ガスとの熱交換を行って発生する水蒸気により蒸気タービンを回す複合発電（Biomass-integrated gasifier/gas turbine combined cycle, BIG/GTCC, あるいはIntegrated gasification combined cycle, IGCC）の効率は，9.2.3項で述べた直接燃焼-蒸気タービン発電の効率より20％近く高い（図14）[48]。これは木材より生成ガスを燃焼する方が高温となり，ガスタービンからの排出燃焼ガスを蒸気タービンに利用できるためである。このIGCCの発電効率は40MW以上では44～48％で，通常の石炭火力発電の効率[55]と同等である。ボイラーからの発生水蒸気を

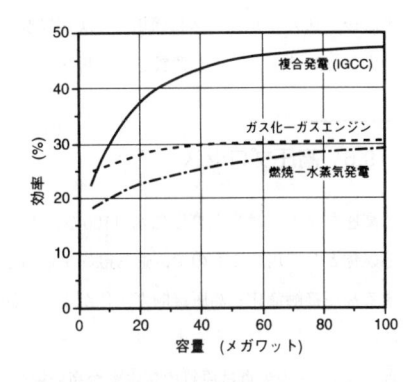

図14 バイオマス発電による発電効率の比較

プロセスや冷暖房・給湯に利用することもある（コジェネレーションシステム，CGS）。スウェーデンのベルナモに建設された18MWのIGCC実証プラントは，蒸気タービンを背圧式としてCGSを採用し，電力33％とプロセス熱50％の合計83％という高い熱利用効率を報告している[56]。

一方，生成ガス中のH_2とCOから触媒反応によってメタノール，ガソリン，ジメチルエーテル（DME）が合成できる[7]。ただし，触媒層への導入前に水蒸気改質（300℃，0.1～1MPa）し，ガス中のH_2/CO比をメタノール，ガソリンでは2，DMEでは1とする。これら液体燃料構造は既存

表8 液体燃料の合成工程

液体燃料	合成反応	反応条件	触媒系
メタノール	$CO + 2H_2 \rightarrow CH_3OH$	230-260℃, 6-10MPa	Cu-Zn 混合酸化物
ガソリン	$nCO + 2nH_2 \rightarrow (-CH_2-)_n + nH_2O$ (Fisher-Tropsh 反応)	300-300℃, 1-5MPa	金属（Fe, Co, Ru 等）
ジメチルエーテル	$3CO + 3H_2 \rightarrow CH_3OCH_3 + CO_2$	230-260℃, 6-10MPa	Cu-Zn 混合酸化物 + $\gamma\text{-}Al_2O_3$, HZSM-5 等

プロセスと同様の工程（表8）で行うが，メタノール経由でガソリンを生産するMTG法は芳香族成分が多く，最近は関心が薄れているのでこの表から除外した。メタノール製造はプロセス的に完成し，コスト削減は限界に来ているとされ，新規プロセスとして気相流動法，低温液相法が検討されている[57-59]。FT法によるガソリン製造は，1993年に南アフリカで年産60万t，その後マレーシアで年産47万tのプラントが建設された。DMEは煤が出ない，NOx排出量が少ないクリーンなディーゼル燃料として期待され[59]，デンマークでは50kg/dのパイロットプラントによる実証後，1997年からバスに適用して実用試験を行っている。我が国でも1999年北海道釧路に5t/dの大型ベンチプラントが建設され，現在実証運転中である[60]。

9.6 高圧プロセス

高圧プロセスは高温高圧熱水（100℃以上の水，圧力はその温度における飽和水蒸気圧）を反応媒体として用いるもので，通常触媒を使用してそれぞれ油（オイル）とガスへの転換を目的とする高圧接触液化と高圧接触ガス化がこれに該当する。反応系が多量の水を含む点で他の熱化学的転換法と異なり，水を沸点以上に加熱して使用する結果エネルギー効率が低いことが一つの欠点となる。この欠点は原料の含水率が高い場合には乾燥工程を不要とすることでカバーできるが，高圧プロセスが抱えるより重大な問題は連続式装置が多額の建設費，操業費を必要とし，しばしば運転上のトラブルを発生することである。一時商業運転が期待された木材の高圧接触液化法が今日事実上姿を消した原因は，これらの予想された事態に関係する。高圧液化は現在ではむしろ下水汚泥，生ゴミ等の廃棄物（高含水率の低質バイオマス）資源化処理技術として有望である。一方，高圧接触ガス化はおよそ10年前から研究が開始された新技術である。水がガス剤として作用する点で水蒸気ガス化と類似であるが，反応はより低温ではるかに高速で進行する。生成ガスが高圧で排出するため，回収時に動力源としての副用が可能である。現在我が国とヨーロッパでは，超臨界水ガス化による水素生産の実用化を目指して技術開発が進められている。

9.6.1 高温高圧熱水中の分解過程

図15は高温高圧熱水中で起こる木材の分解反応の概要を表わしている。100～200℃では,可溶性リグニンやタンニン等が抽出されるが,抽出率は100℃以下より高い[61]。200～300℃で進行する反応は,炭水化物の加水分解と可溶化およびリグニンの熱分解と可溶化であり,250～300℃(4～9MPa)の亜臨界状態では木材の可溶化率が100%近くに達する[62]。300℃前後から臨界点(374℃, 22.1MPa)近傍では,エネルギー転換につながる熱分解が基本的な反応である。た

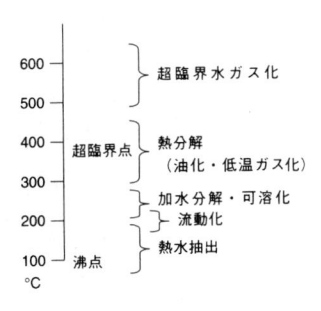

図15 高温高圧熱水中で起こる木材の分解反応の概要

だし,生成物は触媒の影響を強く受け,無触媒とアルカリ触媒の存在ではそれぞれ炭状の固形物,重油状のオイル[63](油化),金属ニッケル等の金属触媒を用いるとCH_4, H_2, CO_2等の気体(低温ガス化)[64,65]が主体となる。これらの反応経路をセルロースをモデルとして表わすと図16[65]となる。より高温のおよそ500～650℃(25～35MPa)では,触媒の存在,種類にかかわらずガス化が支配的となり,主生成物としてH_2とCO_2が得られる(超臨界水ガス化)[66,67]。なお,臨界温度以上からおよそ450℃は,熱分解と超臨界水ガス化反応が重複して起こる遷移領域である。

9.6.2 高圧接触液化(油化)プロセス

図15に示したように,300℃から水の臨界点以下でアルカリ触媒を使用すると重合反応による炭化物生成が抑制され,生成したオイルが安定化する。この触媒反応を利用した油化プロセスとしてPERCとLBL[46,68,69]が知られる。PERCは木粉とリサイクル油(木材液化油)のスラリーにNa_2CO_3を加え,合成ガス(CO91%)中で反応を行う。温度,圧力はそれぞれ340～360℃,28MPaである。得られるオイルの収率は木材乾燥基準で約42%,発熱量は31MJ/kgであり,プロセスの熱効率は63%程度である。しかし,乾燥木材3t/dの連続プラント運転の結果,未反応残渣

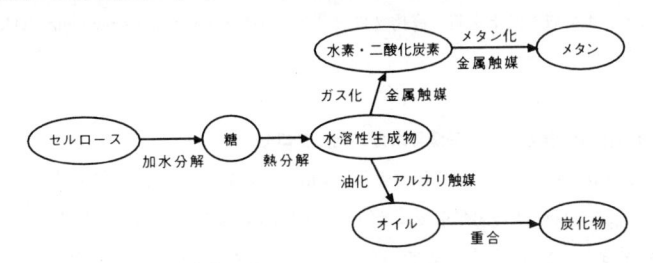

図16 セルロースの高温高圧熱水(300℃—臨界点374℃)中の分解反応経路

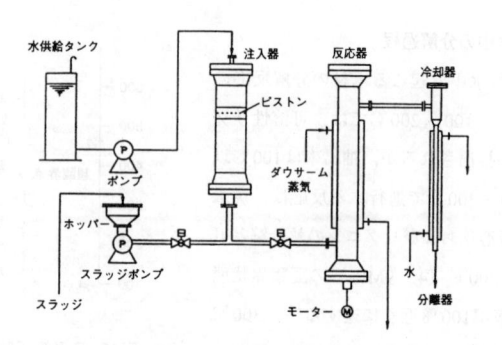

図17 資源環境技術総合研究所開発の高圧液化プロセス

によるパイプの閉塞,反応器の腐食,固液分離の困難さ等の問題が生じ,運転は停止された。LBLでは木材の前処理として硫酸で加水分解（180℃,1MPa）を行い,媒体をリサイクル油から水に変更してPERCとほぼ同じ条件で液化を行う。オイル収率,熱効率はPERCと同等であるが,酸素含有量は低く発熱量は36MJ/kgと重油に近い。運転トラブル発生の報告はないが,操業経済性は合成ガスの製造,使用を伴うこと等から急速熱分解法に劣るとされ,商業プラントは建設されていない。一方,資源環境技術総合研究所が開発した水を反応媒体とするプロセス[70,71]は合成ガスを使用しないため,安価で工程が簡略である（図17[70]）。含水率80％程度の原料をおよそ300℃,10MPaで処理して得られるオイルの収率は50％,発熱量は30MJ/kgで,プロセスの熱効率は約70％である。エネルギー自立（生産）型で,下水汚泥,有機性廃棄物（アルコール発酵残渣,都市ゴミ等),水性バイオマス等の高含水率原料に適することが特徴である。オイルに随伴する水相に有機物が存在し,水相処理を必要とする等の課題はあるが,実用化技術としての発展が期待される。このプロセスは,また高水分原料の前処理法としても有効で,処理後得られる高流動性のスラリーはパイプ輸送,噴霧燃焼,高濃度のメタン発酵等のシステム,プロセスに適用される[72]。なお,最近オランダでは無触媒で熱水のみを用い,反応温度と滞留時間のコントロールによるオイルの収率向上を狙う液化プロジェクト（Hydro Thermal Upgrading, HTU）が開始された[73]。

9.6.3 高圧ガス化（低温ガス化,超臨界水ガス化）プロセス

低温ガス化は油化とほぼ同様の温度圧力条件を適用し,アルカリ触媒を金属触媒に変更して行われる（図15)。この反応は1990年前後に米国のBattelle PNLで発見[64]され,以後実用プロセスの開発に重点が置かれている[74,75]。全体の反応は（1）で表わされ,生成するCH_4とCO_2の組成は用いる温度圧力に平衡である。

$$(C_6H_{10}O_5)_n + nH_2O \rightarrow 3nCH_4 + 3nCO_2 \qquad (1)$$

図18はベンチスケール規模の連続装置を示している。この装置の処理能力は22L/h（0.5t/d）で，ガス化条件は350℃，24MPaである[74]。さらに大型の装置が設計されているが，処理量の増大に伴って原料の圧入，反応の不完全化，触媒の劣化等の問題が顕在化しているという[72]。低温ガス化に関するより興味深い知見は，(1)の反応がガス化過程(2)とメタン化反応(3)から成り，反応条件を制御することによってH_2の製造が期待できるという点である[76]。例えば，(2)と(3)の反応はそれぞれ吸熱，発熱であるが，反応温度の低下は(3)の抑制に効果的である。反応の低温化によってH_2の選択的生産を実現するには，より活性の高い触媒の開発などが課題となる。

$$C + 2H_2O \rightarrow CO_2 + 2H_2 \qquad (2)$$
$$CO_2 + 4H_2 \rightarrow CH_4 + 2H_2O \qquad (3)$$

超臨界水ガス化はより高温高圧の500〜650℃，25〜35MPaで行われ，生成物は主としてH_2とCO_2である（図15）。全体の反応は(4)で表されるが，化学平衡と反応速度の制約から少量のCH_4，COが生成する。

$$(C_6H_{10}O_5)_n + 7nH_2O \rightarrow 12nH_2 + 6nCO_2 \qquad (4)$$

低温ガス化に比してH_2が高収率で得られることが魅力であるこの反応はハワイ大学の研究グループによりグルコースを用いた実験で見出され，グルコース水溶液が低濃度（0.8M，約15wt％以下）であれば無触媒で，高濃度（1.2M，約20wt％）では活性炭触媒の使用によって完全ガス化が可能となった[66]。実際のバイオマスとして下水汚泥，ホタテアオイ（藻類）等が用いられ，最近では高圧条件における生成ガスからのCO_2除去が検討されている[67]。図19はCO_2除去試験に用いた実験装置を示している。バイオマス水溶液は高速液体クロマトグラフ用ポンプで炭素触媒を充填した横型の反応器（内径4.75mm，外径9.53 mm，有効加熱長さ480mm）に送られ，ガス化される。この反応器の材質は耐熱耐圧耐酸性のインコネル625である。

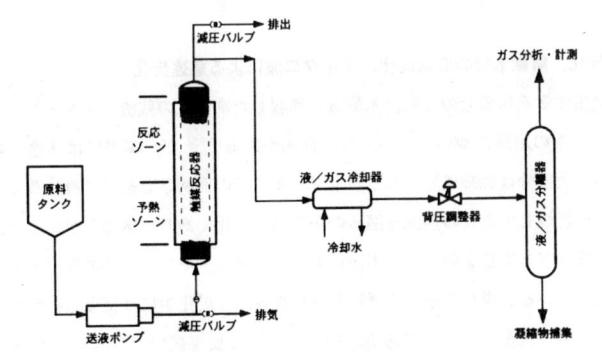

図18　Battelle PNLの高圧低温ガス化装置

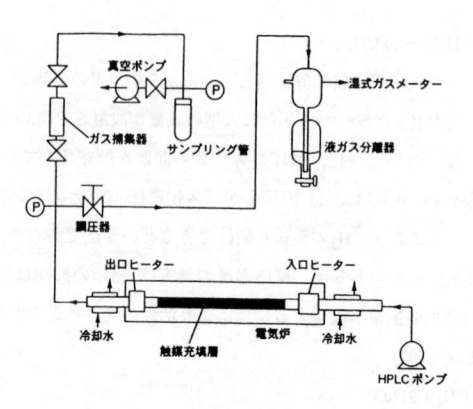

図19 超臨界水ガス化装置

9.7 その他

　我が国では1980年代半ばから木炭が見直され，用途拡大が図られる[77,78]と共に副生する木酢液が広範囲に利用される[79]ことから，木炭製造が復調の兆しを見せている。この木材炭化の人気回復は，炭材の多様化と共に規模，方式が異なる種々の炭化法の開発[80]につながっている。同じく80年代には，都市ゴミの資源化技術として廃材その他の可燃物を圧縮固形化した燃料(Refuse Derived Fuel, RDF)[81,82]，石炭燃焼による大気汚染の軽減を目的とした石炭とバイオマス（木材，稲ワラ等）との混合ペレット燃料（バイオブリケット)[83]が登場した。木炭の見直しやRDF，バイオブリケットの開発には，資源の活用と環境の保全に対する社会的気運の高揚という共通の背景があり，これらの木材固体燃料化に関する技術は今後さらに有用性を増すものと予想される。

9.7.1 自燃式炭化，解繊木材の低温炭化，マイクロ波による急速炭化

　木材炭化で副生する液状成分のうち，木酢液を回収した高沸点の残渣（木タール）の利用は厄介である。木タールの用途についてはいくつか提案がある[84,85]が，実際には使途が限られ需要量も少ないために大部分は焼却処分される。木タール処分の面倒さを避け，液体蒸気を発生する可燃ガス分と共に燃焼して燃費の節減を図るのが自燃式炭化であり，熱効率が高く多種の炭材に適用できる，排煙公害を生じない，収炭率が従来のロータリーキルン法は攪拌流動床方式より高い等の特色を備えている。現在自燃式で運転を行う代表的な炭化炉には反復揺動型とロータリー型があり，両者ともに大型の連続炉である。図20に示した反復揺動炉[86]では，従来のロータリーキルンが横型円筒を360°回転させるのに対して円錐型円筒の揺動を150°（左右75°の揺動

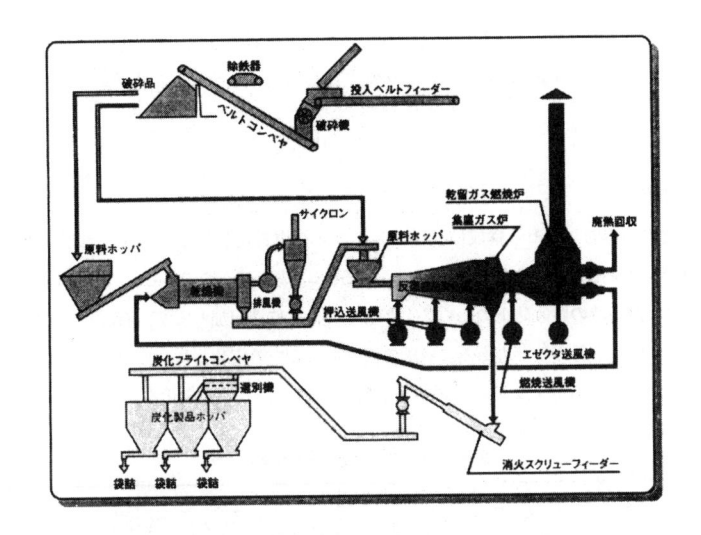

図20　反復揺動炉炭化炉のフロー図

図21　セラミック炭炭化炉

繰り返し）とし，粉末原料を反復，混合しながら炭化を行う。通常炭化温度は入口が600〜700，出口が800〜900℃で，炭化物生産能力0.6m^3/hで操業される。ロータリー型はセラミック炭炭化炉（図21[87]）として知られ，粉状木質にシリカを主体とする粘結剤を配合し，空気を流通しながら約700℃で焼成する。木質は無機物質で覆われるために燃焼が起こらず，吸着性能の高いセラミック粉炭が得られる。炭の最大生産能力は0.7m^3/hである。

　繊維化木材の低温炭化とマイクロ（μ）波を用いる炭化は，得られる炭化物の機能，性状等の点で興味深い。前者[88,89]はエゾマツ・トドマツの混在を解繊して300〜350℃で数分間加熱し，撥水性で油吸着量の大きな炭化物の製造する。既に実用化され，用途にあわせて様々な製品が販

売されている。後者はまだ実用化されていないが、μ波照射では木材内部から加熱される結果高表面積（約600m^2/g）の炭化物が得られる[90,91]。丸太サイズの原料を適用できるところに特色がある。

9.7.2 RDF[82]

RDF製造の基本的プロセス構成は、①破砕（ゴミを均質化し、後続工程に適したサイズにする），②選別（不燃物を除去し、灰分を減少させる），③成形の三つである。高含水率の原料では、成形容易化と貯蔵時の腐敗防止のために①と②の間に④乾燥が加わるが、石灰を加えて反応による水分低下、固化を行うこともある。石灰の添加はゴミ中の塩化ビニルに由来する塩化水素の発生防止対策としても有効である。この他、生物的処理によって安定化を図り、RDF成形後に乾

表9 都市ゴミの組成別排出量の例 [a]

分別ゴミ（種）	組成別排出量（1人1日当たり）[g[b]／人・日]								
	厨芥	紙	草・木	布	プラスチック	ガラス	金属	その他	合計
可燃ゴミ [c]	327 (43.0)	186 (24.5)	20 (2.6)	18 (2.4)	68 (8.9)	16 (2.1)	15 (2.0)	10 (1.3)	660 (86.8)
不燃ゴミ [c]	6 (0.8)	8 (1.1)	9 (1.2)	4 (0.5)	16 (2.1)	31 (4.1)	18 (2.4)	8 (1.0)	100 (13.2)

a）粗大ゴミを除く　b）湿量
c）かっこ内の数字は可燃・不燃ゴミの合計量を100としたときの割合

表10 都市ゴミから生産されたRDFの特性

RDFの製造設備		A	B	C	D
原料ゴミの種類		厨芥を含む可燃ゴミ [a]	厨芥を除く可燃ゴミ	紙・プラスチック	プラスチック
水　分	[%]	4.0	4.6	5.5	15.2
灰　分	[%]	14.6	11.5	7.6	6.8
揮発分	[%]	73.5	76.8	81.4	86.6
固定炭素	[%]	11.9	11.7	11.0	6.6
低位発熱量	[MJ／kg]	16.67	18.13	20.52	29.73
炭　素 [b]	[mg／g]	442.6	461.4	472.5	713.4
水　素 [b]	[mg／g]	60.3	64.5	64.3	102.0
窒　素 [b]	[mg／g]	10.1	8.7	2.6	3.2
燃焼性イオウ	[mg／g]	0.6	0.5	0.4	0.4
揮発性塩素	[mg／g]	3.3	5.8	12.3	35.2
残留性塩素	[mg／g]	1.5	1.9	0.8	8.2
水溶性塩素	[mg／g]	4.7	4.1	2.0	11.3
かさ密度	[kg／m^3]	640	600	380	360

a）プラスチックは別に収集
b）4ヵ月ごとに抽出したサンプルの平均、その他は月ごとの測定値の年間平均

燥するなどの方式もあり，技術的には厨芥を多く含んでいても十分成形ができる段階に達している。表9，表10はそれぞれ住民1人1日当たりで表わした都市ゴミ組成とRDFの品質[83)]を，北海道札幌市の場合を例として示している。なお，RDF製造の際に選別された燃料化不適物のうち，鉄とアルミは回収後売却され，残りは埋め立てまたは焼却される。当市のゴミ燃料化工場[92)]の処理能力は200t/13hで1990年4月から稼働しており，製造されたRDFは主たる利用先である北海道熱供給公社の専焼ボイラー（150t/d，容量121.4GJ/h）で燃焼され，生成した高温水は札幌都心部に供給される。RDFの年間使用量はほぼ一定で18,400t/yである。

9.7.3 バイオブリケット[83)]

バイオブリケットはバイオコールの同義語で，粉末石炭（70〜85wt％）と木質廃材または稲ワラ等の農産廃棄物（15〜30wt％）の混合物をロール型プレスで圧縮造粒したものである（図22）。用いる石炭は褐炭から無煙炭まで幅広く，石炭化度に制限はない。ただし，難成型性の無煙炭を用いる場合には混炭とするかまたは少量の粘結剤を添加し，イオウや灰分量が高い低品位炭の場合にはあらかじめ消石灰等の脱硫剤を配合する。表11は木材と3種の石炭から調製したバイオブリケットを石炭ストーブで燃焼した時の排ガス結果を原炭のそれと比較したものである。バイオブリケットでは煤煙が激減し，イオウや窒素酸化物の濃度も木材の配合割合に見合う分が低減しており，木材との混合・成形の効果が顕著に現れている。国産技術であるバイオブリケットは，国際協力という形で東南アジアや中国等へ移出され，現地で石炭の排煙処理技術として定着している。最近ヨーロッパでは，石炭による大量エネルギー供給を可能とするためにバイオマスと石炭との共燃焼[93-97)]に対する関心が高まっているが，この共燃焼はバイオブリケットと同じ原理，目的で行われる。炭素含有量の高い石炭との混合はバイオマス側にと

（上）バイオブリケット
　　左：アーモンド型（6cc）
　　右：枕型（20cc）
（下）バイオブリケットの内部組織（白い部分：石炭黒い部分：木材，木材がバインダーとして作用し，強固な構造を形成する）

図22　バイオブリケットとその内部組織

表11 バイオブリケットと石炭の燃焼による環境汚染物質の放出量

バイオブリケット，原炭	煤煙 (g/kg-燃料)	イオウ[c] (g/kg-燃料)	窒素酸化物 (ppm/Nm^3, 6%O_2)
太平洋炭ブリケット[a]	0.15	0.3	166
太平洋炭（塊状）	2.61	0.5	227
オーストラリア炭ブリケット[b]	0.09	1.8	175
オーストラリア炭（塊状）	2.34	10.3	245
ロシア炭ブリケット[a]	0.08	2.5	168
ロシア炭（塊状）	2.43	3.2	233

a）石炭／バイオマスの重量比 3/1　b）重量組成は石炭 71.25%，木屑 23.75%，石灰 5.0%
c）原料と燃焼残渣のイオウ量から計算

っても発熱量増加という利点を持つので，合理的な実用技術といえよう．

文　　献

1) 石油鉱業連盟発表，1997年9月11日北海道新聞朝刊掲載記事
2) 小木知子，エネルギー・資源ハンドブック，エネルギー・資源学会編，オーム社，p. 228 (1997)
3) 小木知子，日本エネルギー学会誌，**78**, 232 (1999)
4) IPCC Report Working III (1990, 1992), Climate Change 1995 (Contribution of WG II, IPCC the 2nd Assessment Report)
5) 例えば第3回京都議定書 (Kyoto Protocol to the United Nations Framework Convention on Climate Change), 1997
6) 横山伸也ほか，エネルギー・資源ハンドブック，エネルギー・資源学会編，オーム社，p. 672 (1997)
7) 美濃輪智朗，日本エネルギー学会誌，**78**, 252 (1999)
8) 澤山茂樹，同上，259
9) 矢田美恵子ほか，廃棄物のバイオコンバージョン―有機性廃棄物のリサイクル，日本技術士会監修，地人書館 (1996)
10) C. E. Wayman, "Handbook on Bioethanol, Production and Utilization", Tayler & Francis, Bristol (1996)
11) バイオインダストリー協会，高効率再生資源の創製並びにバイオコンバージョン技術に関する調査 (NEDO委託)，平成9年度調査報告書 (1997)
12) D. L. Klass, "Biomass for Renewable Energy, Fuels, and Chemicals", Academic Press, San Diego (1998)
13) 矢田光信，混相流（日本混相流学会），**13**, 219 (1999)
14) 志水一允，日本木材学会40周年記念大会特別企画パネルディスカッション「化石資源から

木質資源へ」講演要旨, p.6（1995）
15) J. E. Hustad et al., *Biomass and Bioenergy*, **2**, 239（1992）
16) 林業試験場監修, 木材工業ハンドブック, 丸善, p.958（1982）
17) 筒本卓造, 木材の事典, 浅野猪久夫編, 朝倉書店, p.433（1988）
18) T. Nussbaumer et al., "Development in Thermochemical Biomass Conversion", ed. A. V. Bridgwater, D. G. B. Boocock, Blackie Academic & Professional, London, p.1229（1997）
19) 守岡修一ほか, 廃棄物ハンドブック, 廃棄物学会編, オーム社, p.328（1996）
20) 斎木 博, エネルギー・資源ハンドブック, エネルギー・資源学会編, オーム社, p.676（1997）
21) 中島浩一郎, 木材工業, **54**, 570（1999）
22) 竹口英樹, 最新木材工業事典, ㈳日本木材加工技術協会編, p.276（1999）
23) 茅根久男ほか, 廃棄物ハンドブック, 廃棄物学会編, オーム社, p.157（1996）
24) 石川禎昭, ごみ焼却排熱の有効利用, 理工図書, p.37（1996）
25) 大谷繁, 日本エネルギー学会誌, **78**, 288（1999）
26) 山崎敏, 廃棄物ハンドブック, 廃棄物学会編, オーム社, p.288（1996）
27) 林業試験場監修, 木材工業ハンドブック, 丸善, p.871（1982）
28) J. A. Knight, "Progress in Biomass Conversion, Vol. 1", ed. K. V. Sarkanen and D. A. Tillman, Academic Press, New York, p.88（1979）
29) C. L. Pomeroy, "Biomass Conversion Processes for Energy and Fuels", ed. S. S. Sofer, O. R. Zaborsky, Plenum, New York, p.201（1981）
30) P. W. Chang et al., *ibid*, p.173
31) A. V. Bridgwater et al., "Biomass Pyrolysis Liquids Upgrading Utilization", ed. A. V. Bridgwater, G. Grassi, Elsevier Applied Science, London, p.11（1991）
32) 横山伸也, 燃料協会誌, **62**, 396（1983）.
33) J. Lede et al., "Biomass Pyrolysis Liquids Upgrading Utilization", ed. A.V. Bridgwater, G. Grassi, Elsevier Applied Science, London, p.27（1991）
34) D. C. Elliott et al., *Energy and Fuels*, **5**, 399（1991）.
35) T. Stoikos, "Biomass Pyrolysis Liquids Upgrading Utilization", ed. A.V. Bridgwater, G. Grassi, Elsevier Applied Science, London, p.227（1991）
36) Y. Solantausta et al., *Biomass and Bioenergy*, **2**, 279（1992）
37) PyNet, http://www.pyne.co.uk/
38) J. P. Diebold et al., "Development in Thermochemical Biomass Conversion", ed. A. V. Bridgwater, D. G. B. Boocock, Blackie Academic & Professional, London, p.5（1997）.
39) BTG Biomass Technology Group B. V. ホームページ（http://www.btgworld.com/）
40) PyNe NewsLetters 6, Aston Univ., PyNe/IEA Bioenergy, March 1999
41) J. P. Diebold et al., "Development in Thermochemical Biomass Conversion", ed. A. V. Bridgwater, D. G. B. Boocock, Blackie Academic & Professional, London, p.242（1997）
42) A. M. C. Janse et al., *ibid.*, p.368
43) C. Roy et al., *ibid.*, p.351
44) R. E. Maggi et al., *ibid.*, p.575
45) R. J. Evans et al., *Energy and Fuels*, **1**, 123（1987）

46) S. Czernik, NREL CP-430-7215, 67（1994）
47) 横山伸也，日本エネルギー学会誌，71，122（1992）
48) A. V. Bridgwater, *Fuel*, **74**, 631（1995）
49) D. L. Klass, "Biomass for Renewable Energy, Fuels, and Chemicals", Academic Press, San Diego, p. 271（1998）
50) ㈶RITE，バイオマス資源を原料とするエネルギー変換技術に関する調査（NEDO委託），平成10年度報告書，p.150（1999）
51) G. Boyle, "Renewable Energy, Power for a Sustainable Future", Oxford University Press, Oxford, p. 177（1996）
52) 河本晴雄，最新木材工業事典，㈳日本木材加工技術協会，p.278（1999）
53) P. Simell *et al.*, "Development in Thermochemical Biomass Conversion", ed. A. V. Bridgwater, D. G. B. Boocock, Blackie Academic & Professional, London, p. 1103（1997）
54) M. A. Caballero *et al.*, *Ind. Eng. Chem. Res.*, **39**, 1143（2000）
55) 徳田君代，エネルギー・資源ハンドブック，エネルギー・資源学会編，オーム社，p. 387（1997）
56) K. Stahl *et al.*, "Development in Thermochemical Biomass Conversion", ed. A. V. Bridgwater, D. G. B. Boocock, Blackie Academic & Professional, London, p. 1006（1997）
57) 大山聖一，PETROTECH，**18**，27（1995）
58) 松本博ほか，三菱重工技報，**33**，No. 5，318（1996）
59) ジョン B. ハンセンほか，PETROTECH，**20**，823（1997）
60) 小川高志，第68回北海道石炭研究会講演要旨集，p.44（2000）
61) S. Inoue *et al.*, *Holzforschung*, **52**, 139（1998）
62) 坂木剛ほか，日本エネルギー学会誌，**77**，241（1998）
63) T. Ogi *et al.*, *Sekiyu Gakkaishi*, **36**, 73（1993）
64) L. J. Sealock Jr. *et al.*, US Patent, 5019135（1991）
65) T. Minowa *et al.*, *J. Supercritical Fluids*, **13**, 253（1998）
66) D. Yu *et al.*, *Energy and Fuels*, **7**, 754（1993）
67) Y. Matsumura *et al.*, "Development in Thermochemical Biomass Conversion", ed. A. V. Bridgwater, D. G. B. Boocock, Blackie Academic & Professional, London, p. 864（1997）
68) D. Meier *et al.*, "Biomass Pyrolysis Liquids Upgrading Utilization", ed. A. V. Bridgwater, G. Grassi, Elsevier Applied Science, London, p. 93（1991）
69) D. L. Klass, "Biomass for Renewable Energy, Fuels, and Chemicals", Academic Press, San Diego, p. 271（1998）
70) 横山伸也，燃料協会誌，**66**，752（1987）
71) 小木知子ほか，日本化学会誌，**5**，442（1992）
72) ㈶RITE，バイオマス資源を原料とするエネルギー変換技術に関する調査（NEDO委託），平成10年度報告書，p.160（1999）
73) Ontwikkeling van het HTU process voor liquefactie van biomassa, Shell/Stork, Report No. VLB0197, June 1997（http://www.biomasster.nl/english/research18.html）
74) D. C. Elliott *et al.*, *Ind. Eng. Chem. Res.*, **33**, 566（1994）
75) D. C. Elliott *et al.*, *Trans. IChemE*, **74**, Part A, 563（1996）

76) T. Minowa *et al.*, *Chem. Letters*, No.10, 937（1995）
77) 木材炭化成分多用途利用技術研究組合編，木炭と木酢液の新用途開発成果集，p.99（1990）
78) 谷田貝光克，日本木材学会北海道支部第25回研究会講演要旨集，p.19（1994）；最新木材工業事典，㈳日本木材加工技術協会，p.278（1999）
79) 城代進，木材工業，**48**, 584（1993）
80) 谷田貝光克，木材工業，**52**, 472（1997）
81) 栗原英隆，廃棄物ハンドブック，廃棄物学会編，オーム社，p.551（1996）
82) 松藤敏彦ほか，エネルギー・資源ハンドブック，エネルギー・資源学会編，オーム社，p.684（1997）
83) 丸山敏彦，日本エネルギー学会誌，**74**, 70（1995）
84) 谷田貝光克ほか，簡易炭化法と炭化生産物の新しい利用法，林業科学技術振興所，p.92（1991）
85) 鈴木勉，日本木材学会北海道支部第28回研究会講演要旨集，p.15（1997）
86) ㈳オホーツク炭化センター資料（大隅修一氏提供）
87) ㈱ジェイ・シー・シー，パンフレット
88) 梅原勝雄ほか，第27回木材の化学加工研究会シンポジウム講演集，p.49（1997）
89) 梅原勝雄，林産試だより2月号，5（1998）；渋谷良二，同，10
90) M. Miura *et al.*, *J. Chem. Eng. Jpn.*, **33**, 299（2000）
91) 三浦正勝，北海道通産情報ビィ・アンビシャス，北海道通産局編，8月号，42（2000）
92) 金鸁載ほか，廃棄物学会論文誌，**5**, 63（1994）
93) W. Neidel *et al.*, "Development in Thermochemical Biomass Conversion", ed. A. V. Bridgwater, D. G. B. Boocock, Blackie Academic & Professional, p.1358（1997）
94) H. Rüdiger *et al., ibid.*, p.1387
95) L. Armesto *et al., ibid.*, p.1399
96) D. Andert *et al.*, "Biomass for Energy and Industry", ed. H. Kopetz, T. Weber, W. Palz, P. Chartier, G. L. Ferrero, C.A.R.M.E.N., p.1387（1998）
97) H. Junker *et al., ibid.*, p.1482

《CMCテクニカルライブラリー》発行にあたって

　弊社は、1961年創立以来、多くの技術レポートを発行してまいりました。これらの多くは、その時代の最先端情報を企業や研究機関などの法人に提供することを目的としたもので、価格も一般の理工書に比べて遙かに高価なものでした。
　一方、ある時代に最先端であった技術も、実用化され、応用展開されるにあたって普及期、成熟期を迎えていきます。ところが、最先端の時代に一流の研究者によって書かれたレポートの内容は、時代を経ても当該技術を学ぶ技術書、理工書としていささかも遜色のないことを、多くの方々が指摘されています。
　弊社では過去に発行した技術レポートを個人向けの廉価な普及版《CMCテクニカルライブラリー》として発行することとしました。このシリーズが、21世紀の科学技術の発展にいささかでも貢献できれば幸いです。
2000年12月

株式会社　シーエムシー出版

ウッドケミカルスの技術　(B0821)

2000年10月31日　初　版　第1刷発行
2007年 6 月21日　普及版　第1刷発行

監　修　飯塚　堯介　　　　　　　　　　Printed in Japan
発行者　辻　　賢司
発行所　株式会社　シーエムシー出版
　　　　東京都千代田区内神田1-13-1　豊島屋ビル
　　　　電話 03 (3293) 2061
　　　　http://www.cmcbooks.co.jp

〔印刷〕倉敷印刷株式会社　　　　　　　© G. Meshitsuka, 2007

定価はカバーに表示してあります。
落丁・乱丁本はお取替えいたします。

ISBN978-4-88231-928-3 C3043 ¥4400E

本書の内容の一部あるいは全部を無断で複写（コピー）することは，法律で認められた場合を除き，著作者および出版社の権利の侵害になります。

CMCテクニカルライブラリーのご案内

フッ素系材料と技術　21世紀の展望
松尾 仁 著
ISBN978-4-88231-919-1　　B812
A5判・189頁　本体2,600円+税（〒380円）
初版2002年4月　普及版2007年3月

構成および内容：フッ素樹脂（PTFEの溶融成形／新フッ素樹脂／超臨界媒体中での重合法の開発 他）／フッ素コーティング（非粘着コート／耐候性塗料／ポリマーアロイ他）／フッ素膜（食塩電解法イオン交換膜／燃料電池への応用／分離膜 他）／生理活性物質・中間体（医薬・農薬／合成法の進歩 他）／新材料・新用途展開（半導体関連材料／光ファイバー／電池材料／イオン性液体 他） 他

色材用ポリマー応用技術
監修／星埜由典
ISBN978-4-88231-916-0　　B809
A5判・372頁　本体5,200円+税（〒380円）
初版2002年3月　普及版2007年3月

構成および内容：色材用ポリマー（アクリル系／アミノ系／新架橋システム 他）／各種塗料（自動車用／金属容器用／重防食塗料 他）／接着剤・粘着剤（光部品用／エレクトロニクス用／医療用 他）／各種インキ（グラビアインキ／フレキソインキ／RCインキ 他）／色材のキャラクタリゼーション（表面形態／レオロジー／熱分析 他） 他
執筆者：石倉慎一／村上俊夫／山本庸二郎 他25名

プラズマ・イオンビームとナノテクノロジー
監修／上條榮治
ISBN978-4-88231-915-3　　B808
A5判・316頁　本体4,400円+税（〒380円）
初版2002年3月　普及版2007年3月

構成および内容：プラズマ装置（プラズマCVD装置／電子サイクロトロン共鳴プラズマ／イオンプレーティング装置 他）／イオンビーム装置（イオン注入装置／イオンビームスパッタ装置 他）／ダイヤモンドおよび関連材料（半導体ダイヤモンドの電子素子応用／DLC／窒化炭素 他）／光機能材料（透明導電性材料／光学薄膜材料 他） 他
執筆者：橘 邦英／佐々木光正／鈴木正康 他34名

マイクロマシン技術
監修／北原時雄／石川雄一
ISBN978-4-88231-912-2　　B805
A5判・328頁　本体4,600円+税（〒380円）
初版2002年3月　普及版2007年2月

構成および内容：ファブリケーション（シリコンプロセス／LIGA／マイクロ放電加工／機械加工 他）／駆動機構（静電型／電磁型／形状記憶合金型 他）／デバイス（インクジェットプリンタヘッド／DMD／SPM／マイクロジャイロ／光電変換デバイス 他）／トータルマイクロシステム（メンテナンスシステム／ファクトリ 他） 他
執筆者：太田 亮／平田嘉裕／正木 健 他43名

機能性インキ技術
編集／大島壮一
ISBN978-4-88231-911-5　　B804
A5判・300頁　本体4,200円+税（〒380円）
初版2002年1月　普及版2007年2月

構成および内容：【電気・電子機能】ジェットインキ／静電トナー／ポリマー型導電性ペースト 他【光機能】オプトケミカル／蓄光・夜光／フォトクロミック 他【熱機能】熱転写用インキと転写方法／示温／感熱 他【その他の特殊機能】繊維製品用／磁性／プロテイン／パッド印刷用 他【環境対応型】水性UV／ハイブリッド／EB／大豆油 他
執筆者：野口弘道／山崎 弘／田近 弘 他21名

リチウム二次電池の技術展開
編集／金村聖志
ISBN978-4-88231-910-8　　B803
A5判・215頁　本体3,000円+税（〒380円）
初版2002年1月　普及版2007年2月

構成および内容：電池材料の最新技術（無機系正極材料／有機硫黄系正極材料／負極材料／電解質／その他の電池用周辺部材／用途開発の到達点と今後の展開 他）／次世代電池の開発動向（リチウムポリマー二次電池／リチウムセラミック二次電池 他）／用途開発（ネットワーク技術／人間支援技術／ゼロ・エミッション技術 他） 他
執筆者：直井勝彦／石川正司／吉野 彰 他10名

特殊機能コーティング技術
監修／桐生春雄／三代澤良明
ISBN978-4-88231-909-2　　B802
A5判・289頁　本体4,200円+税（〒380円）
初版2002年3月　普及版2007年1月

構成および内容：電子・電気的機能（導電性コーティング／層間絶縁膜 他）／機械的機能（耐摩耗性／制振・防音 他）／化学的機能（消臭・脱臭／耐酸性雨 他）／光学的機能（蓄光／UV硬化 他）／表面機能（結露防止塗料／撥水・撥油性／クロムフリー薄膜表面処理 他）／生態機能（非錫系の加水分解型防汚塗料／抗菌・抗カビ 他） 他
執筆者：中道敏彦／小浜信行／河野正彦 他24名

ブロードバンド光ファイバ
監修／藤井陽一
ISBN978-4-88231-908-5　　B801
A5判・180頁　本体2,600円+税（〒380円）
初版2001年12月　普及版2007年1月

構成および内容：製造技術と特性（石英系／偏波保持 他）／WDM伝送システム用部品ファイバ（ラマン増幅器／分散補償デバイス／ファイバ型光受動部品 他）／ソリトン光通信システム（光ソリトン"通信"の変遷／制御と光3R／波長多重光伝送技術 他）光ファイバ応用センサ（干渉方式光ファイバジャイロ／ひずみセンサ 他） 他
執筆者：小倉邦男／姫野邦治／松浦祐司 他11名

※書籍をご購入の際は、最寄りの書店にご注文いただくか、㈱シーエムシー出版のホームページ（http://www.cmcbooks.co.jp/）にてお申し込み下さい。

CMCテクニカルライブラリーのご案内

ポリマー系ナノコンポジットの技術動向
編集／中條 澄
ISBN978-4-88231-906-1　　B799
A5判・240頁　本体3,200円＋税（〒380円）
初版2001年10月　普及版2007年1月

構成および内容：原料・製造法（層状粘土鉱物の現状／ゾル-ゲル法 他）／各種最新技術（ポリアミド／熱硬化性樹脂／エラストマー／PET 他）／高機能化（ポリマーの難燃化／ハイブリッド／ナノコンポジットコーティング 他）／トピックス（カーボンナノチューブ／貴金属ナノ粒子ペースト／グラファイト層間重合／位置選択的分子ハイブリッド 他）他
執筆者：安倍一也／長谷川直樹／佐藤紀夫 他20名

キラルテクノロジーの進展
監修／大橋武久
ISBN4-88231-905-5　　B798
A5判・292頁　本体4,000円＋税（〒380円）
初版2001年9月　普及版2006年12月

構成および内容：【合成技術】単純ケトン類の実用的水素化触媒の開発／カルバペネム系抗生物質中間体の合成法開発／抗HIV薬中間体の開発／光学活性γ, δ-ラクトンの開発と応用 他【バイオ技術】ATP再生系を用いた有用物質の新規生産法／新酵素法によるD-パントラクトンの工業生産／環境適合性キレート剤とバイオプロセスの応用 他
執筆者：藤尾達郎／村上尚道／今本恒雄 他26名

有機ケイ素材料科学の進歩
監修／櫻井英樹
ISBN4-88231-904-7　　B797
A5判・269頁　本体3,600円＋税（〒380円）
初版2001年9月　普及版2006年12月

構成および内容：【基礎】ケイ素を含むπ電子系／ポリシランを基盤としたナノ構造体／ポリシランの光学材料への展開／オリゴシラン薄膜の自己組織化構造と電荷輸送特性 他【応用】発光素子の構成要素となる新規化合物の合成／高耐熱性含ケイ素樹脂／有機金属化合物を含有するケイ素系高分子の合成と性質／IPN形成とケイ素系合成樹脂 他
執筆者：吉田 勝／玉尾皓平／横山正明 他25名

DNAチップの開発II
監修／松永 是
ISBN4-88231-902-0　　B795
A5判・247頁　本体3,600円＋税（〒380円）
初版2001年7月　普及版2006年12月

構成および内容：【チップ技術】新基板技術／遺伝子増幅系内蔵型DNAチップ／電気化学発光法を用いたDNAチップリーダーの開発 他【関連技術】改良SSCPによる高速SNPs検出／走査プローブ顕微鏡によるDNA解析／三次元動画像によるタンパク質構造変化の可視化 他【バイオインフォマティクス】パスウェイデータベース／オーダーメイド医療とIn silico biology 他
執筆者：新保 斎／隅蔵康一／一石英一郎 他37名

マイクロビヤ技術とビルドアップ配線板の製造技術
編著／英 一太
ISBN4-88231-907-1 f　　B800
A5判・178頁　本体2,600円＋税（〒380円）
初版2001年7月　普及版2006年11月

構成および内容：構造と種類／穴あけ技術／フォトビヤプロセス／ビヤホールの埋込み技術／UV硬化型液状ソルダーマスクによる穴埋め加工法／ビヤホール層間接続のためのメタライゼーション技術／日本のマイクロ基板用材料の開発動向／基板の細線回路のパターニングと回路加工／表面実装型エリアアレイ（BGA, CSP）／フリップチップボンディング／導電性ペースト／電気銅めっき 他

新エネルギー自動車の開発
監修／山田興一／佐藤 登
ISBN4-88231-901-2　　B794
A5判・350頁　本体5,000円＋税（〒380円）
初版2001年7月　普及版2006年11月

構成および内容：地球環境問題と自動車／大気環境の現状と自動車との関わり／地球環境／環境規制 他【自動車産業における総合技術戦略】重点技術分野と技術課題／他【自動車の開発動向】ハイブリッド電気／燃料電池／天然ガス／LPG 他【要素技術と材料】燃料改質技術／貯蔵技術と材料／発電技術と材料／パワーデバイス 他
執筆者：吉野 彰／太田健一郎／山崎陽太郎 他24名

ポリウレタンの基礎と応用
監修／松永勝治
ISBN4-88231-899-7　　B792
A5判・313頁　本体4,400円＋税（〒380円）
初版2000年10月　普及版2006年11月

構成および内容：原材料と副資材（イソシアネート／ポリオール 他）／分析とキャラクタリゼーション（フーリエ赤外分光法／動的粘弾性／網目構造のキャラクタリゼーション 他）／加工技術（熱硬化性・熱可塑性エラストマー／フォーム／スパンデックス／水系ウレタン樹脂 他）／応用（電子・電気／自動車・鉄道車両／塗装・接着剤／バインダー／医用／衣料 他）
執筆者：高柳 弘／岡部憲昭／吉村浩幸 他26名

薬用植物・生薬の開発
監修／佐竹元吉
ISBN4-88231-903-9　　B796
A5判・337頁　本体4,800円＋税（〒380円）
初版2001年9月　普及版2006年10月

構成および内容：【素材】栽培と供給／バイオテクノロジーと物質生産 他【品質評価】グローバリゼーション／微生物限度試験法／品質と成分の変動 他【薬用植物・機能性食品・甘味】機能性成分／甘味成分 他【創薬シードの探索】タイ／南米／解析・発見 他【生薬, 民族伝統薬の薬効評価と創薬研究】漢方薬の科学的評価／抗HIV活性を有する伝統薬物 他
執筆者：岡田 稔／田中俊弘／酒井英二 他22名

※書籍をご購入の際は、最寄りの書店にご注文いただくか、㈱シーエムシー出版のホームページ（http://www.cmcbooks.co.jp/）にてお申し込み下さい。

CMCテクニカルライブラリーのご案内

バイオマスエネルギー利用技術
監修／湯川英明
ISBN4-88231-900-4　　　　　　B793
A5判・333頁　本体4,600円＋税（〒380円）
初版2001年8月　普及版2006年10月

構成および内容：【エネルギー利用技術】化学的変換技術体系／生物的変換技術 他【糖化分解技術】物理・化学的糖化分解／生物学的分解／超臨界液体分解 他【バイオプロダクト】高分子製造／バイオマスリファイナリー／バイオ新素材／木質系バイオマスからキシロオリゴ糖の製造 他【バイオマス利用】ガス化メタノール製造／エタノール燃料自動車／バイオマス発電 他
執筆者：児玉　徹／桑原正章／美濃輪智朗 他17名

形状記憶合金の応用展開
編集／宮崎修一／佐久間俊雄／渋谷壽一
ISBN4-88231-898-9　　　　　　B791
A5判・260頁　本体3,600円＋税（〒380円）
初版2001年1月　普及版2006年10月

構成および内容：疲労特性（サイクル効果による機能劣化／線材の回転曲げ疲労／コイルばねの疲労 他）／製造・加工法（粉末焼結／急冷凝固（リボン）／圧延・線引き加工／ばね加工 他）／機器の設計・開発（信頼性設計／材料試験評価方法／免震構造設計／熱エンジン 他）／応用展開（開閉機構／超弾性効果／医療材料 他）他
執筆者：細田秀樹／戸伏壽昭／三角正明 他27名

コンクリート混和剤技術
ISBN4-88231-897-0　　　　　　B790
A5判・304頁　本体4,400円＋税（〒380円）
初版2001年9月　普及版2006年9月

構成および内容：【混和剤】高性能AE減水剤／流動化剤／分離低減剤／起泡剤・発泡剤／凝結・硬化調節剤／防錆剤／防水剤／収縮低減剤／グラウト用混和材料 他【混和材】膨張剤／超微粉末（シリカフューム、高炉スラグ、フライアッシュ、石灰石）／結合剤／ポリマー混和剤 他【コンクリート関連ケミカルス】塗布材料／静的破砕剤／ひび割れ補修材料 他
執筆者：友澤史紀／坂井悦郎／大門正機 他24名

トナーと構成材料の技術動向
監修／面谷　信
ISBN4-88231-896-2　　　　　　B789
A5判・290頁　本体4,000円＋税（〒380円）
初版2000年2月　普及版2006年9月

構成および内容：電子写真プロセスおよび装置の技術動向／現像技術と理論／転写・定着・クリーニング技術／2成分トナー／印刷製版用トナー／トナー樹脂／トナー着色材料／キャリア材料、磁性材料／各種添加剤／重合法トナー／帯電量測定／粒子径測定／導電率測定／トナーの付着力測定／トナーを用いたディスプレイ／消去可能トナー 他
執筆者：西村克彦／服部好弘／山崎　弘 他21名

フリーラジカルと老化予防食品
監修／吉川敏一
ISBN4-88231-895-4　　　　　　B788
A5判・264頁　本体5,400円＋税（〒380円）
初版1999年10月　普及版2006年9月

構成および内容：【疾病別老化予防食品開発】脳／血管／骨・軟骨／口腔・歯／皮膚 他【各種食品・薬物】和漢薬／茶／香辛料／ゴマ／ビタミンC前駆体／植物由来素材】フラボノイド／カロテノイド類／大豆サポニン／イチョウ葉エキス 他【動物由来素材】牡蠣肉エキス／コラーゲン 他【微生物由来素材】魚類発酵物質／紅麹エキス 他
執筆者：谷川　徹／西野輔翼／渡邊　昌 他51名

低エネルギー電子線照射の技術と応用
監修／鷲尾方一　編集／佐々木隆／木下　忍
ISBN4-88231-894-6　　　　　　B787
A5判・264頁　本体3,600円＋税（〒380円）
初版2000年1月　普及版2006年8月

構成および内容：【基礎】重合反応／架橋反応／線量測定の技術 他【重合技術への応用】（紙／電子線塗装「エレクロンEB」　帯電防止付与技術 他／架橋技術への応用（発泡ポリオレフィン／電線ケーブル／自動車タイヤ 他）／殺菌分野へのソフトエレクトロンの応用／環境対策としての応用／リチウム電池／電子線レジストの動向 他
執筆者：瀬口忠男／齋藤恭一／須永博美 他19名

CO₂固定化・隔離技術
監修／乾　智行
ISBN4-88231-893-8　　　　　　B786
A5判・274頁　本体3,800円＋税（〒380円）
初版1998年2月　普及版2006年8月

構成および内容：【生物学的方法】バイオマス利用／植物の利用／海洋生物の利用 他【物理学的方法】CO_2の分離／海洋隔離／地中隔離／鉱物隔離 他【化学的方法】光学的還元反応／電気化学・光電気化学的固定／超臨界CO_2を用いる固定化／高分子合成／触媒水素化 他【CO_2変換システム】経済評価／複合変換システム構想 他
執筆者：湯川英明／道木英之／宮本和久 他31名

機能性化粧品の開発 II
監修／鈴木正人
ISBN4-88231-892-X　　　　　　B785
A5判・360頁　本体5,200円＋税（〒380円）
初版1996年8月　普及版2006年8月

構成および内容：【効能と評価】保湿化粧品／美白剤／低刺激性、低アレルギー性化粧品／育毛剤／ヘアトリートメント／ファンデーション／ボディケア／デオドラント剤／フレグランス製品 他【製品化技術】最新の乳化技術とその応用／化粧品用不透過性PVA幕マイクロカプセルの開発 他【注目技術】肌の診断技術／化粧行為の心身に与える有用性 他
執筆者：足立佳津良／笠　明美／小出千春 他36名

※書籍をご購入の際は、最寄りの書店にご注文いただくか、
㈱シーエムシー出版のホームページ（http://www.cmcbooks.co.jp/）にてお申し込み下さい。